Arthur Young schloß 1923 sein Mathematikstudium an der Princeton University ab. Danach widmete er sich mathematischen, philosophischen und parapsychologischen Studien, die er für die Erfindung des Bell-Helikopters 19 Jahre unterbrach und danach erneut aufnahm. Er gründete in Berkeley in Kalifornien das »Institute for the Study of Consciousness«, ein Zentrum für die »neue Wissenschaft« und die Erforschung menschlichen Bewußtseins.

Vollständige Taschenbuchausgabe 1990
Droemersche Verlagsanstalt Th. Knaur Nachf., München
Lizenzausgabe mit freundlicher Genehmigung des
Kösel-Verlags, München
Titel der Originalausgabe »The Reflexive Universe.
Evolution Of Consciousness«
Copyright © 1976 by Arthur M. Young
Aus dem Amerikanischen von Wolfgang Stifter
Copyright © der deutschsprachigen Ausgabe by
Kösel-Verlag GmbH & Co., München, 1987
Umschlaggestaltung Adolf Bachmann
Umschlagfoto Zefa / Orion Press
Druck und Bindung Ebner Ulm
Printed in Germany   5 4 3 2 1
ISBN 3-426-04010-7

Arthur Young:
Der kreative Kosmos

Am Wendepunkt der Evolution

Mit einem Vorwort von Stanislav Grof

Inhalt

Vorwort von Stanislav Grof 11

Einleitung 15

1. Der Fall 26
   Der kumulative Aspekt des Universalprozesses 26
   Die Notwendigkeit der Untergliederung in Organisationsstufen 27
   Der Fall im Spiegelbild wissenschaftlicher Entdeckungen ... 27
   Unsicherheit tritt auf den Plan 30
   Der Fall in die Determiniertheit 32
   Jenseits der Determiniertheit 33
   Das Bogenmodell 34

2. Die Zweckbestimmtheit des Lichts 36
   Das Rätsel des Lichts 36
   Frühere Theorien des Lichts 38
   Die Quantentheorie 40
   Das Prinzip der kleinsten Wirkung 42
   Das zielbewußte Verhalten des Lichts 44
   Wirkung erfolgt in Quanten 45
   Licht als erste Ursache 46
   Exkurs 47
   Zusammenfassung 49

3. Weitere Vorstellungen vom Licht 50
   Vorwissenschaftliche Auffassungen 50
   Überblick über die folgenden Kapitel 55

4. Die vier Ebenen 58
   Prozeß und Zweckbestimmtheit 58
   Der Verlust an Freiheitsgraden 60

Die Ebenen des Abstiegs 60
  Teilung der ursprünglichen Einheit (60)   Von der Homogenität zur Heterogenität (61)   Veränderungen im Grad der Sicherheit von Aussagen (61)
Die Notwendigkeit eines freien Willens 62
Die Symmetrie von Abstieg und Aufstieg 63
  Moleküle (63)   Pflanzen (64)   Tiere (64)   Atome (65)   Nuklearteilchen (66)   Licht (66)
Ableitung der Eigenschaften der einzelnen Reiche 67
Die willkürliche und die zufällige Seite des Bogens 68
Der formale Ausdruck für Kontrolle: der Ort und seine drei Ableitungen................................. 69

5. Der Wendepunkt 72

Erfordernisse für den Wendepunkt 72
Der Beginn des Lebens 73
Molekulare Bindungen und Temperatur 73
Die Erklärung der Phasendimension 76
Vergleich mit der klassischen Physik 80
Exkurs 80

6. Atome 82

Regeln des Atomaufbaus 82
Der Drehimpuls im Atom......................... 83
Das Periodensystem der Elemente 86
Der Aufbau der Schalenstruktur 88
Eigenschaften der Reihen......................... 89
Der bogenförmige Abstieg der Atome 91

7. Das Reich der Moleküle....................... 93

Unterteilung chemischer Verbindungen 93
  Erstes Unterstadium: Metalle (94)   Zweites Unterstadium: Salze (95)   Drittes Unterstadium: Methanreihe (96)   Exkurs (96)   Viertes Unterstadium: Funktionale Verbindungen (98)   Exkurs (98)   Fünftes Unterstadium: Polymere (99)   Exkurs (100)   Sechstes Unterstadium: Proteine (100)   Exkurs (101)   Siebtes Unterstadium: DNS (104)   Exkurs (105)
Allgemeiner Überblick über die molekulare Evolution 108

Entsprechungen zwischen den Unterstadien und den Reichen
des Universalprozesses 109
Die Abhängigkeit des siebten Stadiums / der siebten Unterstadien vom nächsthöheren Reich 109
Die Schlüsselmerkmale der einzelnen Reiche 111
Ein Schema für die Haupt- und Unterstadien des Universalprozesses 112
Wiederholung und Überblick über spätere Kapitel 113

8. Das Pflanzenreich. 117

Evolution und Involution 117
Die Komplexität der Zelle 118
Multizelluläre Organisation 119
Andere Prinzipien 120
  Die Wahl zwischen Selbstbestimmung oder Selbstaufgabe (121)   Die Funktion des dritten Stadiums: Erwerb von Identität (122)   Die Funktion des fünften Stadiums: Aufgabe von Identität (122)   Die Homogenität der Zellen (123)
Unterstadien des Pflanzenreichs 123
  Die Klassifikation von Pflanzen (123)   Erstes Unterstadium (127)   Zweites Unterstadium (127)   Drittes Unterstadium (127)   Viertes Unterstadium (129)   Fünftes Unterstadium (130)   Sechstes Unterstadium (131)   Exkurs (132)   Siebtes Unterstadium (133)
Die sieben Gewebeschichten der Angiospermen 134
Retrogressive Stadien 136

9. Das Tierreich 138

Charakteristische Fähigkeiten von Tieren 138
  Willkürliche Bewegung (138)   Die Flexibilität der Form (140)   Die Wertskala bei Tieren (142)   Zusammenfassung (143)
Das a-a-b-Muster. 145
Die Unterstadien des Tierreichs 147
  Erstes Unterstadium (147)   Zweites Unterstadium (148)   Drittes Unterstadium (148)   Viertes Unterstadium (150)   Fünftes Unterstadium (152)   Sechstes Unterstadium (154)   Siebtes Unterstadium (155)
Die Kontrollfunktion 157
Wiederholung. 158

10. Protoplasma und psychische Pseudopodien 160

Die Prozeß-Theorie und die Gesetze der vier Ebenen 160
Das Phänomen der Motivation 162
  Das Kriterium der Falsifizierbarkeit (164) Die Bewegung der Amöbe (164)
Psychisches Protoplasma 165
  Die Notwendigkeit eines Mediums (168) Träume (169) Emotionale Projektionen (170) Kernbildung durch Anziehung (171) Eine Antwort auf die Wissenschaft (173)

11. Die tierischen Instinkte und die Gruppenseele 176

Wissenschaft und Gesetzmäßigkeit 176
Wie der Wille die Materie kontrolliert 178
  Die Amöbe aus einer anderen Perspektive (179)
Automatische und kontrollierte Anziehung 180
Der Instinkt und die Tierseele 181
  Die Rolle der DNS (182) Die Rolle der Gruppe (183)

12. Die Entwicklung des Menschen 188

Spezifische Probleme in Verbindung mit dem Menschen ... 189
Das Einzigartige am Menschen: Dominanz 191
Das Tier im Menschen 192
Das Ziel des Dominanz-Reiches 195
Die Schwächen gegenwärtiger Evolutionstheorien 196
Genetische Evolution und Instinktevolution 200
Die Gruppenseele 201
Die besondere Evolution des Menschen 204
  Kritik am Darwinschen Evolutionskonzept (205) Die Unanwendbarkeit des Gruppenseele-Konzepts (206) Die individuelle Seele (206) Die drei Arten von Evolution im Überblick (209) Exkurs (212)

13. Die Unterstadien des Menschenreichs 214

Erstes Unterstadium 215
Zweites Unterstadium 216
Drittes Unterstadium 219
Viertes Unterstadium 221
Fünftes Unterstadium 224
Betrachtung des grundlegenden Problems der menschlichen

Evolution: das Genie (225) Das individuelle Ich als Träger und Vermittler (228) Kundalini – ein Phänomen des fünften Unterstadiums (230) Die Transzendierung der Persönlichkeit (231) Das Genie – Streiflichter aus anderer Perspektive (233)

Das Ende des fünften Unterstadiums: eine Vorahnung des Kommenden 234
Jenseits des Genies (235) Das Magische: die Transzendierung der Vernunft (237)

Postskriptum 240

14. Jenseits des Menschen 241

Die Hierarchie des Selbst 243
Selbstbestimmung 244
Die moralische Frage 249
Das sechste Unterstadium des Dominanz-Reichs 251
Siebtes Unterstadium 255

15. Der Prozeß im Spiegel der Mythen 256

Das Problem der Interpretation von Mythen 257
Alte Interpretationen (257) Die neuen Interpretationen: Freud und Jung (258) Unsere Prozeß-Theorie und die Mythen (259) Warum Symbole? (260)

Evolutionsschema und Mythos 264
Der Anfang aller Dinge 265
Der jüdisch-christliche Mythos (265) Der ägyptische Mythos (266) Der griechische Mythos (267)

Die sieben Stadien im Mythos 268
Der griechische Mythos (268) Der jüdisch-christliche Mythos (269) Der iranische Mythos (270) Der Mythos der Mayas (271)

Zusammenfassung 273

16. Die Evolution des Selbst 278

Die Evolution des Menschen 278
Das Bogenmodell – auf uns selbst angewendet 282
Das teleologische Prinzip 287
Schluß 290

Dank 292

Anhang 293
I. Kurzer Abriß der Prozeß-Theorie 293
II. Die Bedeutung der Zahl Sieben im Universum 297
III. Die Phasendimension (*aus:* Eddington: Fundamental Theorie) 319

Anmerkungen 322

Register 330

Vorwort

Die rapide Entfaltung der Wissenschaft im modernen Zeitalter ist von bestimmten unerwarteten Paradoxien begleitet gewesen. Die wohl interessanteste von ihnen betrifft die Beziehung zwischen Wissenschaft und Spiritualität. In den frühen Stadien ihrer rasanten Entwicklung hat sich die mechanistische Wissenschaft radikal von allem distanziert, was auch nur entfernt an die mystischen Traditionen erinnerte, und sich stolz auf die materialistische Philosophie, die Aristotelische Logik und die lineare Rationalität berufen. Ihre Vertreter machten in ihrer voreilig ablehnenden Haltung keinen Unterschied zwischen der primitiven Volksreligion, die auf Aberglauben oder den fundamentalistischen Dogmen der institutionalisierten Kirchen basiert, und der wahren Mystik, wie sie in der philosophia perennis und den großen spirituellen Lehren des Ostens enthalten ist. Ferner hatte man nicht erkannt, daß sich in den Theorien und der Praxis dieser mystischen Traditionen die Ergebnisse jahrhundertelanger systematischer Erforschung des Bewußtseins und der menschlichen Psyche niederschlugen.

Das entschlossene Bemühen um ein immer differenzierteres Bild von der Realität stürzte viele Disziplinen der westlichen Wissenschaft in schwere theoretische Krisen, die ihre philosophischen Grundlagen erschüttert haben. Mit großer Überraschung stellte man dann fest, daß diese Krisen neue revolutionäre Theorien hervorbrachten, die den großen mystischen Traditionen aller Zeitalter immer ähnlicher wurden. Die weitreichenden Folgen dieser philosophischen Umwälzung sind von den akademischen Kreisen und den führenden Vertretern der Fachwelt noch nicht vollständig erkannt, akzeptiert und integriert worden.

Die dringende Notwendigkeit eines radikal neuen Realitätsverständnisses machte sich in den ersten drei Jahrzehnten unseres Jahrhunderts zunächst in der Physik bemerkbar und führte zu der Relativitäts- und der Quantentheorie. In neuerer Zeit sind radikale theoretische Entwicklungen in vielen anderen Bereichen in Gang gekommen, etwa in der Astrophysik, der Thermodynamik, der Lasertechnologie und Holographie, der Biologie, der Ökologie, der klinischen Medizin, der Gehirnforschung, der Psychologie, der Psychiatrie, der Anthropologie und der Thanatologie. Zahlreiche Artikel, Bücher und Konferenzen, die sich speziell mit diesen Veränderungen befassen, enthalten Elemente, die sich zu einem neuen Weltbild der westlichen Wissenschaft, dem aufkommenden neuen Paradigma, zusammenfügen.

Diese theoretische Revolution befindet sich zwar noch in ihren Anfangsstadien, doch steht außer Zweifel, daß das neue Paradigma die kartesianisch-Newtonsche Vorstellung vom Universum als einer gigantischen Maschine, in der blinde mechanische Kräfte wirken, durch die Vorstellung von einem gigantischen Organismus von unvorstellbarer Komplexität ersetzt, der von kreativer kosmischer Intelligenz gesteuert wird. Diese Vorstellung ändert den Status des menschlichen Beobachters und die Auffassung vom Verhältnis zwischen Bewußtsein und Materie von Grund auf. Ein weiteres bedeutendes Merkmal dieses neuen Weltbilds besteht darin, daß es sich von dem Dogma der traditionellen Wissenschaft wegbewegt, das nur materielle Phänomene für existent erklärt. Einige dieser neuen revolutionären Theorien akzeptieren nun auch die Möglichkeit anderer Realitätsebenen, die sich der Beobachtung bei normalem Bewußtsein entziehen.

So erstaunlich und eindrucksvoll die neuen Entdeckungen und Theorien in ihren jeweiligen Einflußbereichen auch sein mögen, das neue Paradigma als Ganzes ähnelt immer noch einem unvollständigen Mosaik und besitzt nicht jenen Zusammenhalt und jene logische Schlüssigkeit, die das von der kartesianisch-Newtonschen Wissenschaft entworfene Weltbild kennzeichnet. Die einzelnen, voneinander getrennten Entwicklungen in der neuen Wissenschaft sind noch nicht zu einer in sich stimmigen und umfassenden Theorie von der Existenz zusammengefügt worden.

Arthur Youngs Prozeß-Theorie ist der erste ernsthafte und erfolgreiche Versuch, ein solches übergreifendes Paradigma aufzustellen. Es wird einerseits der objektiven Realität und den revolutionären Entwicklungen in den wissenschaftlichen Disziplinen des Westens gerecht, andererseits trägt es voll und ganz nichtobjektiven und undefinierbaren Aspekten der Existenz Rechnung, die weit jenseits der Grenzen der traditionellen Wissenschaft liegen. Youngs Metaparadigma ordnet und interpretiert in umfassender Weise Daten aus den verschiedensten Bereichen – aus der Mathematik, der Geometrie, der auf der Quanten- und Relativitätstheorie aufbauenden Physik, der Chemie, der Biologie, der Botanik, der Zoologie, der Psychologie, der Mythologie, der Geschichte und der Religion – und integriert sie zu einer großen kosmologischen Vision.

In Youngs Modell vom Universum gibt es vier Ebenen, die nach Freiheits- und Beschränkungsgraden definiert sind. Der kreative Entwicklungsprozeß des Kosmos wird in sieben Stadien unterteilt: Licht,

Nuklearteilchen, Atome, Moleküle, Pflanzen, Tiere und der Mensch. Die ersten vier Entwicklungsstadien sind gekennzeichnt durch den fortschreitenden Verlust an Freiheitsgraden, die restlichen drei durch das Überwinden dieser Einschränkungen und durch das Wiedergewinnen der ursprünglichen Freiheit. Young sieht die Quelle der universellen Schöpfung im Licht und ordnet dem zielgerichteten Einfluß des Wirkungsquantums eine zentrale Rolle im kosmischen Prozeß zu. Auf diese Weise gelingt es ihm, die Kluft zwischen Wissenschaft, Mythologie und den mystischen Traditionen der philosophia perennis zu überbrücken. Nach seiner Auffassung befinden sich all die kosmologischen Theorien – seien es alte oder moderne Theorien, seien sie wissenschaftlich begründet oder durch Offenbarung eingegeben – nicht im Wettstreit. Sie bringen Teile einer einheitlichen kosmischen Theorie zum Ausdruck, Teile, die zu einem idealen Zentrum führen, von dem aus Unterschiede wie die »Speichen eines Rads« ausgehen.

Es wäre ein Fehler, wenn man annimmt, Young habe das Allumfassende seiner Vision auf Kosten der Beachtung des Details erreicht. Einer der bemerkenswertesten Aspekte seines Modells ist gerade der, daß es Universalität mit der überzeugenden Interpretation und Vorhersage winziger Details in Phänomenen verknüpft, die von verschiedenen Disziplinen untersucht werden. Young war in der Lage, ein Grundmuster des universellen Prozesses zu erkennen, das sich ständig auf verschiedenen Entwicklungsebenen der Natur wiederholt. Er selber demonstrierte in dem vorliegenden Buch, wie die grundlegenden Prinzipien seines Modells auf die Chemie, die Biologie, die Zoologie und andere Bereiche angewendet werden können. Die Mitglieder seiner Arbeitsgruppe im »Institute for the Study of Consciousness« in Berkeley fügen in sorgfältiger Kleinarbeit die technischen Details in das von ihm vorgegebene universelle Schema ein.

Der außergewöhnlichste und vielversprechendste Versuch in dieser Richtung ist die Arbeit von Frank Barr, der in seiner Monographie *The Melanin Mystery: Theory of Evolutionary Bioprocess* aussagekräftige und höchst spezifische Beweise für die Relevanz von Arthur Youngs Modell lieferte. Mit Hilfe der Grundprinzipien der Prozeß-Theorie ordnet er in schlüssiger und umfassender Weise den gesamten Bereich der biologischen Wissenschaften, der »Wissenschaften vom Leben«. Es ist das erste Mal, daß ein universelles integratives Paradigma erfolgreich auf ein Hauptgebiet der Wissenschaft angewendet wurde. Bemühungen in dieser Richtung im 19. Jahrhundert, wie etwa die Theosophie, sind an dieser Aufgabe gescheitert.

Frank Barr ist nicht der einzige, der von Arthur Youngs Denken tiefgehend beeinflußt wurde. Viele Wissenschaftler entdeckten in seinen Werken eine Goldmine an Weisheiten und an wissenschaftlichen, zugleich aber auch philosophischen und spirituellen Inspirationen. Und jene, die sich dem neuen Paradigma verpflichtet fühlen und Arthur Youngs Bücher gelesen haben bzw. ihn persönlich in seiner Arbeitsgruppe, in seinen Seminaren in Berkeley oder in einem anderen Rahmen kennenlernen konnten, werden bereitwillig zugeben, daß sie diesem fruchtbaren Denker viel verdanken. Schon lange überfällig ist es, Arthur Youngs Werk der Leserschaft in Europa zugänglich zu machen. Viele Jahre lang haben seine Arbeiten die Leser in Amerika – kreative Fachleute sowie intelligente Laien – intellektuell herausgefordert und inspiriert. Es besteht kein Zweifel, daß sein Werk auch in der »Alten Welt« zu einer ebenso bedeutenden Quelle von Informationen und Anreizen werden wird.

Big Sur, Kalifornien, September 1986　　　　　　　　*Stanislav Grof*

Einleitung

In diesem Buch soll eine Theorie der Entwicklung des Universums aufgestellt werden. Das Universum, das wir hier meinen, bezieht den Menschen ausdrücklich mit ein. Dies macht grundlegende Annahmen erforderlich, die die Gesetze der Physik mit den Zeugnissen verbinden, die sich immer wieder im Zusammenhang mit wissenschaftlich nicht erklärten empirischen Daten – etwa außersinnlichen Wahrnehmungen – sowie mit spirituellen Einsichten finden. Auf dieser Basis entsteht ein formales System, in dem Bewußtsein – insbesondere eine höhere Form von Bewußtsein – existieren kann.

In der Wissenschaft, wie man sie gemeinhin auffaßt, gibt es für das Bewußtsein keinen Platz. Die Folge davon ist ein Konflikt zwischen Wissenschaft und religiösem Denken, der häufig übergangen wird, weil sich die Wissenschaft angeblich nicht mit letzten Fragen des Seins befaßt. Eine solche Auffassung von Wissenschaft hat sich auch in anderen Bereichen breit gemacht, insbesondere in den Sozial- und Humanwissenschaften wie etwa der Psychologie. Wie aber kann eine Wissenschaft vom Menschen Gültigkeit haben, wenn sie nicht die Bedeutung der letzten Ursachen aller Dinge anerkennt? Denn die Auseinandersetzung mit diesen letzten Ursachen ist für den Menschen von größter Bedeutung, sie hat in der Tat einen entscheidenden Anteil an seinem Verhalten, sie bestimmt seine Tätigkeiten, seine Zielsetzungen und seine Verantwortlichkeiten gegenüber den Mitmenschen.

So haben wir eine Situation, in der die Wissenschaft, die bescheiden jedes Wissen über die letzten Hintergründe des Seins leugnet und beharrlich an der Vorstellung von Teilchen, die durch Kräfte bewegt werden, festhält, zum bestimmenden Denkmuster wurde. Auch für die Psychologen, die alles Feinstoffliche der Psyche als »metaphysisch« abtun und statt dessen ihr eigenes Bild vom Menschen schaffen: das einer biologischen Maschine, in der es keinen Geist ohne ein Gehirn gibt und keine Psyche, die sich nicht mit chemischer Aktivität erklären läßt, und zwar einfach deshalb, weil nach ihrer Ansicht die Gesetze der Physik keine anderen Grundbausteine erkennen lassen, auf die man sich stützen könnte. Angesichts dessen können wir nicht länger umhin, in das Allerheiligste der Wissenschaft einzudringen, um festzustellen, ob es tatsächlich stimmt, daß das Universum nichts anderes als Billardkugeln (Teilchen, Antriebskräfte, Reaktionsmechanismen etc.) enthält.

Nachdem ich dem Leser eine Vorstellung von dem vermittelt habe, um was es in diesem Buch geht, möchte ich kurz die einzelnen Schritte darstellen, die schließlich zu meiner Theorie führten. Auf diese Weise kann ich auch bequem die Quellen anführen, auf die ich mich stütze und zu denen Kosmologien zählen, die in Gestalt alter Mythen auftreten. Diese alten Vorstellungen stehen – obwohl man sie gegenwärtig vernachlässigt – in engem Einklang mit modernen wissenschaftlichen Untersuchungsergebnissen.

Es fing damit an, daß ich, als ich noch im College war, den Ehrgeiz hatte, eine Theorie des Universums zu entwerfen. Ich war fasziniert von der Einsteinschen Relativitätstheorie, und mein Ersuchen, an einem Kurs über Relativitätstheorie teilzunehmen, wurde bewilligt. Ebenfalls beeinflußt wurde ich von Bertrand Russels Spekulationen über die Logik in seinem Werk *Einführung in die mathematische Philosophie*[1].

Der Geist der damaligen Zeit – man hatte gerade das Zeitalter des Pferdefuhrwerks hinter sich gelassen – war vom »neuen Denken« geprägt. Das Automobil, das Telephon, das Radio, der Film riefen eine Begeisterung dafür wach, den Raum zu beherrschen. Lindberghs Alleinflug nach Paris war der Ausdruck eines aufkommenden Ehrgeizes, geistiger Herr über das Universum zu sein. Die Relativitätstheorie erhob den Anspruch, die Totalität aller Dinge mit dem Muster von Raum und Zeit zu erfassen.

Als ich 1927 zum ersten Mal versuchte, eine Theorie des Universums zu entwerfen, war ich vom gleichen Vertrauen in die Möglichkeit, das Universum intellektuell zu erklären, beeinflußt und motiviert. Ich nannte diese Theorie die *Struktur-Theorie*. Sie basierte auf einer ähnlichen Grundüberlegung wie die Relativitätstheorie, nämlich daß man die Realität mit Hilfe eines Musters formulieren und in den Griff bekommen könnte. Doch schon gleich zu Anfang stieß ich auf eine Schwierigkeit, nämlich auf das Rätsel der Zeit, das für mich auch heute noch von wesentlicher Bedeutung ist. Ich stellte die Überlegung an, daß die Vernachlässigung des Faktors Zeit für das von Bertrand Russell diskutierte Paradoxon des Kreters verantwortlich sei: Jemand sagt, alle Kreter seien Lügner, aber er ist selber ein Kreter. Wenn er die Wahrheit sagt, lügt er; wenn er lügt, sagt er die Wahrheit. Das Problem war meiner Meinung nach nur zu lösen, wenn man die Logik der Zeit unterordnete, und dies erforderte, daß ich in meine Theorie die Zeit einbeziehen mußte. Man muß unterscheiden zwischen einer Handlung, die gerade geschieht, und einer abgeschlossenen Handlung. Ersterem entspräche beispielsweise ein Verbum, letzterem ein Substantiv. Zu einer abgeschlossenen Handlung könnten auch Verben in der Vergangenheitsform zählen. Der Kreter könnte also alles Beliebige über vergangene Äußerungen sagen, nicht aber über die Äußerung, die er gerade tut, und zwar aus dem ganz einfachen Grund, weil sie noch nicht abgeschlossen ist. Urteile können sich nicht selber beinhalten.

Ich zog daraus den Schluß, daß das Strukturkonzept dem Wesen der Zeit nicht gerecht werden kann. Unter Struktur versteht man ein System von Beziehungen, die alle auf einmal, also gleichzeitig, existieren. Ein solches System kann aber nichts beinhalten, was sich erst mit der Zeit entwickelt. Ich änderte also meine Theorie, zunächst in eine *Zeit-Struktur-* und schließlich in die *Prozeß-Theorie*. Diese sollte allgemeiner sein als die Struktur-Theorie. In ihr sollte Struktur so enthalten sein wie in einem Film sein jeweiliger Rahmen.

In der Relativitätstheorie war die Zeit natürlich miteinbezogen, nämlich als eine vierte Dimension. Sie war zwar mit einem imaginären Koeffizienten in der Intervallformel versehen, doch schien mir dies für eine ausreichende Unterscheidung nicht genug. Die Relativitätstheorie bezog sich immer noch auf die »Struktur« von Raum-Zeit, womit aber meiner Meinung nach das Entscheidende übersehen wurde, das die Zeit vom Raum trennt: ihre Asymmetrie und ihr »Einbahnstraßencharakter«.

In der Kunst hatte ich die Beobachtung gemacht, daß das Symmetrieprinzip zu einem Zeitpunkt dominierte, an dem die spezielle Kunstform

Bronzevase aus dem Tang-Zeitalter
(8. Jahrhundert)

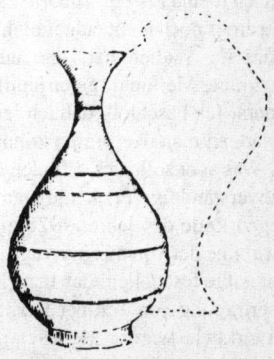

Bronzevase aus späterer Zeit
(10.–13. Jahrhundert)

ihren Höhepunkt überschritten hatte. So sind, was beispielsweise die Entwicklung der chinesischen Vasen anbelangt, die Kurven der früheren Formen asymmetrisch und weichen später Formen, in denen die Außenlinien sinusförmig sind. Die Umrisse solcher Vasen bleiben gleich, wenn man sie umgekehrt betrachtet, und beweisen somit Symmetrie. Dies »schmeichelt dem Auge« als Kurve, wird aber als Aussage leer. Dieselbe Kurve – bekannt als die Hogarthsche Schönheitslinie – kam auch in den Westen zu einem Zeitpunkt, als sich die Form in der bildenden Kunst zu erschöpfen begann.

So könnte sich also die Berufung auf Symmetrie, die in der Kunst von fragwürdigem Wert ist, für eine Theorie des Universums als irreführend und für die Behandlung der Zeit als falsch erweisen, da sie den »Zeitpfeil« (den Einbahnstraßencharakter der Zeit) nicht beachtet. Ich faßte den Vorsatz, daß meine Prozeß-Theorie gerade diese Qualität der Zeit, die die Relativitätstheorie ignorierte, hervorheben sollte.

Später erfuhr ich, daß bald danach – im Jahre 1928 – Dirac einen mathematischen Ausdruck gefunden hatte, der das Elektron und das bislang unentdeckte Positron (das – wie der himmlische Zwilling in der ägyptischen Geschichte – auf der anderen Seite des Flusses der Wiedergeburt bleibt) vorhersagte. Diracs Formel war – im Gegensatz zu den quadratischen Formeln der Relativitätstheorie – linear. In einer linearen Gleichung gibt es Plus- und Minusvorzeichen. Auf diese Weise wird die Asymmetrie beibehalten, die eine quadratische Gleichung, die eine Summe von Quadraten ist, ausfaktoriert (da das Quadrat eines Werts mit einem Minusvorzeichen immer ein Pluswert ist). Die Asymmetrie in der Diracschen Gleichung enthüllt das verborgene Positron.

Doch zurück zu meiner Geschichte. Ich gelangte zu der Feststellung, daß ich meine Prozeß-Theorie nicht weiterverfolgen konnte (wobei mir allerdings noch nicht eingefallen war, daß ein Prozeß bestimmte, genau definierte Stadien hat, und auch nicht, daß jedem dieser Stadien bestimmte Merkmale eigen sind). Ab diesem Punkt verlief mein Leben anders. Ich beschloß, daß ich lernen mußte, Probleme zu lösen, deren Lösungen man überprüfen konnte, und ich wendete mich Erfindungen zu. Was aber sollte ich erfinden? Nach ersten Versuchen, die auf einem Mißverständnis der Aerodynamik beruhten, wurde ich umsichtiger. Gegen Ende des Jahres 1928 ging ich zum Patentamt in Washington, um einige der von mir ins Auge gefaßten Möglichkeiten zu überprüfen. Ich mußte feststellen, daß manche meiner Vorstellungen – wie etwa die Übertragung von Ton per Draht (heute das Magnettonband) – bereits verwirklicht waren. Manche wiederum waren aus anderen Gründen nicht sonderlich vielversprechend. Meine Wahl fiel auf den Hubschrauber, dessen Entwicklung zum damaligen Zeitpunkt von einer langen

Kette von Fehlschlägen geprägt war und an der dringend gearbeitet werden mußte. Mit diesem Projekt sollte ich mich 19 Jahre befassen, die ersten 12 Jahre allein, die letzten 7 Jahre unter Leitung der Firma Bell Aircraft.

Die Wissenschaft hat mich zwar immer fasziniert, doch betrachte ich selber mich nicht als Wissenschaftler. Der Wissenschaftler hat eine bestimmte *Einstellung* zur Natur. Es geht ihm vor allen Dingen darum, Gesetzmäßigkeiten zu entdecken, und wenn er solche gefunden hat, sieht er sie als Heiligtum an. Auch der Erfinder muß Gesetzmäßigkeiten entdecken, doch ist dies nicht sein eigentliches Ziel. Er ist darauf aus, das zu erreichen, was er sich in den Kopf gesetzt hat, etwa zu fliegen oder drahtlos Nachrichten zu übermitteln. Er muß also beides, die Gesetzmäßigkeiten erkennen und sie anwenden, was aber einer Kehrtwendung, einer Richtungsänderung gleichkommt. Gesetze sind ihrem Wesen nach restriktiv, sie schränken das Mögliche ein. Wenn man sie aber objektiv formuliert, kann man sie eventuell umkehren: sie werden aufgrund ihrer Bestimmtheit zu den Mitteln, mit denen wir unser Ziel erreichen können.

Hier haben wir wiederum ein Beispiel für den Einbahnstraßencharakter der Zeit: wenn A immer B vorausgeht, können wir sagen, A verursacht B und nicht umgekehrt. Ursache und Wirkung hängen von der Zeitrichtung ab. Wenn wir aber andererseits wissen, daß A B verursacht, und wir beobachten B, können wir auf A rückschließen – »wo Rauch ist, ist auch Feuer«. Diese beiden Prinzipien – Kausalität und Rückschluß – machen es möglich, daß die Determiniertheit für uns arbeitet, daß die Naturgesetze unsere Freiheit erweitern statt sie einzuschränken.

Diese Einstellung – daß man lernen muß, ein Gesetz zu *benutzen*, statt sich von ihm blockieren zu lassen – hat vielleicht auch eine Rolle bei meiner Konzeption der Determiniertheit oder des Gesetzes gespielt, das ich als *Träger* und nicht als Erzwidersacher des freien Willens auffasse. Dies ist für meine Prozeß-Theorie von Bedeutung, da der Prozeß – wie ich später noch zeigen werde – die Determiniertheit schaffen muß, um über Mittel zur Erreichung seines Ziels zu verfügen (siehe Ende des 1. Kapitels).

Bei vielen Problemen im Zusammenhang mit der Entwicklung des Hubschraubers wurde diese Sequenz deutlich: man mußte herausfinden, was geschieht, also die Gesetze oder Regelmäßigkeiten erkennen, und dann seinen Kurs so ändern, daß man dieselben Gesetze für sich arbeiten läßt – wie ein Zimmermann, der ein Brett hobelt, bemerkt, daß er gegen den Strich des Holzes arbeitet, und daraufhin das Brett umdreht.

Ich fand im Hubschrauber auch ein Beispiel dafür, wie die Evolution funktioniert. Aufgrund eigener Erfahrung stellte ich fest, daß ohne ein Ziel, also ohne eine zielgerichtete Aktivität, der Hubschrauber niemals hätte entwickelt werden können.

Wir können das Fließband mit einem DNS-Molekül vergleichen, weil auch hier nach Plan etwas gebaut wird. Man nimmt an, daß die Evolution auf zufällige Mutationen im DNS-Molekül zurückzuführen ist. Das Montageband für den Hubschrauber, das aus einem ehemaligen Band für die Montage von Flugzeugen hervorging, machte mir aber eines auf recht zwingende Weise klar; von diesem ehemaligen Flugzeugmontageband schienen geheimnisvolle Kräfte auszugehen, die sich der Umstellung auf die Hubschraubermontage widersetzten und die offenbar wieder die Flugzeugmontage durchsetzen wollten. Dem konnte nur durch ständige Wachsamkeit begegnet werden. Es kam sogar so weit, daß zu dem Zeitpunkt, als die Herstellung nach Texas verlegt wurde und eine neue Montageausrüstung erforderlich war, eine Ausrüstung bestellt wurde, die der für die Herstellung von Flugzeugen entsprach. Der Fehler wurde rechtzeitig entdeckt, aber von jemandem, der nicht zur Herstellungsorganisation, sondern zum Hubschrauberteam gehörte.

Ziel und Zweck sind bei der Entwicklung einer Maschine die bedeutsamsten Faktoren. Wenn manche Philosophen, die von Maschinen keine Ahnung haben, dazu neigen, den Menschen als einen »bloßen Mechanismus« zu sehen – womit sie sagen wollen, daß er keinem Ziel oder Zweck dient –, dann beweisen sie ein mangelndes Verständnis nicht nur von Maschinen, sondern auch vom Menschen. Es hat in der Tat nie eine Maschine gegeben, die nicht irgendeinem Zweck diente. Womöglich gibt es auch kein Ziel, das man erreichen kann, ohne eine Maschine zu Hilfe zu nehmen – sei es ein menschlicher Körper oder etwas anderes.

Aus der Tatsache, daß die festen Bestandteile einer Maschine, die »Hardware«, ihren Zweck erst enthüllen, wenn sie zusammengesetzt und in Betrieb sind, läßt sich auch mühelos folgern, daß man den Menschen nicht verstehen kann, wenn man lediglich seinen physischen Organismus, seinen Körper, untersucht.

Als der Bell-Hubschrauber 1948 produktionsreif war, konnte ich mich wieder meinen ursprünglichen Interessen zuwenden. Damals war ich fasziniert von solchen Phänomenen wie den präkognitiven Träumen oder der Eigenschaft des Usambaraveilchens, sich als Ganzes aus einem Stück Blatt regenerieren zu können. Diese Dinge, ebenso wie Probleme der außersinnlichen Wahrnehmung, mit denen ich mich dann intensiv befaßte, verlangten nach einer Wissenschaft, die mehr einbezog als die Physik meiner College-Zeit.

Ich nahm meine Prozeß-Theorie wieder auf, nicht nur, weil sie der Zeit eine so große Bedeutung beimaß, sondern auch, weil in einem Prozeß etwas Zweckgerichtetes steckt, etwas, das auf die Erreichung eines Ziels aus ist.

Auch begann ich, mich für alte Mythen zu interessieren, insbesondere für die kosmogenetischen Mythen, die beschreiben, wie das Universum entstanden ist. In vielen dieser Darstellungen wird der Entstehungsprozeß in *sieben* Stadien unterteilt. Dies gilt für die Genesis, wonach Gott das Universum in sechs Tagen schuf und am siebenten Tag ruhte. Wie aus der Genesis selber hervorgeht, handelte es sich nicht um Tage, sondern um *Generationen*. Die Zahl Sieben findet sich auch bei Zarathustra und in der japanischen Tradition. In nicht allen Traditionen wird explizit zum Ausdruck gebracht, daß es sieben Stadien gibt, doch berücksichtigt man die vielen Parallelen, dann findet man dieses Motiv auch in anderen Mythen wieder, etwa im griechischen Mythos des Kronos. Am stärksten wird die Zahl Sieben in der alten Hindu-Tradition hervorgehoben. Auf jeden Fall hatte ich nun den mehr oder weniger deutlichen Hinweis, daß meine Prozeß-Theorie des Universums *sieben Stadien* beinhalten müßte.

Als Wissenschaftler konnte ich die Zahl Sieben nicht lediglich aus Traditionsgründen blind übernehmen. Wie die meisten modernen Wissenschaftler argwöhnte auch ich, daß man auf diese Zahl aus reinem Aberglauben gekommen war und nicht auf der Basis irgendwelcher ernstzunehmender Theorien, die sieben Stadien – und nicht etwa sechs oder acht – zwingend nahelegten.

Zu jenem Zeitpunkt erinnerte mich ein Freund, Harry Smith, an die wohlbekannte Tatsache, daß der Torus – ein »krapfenförmiger« Körper – eine einzigartige Topologie besitzt. Würde man auf seine Oberfläche eine Landkarte malen, so bräuchte man sieben Farben, um alle aneinander grenzenden Länder nach Farben unterscheiden zu können. Auf einer gewöhnlichen Oberfläche – etwa auf einer Ebene oder auf einer Kugel – wären für eine solche Landkarte nur vier Farben notwendig. Da Farben Unterscheidungsmerkmale sind, kam ich auf folgenden Gedanken: wenn man die Kugel als Analogon zur Struktur auffassen würde, ließe sich der Torus als *Analogon zum Prozeß* sehen. Wenn dem so wäre, dann würden die sieben Farben den sieben Stadien entsprechen, die in meiner *Prozeß-Theorie* zu erwarten wären.[2]

Die Form des Torus findet sich in der Natur sehr häufig. Sie ist charakteristisch für ein Magnetfeld, einen Tornado und einen Wasserwirbel. Besonders interessant ist die Tatsache, daß diese Form die einzige Möglichkeit ist, wie sich eine Bewegung in einem bestimmten Medium selbst aufrechterhalten kann. Sie ist die einzigartige Manife-

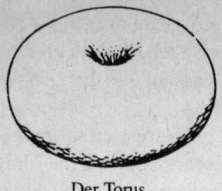 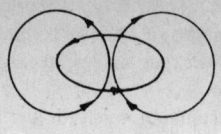

Der Torus   Zwei Kreismengen im Torus

station von Luft in Luft (Tornado) oder von Wasser in Wasser (Wasserwirbel). Natürlich gibt es auch Wellen auf der Wasseroberfläche, doch finden wir sie eben an der Grenze zwischen zwei Elementen. Der Wirbel ist wesensgleich mit seiner Matrix, er ist aus dem gleichen Stoff.

Dies war das erste, was mich am Torus so faszinierte. Ich war nun – auf der Grundlage theoretischer Erwägungen tiefgehendster Art (nämlich auf der Grundlage der Topologie oder der Wissenschaft von den Oberflächen) – zu der *Annahme berechtigt,* daß meine Prozeß-Theorie sieben Stadien beinhalten müßte. Eine solche theoretische Rechtfertigung wiegt mehr als nur irgendeine empirische Beobachtung, da Einzelfälle niemals eine feste Regel garantieren können. Es kann immer Dinge geben, die aus der Reihe fallen.

Ich möchte in dieser Einleitung nicht weiter Argumente anführen, die für die Verknüpfung meiner Prozeß-Theorie mit der Topologie des Torus sprechen. Diese Argumente sind im Anhang II dargelegt. Hier möchte ich mich darauf beschränken, die Schritte aufzuzählen, in denen sich meine Theorie entwickelte. Es sei lediglich hervorgehoben, daß ich nun meiner Ansicht nach genug Grund hatte, die Zahl Sieben, die in den alten Schöpfungsmythen immer wieder auftaucht, ernst zu nehmen und als Arbeitshypothese zu akzeptieren.

Das bringt mich auf ein Buch, das mich ebenfalls beeinflußt hat, nämlich die *Mahatma-Briefe*.[3] Dieses Buch wurde von Sinnett aus Briefen zusammengestellt, die er nach seinen Behauptungen von einem der großen Meister, die die theosophische Tradition inspiriert hatten, erhalten hatte. Es ist zwar gut geschrieben, aber keineswegs leicht verständlich. Ich mußte es mehrere Male lesen, bevor ich es schätzen lernte. Was das Thema der sieben Stadien der Evolution anbelangt, so fanden sich in ihm klare Aussagen. Der Autor sprach vom bekannten Tier-, Pflanzen- und Mineralienreich. Er fügte ein Reich hinzu, das über dem Tierreich stehen sollte, und *drei weitere, die dem Reich der Mineralien vorausgehen sollten*. Auf diese, so sagte er, könne er nicht eingehen, da die Wissenschaft noch nicht einmal von ihrer Existenz wüßte. Nun wurden die »Mahatma-Briefe« zu Beginn der achtziger Jahre des 19. Jahrhunderts geschrieben, also zu einer Zeit, als das Atom nur in der Theorie existierte (über seine Größe wußte man erst um 1900 etwas, und die Möglichkeit, es zu spalten, war noch nie in Betracht gezogen worden). Ich konnte mit einigem Recht vermuten, daß die wissenschaftliche Forschung danach etwas über die drei Reiche, die dem Reich der Mineralien vorausgingen, herausgefunden haben würde. Das Reich der Mineralien mußte natürlich *molekular* sein, da alle Stoffe aus Molekülen zusammengesetzt sind. Moleküle bestehen wiederum aus *Atomen*. Diese mußten demnach ein Reich unmittelbar vor den Molekülen bilden, und die *Protonen* sowie *Elektronen*, aus denen die Atome zusammengesetzt sind, stellten somit ein weiteres Reich dar.

Es galt nun noch ein Reich vor dem Reich der Mineralien zu identifizieren, und eine Zeitlang bezeichnete ich dieses als subnuklear. Erst um einiges später erkannte ich, daß es das Reich des *Lichts* sein mußte. Das Licht, das selber über keine Masse verfügt, kann Protonen und Elektronen bilden, die Masse haben. Das Licht besitzt keine Ladung, doch die von ihm geschaffenen Teilchen sehr wohl. Da Licht ohne Masse ist, ist es auch nicht physisch, also von anderer Natur als die physischen Teilchen. Tatsächlich gibt es für das Photon, den einzelnen Lichtimpuls, *keine Zeit*. Die Uhren bleiben bei Lichtgeschwindigkeit stehen. Also gehen Masse und demnach auch Energie sowie die Zeit aus dem Photon hervor, aus dem Licht, das deshalb das erste Reich bildet, das erste Stadium des Prozesses, der das Universum hervorbringt.

Ich hatte also sieben Reiche: das Licht, die Nuklearteilchen, die Atome, die Moleküle, die Pflanzen, die Tiere, und ein siebentes, noch nicht benanntes, das sich unter anderem im Menschen manifestiert.

Der nächste große Schritt erfolgte, als ich zufällig auf ein altes, 1915 veröffentlichtes Zoologiebuch stieß. Der Autor unterteilte das Tierreich in acht große Phyla (acht Hauptkategorien). Wenn man den horizontalen Unterschied zwischen Seesternen und Weichtieren überging, konnte man sieben statt acht Organisationsstufen in der Evolution der Tiere erkennen. Daraus war zu entnehmen, daß sich jedes Reich selber als ein Prozeß denken ließ. Ich war in der Lage, die anderen Reiche in sieben Substadien zu unterteilen, und vermochte in manchen Fällen Kategorien vorherzusagen, von deren Existenz ich noch nichts gewußt hatte, so wie damals, als das Periodensystem der Elemente eingeführt wurde. Gerade das Periodensystem war eine eindeutige Bestätigung meiner Theorie, da in ihm alle Atome in sieben »Perioden« unterteilt sind, die die Zeilen der Periodentabelle bilden.

Diese Unterteilung in Substadien erschloß mir Informationen aus mehreren Disziplinen. Sie sprach nicht nur für meine Theorie, sondern vermittelte auch Einzelheiten und Rückmeldungen für ihre Verfeinerung. Das Wichtigste aber war, daß sie auf eine Sonderstellung des siebenten Stadiums hinwies, die ich aus allgemeinen Merkmalen des siebenten Substadiums früherer Stadien erschloß: nämlich auf seine *Oberherrschaft* oder *Dominanz*, so wie sie das DNS-Molekül über die molekularen Prozesse bei organischen Lebewesen besitzt.

Auf diese und andere Punkte werde ich natürlich später in diesem Buch eingehen. Die ganze Theorie ist im Anhang I kurz dargestellt. In dieser Einleitung beschreibe ich nur, wie sich die Theorie entwickelt hat. Die tabellarische Darstellung der sieben Stadien, die jeweils in sieben Substadien unterteilt sind (siehe 7. Kapitel), war ein bedeutsamer Schritt, weil sie der Theorie eine feste Grundlage verlieh und das Symmetrieprinzip, das ich noch erklären werde, gewährleistete.

Am wichtigsten war wohl die Erkenntnis, daß das erste Reich das Reich des Lichts ist. Dies brachte mich dazu, mich mit der Quantenphysik und den Entwicklungen, die durch Plancks Entdeckung des Wirkungsquantums im Jahre 1900 ausgelöst wurden, näher zu befassen. Diese Entwicklungen revolutionierten die Physik und revidierten das wissenschaftliche Denken von Grund auf. Wie ich im folgenden verdeutlichen möchte, eröffnet sich durch sie die Möglichkeit einer vollständig neuen Auffassung vom Universum.[4]

Die alte Anschauung, wonach das Universum aus physischen Teilchen besteht, deren Verhalten festgelegten Gesetzmäßigkeiten unterworfen ist, läßt sich nicht mehr halten. Aus den gegenwärtigen Untersuchungsergebnissen läßt sich erahnen, daß die *Wirkung,* nicht die Materie, von grundlegender Bedeutung ist. Wirkung wird hier verstanden als etwas seinem Wesen nach Undefinierbares und nicht Objektives, vergleichbar mit dem – wie ich es formulieren möchte – menschlichen Entschluß. Dies muß uns eigentlich froh stimmen, erscheint uns das Universum doch nicht mehr als ein gigantisches Gewirr von Billardkugeln, die allmählich in ihrer Bewegung erlahmen. Es ist ganz und gar nicht eine Wüste träger Teilchen, sondern eine Stätte zunehmend komplexer Organisation, der Schauplatz einer Entwicklung, in der der Mensch seinen festen Platz hat, ohne daß seiner Evolution eine obere Grenze gesetzt ist.

In diesem kosmischen Drama steht der Mensch an einem kritischen Punkt. Er ist den Tieren voraus, insofern als er zu einem anderen Reich gehört, aber in diesem Reich ist er noch nicht weit. Eigentlich steht er in dessen Mitte. Er hat ein Stadium erreicht, das dem der Muschel im

Tierreich entspricht. Wie die Muschel ist er im Sand vergraben und hat nur ein vages Bewußtsein von den Welten über sich. Er hat aber die Möglichkeit, sich weit über seinen gegenwärtigen Zustand hinaus zu entwickeln. Seiner Bestimmung sind keine Grenzen gesetzt.

1. Der Fall

Der kumulative Aspekt des Universalprozesses

Wie in der Einleitung beschrieben, erhielt ich den Anstoß zu einer Prozeß-Theorie des Universums durch Überlegungen über die Bedeutung der Zeit. Ich hatte dann den Gedanken, daß dieser Prozeß sieben Stadien haben müßte, und kam von da zu der Auffassung, daß es sieben Reiche in der Natur gibt. Die Vorstellung, daß jedes Stadium selber einen Prozeß darstellte, brachte zusätzliche Informationen. Schließlich faßte ich das Licht als das erste Stadium auf, kam so auf die Quantenphysik und gelangte zu der Erkenntnis, daß das Grundlegende das Wirkungsquantum ist.

Betrachten wir nun folgende Anordnung:

>   Licht
>   Teilchen
>   Atome
>   Moleküle
>   Pflanzen
>   Tiere
>   (Mensch)

Schon nach kurzer Überlegung wird offenbar, daß es sich hier nicht um verschiedene Dinge wie etwa Bohnen, Äpfel und Orangen handelt. In dieser Anordnung der Naturreiche drücken sich Beziehungen anderer Ordnung aus: sie sind *kumulativ,* d. h. sie schließen einander ein. Im Tierreich findet sich das Prinzip der Zellteilung, das zuerst bei den Pflanzen entwickelt wurde, die Pflanzen organisieren Moleküle, die Moleküle kombinieren Atome, die Atome organisieren Protonen und Elektronen, und letztere lassen sich wiederum in Photonen umwandeln. Jedes Reich enthält das vorhergehende und fügt etwas Eigenes hinzu; jedes entspricht einer Organisationsstufe, die von der nächsttieferen Stufe abhängig ist.

Die Notwendigkeit der Untergliederung in Organisationsstufen

Man hört oft – sogar von guten Wissenschaftlern –, daß der Mensch lediglich eine Anordnung von Molekülen sei, so als wollte man ihm das Recht auf einen eigenen Status absprechen. Diese Aussage räumt ihm noch nicht einmal den Status eines Tieres oder den eines Zellorganismus ein. Sie ist barer Unsinn. Wenn jemand die tierische oder die zelluläre Organisationsstufe in Frage stellt, dann muß er auch die molekulare Stufe leugnen, denn ein Molekül besteht aus nichts anderem als aus Atomen, und die Atome wiederum setzen sich aus nichts anderem als aus Protonen und Elektronen zusammen. Aber selbst dann wären wir noch nicht auf Grund gestoßen. Wenn wir weiter drängen, erweist sich das Elektron als nichts anderes als ein »Wahrscheinlichkeitsnebel« oder – wenn wir immer noch keine Ruhe geben – als ein Wirkungsquantum (Photon), das zu Masse erstarrt ist.

Ich wende mich hier nicht gegen die Abschaffung aller Kategorien, wie es etwa in der Hindu-Tradition mit ihrer »Ich-Losigkeit« der Dinge geschieht, wie es in der »Urknalltheorie« des Universums anklingt, wonach dieses durch eine anfängliche Explosion entstanden ist, oder wie die Theorie impliziert, die besagt, daß das Universum am Ende in Eins zusammenfällt. Ich wende mich dagegen, daß man sich mit spezieller Absicht die Moleküle oder die Atome herausgreift. Warum hört man bei ihnen auf? Es stimmt, daß Moleküle bei Normaltemperatur relativ beständig sind. Ist es dieser Anschein von Stabilität, der sie – wie die Billardkugeln – als die ideale Bezugskategorie empfiehlt, die die Wissenschaft akzeptieren kann?

Der Mensch bittet um Brot, und die Wissenschaft gibt ihm einen Stein. Er täte besser daran, sich an die alten Mythen zu wenden, denn die lehren ihn, das Ganze zu begreifen.

Der Fall im Spiegelbild wissenschaftlicher Entdeckungen

Das bringt mich auf einen weiteren grundlegenden Gedanken, der für die Prozeß-Theorie wichtig ist. Dieser Gedanke findet sich in den alten Mythen, bei Platon und in fast allen Religionen. Es ist die Vorstellung von einem *Fall,* von einem Abstieg in die Materie, auf den oft, aber nicht immer, ein Aufstieg zurück in die himmlischen Sphären und zu einer höheren Seinsform folgt. Diese Vorstellung paßt so gar nicht zu unserem heutigen rationalen Denken, das sich rühmt, solchen abergläubischen, schuldbelasteten Gedanken entwachsen zu sein, und das mit Stolz auf die »Aufklärung« durch die Wissenschaft verweist.

Neuere Entwicklungen in der Physik – insbesondere die Quantenphysik – enthalten aber, wenn man sie richtig versteht, eine Bestätigung für diese alte Vorstellung von einem Fall. Wir können jetzt nachweisen, daß sich ein solcher Fall in der Tat ereignet. Der gleiche Prozeß nämlich, durch den das Licht zuerst »fällt« oder sich zu Materie verdichtet – womit es sich Beständigkeit gegen den Verlust eines Freiheitsgrads eintauscht –, setzt sich in der Generation der Atome und weiter in deren Kombination zu Molekülen fort. Im großen Schema der Evolution stellen also die ersten vier Stadien einen Abstieg von der Freiheit des Lichts in die für die Mineralien charakteristische Trägheit dar.

Die Wissenschaft vermochte Gesetze der Materie zu erkennen, indem sie sich meistenfalls auf träge Objekte beschränkte. Galilei entdeckte die Gesetzmäßigkeiten fallender Körper, indem er Gewichte fallen ließ, nicht Vögel oder Motten. Durch die Konzentration auf träge Objekte machte die Wissenschaft enorme Fortschritte. Ihre Entdeckungen sind nicht in Zweifel zu ziehen, solange sie sich auf den ihnen gemäßen Bereich beschränken, nämlich auf molare Objekte – auf Objekte, die so viele Teilchen enthalten, daß sich die Bewegungen einzelner Teilchen gegenseitig aufheben und das Objekt als Ganzes träge ist.

Newton schrieb von sich, daß er »auf den Schultern von Riesen« stünde. Er meinte damit, daß er auf den Arbeiten von Kopernikus, Kepler und Galilei aufbaute. Newton war es auch, der entdeckte, daß das gleiche Gesetz, das den Fall eines Apfels bestimmt, auch den Mond um die Erde kreisen läßt.

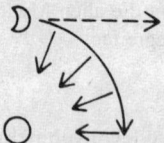

Die Schwerkraft zieht den Mond aus der geraden Linie
in die Kreisbahn um die Erde

Newtons Gravitationstheorie ermöglichte eine genaue Vorhersage der Planetenbewegungen. Sie bildete die *erste umfassende Theorie* der Wissenschaft und legte den Grundstein zur Billardkugelhypothese, zu dem Glauben, daß sich das Universum mit der Bewegung träger Objekte, die sich nach exakten Gesetzmäßigkeiten gegenseitig beeinflussen, erklären ließe. Bis vor etwa 50 Jahren herrschte in der Physik die Erwartung, daß sich dieser Glaube bis hinab zu den letzten Grundbestandteilen der Materie – seien es Atome oder was auch immer – bestätigen würde.

Erstmals wurde die Hypothese von der Existenz von Atomen von der Wissenschaft aufgestellt, als man das Problem der sogenannten »Kombinationsverhältnisse« lösen wollte. Wie man schon kurz nach 1800 feststellte, verbanden sich zwei verschiedene Stoffe zu einem dritten – etwa Wasserstoff mit Sauerstoff zu Wasser oder H_2O – immer in einem bestimmten Gewichtsverhältnis – im Fall von Wasser 8 Gramm Sauerstoff mit 1 Gramm Wasserstoff. Diese Tatsache ließ sich mit der Annahme erklären, daß sich alle Stoffe aus Atomen zusammensetzen, deren relative Gewichte in einem bestimmten Verhältnis zueinander stehen. Diese Hypothese erwies sich als sehr befriedigend und konnte auf alle Stoffe übertragen werden, auch wenn man die absolute Größe des Atoms noch nicht kannte.

Erst um 1900 war es möglich, die Atome tatsächlich zu zählen. So ermittelte man in 1 Gramm Wasserstoff die riesige Anzahl von $6{,}02 \times 10^{23}$ Atomen; diese Anzahl fand sich auch in 16 Gramm Sauerstoff (das Sauerstoffatom hat das 16fache Gewicht des Wasserstoffatoms und kombiniert sich in H_2O mit zwei Wasserstoffatomen, woraus das Kombinationsverhältnis 8:1 entsteht).

Doch kaum hatte man die Spur bis zum Atom verfolgt, machte man eine bestürzende Entdeckung: das »unteilbare« Atom bestand aus Teilen! Und diese Teile, die gleiche und entgegengesetzte elektrische Ladungen hatten, unterschieden sich im Gewicht: das Proton ist 1800mal schwerer als das Elektron.

Dann kam die Frage auf: wie groß ist das Proton? In einem raffinierten Experiment bombardierte Rutherford Atome mit Alpha-Teilchen (Heliumatome ohne Elektronen) und zeigte, daß das Proton nicht größer als 10^{-13} cm sein konnte – was etwa einem Hunderttausendstel des ganzen Atoms entspricht! Dies war eine weitere Überraschung, wurde doch deutlich, wie außerordentlich winzig die nuklearen Teilchen des Reichs unmittelbar vor dem Reich der Atome waren.[1]

Die Tatsache aber, daß sich das Atom entgegen der ursprünglichen Annahme als teilbar erwiesen hatte, ermöglichte ein schönes und einfaches Modell, konnte man jetzt doch sagen, daß sich die 92 *verschiedenen* Atome nur aus zwei Bestandteilen zusammensetzen, dem Elektron und dem Proton. Man fand auch heraus, daß die chemischen und andere Eigenschaften von Atomen einzig und allein von der *Anzahl* der Elektronen-Protonen-Paare abhingen. Die Anzahl solcher Paare wird Ordnungszahl oder Atomnummer genannt. Jedem Atom ist somit eine andere Nummer zugeordnet, und jede denkbare Anzahl von Protonen-Elektronen-Paaren bis zu 92 entspricht einem anderen Atom.

Einen einfacheren Weg, die Komplexität der Materie zu erfassen, als mit Hilfe 92 verschiedener Arten von Atomen und derer unzähligen Kombinationen zu Molekülen, kann man sich nicht vorstellen. So bestätigt sich in einer noch weiteren Weise die Einsicht des Pythagoras, daß alles Zahl ist.

Die Entdeckung, daß Atome in noch grundlegendere Bestandteile zerlegt werden konnten, war also ein Triumph des rationalen Denkens. Eigentlich müßte ich sagen: ein weiterer Triumph, denn mittlerweile hatte man herausgefunden, daß die exakten Frequenzen von Licht, das von Atomen ausgestrahlt oder absorbiert wird, nach pythagoräischem Muster in ganzzahligen Verhältnissen zueinander stehen. So konnte man auf einfache, elegante und rationale Weise das gesamte Verhalten und die Struktur von Atomen bis auf die letzte Stelle hinter dem Komma genau beschreiben. Die Rationalität der Wissenschaft feierte einen bislang nicht erträumten Sieg. Die Billardkugelhypothese war offensichtlich bestätigt.

Unsicherheit tritt auf den Plan

Doch dann kam aus einer unerwarteten Ecke ein vernichtender Schlag. Bislang hatte man bei der detaillierten Ausarbeitung der Atomtheorie angenommen, daß die letzten Einheiten – das Proton und das Elektron – mit trägen Objekten *gleichartig* seien. Man stellte sie sich schlicht als sehr kleine Billardkugeln vor, die ansonsten die Eigenschaften von gewöhnlichen Objekten wie Sandkörnern oder Staubteilchen besäßen. Dabei hatte man aber etwas Wichtiges außer Acht gelassen: wie stellt man es an, wenn man diese kleinen Teilchen *sehen* will? Des Rätsels dramatische Lösung war vergleichbar mit der Warnung Porzias an Shylock im »Kaufmann von Venedig«: er könne zwar sein Pfund Fleisch haben, wenn er aber einen Tropfen Blut vergießt, sei es um sein Leben geschehen. In der modernen Version hat Heisenberg die Rolle der Porzia übernommen. Er wies darauf hin, daß es für eine Vorhersage notwendig sei, Ort und Impuls eines solchen winzigen Teilchens zu *beobachten*. Zu diesem Zweck muß man – logischerweise – Licht darauf werfen. Die Wellenlänge des normalen Lichts (10^{-5}cm) ist aber ein millionenmal größer als der Durchmesser des Teilchens, das man beobachtet. Man kann also gar keine genaue Beobachtung durchführen

(diese Schwierigkeit führt auch dazu, daß das Auflösungsvermögen optischer Mikroskope nicht über das 3000fache hinausgeht).
Gut, dann nehmen wir doch einfach Licht mit kürzerer Wellenlänge. Ein solches Licht (Röntgenstrahlen) hat aber die Form von Photonen, die enorme Energie besitzen, so daß sie beim Zusammenprall mit dem Teilchen dieses aus dem Bild werfen.
So ergibt sich folgende mißliche Lage: die für eine Vorhersage notwendige Beobachtung von Ort und Impuls *ist nicht möglich,* und die Determiniertheit, die wir nach unseren Erfahrungen auf der molaren Ebene (bei Objekten, die aus Milliarden von Teilchen bestehen) erwarten dürften, gilt nicht für Elementarteilchen. Ort und Impuls sind bei ihnen unbestimmt.
Merkt der Leser bzw. die Leserin, was los ist? Oder ist er bzw. sie der Meinung, eines Tages würde sich schon ein feineres Beobachtungsmedium als das Licht finden, das die Beobachtung ohne Störung ermöglicht? Viele Wissenschaftler waren oder sind auch heute noch der gleichen Auffassung, denn man trennt sich nicht so gern von dem Glauben, daß man das Universum durchschauen kann oder – mit anderen Worten – daß es *objektiv* ist. Doch wie Heisenberg mit besonderem Nachdruck hervorhob, haben wir es nicht lediglich mit den physikalischen Beschränkungen eines Beobachtungsinstruments zu tun, die sich mit einem anderen Instrument umgehen ließen. Wir stoßen hier auf ein Prinzip, das uns eine theoretische Grenze der Genauigkeit unseres Wissens über einzelne Teilchen auferlegt.
Denn wie immer wir auch unser Beobachtungsmedium variieren, die Unsicherheit bleibt die gleiche. Wir können eine genaue Messung des Orts nur auf Kosten einer Störung des Impulses und eine genaue Messung des Impulses nur auf Kosten einer Störung des Orts durchführen. Das Produkt dieser beiden Unsicherheiten ist konstant.
In diesem Dilemma steckt auch ein wichtiges philosophisches Prinzip: der Beobachter kann über das Universum nur etwas erfahren, wenn er sich in Wechselwirkung mit ihm begibt, und diese Wechselwirkung erfordert um so mehr Energie, als die Genauigkeit der Beobachtung zunimmt. Eine bemerkenswerte Erkenntnis, denn auf diese Weise wird Null ebenso unerreichbar wie Unendlich!
Uns ging es hier aber darum, daß Unsicherheit auf den Plan tritt. Die für molare Verbindungen (Steine und andere träge Objekte) gültige Vorhersagbarkeit ist auf der Ebene der letzten Teilchen nicht möglich. Man könnte einwenden, daß die Unsicherheit durch den Akt der Beobachtung *eingeführt* wird, also epistemologischer Natur ist. Wie aber festgestellt wurde, haftet den Teilchen die Unsicherheit *von vornherein* an. Sie ist also ontologisch.[2] Es besteht nur eine Wahrscheinlichkeit,

daß sie sich an einem bestimmten Ort befinden. Man bezeichnet das Elektron jetzt als einen »Wahrscheinlichkeitsnebel«.

Ein anderes Merkmal dieser fundamentalen Teilchen, der Protonen und Elektronen, ist das Fehlen einer Identität. Es läßt sich nicht feststellen, ob ein Elektron, das ein Atom verläßt, das »gleiche« Elektron ist, das Teil dieses Atoms wurde. Um die Aufgabe der Wissenschaft weiter zu betreiben – um Gesetze ausfindig zu machen und Vorhersagen zu treffen –, haben die Physiker es aufgegeben, sich auf *einzelne* Teilchen zu konzentrieren. Wie Versicherungsgesellschaften auch müssen sie die Statistik zu Hilfe nehmen. Sie benützen sogar verschiedene Arten von Statistik für verschiedene Arten von Teilchen: die Boltzmann-Statistik für unterscheidbare Moleküle, und die Fermi-Dirac-Statistik für nicht unterscheidbare Elektronen.

Ich möchte an dieser Stelle nicht weiter in die Materie eindringen, will es aber auch nicht versäumen, auf die Moral von der Geschichte hinzuweisen: die Welt der Elementarteilchen unterscheidet sich erheblich von der der Billardkugeln, deren Verhalten vorhersagbar ist. Die Welt der Teilchen besitzt Ähnlichkeit mit der Welt der Menschen. Ihre Geschöpfe führen ihr eigenes Leben. Vorhersagen im Hinblick auf Elementarteilchen haben mit solchen aus Versicherungstabellen, Umfragen und Marktanalysen eines gemein: sie gelten nicht für das *Individuum*. Das einzelne Teilchen gehorcht keinen Gesetzen.

Der Fall in die Determiniertheit

Warum ist das so wichtig? Weil wir hier in der Wissenschaft erkennen, daß die *Evolution der Materie selber ein »Fall« ist*. Unter einem »Fall« verstehen wir Freiheitsverlust, Zunahme an Beschränkung. Dies vollzieht sich in mehreren Schritten: am Anfang verdichtet sich die ursprüngliche Energie des Photons zu Masse und bildet ein geladenes Teilchen, als nächstes vereinigen sich entgegengesetzt geladene Teilchen zu einem neutralen Atom, dann vereinigen sich Atome zu Molekülen, und schließlich setzen sich Moleküle zusammen und bilden träge Objekte. In diesem Prozeß wird die ursprüngliche Freiheit eingebüßt: die freie Bewegung eines Teilchens wird durch die freie Bewegung eines anderen aufgehoben. Wenn sich Milliarden von Teilchen vereinigen, entsteht ein *träges Objekt*, das sich selber nicht bewegt und exakten Gesetzmäßigkeiten unterworfen ist.

Genau diese trägen Objekte aber sind die Grundlage für die sogenannten Universalgesetze. Genau diese trägen Objekte – und keine anderen – bewegen sich nicht, wenn man ihnen keinen Stoß gibt.
Wir müssen daher die Bildung der Materie – des Universums überhaupt – als einen *Fall in die Determiniertheit* interpretieren.

Jenseits der Determiniertheit

Damit ist die Geschichte aber noch nicht zu Ende. Es gibt höhere Organisationsformen. Nicht alle Moleküle sind zu trägen Objekten vereinigt. Manche von ihnen haben sich zu Lebewesen *organisiert,* zu Pflanzen, Tieren oder Menschen. Können wir diese höheren Formen als einen Aufstieg – eine »Rückkehr« – zur Freiheit auffassen?

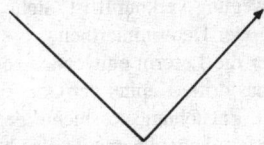

Ich glaube schon und möchte deshalb diese Vorstellung von einem »Bogen« als ein Grundpostulat einführen. Dieses Konzept ist ein Bestandteil der in diesem Buch dargelegten Prozeß-Theorie. Ich fand es aber auch schon durch die Wirklichkeit bestätigt, denn bei der Überprüfung der einzelnen Reiche in der Natur wurde mir klar, daß es einen Fall und einen Aufstieg gibt: die ersten und letzten Reiche waren am freiesten, die mittleren am stärksten determiniert.
Das ist beinahe selbstverständlich, denn ein Prozeß besteht laut Wörterbuchdefinition aus Schritten, die im Hinblick auf ein Endziel unternommen werden, »wie im Prozeß der Stahlerzeugung«. *Jeder Prozeß läuft also auf ein Ziel hinaus und tut dies auf dem Weg über entsprechende Mittel.* Solche Mittel sind naturgemäß bestimmt oder vorhersagbar. Wenn die von uns eingesetzten Mittel nicht so funktionieren, wie wir es erwarten, dann suchen wir andere Wege, um unser Ziel zu erreichen. Wenn unser Auto eine Panne hat oder sich sonst in nicht vorhersagbarer Weise verhält, nehmen wir andere Fortbewegungsmittel zu Hilfe (siehe auch die Diskussion über die Arbeit eines Erfinders in der Einleitung).
Der Leser oder die Leserin mag nun fragen, ob sich die Zunahme an Determiniertheit, die die Wissenschaft in der Entstehungsgeschichte

der Materie entdeckt hat, auch angemessen als ein Fall von der gleichen Art, wie er in den Mythen beschrieben wird, interpretieren läßt.

Als Antwort darauf zitieren wir den ägyptischen Mythos, der damit beginnt, daß Osiris von Seth in einem eigens dafür entworfenen Sarg gefangen wird. Der Sarg schwimmt dann den Nil herunter und kommt an den Wurzeln eines Tamariskenbaums zur Ruhe, der um ihn herum wächst und ihn *einschließt*. Schließlich wird Osiris von Seth zerstückelt und die Leichenteile werden im Sumpf verstreut. (Der Mythos fährt damit fort, daß Isis die toten Überreste sammelt und vom Leichnam das Kind Horus empfängt, das später zu dem Helden wird, der Seth besiegt.)

Dieser Mythos beschreibt eine zunehmende Beschränkung, zunächst die durch den Sarg und später die durch den Tamariskenbaum, der um ihn herum wächst und ihn einschließt. Der Fall wird in Form zunehmenden Freiheitsverlustes dargestellt. Das nächste Stadium, die Zerstückelung von Osiris, die mit einem totalen Verlust jeder nur denkbaren Initiative oder Eigenbewegung verknüpft ist, steht für einen Zustand vollkommener Trägheit oder Determiniertheit.

Nun mag der Leser oder die Leserin einwenden, die Geschichte von Isiris beziehe sich wie das dritte Kapitel der Genesis auf den Fall des Menschen, nicht auf die Entstehungsgeschichte der Materie. Ich bin aber nichtsdestoweniger fest davon überzeugt, daß beide Mythen einen Prozeß beschreiben, der sich zur Erreichung seines Ziels zwangsläufig zu Mitteln »herab«-lassen muß. *Die höheren Organisationsformen, die Leben ausmachen, müssen determinierte Materie zu ihrer Verfügung haben:* Osiris muß zerstückelt werden, damit Horus geboren werden kann. Das ist das *universelle* Muster jedes Prozesses, jeder Erfahrung, jeder Entwicklung.

Das Bogenmodell

Wir können also den Abstieg und den Aufstieg, die der Prozeß durchläuft, als einen Bogen darstellen:

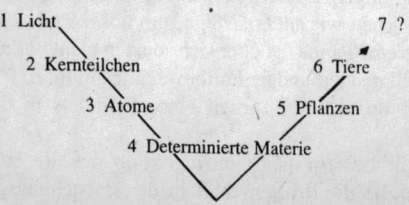

Die Vorstellung von einem Fall allein gibt nur das Gesamtbild wieder. Diesem Bogenschema lassen sich aber Anhaltspunkte dafür entnehmen, warum der Prozeß so ist, wie er ist. Wenn wir uns vor Augen führen, daß die sieben Stadien auf vier Ebenen auftreten, die jeweils spezifischen Charakter besitzen, können wir weitere Details aufdecken.

2. Die Zweckbestimmtheit des Lichts

Das Rätsel des Lichts

Der Kern unserer ganzen Geschichte – und das hat sie mit dem Anfang der Schöpfungsgeschichte gemein – liegt in der Natur des Lichts. Hier werden wir mit einem Rätsel konfrontiert, und ich sage das nicht wegen der Probleme, die das Licht der Physik bereitet, sondern im Hinblick auf seine wesentlichen Merkmale. Aufgrund seiner Primärstellung muß das Licht unqualifiziert, d. h. unbeschreibbar sein, denn es kommt noch vor den Gegensätzen, die für eine Beschreibung notwendig sind.
Diese Aussage ist zwar im wesentlichen eine philosophische, doch die Physiker würden so ziemlich das Gleiche sagen. Für den Physiker ist das Licht insofern etwas Einzigartiges, weil es im Gegensatz zu allem anderen tatsächlich Existierenden keine Masse (Restmasse) besitzt. Es hat keine Ladung und – wie wir durch die Relativitätstheorie wissen, die entdeckte, daß Uhren bei Lichtgeschwindigkeit aufhören zu gehen – kennt auch keine Zeit.[1] Licht bewegt sich zwar im Vakuum mit einer »Geschwindigkeit« von ca. 300 000 km/s, doch handelt es sich hierbei nicht um Bewegung im gewöhnlichen Sinn, da das Licht keine andere Geschwindigkeit einnehmen kann. Objekte können ruhen oder sich mit verschiedener Geschwindigkeit bewegen. Das Licht hingegen hat nur eine Geschwindigkeit (in jedem beliebigen Medium) und kann nicht ruhen. Selbst der Begriff des Raums ist für das Licht bedeutungslos, denn das Licht durchdringt den Raum, ohne auch nur im geringsten an Energie zu verlieren.
Das Licht bringt uns in eine besondere Schwierigkeit, nämlich in die, etwas über das zu erkennen, was uns das Wissen über andere Dinge vermittelt. Wir könnten uns einen Maler vorstellen, der seinen Pinsel malen möchte. Auf dieses Problem stoße ich auch, wenn ich meine Brille reparieren will: ich kann sie ohne sie nicht sehen. Ebenso können wir das Licht, durch das wir sehen, nicht wahrnehmen.
Ein solches Zen-Paradox »schmeckt« dem Wissenschaftler nicht, der sich das Licht gern als »ein Teilchen wie andere auch« vorstellen möchte. Diese Interpretation hält sorgfältiger Prüfung nicht stand, denn die Bezeichnung »ein Teilchen wie andere auch« für etwas, das sich außerhalb von Raum und Zeit befindet und keine Restmasse hat, ist ein

Placebo für Materialisten, keine korrekte Beschreibung (siehe auch die Diskussion über das Unsicherheitsprinzip im 1. Kapitel).
Das Licht ist kein objektives Ding, das wie ein gewöhnlicher Gegenstand untersucht werden kann. Selbst ein winziger Schneekristall kann – bevor er schmilzt – photographiert oder von mehr als einer Person wahrgenommen werden. Ein Photon aber, die letzte Einheit des Lichts[2], *ist nur einmal zu sehen*. Seine Entdeckung ist seine Vernichtung. Das Licht kann nicht gesehen werden, es ist das Sehen selbst. Auch dann, wenn ein Photon teilweise vernichtet wird – etwa durch ein Elektron –, ist das, was übrigbleibt, nicht Teil des alten Photons, sondern ein neues Photon mit niedrigerer Frequenz, das eine andere Richtung nimmt.
Ein gewöhnliches Objekt kann man sich als Überträger von Impulsen oder Energie vorstellen, die es an ein anderes Objekt weitergeben kann. Der Hammer, mit dem wir auf einen Nagel schlaagen, übt eine Kraft aus, die den Nagel in das Holz treibt. Eine Bowlingkugel überträgt Energie, die die Kegel umwirft. Hammer und Bowlingkugel bleiben nach der Energieübertragung bestehen, das Licht hingegen hinterläßt keine Spur. *Licht ist reine Wirkung,* die an kein Objekt gebunden ist.
Diese Lichtenergie ist überall. Sie füllt ein Zimmer, den ganzen Raum überhaupt, und verbindet alles mit allem. Zu ihr gehört viel mehr als das Licht, durch das wir sehen, denn *jeder Energieaustausch* zwischen Atomen und Molekülen ist eine Form der – üblicherweise so genannten – elektromagnetischen Energie, die sich über ein breites Spektrum erstreckt und besser Interaktion heißen sollte. Das sichtbare Licht nimmt nur eine Oktave in diesem Spektrum ein.
Wir haben gesagt, daß Licht unqualifiziert ist. Damit meinen wir, daß die üblichen Mittel und Wege, mit denen wir ein Objekt von einem anderen unterscheiden, für seine Beschreibung nicht geeignet sind. Das Licht besitzt aber Frequenz und Wellenlänge. Die Frequenz ist die Geschwindigkeit dividiert durch die Wellenlänge. Die Wellenlängen des sichtbaren Lichts treten als Farben in Erscheinung, wobei rotes Licht lange Wellenlänge und niedrige Frequenz, violettes Licht kürzere Wellenlänge und höhere Frequenz besitzt. Vom roten bis zum violetten Licht verdoppelt sich die Frequenz (entspricht einer Oktave im Spektrum). Der Gesamtbereich der Lichtwellenlängen – zwischen denen, die von der Größenordnung her dem Durchmesser des Protons (10^{-13} cm) entsprechen, und denen, die im transatlantischen Funkverkehr benutzt werden – umfaßt mindestens 60 Oktaven.

Das elektromagnetische Spektrum

Frequenz (in Hertz = Hz)		Wellenlänge (in cm)
10^{23} Hz	Protonenbildung	10^{-13} cm
	Gammastrahlen	10^{-11} cm
	Röntgenstrahlen	10^{-8} cm
	Ultraviolettstrahlen	10^{-6} cm
	Sichtbares Licht	10^{-5} cm
10^{14} Hz	Infrarotstrahlen	10^{-4} cm
	Wärmestrahlen	10^{-2} cm
	Radarstrahlen	1 cm
	UKW, UHF (Fernsehen)	10^{2} cm
10^{6} Hz	Mittelwelle (Radio)	10^{4} cm
	Langwelle (Radio)	10^{6} cm

Frühere Theorien des Lichts

Newton war der erste, der die Zerlegung von weißem Licht in Farben beobachtete, als er in einem abgedunkelten Raum einen dünnen Sonnenstrahl durch ein Prisma auf eine Leinwand fallen ließ. Seiner Überzeugung nach war das Licht von Natur aus korpuskular, d. h. aus winzigen Teilchen bestehend. Als er die Ringe oder Interferenzränder beobachtete, die sichtbar werden, wenn eine gekrümmte Spiegelfläche auf einer flachen ruht, nahm er an, daß diese Korpuskeln periodischer Art sein mußten, bestritt aber die Möglichkeit, daß sie Wellen seien.

Im Jahre 1690 stellte Huygens die Wellentheorie des Lichts auf. Unter Hinweis auf die außerordentliche Geschwindigkeit des Lichts und auf die Tatsache, daß sich Lichtstrahlen gegenseitig durchdringen, ohne sich zu behindern, nahm er an, daß Licht nicht – wie im Fall eines Geschosses – auf die Übertragung von Materie zurückgeführt werden könne, sondern vielmehr der Übertragung von Schall durch Luft ähneln müsse. Diese Bewegung, so folgerte er, müsse sich graduell und wellenförmig ausbreiten, wie Wellen, die sich bilden, wenn man einen Stein in das Wasser wirft.

Newtons Autorität war aber so groß, daß die Wellentheorie erst um 1800 allgemeine Anerkennung fand. Es sei hervorgehoben, daß beide Theorien eine *Abhängigkeit von etwas Materiellem* vermuteten. Einmal sind es die Korpuskeln, das andere Mal das Medium, in dem die Wellen weitergeleitet werden.

Das 19. Jahrhundert leitete mit der Entdeckung der Elektrizität eine neue Ära ein. Den Anfang bildeten Galvanis Experimente mit amputierten Froschbeinen. Es folgten Voltas elektrische Batterie, die Leitung von elektrischem Strom über Draht, und Ampères Formulierung der Gesetze, die die Beziehungen zwischen der Elektrizität und Kräften beschreiben. Am Ende standen die brillanten Experimente Faradays. Durch sie ließen sich alle elektrischen Phänomene in seine Theorie eines Feldes eingliedern, in dem »Kraftlinien« für Wirkungen über Entfernungen hinweg verantwortlich gemacht wurden. Wie schon in der Einleitung erwähnt, hat das Magnetfeld die Form eines Torus.

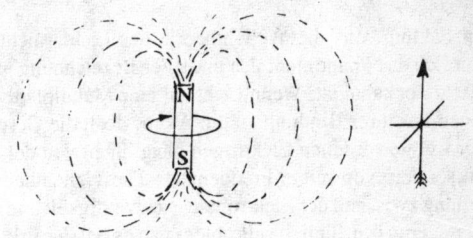

Diagramm eines Magnetfelds

Es war deshalb eine außerordentliche Leistung, als 1873 James Clerk Maxwell die Theorie des elektromagnetischen Felds von Faraday und die Wellentheorie des Lichts unter eine gemeinsame mathematische Formel bringen konnte. Diese Formel war in der Lage, Licht, Elektrizität und Magnetismus zu erklären. Sie sagte auch die Radiowellen voraus, die bald darauf von Hertz entdeckt wurden.

Die Wellentheorie des Lichts setzte die Existenz eines alles durchdringenden Äthers voraus, dem man die Funktion eines Mediums für die Übertragung elektromagnetischer Kräfte zuschrieb. Das Konzept des Äthers vermochte zwar das hartnäckige Problem der Fernwirkung zu lösen, schaffte aber neue Probleme. Kraft wurde als »Druck« im Äther aufgefaßt. Damit sich aber dieser Druck mit Lichtgeschwindigkeit verschieben kann, müßte der Äther *millionenmal* fester als Stahl sein (nach de Broglie, einem modernen Physiker, müßte diese Festigkeit den Wert von Unendlich annehmen). So scheint denn der Äther ein bemerkenswertes Beispiel dafür zu sein, wie weit die Leute zu gehen bereit sind, Hilfskonstruktionen zu zimmern und damit Denkfehler zu vertuschen, statt eine falsche Prämisse – in diesem Fall den Materialismus – aufzugeben.

Diese Absurdität brachte aber die Theorie eines alles durchdringenden Äthers noch nicht zu Fall. Erst in den achtziger Jahren des vorigen Jahrhunderts, als Michelson und Morley in ihren Experimenten die Geschwindigkeit des Lichts senkrecht und parallel zur Erdbewegung verglichen und keinen Unterschied fanden – also den Nachweis nicht erbringen konnten, daß die Erdbewegung relativ zum Äther sei –, wurde die Ätherhypothese allmählich in Frage gestellt.

Die Quantentheorie

Es gab ein Faktum, das die Wellentheorie des Lichts nicht erklären konnte, nämlich das Phänomen, das unter der Bezeichnung »lichtelektrischer Effekt« bekannt ist. Wenn Licht auf eine Metallplatte fällt, löst es Elektronen aus ihrer Bindung an ein Atom, doch die Geschwindigkeit solcher frei gewordenen Elektronen hängt nicht von der Intensität des Lichts, sondern von seiner Frequenz ab. Die Wellentheorie würde eine Beziehung zwischen der Elektronengeschwindigkeit und der Intensität voraussagen. (Ein ähnliches Problem gab es bei der Erklärung der Photographie. Auch noch so schwaches Licht – selbst Licht von einem weit entfernten Sternennebel – hat genug Energie, um aus dem Silberbromidmolekül das reine Silber freizusetzen, das das Negativ verdunkelt.)

Zur Erklärung des lichtelektrischen Effekts bediente sich Einstein 1905 der Theorie, die 1900 von Planck aufgestellt worden war, nämlich daß *Licht in ganzen Einheiten oder Wirkungsquanten übertragen wird.* Diese Wirkungsquanten – auch Photonen genannt – bilden das dynamische Gegenstück[3] zu den vertrauten Atomen der Materie und werden ohne Energieverlust übertragen. Nach dieser Theorie enthält das Photon einen Betrag an Energie (E), der proportional zu seiner Frequenz (F) ist:

$$E = hF \text{ (h = Plancksche Konstante)}$$

Oder, da die Frequenz der Kehrwert von der Zeit ist:

$$E \times t = h.$$

(Eine Welle mit einer Frequenz von 60 Schwingungen pro Sekunde hat eine Schwingungsdauer von $1/60$ Sekunde.)

Da sich die Energie des Photons (bestimmt von seiner Frequenz) mit der Entfernung nicht abschwächt, ist so der lichtelektrische Effekt erklärt. Doch es dauerte lange, bis die Quantentheorie anerkannt wurde. Die dann erzielten Forschungsergebnisse waren jedoch überwältigend.

So wurde festgestellt, daß die schon erwähnte Entdeckung Heisenbergs, nach der das Elektron nicht beobachtet werden kann ohne gestört zu werden, die Plancksche Theorie erforderlich machte. Denn in diesem Fall ist das Produkt aus der Unsicherheit des Orts und der Unsicherheit des Impulses *ebenfalls ein Wirkungsquantum*, das der Planckschen Konstanten gleicht.

Diese und andere Entdeckungen waren Teil der revolutionären neuen Physik, die unter der Bezeichnung *Quantenphysik* bekannt wurde. Zu ihren Aussagen gehören:

1. Licht wird in ganzen Einheiten ausgestrahlt, deren Energie sich auf dem Weg zu ihrem Ziel nicht verflüchtigt (Wirkungsquanten).
2. Jeder Energieaustausch auf der atomaren und sogar der molekularen Ebene vollzieht sich in Wirkungsquanten (Licht).
3. Die Wirkung – wie die Materie – erfolgt in diskreten ganzen Einheiten, die sich nicht unterteilen lassen.

Wie kam Planck zu dieser wichtigen Entdeckung? Wie allgemein berichtet wird, bemühte er sich um eine Erklärung der Diskrepanz zwischen Theorie und Praxis, die den Zusammenhang zwischen Strahlung und Temperatur betraf. Nach der damals verbreiteten Theorie müßte die Strahlung eines erhitzten Objekts für alle Frequenzen gleichmäßig verteilt sein. Man stelle sich einen Behälter vor, der Strahlung aller möglichen Frequenzen oder Wellenlängen enthält.

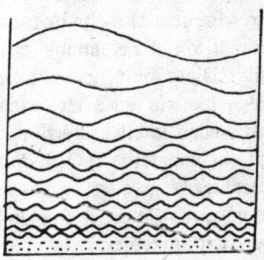

Da die Frequenz in einem Behälter mit vorgegebener Größe einen unteren Grenzwert (ihre Wellenlänge kann höchstens das Doppelte der Größe des Behälters betragen), aber keinen oberen Grenzwert hat, sagte die klassische Theorie voraus, daß die Energie von den höheren Frequenzen absorbiert würde. Das Ergebnis wurde mit der dramatischen Bezeichnung »ultraviolette Katastrophe« versehen.

Dies ist aber eindeutig nicht der Fall. Die Strahlung *erreicht tatsächlich* eine obere Grenze, jenseits der sie sich abschwächt:

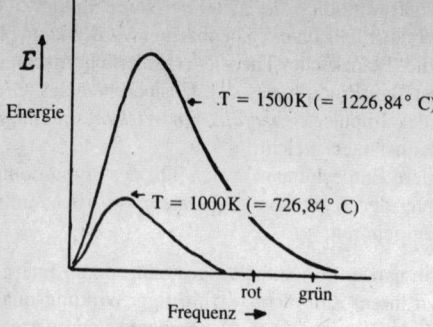

Wird also ein Objekt erhitzt, so wird es zunächst rot-, dann weißglühend, und geht schließlich mit zunehmender Temperatur in blau über. Es erfordert mehr Energie, um Wärmestrahlen mit höherer Frequenz abzugeben.

Zur Erklärung dieser unerwarteten Beziehung nahm Planck an, daß Energie in Paketen ausgestrahlt wird, deren Energie proportional zur Frequenz ist, d. h. das Produkt aus Energie und Zeit ist konstant. Dies ist die Plancksche Konstante und die Einheit der *Wirkung*.

So erforderte es zunehmend mehr Energie, um die Schwingungen mit höherer Frequenz hervorzurufen (wie es auch mehr Talents bedarf, um leitende Positionen zu besetzen). Die Tatsache, daß für *kurzwelliges* Licht (Licht mit höherer Frequenz) mehr Energie notwendig ist, entspricht nicht dem, was man von der Kenntnis über Schall- und Wasserwellen erwarten würde. Diese brauchen nämlich mehr Energie, je *länger* sie sind. Wir haben hier nur einen der vielen Punkte, in denen die Quantentheorie den rationalen Intellekt korrigieren mußte. Das rationale Denken ist zwar ein wunderbares Hilfsmittel, doch in nahezu jedem Bereich ein schlechter Wegweiser, insbesondere im Hinblick auf die grundlegenden Fragen, für die die normalen Wechselbeziehungen nicht mehr gelten oder sich umkehren.

Das Prinzip der kleinsten Wirkung

Die schwierige Frage lautet: was ist *Wirkung?* Diese Frage wird im Laufe der weiteren Erörterungen immer wichtiger werden. Interessanterweise finden wir die Auffassung, daß Licht Wirkung sei, schon sehr früh. Wie man bereits im 17. Jahrhundert beobachtete, erfolgt der

Sonnenuntergang etwas später, als zu erwarten wäre, wenn die Lichtstrahlen geradlinig verliefen. Das Licht nimmt bei Eintritt in die Erdatmosphäre einen gekrümmten Weg. Dieses Phänomen wird auf die Tatsache zurückgeführt, daß die Geschwindigkeit des Lichts durch die Atmosphäre verringert wird.

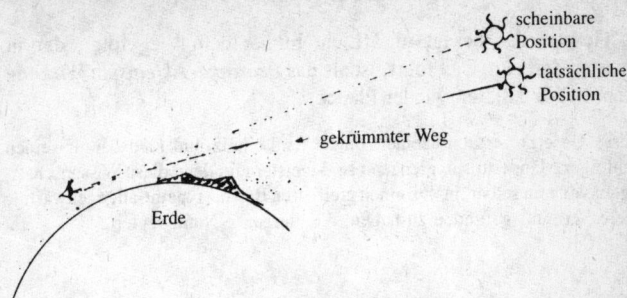

Bemerkenswert aber ist der Umstand, daß der Weg, den das Licht durch die Schichten der Atmosphäre einschlägt, genau dem Weg entspricht, der in kürzest möglicher Zeit zum Ziel führt. Wenn man von einem Punkt in der Stadt zu einem Punkt auf dem Land gelangen will, können wir die Gesamt*zeit* reduzieren, wenn wir den zeitlichen Aufenthalt in der Stadt verkürzen – und zwar sogar auf Kosten eines längeren Weges verkürzen. Der berühmte Mathematiker des 17. Jahrhunderts Fermat war der erste, der das Problem des Weges für ein Minimum an Zeit löste. Das Licht folgt genau diesem Weg, wenn es von einem dichteren

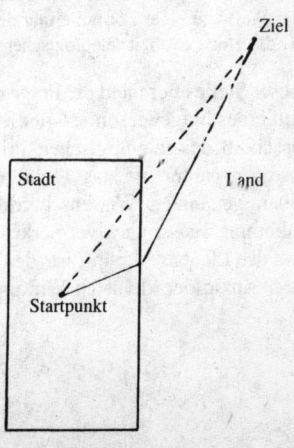

in ein dünneres Medium überwechselt. Planck selber sagte über dieses Phänomen:

> So verhalten sich die Photonen, die einen Lichtstrahl bilden, wie intelligente menschliche Wesen: von allen möglichen Kurven wählen sie immer diejenige aus, die sie am schnellsten zu ihrem Ziel bringt.[4]

Das Gesetz, das besagt, daß Licht immer dem Weg folgt, der in kürzester Zeit zum Ziel führt, ist als das *Prinzip der kleinsten Wirkung* bekannt. Wir zitieren wieder Planck:

> (Dieses Gesetz) versetzte seinen Entdecker Leibniz und bald darauf seinen Nachfolger Maupertuis in grenzenlose Begeisterung, denn diese Wissenschaftler glaubten nun selber, in ihm einen greifbaren Beweis für eine allgegenwärtige höhere Vernunft gefunden zu haben, die die ganze Natur regiert.

Das zielbewußte Verhalten des Lichts

Wie man wohl wissen wird, ist die Annahme der Zweckbestimmtheit oder des teleologischen Prinzips in der Wissenschaft tabu. Dies gilt besonders für Biologen, die sich bei jeder Gelegenheit zu dieser Annahme gedrängt fühlen müssen, sie aber vermeiden wie ein bekehrter Alkoholiker einen Drink. Die Physiker vermeiden sie, weil ihre Probleme sie nicht erforderlich machen.

Doch können wir bei einem der größten Physiker nachlesen:

> ... Die historische Entwicklung der theoretischen Forschung in der Physik hat in bemerkenswerter Weise zu einer Formulierung des Prinzips physikalischer Kausalität geführt, die einen explizit teleologischen Charakter besitzt.[5]

Ich möchte an dieser Stelle aber nicht die Frage der Teleologie diskutieren. Es sei nur auf eines hingewiesen: es gibt lediglich eine Ausnahme von diesem Ausschluß des teleologischen Prinzips aus der Wissenschaft, und diese Ausnahme ist das Licht, dessen Verhalten nach Meinung der oben genannten Wissenschaftler einem zielbewußten Verhalten gleichkommt. Es sei auch vermerkt, daß die Zielbewußtheit mit jenem Aspekt des Lichts verknüpft ist, den man als das Wirkungsprinzip (oder das Prinzip der kleinsten Wirkung) kennt.

Wirkung erfolgt in Quanten

Was fügte Planck zu diesem Wirkungsprinzip hinzu, das nicht schon in den Gedanken von Leibniz enthalten war? Es war die Auffassung, daß die Wirkung in *Quanten* oder *Ganzen* erfolgt, und daß diese Einheit konstant ist. Und es ist nicht die Energie, die gequantelt ist – selbst gute Physiker benutzen aus schlechter Gewohnheit diese Formulierung –, sondern die *Wirkung*.

$$\text{Wirkung} = E \times t \; (\text{Energie} \times \text{Zeit}) = \text{konstant} \; (h)$$

Die *Wirkung* ist konstant, die Energie ist proportional zur Frequenz (t ist die Dauer einer Schwingung).

Bisher habe ich mich – mit Ausnahme des Hinweises auf das teleologische Prinzip – im Rahmen der allgemein anerkannten Wissenschaft bewegt. Ich möchte jetzt gern diesen Gedanken der Zweckbestimmtheit, die sich nach der Meinung von Planck – und vor ihm von Leibniz – im Prinzip der kleinsten Wirkung ausdrückt, weiterverfolgen.

Wie schon erwähnt, ist das Teleologieprinzip für die Wissenschaft tabu. Bacon sagte: »Der Gedanke der Zweckbestimmtheit ist (für die Wissenschaft) so unfruchtbar wie eine Jungfrau, die sich Gott geweiht hat.« Doch sind, wie Whitehead bemerkt, »Wissenschaftler, die sich von dem Ziel leiten lassen, den Beweis zu erbringen, daß sie kein Ziel verfolgen, selber ein interessanter Untersuchungsgegenstand«. Er fährt fort: »Wir müssen unterscheiden zwischen der Autorität der Wissenschaft in bezug auf die Festsetzung ihrer eigenen Methodologie und der Autorität der Wissenschaft in bezug auf die Festsetzung der letzten Erklärungskategorien.«[6] Whitehead möchte offensichtlich die Zweckbestimmtheit als eine weitere letzte Erklärungskategorie einführen.

Wie können wir aber die Zweckbestimmtheit in die Kosmologie (in die letzten Erklärungskategorien) einbeziehen, wenn wir sie immer noch aus der wissenschaftlichen Methodologie ausschließen?

Wir wissen, daß die Wissenschaft ihr gesamtes Gebäude auf drei Meßgrößen aufbaut: auf Masse, Länge und Zeit sowie ihren Kombinationsmöglichkeiten. Alle wissenschaftlichen Aussagen können mit Hilfe dieser Begriffe formuliert werden. Keiner von ihnen – weder die Masse noch die Länge noch die Zeit – enthält irgendwelche Anhaltspunkte für eine Zweckbestimmtheit. Diese vermuten wir nur in der Wirkung, die die Formel ml^2/t besitzt, also Masse (m), Länge (l) und Zeit (t) *kombiniert*. Gibt es möglicherweise etwas im Ganzen, was nicht in seinen Teilen enthalten ist?

Dies ist hier eindeutig der Fall. Nehmen wir doch jede Vorrichtung, die aus Teilen besteht, etwa eine Flasche mit ihrem Korken oder ein

Blitzlichtgerät mit der dazugehörigen Lampe. Können wir die Funktion der ganzen Vorrichtung in ihren Teilen finden? Sicherlich nicht. Nur wenn die Teile entsprechend zusammengefügt sind, erfüllen sie ihre Funktion und ihren Zweck. Alleine wären sie dazu niemals in der Lage.

Planck verdanken wir die epochemachende Entdeckung, daß die Wirkung *gequantelt* ist oder einfacher ausgedrückt »in Ganzen erfolgt«. Diese Entdeckung können wir rückwirkend auch auf menschliches Verhalten und seine Wirkung übertragen. Wir können nicht etwas 1½ mal oder 1,42 mal tun. Wir können uns nicht vornehmen, anderthalbmal aufzustehen, zu wählen, aus dem Fenster zu springen, einen Bekannten anzurufen, zu sprechen oder sonst irgendetwas zu machen. Die *Ganzheit* gehört zur Natur jeder Handlung, jeder Entscheidung, jeder zielgerichteten Aktivität. Plancks Entdeckung über das Licht gilt für unsere eigenen Handlungen und ihre Wirkung. Dies haben wir aber erst richtig erkannt, als die Physiker es zu einem Prinzip machten.

Licht als erste Ursache

Vielleicht sollte ich an diesem Punkt aufhören. Wir strapazieren den Verstand sowieso schon über seine Grenzen hinaus. Wir wollen aber unbeirrt weitermachen und sehen, was passiert. Da die Zweckbestimmtheit im Ganzen und nicht in seinen Teilen liegt, muß das Ganze größer sein als seine Teile. Wie können wir das erklären? Das Ganze *kann nicht funktionieren, wenn es geteilt wird*. Daraus folgt, daß Funktion den Aspekt oder die »Ursache« bildet, die nicht in den Teilen ist und mit der sich die Wissenschaft nicht befassen kann, da diese es ja mit Masse, Länge und Zeit – also mit Teilen – zu tun hat. So gelangen wir zu einem kosmologischen Grundpostulat: *die Teile sind vom Ganzen abgeleitet,* und nicht umgekehrt. Mit anderen Worten: das Ganze existiert *vor* den Teilen (siehe auch S. 178 f.).

Wir können nun unsere Argumentation schließen, denn durch den Nachweis, daß die Teile aus dem Ganzen entstehen, erhalten wir die Bestätigung dafür, daß *das Licht die erste Ursache ist:*

> Licht = Wirkungsquanten = Ganze = erste Ursache

Eine weitere Überlegung, die die grundlegende Natur der Wirkung bestätigt, ist die Tatsache, daß Wirkungen *eigenschaftslos* sind. Die Masse wird in Gramm, die Länge in Meter und die Zeit in Sekunden gemessen, Wirkungsquanten hingegen werden *gezählt*, wobei keine Notwendigkeit besteht, die Art der Einheit näher zu definieren. Darin wird ihre grundlegende Natur offenbar: die Wirkung *geht dem Messen voraus,* sie kommt noch vor der Analyse, die zu Angaben in Gramm, Metern und Sekunden führt.

Man könnte nun einwenden, die Wirkung habe die Formel $ml^2/_t$ und könne daher nicht dimensionslos sein. Die Antwort darauf lautet: die Wirkung hat zwar die Dimension $ml^2/_t$, doch stellen wir uns auf den Standpunkt, daß diese bestimmte Kombination von Dimensionen (als Wirkung bekannt) das *Ganze* darstellt, aus dem sich Zeit, Masse und Länge ableiten, und zwar aus den folgenden Gründen:

1. Die Wirkung erfolgt in unreduzierbaren *Quanten* oder Einheiten.
2. Diese Einheiten sind von konstanter, d. h. *unveränderlicher* Größe.
3. Sie werden gezählt, nicht gemessen.
4. Da sie unbestimmt sind, bilden sie den Endpunkt in der Kausalkette und sind deshalb *erste Ursache*.

Exkurs

Die in diesem Kapitel umrissene Geschichte der theoretischen Konzeptionen des Lichts kulminierte in Plancks Entdeckung, daß das Licht in Quanten oder ganzen Wirkungseinheiten (h) ausgestrahlt wird, deren Meßformel $ml^2/_t$ (oder $2\pi ml^2/_t$) lautet.

Im Interesse der Vollständigkeit sei hier vermerkt, daß das Wirkungsquantum noch unter einem anderen Namen bekannt ist, nämlich als *Drehimpuls*. Drehimpuls und Wirkung besitzen die gleiche Meßformel: $ml^2/_t$. Dadurch werden die Dinge nicht unbedingt komplizierter, denn der Drehimpuls ist eindeutig definiert und läßt sich leichter begreifen als das Konzept der Wirkung oder der Unsicherheit. So kann er uns für das Verständnis der Wirkung sogar behilflich sein.

Was ist der Drehimpuls? Es ist der Impuls eines in Kreisbewegung befindlichen Körpers. Der *lineare* Impuls, der keine solche Kreisbewegung beinhaltet, ist der Impuls eines Hammers oder eines Autos, das gegen einen Telegraphenmast fährt, und entspricht dem Produkt aus Masse und Geschwindigkeit, d. h. $m \times v$ oder – da die Geschwindigkeit v der Quotient aus zurückgelegtem Weg (oder Länge) und Zeit ist – $ml/_t$. Der Drehimpuls aber ist das Produkt aus dem linearen Impuls und dem Radius des Kreises, den der Körper beschreibt, also $ml/_t \times l$ oder $ml^2/_t$.

Ein Körper, der sich um eine Achse dreht, oder zwei Körper, die um ein Zentrum kreisen, besitzen einen Drehimpuls. Wenn wir uns nun vorstellen, daß das Seil, das den Körper hält, reißt, dann können wir die Unsicherheit (des

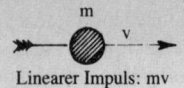
Linearer Impuls: mv

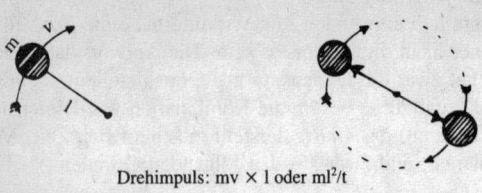
Drehimpuls: mv × l oder ml²/t

Wirkungsquantums) als unsere Unsicherheit bezüglich der Richtung, die der frei gewordene Körper einschlägt, erklären.

Der Drehimpuls »verpackt« den Impuls so, daß er – im Gegensatz zum linearen Impuls – keine Übertragungsgeschwindigkeit für seine Existenz benötigt. Ein Schwungrad beispielsweise besitzt einen Drehimpuls und kann Energie speichern, auch wenn es an ein- und demselben Ort bleibt. Das Schwungrad kann aber transportiert werden und so eine gespeicherte Energie übertragen.

Damit erhalten wir eine Antwort auf die seit langem gestellte Frage, wie sich die Wirkung über Entfernungen überträgt. Nach dieser Theorie nämlich enthält das Licht Energie in seinem Drehimpuls und kann somit diese Energie von einem Punkt zum anderen transportieren. Newtons Korpuskulartheorie vermochte die Übertragung unterschiedlicher Energiemengen nicht zu erklären, da sich die Korpuskeln alle mit der gleichen Geschwindigkeit – der Lichtgeschwindigkeit – fortbewegen müssen. Diese Theorie konnte deshalb auch nicht den großen Unterschieden in der Lichtenergie (siehe elektromagnetisches Spektrum, S. 38) Rechnung tragen. Die Wellentheorie hingegen konnte die Energieübertragung nur erklären, indem sie einen unendlich festen Äther postulierte.

Die Plancksche Konstante – das Wirkungsquantum – kann zudem *jeden beliebigen* Betrag an Energie enthalten. Stellen wir uns einen Schlittschuhläufer oder einen Ballettänzer vor, der seinen Körper in eine Drehbewegung mit ausgestreckten Armen versetzt, wobei er diese Drehung beschleunigen kann, indem er die Arme näher an den Körper zieht. Im Falle des Photons kann der Körper beliebig klein werden. Mit Abnahme des Radius wird die Drehung immer schneller (erhöht sich die Frequenz des Photons). Diese schnellere Drehbewegung besitzt noch mehr Energie, und dieser sind nach oben keine Grenzen gesetzt.

Wo aber kommt diese Energie (beim Schlittschuhläufer) her? Der Schlittschuhläufer produziert sie, indem er seine Arme gegen die Zentrifugalkraft einzieht, und sie würde größer, wenn er in seinen Händen Gewichte hielte. Natürlich gibt es im Fall des Schlittschuhläufers eine obere Grenze hinsichtlich der Drehgeschwindigkeit oder der Energie, die er auf diese Weise zu speichern vermag, da er ja seine Arme nur bis zu einem gewissen Punkt einziehen kann. Das Photon aber, das keine Masse besitzt, kann auf beliebige Größe zusammenschrumpfen. Daraus folgt also, daß ein einzelnes Photon unendlich viel Energie speichern kann, wenn es *klein* genug wird!

Dies ist wohl eines der überraschendsten Forschungsergebnisse der Quantenphysik: je *kleiner* das Photon, desto *mehr* Energie enthält es. Es macht uns auf den großen Unterschied zwischen der Welt des Lichts und der Welt der Materie aufmerksam.

Die Welt des Lichts	*Die Welt der Materie*
Zeit, Raum, Ladung oder Masse existieren nicht.	Zeit, Raum, Ladung und Masse existieren.
Die Energie nimmt mit Verringerung der Größe (Wellenlänge) zu.	Die Energie nimmt mit Verringerung der Größe (Masse) ab.
Die Geschwindigkeit ist konstant; es gibt keine Ruhe.	Jede beliebige Geschwindigkeit kleiner als die Lichtgeschwindigkeit ist möglich.

Zusammenfassung

In diesem Kapitel ging es darum, eine Verbindung zwischen Licht, Zweckbestimmtheit und erster Ursache herzustellen.

Wir haben gezeigt, daß sich die Wissenschaft im Hinblick auf das Verständnis des Lichts zweimal vollkommen umstellen mußte: von »Korpuskeln« auf Wellen, und von Wellen auf Wirkungsquanten. So wird deutlich, daß das Licht nicht lediglich »ein Teilchen wie andere auch« ist und sich auch nicht wie die meisten Dinge mit Hilfe anderer Dinge beschreiben läßt. Es ist das Grundelement. Plancks Entdeckung des Wirkungsquantums oder Photons, der kleinsten Einheit des Lichts, wurde kurz dargestellt. Es wurde auf die Verbindung zwischen Wirkungsquantum und Zweckbestimmtheit hingewiesen. Wie wir feststellten, hat die Zweckbestimmtheit – soweit sie Entscheidung ist – ganzheitlichen Charakter, so daß bei einer Teilung des Ganzen die Zweckbestimmung oder Funktion verlorengeht. Daraus ziehen wir den Schluß, daß das Licht das einheitliche teleologische Prinzip darstellt, das das Universum hervorbringt, und daß es als erste Ursache aufzufassen ist.

3. Weitere Vorstellungen vom Licht

Vorwissenschaftliche Auffassungen

In diesem Kapitel möchte ich gern einige Vorstellungen vom Licht wiedergeben, die lange vor Entstehen der modernen Wissenschaft vertreten wurden. Es war die Zeit um 350 n. Chr., als Philosophen sich bemühten, die Darstellung des Schöpfungsvorgangs in der Genesis rational zu erklären, und noch ehe solchen Spekulationen durch die Dogmen der Kirche ein Riegel vorgeschoben wurde.
Nach I. P. Sheldon Williams unterschied der Hl. Basilius von Caesarea, der etwa um 370 n. Chr. schrieb, zwischen der intelligiblen – nur durch den Geist erkennbaren – und der durch die Sinne unmittelbar erfahrbaren Welt.[1] Erstere befand sich außerhalb der Zeit, letztere teilte mit ihr »eine intelligible Materie, die Basilius mit dem Licht gleichsetzte. Das Licht erhellt die materielle Welt und bildet deshalb die gemeinsame Grundlage sowohl des intelligiblen als auch des mit den Sinnen wahrnehmbaren Universums.«

Daraus folgt [so der Hl. Basilius], daß das Licht von allgemeinerer Natur ist als die Zeit, denn die Zeit gibt es nur in der mit den Sinnen erfahrbaren Welt ... Da das Licht nicht auf die Zeit beschränkt ist, breitete es sich im Augenblick seiner Erschaffung überall aus – so wie eine Lampe, die angezündet wird, den ganzen Raum erleuchtet. Zwischen der intelligiblen und der mit den Sinnen erfahrbaren Welt befindet sich das Firmament, das eine Art Barriere bildet. Ihre, durch das Wort »*Firm*ament« selber implizierte, Festigkeit ist so beschaffen, daß das Licht hindurch kann (wenn auch nur in abgeschwächter Form); die Zeit aber kann nicht in die Welt darüber eindringen.

Dies ist eine höchst bemerkenswerte Feststellung, geht doch aus ihr hervor, daß die Zeit in der Welt des Lichts nicht existiert – eine Tatsache, die der Wissenschaft erst seit der Verbreitung der Relativitätstheorie bekannt ist!
Die Erkenntnis einer grundlegenden Teilung zwischen einer intelligiblen und einer mit den Sinnen erfahrbaren Welt ist allen vorwissenschaftlichen Denkmodellen gemeinsam. Der Glaube an eine intelligible Welt ging erst zurück, als umfassende Theorien wie etwa die der universellen Gravitation scheinbar eine Erklärung der phänomenalen

Welt in mechanistischen – oder besser gesagt: reduktionistischen – Begriffen ermöglichten. Während Newton noch glaubte, die Regelmäßigkeiten in den Planetenbewegungen seien ein Beweis für die Existenz Gottes, teilte Laplace, sein Nachfolger, diese Anschauung nicht. Seine Antwort auf Napoleon, der sich kritisch darüber äußerte, daß sich in Laplaces »Traité de la mécanique céleste« kein Hinweis auf den Schöpfer finde, lautete: »Sire, ich bedarf dieser Hypothese nicht.«

Dies ist seitdem der Trend in der Wissenschaftsphilosophie geblieben. Eine sorgfältige Überprüfung der wissenschaftlichen *Forschungsergebnisse* aber offenbart – in deutlicher Abhebung von der Wissenschafts*philosophie* –, daß dieser Trend an den wahren Grenzen der Wissenschaft umgeschlagen hat: wie im vorhergehenden Kapitel beschrieben, stößt der Physiker auf immer mehr Unsicherheit, je tiefer er in die Grundlagen eindringt. Es ist eine falsche Wissenschaftlichkeit und nicht die Wissenschaft, die den alten Determinismus immer noch am Leben hält. Es sind die Behavioristen und die Soziologen, die »irgendwann jetzt« die »Gesetze« des menschlichen Verhaltens zu entdecken glauben. Der Laie hat sich das Credo des Determinismus ebenfalls zu eigen gemacht, vielleicht weil er ihn als wissenschaftlich empfindet, wohl aber auch, weil er ihm ein Gefühl der Sicherheit gibt und die Dämonen, die mit jeder Veränderung kommen, austreibt.

Die Physiker, die ursprünglich für die Lehre vom Determinismus (den Blake als »Newtons Schlaf« bezeichnet hat) verantwortlich waren, sind durch ihre eigenen Experimente zu der Erkenntnis gezwungen worden, daß diese Lehre wissenschaftlich unhaltbar ist. Zuerst wurden sie von Heisenberg aufgerüttelt, der die Auffassung vertrat, daß ein Elementarteilchen nicht beobachtet werden kann, ohne störend beeinflußt zu werden. Sie mußten dann feststellen, daß die Unsicherheit die Regel und nicht die Ausnahme ist, und sie wissen jetzt, daß sie nur im statistischen Sinn Vorhersagen treffen können. Individuelle Vorhersagen sind nicht möglich.

Es ist bemerkenswert, daß diese entscheidende Umkehr nicht sonderlich bekannt geworden ist. Eddington schildert die Abkehr vom Determinismus in seiner köstlichen Fabel von den »Canticles« (engl. Wort für »Gesänge«). Man erzählt sich, daß ein Gelehrter »Canticles« irrtümlicherweise für eine Person hält, über die er Arbeiten schreibt und in der er den Verfasser verschiedener Werke sieht. Nach einigen Jahren entdeckt er, daß dieses Wort »Gesänge« heißt, und versucht, seinen Fehler zu korrigieren. Dabei muß er aber feststellen, daß andere Gelehrte seines Geistes Kind adoptiert haben und sich nun seinem Bemühen widersetzen, ihr Idol abzuschaffen. Sie greifen ihn an und werfen ihm vor, er habe keine Beweise dafür, daß »Canticles«, die Person, nicht existiert.

Auf die gleiche Weise ist der Determinismus, der auf der Grundlage eines Mißverständnisses entstand und von dem man jetzt weiß, daß er im Prinzip falsch ist, zu einem Politikum geworden. Seine Verfechter fordern andere zu seiner Widerlegung heraus. Robert Oppenheimer schrieb 1956:

... Das Schlimmste aller denkbaren Mißverständnisse wäre, wenn die Psychologie dahingehend beeinflußt würde, sich nach dem Vorbild einer Physik zu formen, die es nicht mehr gibt, die schon reichlich veraltet ist.[2]

Genau dies aber ist eingetreten, und die Gelehrten mit dem falschen Dogma machen am meisten von sich reden.

Wir sollten die so entstehenden Schwierigkeiten nicht unterschätzen. Der Determinismus des 19. Jahrhunderts übte einen tiefen Einfluß auf unser Denken aus, nicht weil er materialistisch war, sondern weil er dem Verstand Funktionen übertrug, die von anderen Fähigkeiten getragen werden sollten. Damit meine ich, daß es das rationale Element am Determinismus ist, das ihn so gefährlich macht. Es sabotiert nicht nur die Intuition des höheren Geistes, sondern auch den praktischen gesunden Menschenverstand.

Dies entspricht einer alten Weisheit (eigentlich einer Hauptthese) der Zen-Philosophie: »Der Geist ist der Todfeind des Wirklichen.« Es gibt andere »Feinde«, die der Mensch bekämpfen muß, etwa seine körperlichen Gelüste, doch die Lüste des Fleisches wiegen heutzutage weniger als die Lüste des Geistes, die sowohl Menschen in führenden Positionen als auch die breite Öffentlichkeit verführen. Man denke nur an die Gruppen von Fachleuten zur Beratung der Regierung, die Gutachten, die Computer, die Informationsexplosion und andere Formen der Überbewertung rationalen Denkens.

Die Bedeutung dieser Aufzählung von Dingen, die selbstverständlich sein mögen, liegt darin, daß wir mit der Entdeckung der wahren Natur des Lichts einen Bezugspunkt haben, einen Leitfaden, der uns helfen kann, die Kosmologie in Ordnung zu bringen und das, was an den Anfang gehört, auch an den Anfang zu rücken. Und nun möchte ich etwas behaupten, das Wissenschaftler und Theologen gleichermaßen ketzerisch anmuten mag: ein richtiges Verständnis der Quantenphysik kann uns den Bereich erschließen, über den in früheren Zeiten nur die religiöse Offenbarung etwas aussagte; sie kann zum Verständnis der ersten Ursache beitragen.

Lassen Sie mich auf den Hl. Basilius zurückkommen. Wir haben hier einen griechischen Philosophen, der viel tiefgehendere und angemessenere Aussagen machte als jene, die in der Blütezeit der griechischen Zivilisation (im 4. und 5. Jahrhundert v. Chr.) lebten. Vergleichen wir beispielsweise den Hl. Basilius mit Aristoteles. Letzerer verfügte zwar über ein enzyklopädisches Wissen, doch machte er keine Aussagen, die die revolutionären, dem rationalen Verstand so widersprechenden Entdeckungen der modernen Wissenschaft vorwegnehmen sollten. Aristoteles sagte nicht, daß die Zeit in der Welt des Lichts nicht existiert, und mit Hilfe der reinen Vernunft könnte man auch nicht auf einen so seltsamen Gedanken kommen. Wie kam aber der Hl. Basilius darauf? *Indem er über die Inhalte religiöser Offenbarung nachdachte.* Darin wird die Funktion religiöser Offenbarung deutlich: sie gibt uns das, was der Verstand *von sich aus* nicht kann. Wir können nicht auf dem Weg über das logische Denken zu dem Schluß gelangen, daß das Licht den Anfang jeglicher Existenz bildete. Der rationale Verstand beginnt am anderen Ende, mit Objekten, und teilt dann das Objekt, so wie es Demokrit mit seinen Atomen tat. Der Verstand muß mit etwas anfangen. So etwas wie die erste Ursache läßt er nicht zu. Probieren Sie es doch selbst! Sie werden feststellen, daß Sie sich immer wieder fragen, was die Ursache für die erste Ursache war.

Wie aus der Genesis hervorgeht, ist die erste Ursache »fiat«: Es werde Licht! Was ist »fiat«? Es ist *Wirkung* (Entscheidung). Als Planck die Entdeckung machte, daß das Licht ein Wirkungsquantum ist, entdeckte er damit »fiat«, das Gleiche, was in der Genesis beschrieben ist, das Licht, das am ersten Tag erschaffen wurde. Sie werden vielleicht jetzt einwenden, daß also Gott die Ursache hinter der ersten Ursache sei.[3] Die Frage, ob sich Gott (Wirkung) von Licht (Wirkung) unterscheidet, ist ein Rätsel, das ich nicht zu lösen vermag. Ich glaube aber, daß wir hier am falschen Platz konkret sein wollen.

Ich vertrete nicht die Anschauung, daß die Schriften religiöser Offenbarung notwendigerweise richtige Aussagen machen. Der Hl. Gregor, ein Zeitgenosse des Hl. Basilius und ein ebenso frommer Philosoph, sagte (nach Sheldon Williams):

Die Sprache der Heiligen Schrift enthüllt die Wahrheit nicht direkt, sondern in halb verschlüsselter Form. Dies liegt daran, daß die mit den Sinnen erfahrbare Welt, aus der sie ihre Bilder und Vergleiche nimmt, ein unvollkommenes Abbild der Welt ist, die nur durch den Geist erkannt werden kann.[4]

Man könnte meinen, daß der hl. Gregorius Eddington gelesen hat:

Der Physiker entwirft mit aller Sorgfalt einen Plan vom Atom und fährt dann fort, kritisch jedes Detail auszumerzen. Übrig bleibt das Atom der modernen Physik.[5]

Mit anderen Worten: wir können weder dem rationalen Verstand noch der religiösen Offenbarung allein trauen. Wir brauchen beides. Das bedeutet nicht, daß alle mit Hilfe des logischen Denkens gewonnenen Interpretationen religiöser Schriften korrekt seien, ganz im Gegenteil! Wenn wir aber eine so enge Entsprechung finden, wie sie zwischen der prärationalen Auffassung vom Licht als dem Anfang aller Dinge und der modernen Physik besteht, dann ist es meiner Meinung nach zumindest möglich, die symbolischen Äußerungen religiöser Offenbarung korrekt zu interpretieren.

Hier müssen wir darauf achten, nicht – wie schon so häufig geschehen – in die Irre zu gehen, und gerade weil ich mich gegen diese Gefahr absichern will, berufe ich mich auf die Quantenphysik – nicht auf die Physik überhaupt, die häufig so sehr ein Sklave des Rationalismus ist wie die Philosophie. Man denke nur an den Physiker, der darauf bestand, daß das Atom nicht geteilt werden könne, weil das Wort Atom unteilbar heißt. Oder man erinnere sich an die Theorie des Lichts, die eine Odyssee von Korpuskeln über Wellen in einem Äther bis zu den Wirkungsquanten durchmachen mußte. Eine solche historische Entwicklung legt nahe, daß etwas die Konzeption des Lichts in einer Weise wachsen ließ, wie es der Rationalismus nicht zustande gebracht hätte. Dieses Etwas sind natürlich die Ergebnisse von Experimenten, doch mußten sie sich durch bestimmte Tatsachen manifestieren, wie etwa durch die Diskrepanz im Zusammenhang zwischen Strahlung und Temperatur, die Planck zur Erfindung einer neuen Theorie *zwang*.

Der Leser oder die Leserin wird jetzt vielleicht denken: »Nun gut, die Physik ist bereits die religiöse Offenbarung von heute. Sie gründen lediglich eine neue Sekte.« Doch ganz das Gegenteil ist der Fall: ich versuche zu zeigen, wie die hart erkämpften Wahrheiten der Physik – jene, die die radikalsten Abweichungen erzwangen –, dem entsprechen, was die besten Denker früherer Zeiten in den Schriften der Offenbarung fanden.

Ich gründe also nicht eine neue Sekte, sondern fordere eine Überprüfung von Grund auf. Ich versichere, daß diese nicht nur eine Bestätigung dessen liefern kann, was früher Glaube war, sondern auch eine Synthese der Wissenschaft zu leisten vermag, die heutzutage so zerstückelt ist, daß sie jede Bedeutung verliert, und die sicherlich so viel profitieren würde wie die Religion.

So viel zum Gesamtrahmen. Wir haben uns in den letzten zwei Kapiteln mit dem facettenreichen Problem des Lichts befaßt. Alle Aspekte dieses Problems weisen in eine Richtung: zu der letzten Zentral- oder Primärstellung des Lichts als dem Ursprung aller Dinge. Damit meine ich nicht nur die Materie, die das Licht durch seine Kondensation aus Photonen

schafft und die es durch die Interaktion von Photonen mit Atomen und Molekülen verändert, sondern auch das, was der Hl. Basilius die *intelligible* Welt nannte, das ewige Jetzt des Bewußtseins.
Vielleicht wird man entdecken, daß die Tachyonen, jene vermuteten Einheiten, die schneller als das Licht sind, die intelligible Welt umfassen. Dazu kann und will ich nichts sagen. Ich wäre schon zufrieden, wenn ich den Leser bis an die Grenze dieses Reichs führen kann, in dem er – paradoxerweise – bereits lebt.

Überblick über die folgenden Kapitel

In den folgenden Kapiteln will ich die Evolution anhand der Reiche der Natur verfolgen. Wie wir feststellen werden, sind mit zunehmendem Komplexitätsgrad der Organisation – in der Reihenfolge Teilchen, Atome, Moleküle, Zellen, Organismen und Tiere – die natürlichen Einheiten untrennbar mit einer intrinsischen Aktivität verknüpft. Diese von innen kommende Aktivität ist der positive Faktor hinter der Evolution und kann aus zwei wichtigen Gründen nicht übergangen werden. Der eine Grund ist theoretischer Art: ein Universum, das aus trägen Teilchen (Billardkugeln) besteht, könnte nicht von sich aus die hochorganisierten und äußerst komplexen Einheiten bilden, die wir Lebewesen nennen. Der andere Grund ist der, daß die Quantenphysik im Wirkungsquantum eine solche intrinsische Aktivität entdeckt hat.
Zum Wirkungsquantum, wie es sich beispielsweise im sichtbaren Licht manifestiert, gehört im Verhältnis zu der Energie, die wir beim Gehen oder beim Autofahren aufwenden, eine extrem geringe Energiemenge. Dieser Vergleich ist aber irreführend. So wie die Energie für die *Steuerung* eines Autos im Verhältnis zur Energie für seinen *Antrieb* winzig ist, so ist auch die Energie für die *Entscheidung*, seinen Körper zu bewegen, ungleich geringer als die Energie, die für die tatsächliche Bewegung notwendig ist. Unser Körper ist in der Tat ein komplexer Organismus, in dem Muskeln von Nerven und diese wiederum von winzigen elektrischen Veränderungen kontrolliert werden, etwa von solchen, die an der Änderung einer Bindung in einem Molekül beteiligt sind. Eine solche Veränderung innerhalb eines Moleküls ist gerade noch das, was das Wirkungsquantum leisten *kann*, doch der Unterschied zwischen der Bildung eines Stärkemoleküls aus Kohlendioxyd und Wasser (die im Chlorophyll durch ein Lichtquantum bewirkt wird) und der menschlichen Entscheidung ist so groß, daß wir mit Sorgfalt

verfolgen müssen, wie sich die Natur vom Chlorophyllmolekül zu Lebewesen von der Komplexität der Tiere und des Menschen entwickelt hat.
Wir werden sehen, daß in dieser Entwicklung das Wirkungsquantum eine zentrale Rolle spielt. Selber unsichtbar und unerkennbar (es trägt auch die Bezeichnung »Unsicherheitsquantum«) ist es doch in allen Stadien der Evolution wirksam und »verursacht« ihr Fortschreiten, vergleichbar mit dem Zufall, der nach Auffassung der heutigen Evolutionstheorie die Mutation und damit die Evolution bedingen soll. Die Art und Weise, wie sich das Unsicherheitsquantum in Teilchen und Atomen manifestiert, mag den Begriff »Zufall« rechtfertigen, doch wird diese Bezeichnung in späteren Stadien unangemessen, dann nämlich, wenn sich höhere Organismen entwickeln und die intrinsische Zufälligkeit mit einer höchst leistungsfähigen Organisation ausstatten. In diesem Fall scheint die intrinsische Zufälligkeit mehr den Charakter eines »Spiels« zu haben. Nehmen wir doch als Parallele das, was das Wort »Spiel« bei einem Kind und bei einem Erwachsenen bedeutet: im ersteren Fall etwas, was zu Zufallsergebnissen führt, im letzteren Fall etwa die Aktivität eines geschickten Sportlers oder eines talentierten Virtuosen.
In der ganzen Schöpfung gibt es diese Transzendierung dessen, was rein rational ist oder durch das Vorausgehende bedingt wird. Das Wort »Spiel« kommt der Beschreibung der Ursache neuer Schöpfungen – seien es die eines Mathematikers, eines Dichters oder eines Malers – und des Fortschritts der Evolution überhaupt näher als das Wort »Zufall«. Entscheidend ist, daß wir uns von dem Zwang befreien müssen, bei allem nach einer Vorbedingung oder Ursache zu forschen oder – im Namen der Wissenschaft – Mittel und Zweck umzukehren. Würde uns denn einfallen, die Kreativität Beethovens darauf zurückzuführen, daß er Klavier spielen gelernt hat? Wir würden vielmehr zugeben, daß das Erlernen einer musikalischen Technik ein Teil der Mittel war, die Beethoven zur Vermittlung seiner Werke benutzte. Auf die gleiche Weise sollten wir bei der Interpretation der Natur die Dinge an den Anfang rücken, die auch an den Anfang gehören. Statt anzunehmen, daß alles Leben auf Gesetzmäßigkeiten zurückgeführt werden kann, sollten wir uns die Organismen als Mittel vorstellen, durch die das Göttliche seine Fülle zum Ausdruck bringt.
Gesetze beschreiben Einschränkungen, sie schaffen nicht Neues. Wir müssen ein Universum postulieren, das sowohl einschränkt als auch Neues hervorbringt, und im folgenden werden wir versuchen, das Zusammenspiel dieser beiden Urkräfte – des kreativen Spiels und der Einschränkung durch Gesetze – in seiner Entwicklung zu verfolgen.

Da sich der größte Teil der Wissenschaft mit Gesetzen befaßt und die Evolution selber mit dem Zufall erklärt, können wir sagen, daß wir ein neues Paradigma oder Modell des Universums formulieren, ein Paradigma, das sich ausdrücklich mit dem Zusammenspiel von Freiheit und Beschränkung beschäftigt. Dazu ist aber erforderlich, die Ergebnisse wissenschaftlicher Forschung mit Sorgfalt zu beachten. Diese Zeugnisse sind von um so größerem Wert, da ja die Quantenphysik – entgegen dem früheren Glauben der Wissenschaft an die Allmacht der Gesetze – die Unsicherheit oder das Spiel als das Grundlegendste aller Dinge ermittelt hat, grundlegender noch als die Elementarteilchen, die es hervorbringen kann.

Wir werden also mitverfolgen, wie das Unsicherheitsquantum in die Determiniertheit »fällt«. Im 4. und 5. Kapitel sind Fall und nachfolgender Aufstieg in groben Zügen umrissen.

Die vier folgenden Kapitel setzen dann die Einzelheiten ein, wie sie sich in der Evolution der Atome (6. Kapitel), Moleküle (7. Kapitel), Pflanzen (8. Kapitel) und Tiere (9. Kapitel) bestätigt haben. Das 10. Kapitel dringt in Bereiche vor, die von unserer Theorie impliziert werden, aber von der Wissenschaft noch nicht erkannt sind, und im 11. Kapitel betrachten wir den tierischen Instinkt aus der Sicht der im 10. Kapitel aufgestellten Prinzipien.

Danach (12.–14. Kapitel) gehen wir den Schlußfolgerungen aus unserer These nach, die die Evolution des Menschen betreffen – und das, was über ihn hinausgeht.

4. Die vier Ebenen

In unserem Konzept des Falles, auf den ein Aufstieg folgt, nimmt der Prozeß Form an und wird beschreibbar. Die Beschreibung fängt damit an, daß wir im Prozeß eine Zweckbestimmtheit, ein Ziel, erkennen. Um dieses Ziel zu erreichen, bedarf es Mittel, die – um effektiv zu sein – vorhersagbare Wirkung besitzen, d. h. gesetzmäßig funktionieren müssen.

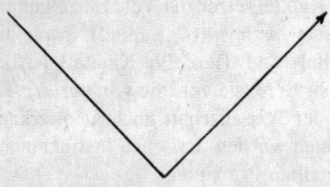

Prozeß und Zweckbestimmtheit

Allein mit dem Begriff Zweckbestimmtheit tragen wir einer Reihe verschiedener Aspekte Rechnung: der Prozeß verläuft in eine bestimmte Richtung, er entwickelt sich aus sich selbst heraus, er muß Mittel einsetzen und diese Mittel müssen in vorhersagbarer Weise wirksam (determiniert) sein.

Langsam nimmt jetzt eine Theorie Gestalt an. Wenn wir nun – wie in der Einleitung bemerkt – hinzufügen, daß der Prozeß sieben Stadien hat, sind wir im Besitz einer genauen Vorschrift, die wir einhalten müssen. Unser weiteres Vorgehen kann sich an einer Reihe von Instruktionen orientieren.

Genau an diesem Punkt fingen meine Untersuchungen ernsthaft an. Ehe ich fortfahre, möchte ich aber noch ein Plädoyer für den Experimentator halten, der eine Theorie im Kopf hat. Ich möchte damit etwas richtigstellen, was meiner Meinung nach eine irrige Vorstellung vom Umgang mit einer Theorie ist. Wie man gewöhnlich annimmt, macht man sich eine Theorie zu eigen und überprüft sie anhand der Wirklichkeit. Hält die Theorie nicht stand, sucht man sich eine neue. Dies könnte tatsächlich so sein, aber wenn, dann nur über lange Zeit hinweg betrachtet. Meistens ist es gerade umgekehrt: wenn man sich im Besitz einer guten Theorie glaubt und bei ihrer Überprüfung auf Probleme stößt, *biegt man sie entsprechend zurecht*. Genau so ist es beim Hubschrauber: bringt man den Rotor zum ersten Mal auf Hochtouren, gerät er ins »Flattern«, also befaßt man sich solange mit Vibrationsproblemen, bis man eine Lösung findet. Oder nehmen wir doch die Erziehung eines Kindes: es fällt in Geometrie durch (auch Newton fiel übrigens in Mathematik durch) – Sie schaffen sich nun nicht ein neues Kind an, sondern geben ihm Nachhilfeunterricht.

Es gibt tatsächlich einige Forschungsprogramme, bei denen man nach der alternativen Methode verfährt: wenn ein Projekt fehlschlägt, wird es fallengelassen. Dabei kommt aber wenig heraus – außer daß Gelder aufgebraucht werden. Alles, was zählt, wird mit viel kreativer und stützender Arbeit erreicht, und ich behaupte, daß dies auch bei Theorien der Fall ist.

Im Hinblick auf eine Kosmologie mag man diese Bemerkungen als unangebracht empfinden, da es bisher noch nicht viele umfassende kosmologische Theorien zum Vergleich gibt. Die gegenwärtige Theorie, die sich stark den Anschein gibt, aus Fehlern gelernt zu haben, ist von den naiven Interpretationen des Genesis-Mythos zu den naiven Interpretationen der Wissenschaft des 19. Jahrhunderts gelangt und hat es damit belassen. Es gibt keine umfassende Kosmologie, die auf der Quantenphysik basiert. Nahezu jeder innerhalb der wissenschaftlichen Disziplinen, angefangen von den Verhaltenspsychologen zu den Physikern, ist darauf geeicht, in den Begriffen der klassischen Wissenschaft zu denken, und weiß nicht die Möglichkeiten der Quantenphysik in bezug auf eine Theorie zu schätzen, die die Grenzen des klassischen Determinismus überschreiten kann.

Auf jeden Fall haben wir jetzt eine Theorie oder zumindest die Grundlage für eine Theorie, und ich lade den Leser oder die Leserin dazu ein, mich bei den Schritten zu begleiten, mit denen ich dieser Theorie die Gründe für ihre »Struktur« (ich setze dieses Wort bewußt in Anführungszeichen, weil ich – wie bereits erklärt – zur Beschreibung der wahren Entwicklung des Prozesses den Strukturbegriff für ungeeignet halte) abrang. (Ein Ringen war es deshalb, weil ich mich an ein- und dieselbe Theorie hielt und sie zu mir sprechen ließ.) Ich benutze das Wort »Struktur« für die Symmetriebeziehungen und für andere Merkmale der von mir so genannten Ebenen, über die der Prozeß – wie wir demonstrieren werden – ab- und danach wieder aufsteigt.

Der Verlust an Freiheitsgraden

Während des Abstiegs verliert der Prozeß seine Freiheit in drei Schritten nach unten. Stellen wir uns vor, wir versuchten eine Wildkatze zu fangen, die auf einen Baum geklettert ist. Wir fangen sie mit einem Lasso ein und machen sie fest. Die Wildkatze kann sich weiter bewegen, aber nicht fliehen. Dann werfen wir ein zweites Lasso über sie und machen auch dieses Seil fest. Die Wildkatze kann sich immer noch bewegen, doch während ihre Bewegungen im ersten Fall innerhalb einer gedachten Kugel mit der Seilverankerung als Mittelpunkt möglich waren, beschränken sie sich jetzt durch die beiden Seile auf einen Kreis in einer Fläche (ein Kreis ist der geometrische Ort aller Punkte, die von zwei gegebenen Punkten gleich weit entfernt sind). Mit einem dritten Lasso halten wir die Wildkatze an einer Stelle fest.

Entsprechend schränkt der Schritt vom Licht herab auf die Ebene der Nuklearteilchen die Teilchen auf Bewegungen innerhalb einer Kugel ein (der von Heisenberg beschriebenen Unsicherheitsbahn des Elektrons), der zweite Schritt legt das Elektron auf Bewegungen in einer Kreisbahn um den Atomkern fest, und der dritte bedingt die starre Position des Atoms wie etwa in einem Kristall.

Die Ebenen des Abstiegs

Der Abstieg erfolgt nicht kontinuierlich, sondern in drei Schritten. Warum aber ausgerechnet drei? Im Falle der Wildkatze liegt das eindeutig an den drei Dimensionen des Raums. Im Falle des Prozesses erhält diese Dreidimensionalität etwas abstrakteren Charakter, doch bleibt es bei drei Schritten. Zur Demonstration möchte ich gern auf dreierlei Weise die Entwicklung der Grundbausteine der Physik in vier Stadien, die drei Schritte nach unten beinhalten, charakterisieren. Die einzelnen Ebenen werden später in diesem Buch näher beschrieben. Hier geht es nur darum, eine Methode für die Strukturierung dieses Konzepts darzulegen.

Teilung der ursprünglichen Einheit

Eine Beschreibungsmöglichkeit wäre: der Abstieg ist, wie bereits erwähnt (siehe S. 45 ff.), eine *Teilung* der ursprünglichen Einheit oder des ursprünglichen Ganzen im Wirkungsquantum in das Produkt aus Energie und Zeit, und in Energie als Produkt aus Länge und Kraft.

Von der Homogenität zur Heterogenität

Es gibt aber auch eine andere Art der Teilung, nämlich den Abstieg von der Homogenität zur Heterogenität der physikalischen Größen selber:
1. Eine Art des *Photons,* das ganzzahligen Spin[1] besitzt und nicht geladen ist.
2. Zwei Arten von Nuklear*teilchen,* die halbzahligen Spin besitzen und positiv oder negativ geladen sind[2].
3. Über 100 Arten von *Atomen* mit verschiedenen chemischen Eigenschaften.
4. Unzählige Arten von *Molekülen* mit vielen verschiedenen Eigenschaften: mit mechanischen, elektrischen, chemischen und physiologischen.

Veränderungen im Grad der Sicherheit von Aussagen

Die Ebenen repräsentieren auch Grade von *Sicherheit,* mit der man Aussagen über die Elemente der einzelnen Prozeßstadien machen kann, und diese Sicherheitsgrade können zu Elektronenvolt, einem Energiemaß, in Beziehung gesetzt werden.

Ebene I: Die *Photonen* der Ebene I sind von vollständiger Unsicherheit geprägt; sie lassen keine Vorhersagen zu. Wie schon erwähnt, führt die Beobachtung eines Photons zu seiner Vernichtung, so daß nichts übrig bleibt, über das man Vorhersagen treffen könnte. Die Energie eines Photons, das ein Proton erzeugen kann, beträgt etwa eine Milliarde Elektronenvolt, die zur Erzeugung eines Elektrons etwa 500 000 Elektronenvolt. Alle Photonen besitzen vollständige Freiheit.

Ebene II: Die *Nuklearteilchen,* das Elektron und das Proton, die durch Photonen gebildet werden, sind die ersten Erscheinungsformen von stabiler Masse und Ladung, der Grundsubstanz des Universums im Vergleich zur Aktivität des Lichts, das sie hervorbrachte. Doch nicht die ganze Aktivität (oder korrekter ausgedrückt der gesamte Drehimpuls) ist zu Masse verdichtet. Aus bisher nicht geklärten Gründen bleibt $1/137$ des Drehimpulses ungebunden und frei (dieser Wert $1/137$ ist als Feinstrukturkonstante bekannt). Gerade diese »Freiheit«, die sich in der Unsicherheit von Ort und Impuls manifestiert, kennzeichnet die Elementarteilchen.

Ebene III: Das *Atom* bringt eine weitere Reduktion mit sich, nicht nur in dem Sinne, daß die Ladung der beisteuernden Teilchen neutralisiert wird, sondern auch, daß die von ihm ausgestrahlte oder absorbierte freie Energie drastisch auf etwa 10 Elektronenvolt (beim Wasserstoffatom) reduziert wird.

Ebene IV: Im *Molekül* sind es die *Bindungen,* die Energien besitzen. Diese Bindungsenergien können sehr unterschiedlich stark sein. Wir interessieren uns für die Energien von etwa $1/25$ eines Elektronenvolts; dieser Wert entspricht der Energie eines durchschnittlichen Moleküls bei Zimmertemperatur. Warum gerade dieser Wert? Weil nach unserer Theorie auf diesem Energieniveau Leben möglich wird.

Dieses letzte Energieniveau scheint die Arbeitsgrundlage zu sein, die der Prozeß erreichen muß, ehe er sich von neuem aufbauen kann. Damit meinen wir den Aufbau der komplexen organischen Moleküle wie der Proteine und der DNS-Moleküle, die die Grundlage für Leben bilden, das eine Temperatur zwischen 0 ° und 45 ° Celsius braucht.

Die Notwendigkeit eines freien Willens

Der Leser oder die Leserin wird vielleicht mit gegenwärtigen Vorstellungen vertraut sein, wonach Leben aus elektrischen Entladungen in der Methanatmosphäre des Anfangsstadiums der Erde entstanden sein soll. Bei der experimentellen Überprüfung solcher Entladungen stellte man fest, daß sie winzige Mengen der Aminosäuren produzieren, die für Leben notwendig sind. Dies mag in der Tat ein wichtiger Schritt in der Entstehung von Leben gewesen sein, doch reicht er unserer Ansicht nach bei weitem nicht aus. Wir vertreten den Standpunkt, daß das Leben zusätzlich zu Stoffen und Bedingungen einen *Willensakt* erfordert, ähnlich der Zweckbestimmtheit des Wirkungsquantums. Ich befürchte, daß dies den Anschein von fehlender Wissenschaftlichkeit weckt, doch hoffe ich genau das Gegenteil zeigen zu können: daß nämlich die von mir aufgestellte Hypothese ein Minimum an Annahmen voraussetzt. Sie kehrt auch nicht – wie die gegenwärtigen Interpretationen der Darwinschen Theorie – das Problem unter den Teppich.

Keine der oben ausgeführten Unterscheidungen eignet sich für die höheren Reiche in der Natur, für die Pflanzen, die Tiere und den Menschen. (Eigentlich müßte ich »den Menschen« in Klammern setzen, um zu verdeutlichen, daß er nicht als der einzige Repräsentant des siebenten Reichs aufgefaßt werden soll. Tatsächlich besteht ein Teil unserer Aufgabe darin, zu einer Definition des siebenten Reichs oder zumindest zu einer Beschreibung zu gelangen, die es kategorial von den anderen Reichen unterscheidet. Es genügt nicht, den Menschen zu einem »nackten Affen«, zu einem »Affen mit einer Keule« oder gar zu einem »Tier« zu machen, das »mit Hilfe der Sprache kommuniziert« oder »zu abstraktem Denken fähig ist«. Wir haben in der Prozeß-

Theorie ein Instrument, das grundlegendere Unterscheidungen ermöglicht, und wir sollten von diesem Instrument Gebrauch machen. Der besondere Wert liegt in den angenommenen Ebenen. Vielleicht ist jetzt schon der Hinweis angebracht, daß sich ein Schema vom Kosmos abzeichnen wird, in dem das Leben weit davon entfernt ist, lediglich ein »grünes Abfallprodukt auf einem unbedeutenden Planeten« zu sein, wie es ein Wissenschaftler einmal ausdrückte. Es ist vielmehr untrennbar mit mehreren *Organisationsebenen* verbunden, *die ihrem Wesen nach zur Entwicklung des Kosmos* gehören. Das siebente Reich, das den Menschen einschließt, ist eine dieser Organisationsebenen.)

Wie können wir also den Nachweis erbringen, daß sich die höheren Reiche in der Natur kategorial voneinander unterscheiden und *auf jeweils getrennten Ebenen* anzusiedeln sind?

Die Symmetrie von Abstieg und Aufstieg

Es gibt mehrere Möglichkeiten, die unmißverständlichste aber – da sichtbar – beruht auf der wohlbekannten, wenn auch wenig beachteten *Symmetrie* bei Mineralien, Pflanzen und Tieren. Auf sie wurde ich zum ersten Mal von Fritz Kunz aufmerksam gemacht, der dieses Thema in einem Artikel über das Symmetrieprinzip erörterte.[3] D'Arcy Thompson hat zwar einen großen Teil seines tausendseitigen Werks *Über Wachstum und Form*[4] dem Thema Symmetrie gewidmet, doch scheint er die ausgesprochen einfache Tatsache, daß sich die Reiche nach Symmetrie unterscheiden lassen, nicht zu bemerken.

Moleküle: Ebene IV, Stadium sechs

Die Kristalle im Reich der Moleküle besitzen sogenannte *vollständige* Symmetrie. Sie bestehen aus Reihen, Spalten und Schichten sich

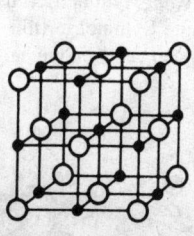

monoton und unendlich wiederholender Moleküle. Es gibt *drei* Symmetrieachsen und keinen Freiheitsgrad.

Wir können offenbar nicht begreifen, wie ein Virusmolekül, dessen Molekulargewicht in die Millionen geht, in die strenge Ordnung eines Kristalls gebracht werden kann, doch verhält es sich so. Alle Moleküle können die Form von Kristallen annehmen.

Pflanzen: Ebene III, Stadium fünf

Pflanzen besitzen einen Freiheitsgrad, der sich in ihrem vertikalen Wachstum ausdrückt. Die Spitze einer Pflanze unterscheidet sich von

ihren Wurzeln, doch rechts und links sowie vorne und hinten sind gleich. Dies wird als *radiale* oder zylindrische Symmetrie bezeichnet. Es gibt *zwei* Symmetrieachsen.

Tiere: Ebene II, Stadium sechs

Bei den Tieren unterscheidet sich der vordere vom hinteren Teil sowie der obere vom unteren Teil, doch rechts und links sind gleich. Hier sprechen wir von *bilateraler* Symmetrie mit *einer* Symmetrieachse. Man beachte, daß die am stärksten ausgeprägte Symmetrie (mit drei Achsen) bei den Molekülen und die am geringsten ausgeprägte bei den

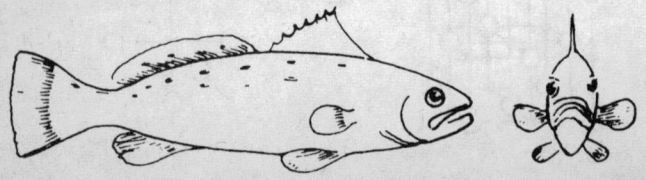

Tieren zu finden ist, so daß wir daraus auf eine *Beziehung zwischen Symmetrie und Beschränkungsgrad* schließen können. Wir haben hier eine einfache Art der *quantitativen Unterscheidung* zwischen diesen drei Reichen, wir zählen die Symmetrieachsen oder umgekehrt die Freiheitsgrade. So können wir sagen, daß Kristalle keinen Freiheitsgrad besitzen, Pflanzen hingegen einen Freiheitsgrad (ihre Fähigkeit zum Wachstum), und Tiere zwei Freiheitsgrade (ihre Fähigkeit, sich in zwei Dimensionen auf der Erdoberfläche fortzubewegen). In diesem Sinne ist auch der Flug der Vögel zweidimensional, insofern als sie ihn vertikal oder horizontal steuern können.

Jetzt bleibt noch eine Position für ein Reich mit drei Freiheitsgraden und ohne Symmetrie offen. (Kunz weist auf ein Tendenz zur Asymmetrie im menschlichen Gesicht hin. Es gibt auch Links- und Rechtshändigkeit sowie die vor kurzem entdeckte Tatsache, daß die beiden Seiten des menschlichen Gehirns unterschiedliche Funktionen besitzen. Wie aber bereits erwähnt, sollten wir das siebente Reich nicht als etwas auffassen, was auf den Menschen beschränkt ist.)

Es stellt sich nun die Frage: können wir eine ähnliche quantitative Unterscheidung auf die linke Seite des Bogens – auf die Atome, die Nuklearteilchen und das Licht – übertragen?

Atome: Ebene III, Stadium drei

Während die Vorstellung, daß Elektronen um einen zentralen Kern wie Planeten um eine Sonne kreisen, durch schwerer verständliche Modelle ergänzt wurde, gilt die radiale Symmetrie des Atoms nach wie vor, wie sich anhand seiner magnetischen Eigenschaften feststellen läßt.

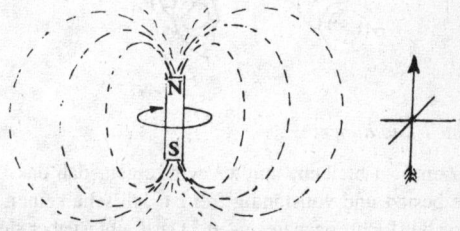

Diagramm eines Magnetfelds

Was dem Atom (wie der Pflanze) einen Freiheitsgrad verleiht, ist die Tatsache, daß es ohne jeglichen Antrieb von außen Energie absorbieren oder freisetzen kann. Sein Energiezustand ist nicht vorhersagbar (oder frei). Das gilt auch für Pflanzen, die ihr Wachstum mit der Energiespeicherung durch Kohlehydrate etc. in Beziehung steht.

Nuklearteilchen: Ebene II, Stadium zwei

Lassen Sie mich zunächst auf den Punkt »Freiheit« eingehen. Erinnern Sie sich noch an Heisenbergs Beobachtung, daß über Ort und Impuls eines Nuklearteilchens Unsicherheit besteht? Es besitzt also zwei Freiheits»grade«. Das Produkt aus den Unsicherheiten des Ortes und des Impulses entspricht einer Wirkungseinheit und kann nicht kleiner als der Wert h sein. Die Formel dafür lautet $1 \times ml/_t = ml^2/_t = h$. Diese Situation trifft auch für Tiere im allgemeinen zu: wir können nur einen Bereich (l^2) bestimmen, in dem ein Tier (m) nach einer bestimmten Zeit ($1/_t$) anzutreffen wäre. Das Produkt aus allen diesen Größen kann nie geringer sein als ein bestimmter Wert, $ml^2/_t = h$.

Die Frage der Symmetrie kann noch nicht endgültig beantwortet werden, doch die von Lee und Yang vorgeschlagenen und von Madame Wu abgeschlossenen Experimente, in denen herausgefunden wurde, daß nukleare Teilchen charakteristischerweise mit Links- oder Rechtsläufigkeit reagieren, weisen auf diese Möglichkeit hin, denn nur im Falle bilateraler Symmetrie ist eine solche Reaktion möglich (es gibt keinen rechtsläufigen Kreis oder Kegel, wohl aber ein Rechtsgewinde und eine rechtsläufige Spirale).

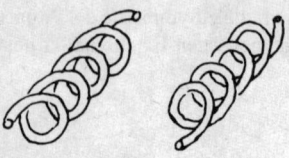

Licht: Ebene I, Stadium eins

Um im Schema zu bleiben, müßten wir zeigen, daß das Licht keine Symmetrie besitzt und vollständig frei ist. Ich sehe keinen Weg, eine Asymmetrie des Lichts nachzuweisen.[5] Das Licht ist aber sicherlich die freieste Form von Existenz, die es gibt: ein an einem bestimmten Punkt freigesetztes Photon kann eine Sekunde später überall innerhalb eines Kreises mit dem Radius von 300 000 km sein. Außerdem sei wiederum daran erinnert, daß das Photon durch Beobachtung vernichtet wird, so daß keine Vorhersage möglich ist.

Was das siebente Reich anbelangt, so *definieren* wir es durch Mangel an Symmetrie und vollständige Freiheit. Da es sich hier um die höchste Existenzform handelt, können wir sowieso keine Definition erwarten, und diese negative Definition ist unter den gegebenen Umständen die bestmögliche.

Wir können nun alle Punkte auf folgende Weise anschaulich zusammenfassen:

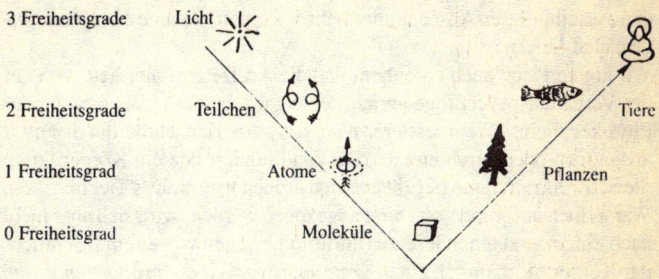

Ableitung der Eigenschaften der einzelnen Reiche

Wir wollen uns jetzt der Vorteile dieser graphischen Darstellung bedienen. Man beachte die ausgeprägte Ökonomie im Hinblick auf die Definitionen. Die »Freiheitsgrade« beschreiben die Ebenen, die den Reichen sowohl auf der rechten als auch auf der linken Seite des Bogens zugeordnet sind. Wir können noch weitere Entsprechungen feststellen. Im Falle des Atoms müßte man vermuten, daß sein Ort – wie der der Pflanze – bestimmt werden kann. Dies trifft auch zu: das Atom kann in einem Kristall fixiert sein. Die Nuklearteilchen sollten im Gegensatz zum Atom eine festgelegte (interne) Energie besitzen. Auch dies stimmt: die in der *Masse* eines Protons oder Elektrons gebundene Energie hat einen ganz bestimmten Wert (der bis auf die fünfte Stelle hinter dem Komma bekannt ist). Entsprechend behält auch das Tier, wenn es einmal ausgewachsen ist, ein festes Gewicht bei, im Gegensatz zur Pflanze, die weiterwächst.

Noch ein weiterer Punkt: Tiere und Pflanzen *vertauschen* Ort und Energie im Hinblick darauf, was frei und was beschränkt ist. Das Tier kann sich frei bewegen, ist aber unfähig, seine eigene Energie zu erzeugen, während die Pflanze an einen Ort gebunden ist, aber Energie aus dem Sonnenlicht synthetisch beschaffen kann.

In vergleichbarer Weise können sich auch Nuklearteilchen frei bewegen, und zwar in dem Sinn, daß sich ihr Ort nicht bestimmen läßt. Ihre Masse ist aber festgelegt, wohingegen das Atom, das in einem Kristall fixiert sein kann, zur Absorption oder Ausstrahlung von Energie fähig ist.

Wie schon erwähnt, erfordert Bewegung zwei Freiheitsgrade, die Absorption von Energie hingegen einen. Es war der Abstieg oder der »Fall« in die Beschränkung, auf den ein Aufstieg folgte, der unsere Grundlage für den Bogen bildete. Die Einbeziehung von Freiheitsgraden verleiht dieser Anschauung mehr Präzision, da jene ein quantitatives Maß liefern.

Wir können jetzt auch erkennen, daß die Art Determiniertheit, von der der Verhaltenspsychologe spricht, eine ganz andere ist als die, die der Physiker meint. Wenn ersterer also sagt, ein Tier würde durch Futter angezogen oder durch einen Trieb konditioniert wie ein Körper durch die Schwerkraft, dann begeht er einen großen Irrtum. Das Tier mag vom Wasserloch aufgrund von Durst angezogen werden, wird sich aber nicht nach einem exakten »Gesetz« (dorthin) bewegen wie es ein frei fallender Körper tut, nämlich einer *Kraft unterworfen, die proportional zum Kehrwert des Quadrats der Entfernung ist*. Ein Trieb wie der Hunger determiniert tierisches Verhalten nicht in dem Maße vollständig, wie Naturgesetze das Verhalten eines trägen Objekts determinieren.

Die willkürliche und die zufällige Seite des Bogens

Wir haben über die Entsprechungen der rechten und der linken Seite des Bogens gesprochen. Wodurch *unterscheiden* sich die beiden Seiten denn eigentlich?

Man beachte wiederum, daß sich die Einheiten der exakten Wissenschaften auf der linken Seite befinden. Das Leben selber – auf der rechten Seite – wird von der Wissenschaft nicht erklärt.[6] Die höheren Reiche auf der rechten Seite haben eine Fähigkeit erworben, die auf der linken Seite nicht vorhanden ist, eine Fähigkeit, die wir *willkürlich* oder *willentliche Steuerung* nennen und die das Gegenteil zur *Zufälligkeit* darstellt. Die Bewegung der Tiere ist willentlich gesteuert, wohingegen die der Nuklearteilchen zufällig ist. Die Speicherung und Freisetzung von Energie bei Pflanzen ist willkürlich, bei Atomen erfolgt sie zufällig.

Diese Unterscheidung mag zwar dem unvoreingenommenen Verstand einleuchten, bereitet aber der gegenwärtigen Wissenschaft gewaltiges

Kopfzerbrechen, weil es derzeit keinen formalen Ausdruck für Kontrolle gibt. Ein solcher kann aber mit verfügbaren wissenschaftlichen Mitteln entwickelt werden.

Der formale Ausdruck für Kontrolle: der Ort und seine drei Ableitungen

Die Wissenschaft steht und fällt mit der Aufstellung von formalen Ausdrücken, die sonst nicht faßbare Zusammenhänge beschreiben. Man erinnere sich an das Paradoxon von Zenon dem Älteren, der einen Wettlauf schildert, in dem Achilles eine Schildkröte, die Vorsprung bekommen hat, überholen soll. Achilles gelingt es nie, die Schildkröte zu überholen, weil er zunächst an den Ort muß, an dem die Schildkröte schon war, die sich aber schon weiter fortbewegt hat usw. Sie mögen dies auf Anhieb albern finden, aber ohne einen formalen Ausdruck für Geschwindigkeit, der einen Vergleich zwischen Verhältnissen statt zwischen Orten ermöglichst, blieb das Problem verwirrend.
Newton lieferte uns den notwendigen formalen Ausdruck mit der Differentialrechnung, wobei er die *Geschwindigkeit* als das Verhältnis vom Weg zur Zeit und die *Beschleunigung* als das Verhältnis von Geschwindigkeitsveränderung zur Zeit definierte.
Die Geschwindigkeit ist als die *erste Ableitung* (des Ortes) bekannt, die Beschleunigung als die *zweite Ableitung*. Diese beiden Ausdrücke bildeten die Grundlage für die Gravitationstheorie.
Newton erwähnte zwar noch eine dritte Ableitung, doch machte er keinen Versuch, ihr physikalische Bedeutung zu verleihen. Was ist die dritte Ableitung? Da jede Ableitung dem Verhältnis der abgeleiteten Größe zur Zeit entspricht (die Geschwindigkeit ist beispielsweise das Verhältnis vom Weg, die Beschleunigung das Verhältnis von Geschwindigkeit zur Zeit), läßt sich der Schluß ziehen, daß die dritte Ableitung das Verhältnis von Beschleunigung zur Zeit ist.
Jeder Autofahrer kennt die dritte Ableitung aus eigener Erfahrung, denn indem er das Auto durch Drücken des Gaspedals, durch Betätigen der Bremse oder durch Drehen des Lenkrads dirigiert, verändert er die Beschleunigung oder – allgemeiner ausgedrückt – übt er *Kontrolle* aus. Wir können also sagen: so wie die Beschleunigung die Veränderung der Geschwindigkeit ist, so ist Kontrolle die Veränderung der Beschleunigung und damit in der Tat die dritte Ableitung, die so physikalische Bedeutung erhält.

Der Umstand, daß die klassische Physik die dritte Ableitung vernachlässigt hat, läßt sich darauf zurückführen, daß sie nicht für Vorhersagen benutzt werden kann. Wir können natürlich – wie bei einer Rakete – die Kontrollvorrichtungen auf ein Ziel einstellen und damit die Kontrolle zu einer bestimmbaren Größe machen. Dies ist der Sonderfall, mit dem sich die Kybernetik befaßt. Im allgemeinen aber müssen wir einen Schritt weitergehen und erkennen, daß sich die Kontrolle »außerhalb des Systems« befindet. Sie ist unbestimmt – so wie es dem Autofahrer freisteht, sein Auto dahin zu steuern, wo er will. Damit wird aber ihre Existenz als ein Faktor in der Evolution nicht geleugnet.

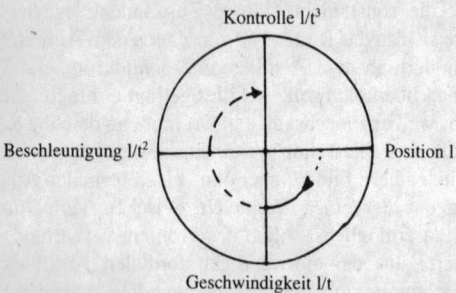

Wir können die Ableitungen graphisch mit Hilfe eines Kreises darstellen, auf dem rechts der Ort eingezeichnet ist und seine drei Ableitungen im Uhrzeigersinn auf dem Kreis verteilt sind. Ein solcher Kreis ist auch repräsentativ für den Wirkungszyklus und gilt für alle sich wiederholenden Zyklen, etwa für das Schwingen eines Pendels.

Es ist interessant, daß sich aus der Graphik ergibt, daß die vierte Ableitung mit dem Ort identisch ist. Trifft dies zu? Reduziert sich die vierte Ableitung auf einen Ort? In der Tat!

Wenn wir beispielsweise ein Auto fahren, wird die Kontrolle des Autos von einem Ort bestimmt, denn das Ziel, zu dem wir gelangen wollen, entspricht genau einem Ort im Raum. Auch die Kontrolle eines Fernlenkgeschosses wird durch die Position des Ziels dirigiert. *Die vierte Ableitung ist also der Ort*. Mit anderen Worten: wenn wir viermal durch t dividieren, kehren wir an den Anfangspunkt zurück, oder $1/_t 4 = 360° = 0°$. (Stillstand, in der Wissenschaft auch als Identitätsoperator bekannt.)

Wir schlagen vor, die *Kontrolle* zu einem Kriterium für die Beschreibung der Einheiten auf der rechten Seite des Bogens zu machen. Das Recht dazu nehmen wir uns aufgrund der Tatsache, daß die Kontrolle mit der dritten Ableitung gleichgesetzt werden kann und daher den gleichen Status wie die anderen Ableitungen (Geschwindigkeit und Beschleunigung) besitzt. Oder anders ausgedrückt: Kontrolle ist für den Beobachter evident. Man kann feststellen, ob sich ein Auto, ein Pantoffeltierchen oder eine fliegende Untertasse unter Kontrolle befindet oder nicht. Kontrolle ist der Beweis für Leben.[7]

5. Der Wendepunkt

... aber ich sage Euch, Mylord Narr, aus der Nessel Gefahr [Determiniertheit] pflücken wir die Blume Sicherheit [Freiheit]
(König Heinrich der Vierte, 2. Aufzug, 3. Szene)

Erfordernisse für den Wendepunkt

Die Entdeckung einer dritten Ableitung ist insofern bedeutsam, als aus ihr hervorgeht, daß wir auf der Grundlage der Newtonschen Mechanik zu einer völlig anderen Schlußfolgerung gelangen können, als es der Absicht des Determinismus entsprach. Die dritte Ableitung, die wir Kontrolle genannt haben, beschreibt die Kontrolle der Beschleunigung (oder – wenn wir die Masse hinzunehmen – der Kraft). Dies ist Wirkung, eine Wiedergeburt der ersten Ursache auf Ebene I.[1]

Unsere Aufgabe ist damit nicht beendet, ja eigentlich haben wir nicht mehr getan, als unsere Physik auf den hohen Stand unserer ererbten Anlagen zu bringen, denn wir haben ständig Zugang zu Kontrolle, nicht nur über das Auto, sondern auch über jede Art von Bewegung: über das Gehen, Sprechen und sogar über das aufrechte Stehen. Wir haben nun zu zeigen, daß nicht nur Maschinen kontrolliert werden können, sondern daß es einem lebenden Organismus möglich ist, sich selber zu kontrollieren.

Jetzt, da uns die Kontrolle als Möglichkeit zur Verfügung steht, müssen wir herausfinden, was für sie erforderlich ist. Angenommen, wir haben eine kontrollierbare Maschine und eine hypothetische Monade[2] – einen Geist, wenn Sie wollen –, wie kann der Geist die Maschine kontrollieren?

An dieser Stelle gestattet uns das Modell des Bogens von Ab- und Aufstieg eine sinnvolle Behandlung dieser Frage, denn nach diesem Modell beginnt das Leben auf Ebene IV, und gerade hier müssen wir uns nach der Kontrollsituation umsehen.

Ebene IV ist das Reich der Moleküle. Wir können deshalb ausgehend von unserem Bogenmodell annehmen, daß es in der molekularen Entwicklung einen Punkt gibt, an dem das Molekül anfängt, Energie aufzubauen und sich gegen das Entropiegesetz zu verhalten. Die *Polymere* (Kettenmoleküle) sind ein Beispiel für dieses Phänomen. Sie bauen sich selber auf und dieser Prozeß kann – im Gegensatz zu dem bei einem Kristall – *endothermisch* sein: er kann Energie speichern und die Umgebung kühlen.

Die Polymere sind nicht Leben im gewöhnlichen Sinn, auch wenn sie wachsen und sich selber replizieren. Sie sind aber der Beweis dafür, daß es im Reich der Moleküle ein Phänomen gibt, das das Entropiegesetz umkehrt.

Der Beginn des Lebens

Hier haben wir den entscheidenden Schritt, denn er besagt, daß die Monade – nach ihrem langen und steilen Abstieg von einem Energieniveau von einer Milliarde Elektronenvolt auf das für molekulare Bindungen geltende Niveau von einem Bruchteil eines Elektronenvolts – das Steuer an sich gerissen hat und nun beginnt, aus dem Abgrund aufzusteigen.

Es stört mich nicht, wenn ich hier den Eindruck erwecke, eine Art molekularer Intelligenz heraufzubeschwören. Wir müssen begreifen, daß unsere Kosmologie die notwendige Ausrüstung für diesen entscheidenden Schritt stellen sollte, auch wenn sie nicht den Willensakt beinhaltet oder erklärt, aus dem er hervorgeht. Dieser niedrigste Punkt des Bogens entspricht der Situation des verlorenen Sohnes. Die Rückkehr findet nicht *aufgrund eines Gesetzes* statt, sie muß aus freien Stücken erfolgen, und sie ist erst an diesem Punkt möglich, weil jetzt eine Grundlage dafür geschaffen ist.

Molekulare Bindungen und Temperatur

Wir haben bereits über die molekularen Bindungen auf Ebene IV gesprochen (siehe S. 62). Diese Bindungen sind sozusagen die »letzte Stellung« des Wirkungsquantums, das hier die Teile eines Moleküls zusammenhält. Wir können uns eine solche Bindung als eine Energie vorstellen, da Energie erforderlich ist, um das voneinander zu trennen, was durch die Bindung zusammengehalten wird. Wenn molekulare Bindungen sich einmal gebildet haben, gehen sie nicht von selber auseinander. Sie können zerstört werden, wenn das betreffende Molekül heftig genug von einem anderen Molekül getroffen wird. Wie heftig muß es aber getroffen werden? So heftig, daß die Energie des Aufpralls gleich stark ist wie die Energie der Bindung.

Genau an diesem Punkt tritt nun die Temperatur der Umgebung auf den

Plan. Die Umgebung besteht aus anderen Molekülen, die ziellos umherbummeln. Die Temperatur dieser Umgebung entspricht der Schnelligkeit dieser zufälligen Bewegungen, die jedem einzelnen Molekül eine durchschnittliche kinetische Energie verleiht, die mit dem Anstieg der Temperatur größer wird. Ist die Temperatur hoch genug, so daß sich der Energiewert des durchschnittlichen Moleküls dem Energiewert der molekularen Bindung nähert, so beginnen die Moleküle sich zu teilen. Diesen Umstand macht man sich zunutze, wenn man metallische Erze wie etwa Eisenoxyd in einem Hochofen erhitzt, um dadurch den Sauerstoff abzuspalten und das reine Eisen zu gewinnen. Ein anderes Beispiel ist die Erhitzung des rohen Erdöls. Sie bewirkt, daß die Schwerölmoleküle in kleinere Benzinmoleküle gespalten werden. Viele chemische Verfahren machen von diesem Prinzip Gebrauch, daß chemische Bindungen durch Hitze aufgebrochen werden. Ein wohl jedem vertrautes Beispiel ist das Kochen von Essen.

Nun wissen wir, daß lebende Organismen auf Hitze empfindlich reagieren. Bei Temperaturen, wie sie in unserem Kühlschrank zuhause herrschen, stellen die meisten Lebensformen ihre Prozesse ein, u. a. auch die Fäulnisbakterien, so daß auf diese Weise die Nahrungsmittel erhalten bleiben. Bei Temperaturen von etwa über 38 °C hören die meisten lebenden Organismen zu existieren auf. Um Krankheitskeime in der Milch zu töten, wird diese bei 60 °C pasteurisiert. Der Temperaturbereich, in dem aktives Leben möglich ist – von etwa −5 °C bis zu 105 °C –, ist relativ schmal. Bei Warmblütlern ist dieser Bereich (außer im Fall des Winterschlafs) noch weiter eingeschränkt, nämlich auf den Bereich zwischen etwa 34,5 °C bis 45 °C – eine winzige Spanne, wenn man den Spielraum zwischen der Temperatur des absoluten Nullpunkts (−273 °C) und der auf der Sonnenoberfläche (etwa 6000 °C) berücksichtigt.

Leben kann nur innerhalb dieser kleinen Spanne existieren. Warum? Die Antwort darauf muß lauten: weil die chemischen Bindungen, von denen das Leben abhängt, sich bei Temperaturen unterhalb der Untergrenze nicht bilden können und bei Temperaturen oberhalb der Obergrenze nicht erhalten bleiben. Das Leben erfordert diese Temperaturspanne, um die für seine Erhaltung notwendigen Energietransaktionen durchführen zu können.

Wir wissen, daß eines der grundlegendsten Merkmale des Lebens die Umkehrung des Entropiegesetzes ist, d. h. es kann Ordnung speichern – im Gegensatz zu der für tote Materie charakteristischen Tendenz, die Ordnung zu reduzieren (oder die Entropie zu vergrößern, was sich etwa darin ausdrückt, daß Steine bergab, nicht bergauf rollen). So nehmen

sich Pflanzen Energie vom Sonnenlicht und speichern sie in Stärke und Zucker. Tiere verzehren Pflanzen und andere organische Stoffe und bauen dadurch Energie im eigenen Körper auf. Weder Pflanzen noch Tiere erzeugen die Energie, die sie speichern, selber: sie beziehen sie aus ihrer Umgebung.
Genau das tut das Leben! Wir können es dabei beobachten und wir können sogar die einzelnen Schritte analysieren, so wie wir auch die einzelnen Schritte verfolgen können, mit denen ein Zimmermann aus dem Material, das er sich im Sägewerk beschafft hat, ein Gebäude errichtet. Damit ist aber nicht der ganze Prozeß – Zimmermann und Werk – erklärt. Um den Zimmermann zu erklären, können wir von »zweckbestimmtem Handeln« sprechen, doch das Diktat der mechanistischen Wissenschaft des 19. Jahrhunderts (des Determinismus) verbietet uns, von zweckbestimmtem Handeln auf molekularer Ebene zu reden. (Eigentlich verbietet es uns die Annahme einer Zweckbestimmtheit auf allen Ebenen. Auf der menschlichen Ebene aber – auf der des Zimmermanns – können wir uns auf die unmittelbare Erfahrung berufen, die sich über die theoretischen Annahmen des Determinismus hinwegsetzt.)
Die Quantenmechanik liefert neue Beweise, die zeigen, daß das Verbot der mechanistischen Wissenschaft für einzelne Teilchen ungültig ist. Elektronen und Atome schwirren in unvorhersagbarer und zufälliger Weise umher. Ihr Verhalten läßt sich nicht vom Verhalten freier Einheiten unterscheiden.
Wie kann man diese neue Regel auf Moleküle anwenden? Hier ist der Temperaturfaktor bedeutsam. Es gibt einen Temperaturbereich, in dem sich molekulare Bindungen frei – nach dem Zufallsprinzip – verhalten. Sie können auseinanderbrechen oder nicht, je nachdem, ob sie mit der sie gerade bombardierenden Energie *in Phase sind oder nicht*. Dieser Punkt ist selbstverständlich, doch die Interpretation, daß an dieser Stelle der freie Wille auf den Plan tritt (siehe oben), ist meine eigene.
Das Molekül verhält sich in dieser Beziehung wie ein Ringer, der entweder mit oder gegen seinen Kampfpartner reagieren kann und durch Abpassen des richtigen Zeitpunkts einen schwereren Gegner zu besiegen vermag.[3]
Die Wahl des Zeitpunkts ist die einzige Freiheit, die dem Molekül im vierten Unterstadium verbleibt. Sie bietet der Monade die Gelegenheit, den Fall in die Determiniertheit aufzufangen und durch die Sammlung von Energie die Organisation (Unterstadium fünf) zu schaffen, die den Aufstieg zurück zur Freiheit beginnen wird, diesmal mit mehr Spielraum.

Die Wahl des richtigen Zeitpunkts gehört zu jedem Erfolg, sei es dem eines Ringers, der einen stärkeren Gegner besiegt, dem eines Geschäftsmannes, der ein riskantes Unternehmen wagt, oder dem eines Künstlers, der eine Komposition aufführt. Es ist nicht die Energie und nicht die Kraft, auch nicht einfach die Kontrolle der Kraft, sondern die zum richtigen Zeitpunkt eingesetzte Kontrolle der Kraft – und das muß erst gelernt werden.

Die Tatsache, daß es erst gelernt werden muß, ist bedeutsam, denn sie erklärt den Abstieg (den Fall), sie erklärt, warum der Prozeß so weit von dem Weg zu seinem Endziel abweicht, und sie erklärt, warum die Welt so ist, wie sie ist.

Der »Wendepunkt« ist demnach der Ursprung des Lebens, und er hängt vom »Timing« ab, der versteckten Freiheit auf der Ebene IV. Der Wendepunkt ist der bedeutsamste Punkt auf dem ganzen Bogen. Wir können ihn zwar nicht vollständig erklären, es ist aber wichtig, ihm in unserer Theorie einen Platz einzuräumen.

Wir haben jetzt die Aufgabe, unsere oben ausgeführte Arbeitshypothese durch eine mehr formale Erklärung zu ergänzen. Dies ist möglich – dank der profunden Einsichten Eddingtons, die die Quanten- und die Relativitätstheorie miteinander vereinigen. Da es hierbei um Konzepte geht, die auch für manchen Physiker schwierig sind, kann der nicht einschlägig vorgebildete Leser schon zum nächsten Kapitel (Atome) übergehen. Ich würde ihn (oder sie) aber doch drängen, einen Blick auf den Abschnitt »Vergleich mit der klassischen Physik« in diesem Kapitel zu werfen. Dort wird die gegenwärtige Theorie der älteren Anschauung vom Universum gegenübergestellt, einem Universum, das durch Gesetze determiniert ist, in dem das Leben aber keinen sinnvollen Platz einnimmt.

Die Erklärung der Phasendimension

Der wohl größte Beitrag der Relativitätstheorie ist der, daß sie dem bekannten physikalischen Universum eine neue Dimension hinzufügt. Diese vierte Dimension ist nicht die Zeit, wie uns manche populären Quellen glauben machen wollen. Sie ist vielmehr das, was Eddington *Phase* nennt.[4] Eddington zeigt – ausgehend vom gewöhnlichen physikalischen Universum, das als Kugel repräsentiert ist –, daß wir bei Einbeziehung der Phase das Universum in eine andere Dimension senkrecht zur Raum-Zeit ausweiten.

Zur Skalenstabilisierung muß ein zusätzlicher Faktor von ¾ eingeführt werden. Um zu dem höher dimensionalen Universum (der Einsteinschen Hypersphäre, siehe Anhang II) zu gelangen, müssen wir das Volumen der drei-dimensionalen Sphäre (Kugel) mit diesen beiden Faktoren, 2π und $¾$, multiplizieren:

$$2\pi \times ¾ \times (⅓) \pi r^3 = 2\pi^2 r^3$$

Die Phasendimension, eine Unsicherheit von 2π, beschreibt den maximal möglichen Bereich eines Winkels, $360°$. Sie ist ein Kreis. Und ich möchte hinzufügen: auch ein Zyklus, der Wirkungszyklus. Sie steht anstelle der Zeit. Wir haben vielleicht erwartet, in der Formel für das Universum sowohl die Dimension der Zeit als auch die drei Dimensionen des Raumes zu finden, doch statt dessen beschreibt sie die Zeit so, wie wir über das Leben eines Menschen sprechen würden, nicht in Jahren, sondern mit den Begriffen Geburt, Jugend, Reifezeit, mittleres Alter etc.

Diese zusätzliche Phasendimension ist die Unsicherheit des Beobachters im Hinblick darauf, in welche Richtung sich ein Ding bewegen wird. Wie Eddington in seinem Buch *Fundamental Theory* (siehe Anhang III) vermerkt, gilt sie für jedes Teilchen oder kleinere System. Im einleitenden Abschnitt zum 3. Kapitel dieses Buchs – wohl eine der bemerkenswertesten Passagen in der wissenschaftlichen Literatur – setzt er an die Stelle des gekrümmten Raums der molaren Relativitätstheorie die Unsicherheit, d. h. die Krümmung 2π.

Da 2π sowohl die *Krümmung* des Raums in der Hypersphäre der Relativitätstheorie als auch die *Unsicherheit* der Richtung in der Quantentheorie ist, gelingt Eddington – durch seine Erkenntnis ihrer Gleichwertigkeit – eine Vereinigung von Relativitäts- und Quantentheorie. Danach hatte schon Einstein in Form einer »einheitlichen Feldtheorie« gesucht, aber am falschen Ort. Er übersah die Tatsache, daß diese Vereinigung nicht das Feld, sondern die Unsicherheit zu leisten vermochte. In seinem berühmten Ausspruch »Der Herrgott würfelt nicht« hatte er aber gerade diesen entscheidenden Faktor Unsicherheit verbannt.

So wichtig dieser Punkt auch ist – und ich befürchte, daß er in den oberen Kreisen der Fachwelt auf traurige Weise vernachlässigt wird –, unsere Aufgabe liegt darin, die Bedeutung dieses 2π zu erkennen, ob wir es nun als Krümmung oder als Unsicherheit bezeichnen. Eddington schreibt: »Da nun jedes Teilchen oder kleine System seine eigene Skalenvariante besitzt, eröffnet sich theoretischen Forschungen ein neuer Bereich von Phänomenen, die durch den molaren Ansatz unterdrückt werden.« Dieser »neue Forschungsbereich« könnte sehr gut das Thema unserer Studie sein, die Untersuchung des Prozesses, oder die Folgerungen aus dem Postulat, daß das Wirkungsquantum (das die 2π-Unsicherheit beinhaltet) der aktive Kern eines Teilchens oder einer Teilchenorganisation – sozusagen der Geist in der Maschine – ist.

Unsere Hypothese lautet, daß dieser Winkelbereich, der für den Beobachter Unsicherheit repräsentiert, ein *Bereich der Wahlmöglichkeit* ist. Diese Wahlmöglichkeit können wir uns als Wahl der Richtung oder als Wahl des *Zeitpunkts* vorstellen.

Wir sollten aber nicht den anderen Faktor ¾ vernachlässigen. Diesen Faktor nennt Eddington »Skalenstabilisierung«. Aus unserer Sicht ist diese Skalenstabilisierung »Selbstbegrenzung« oder *Kontrolle,* die selbe Kontrolle, die wir auf S. 70 erwähnt haben und die nach ¾ des Wirkungszyklus oder nach ¾ des Weges um den Kreis auftaucht.

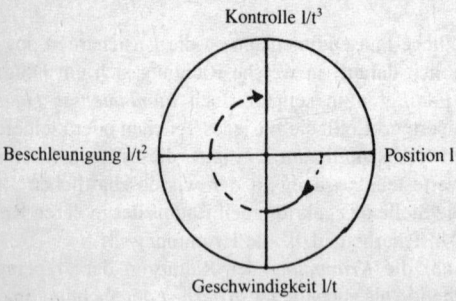

Um zum Verständnis dieses entscheidenden Punkts – daß Kontrolle ¾ eines Kreises ist – beizutragen, können wir auf den in der Psychologie bekannten *Lernzyklus* verweisen. Der Lernzyklus basiert auf der Abfolge von Versuch und Irrtum, durch die ein Kind lernt, nicht an einen heißen Ofen zu fassen. Auf die gleiche Weise lernt eine Ratte, ein Labyrinth zu durchlaufen, oder ein Plattwurm, elektrisches Licht zu meiden.

Der Lernzyklus beginnt mit 1): durch zufälliges Verhalten (vergleichbar mit der Beschleunigung) macht das Kind eine schmerzliche Erfahrung. Es faßt beispielsweise an einen heißen Ofen. Darauf folgt 2) die Reaktion: das Kind zieht die Hand zurück. 3) Es bringt den Schmerz mit dem Ofen in Verbindung (bewußte Reaktion). Nach dieser Abfolge von Ereignissen kann es 4) den heißen Ofen *bewußt*[5] meiden. Das ist *Kontrolle,* aber sie wird auf einem anderen Weg als über die drei Ableitungen erreicht: sie geht gegen den Uhrzeigersinn von 1) aus, wohingegen die Ableitungen im Uhrzeigersinn von 3) ausgehend ver-

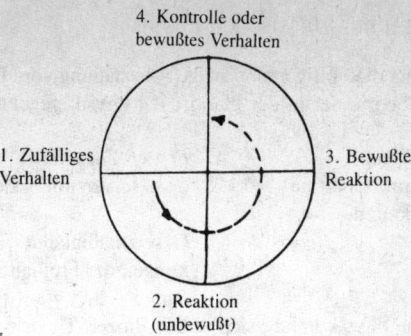

liefen. Die Ableitungen sind die Grundlage für höhere oder informierte Wirkung, wohingegen der Lernzyklus die Umkehrung davon darstellt, den Prozeß, durch den die Kontrolle zuerst gelernt wird.

Dies braucht nun nicht Bewußtsein zu sein, so wie wir es kennen – es dauert lediglich ein Billionstel einer Sekunde (unseres, so scheint es, dauert eine Zehntelsekunde oder weniger) –, aber es ist das Bewußtsein, das zu einer molekularen Bindung paßt, und es bedeutet, daß es durch die Kontrolle der Phase oder des Zeitpunkts solche Bindungen festigen oder öffnen kann.

Dieser Bereich der Wahlmöglichkeit ist aus der Sicht des Beobachters undeterminiert und gleichzeitig auch »Freiheit« für die betreffende Einheit, d. h. für die Bindung. Mit anderen Worten: das Wirkungsquantum ist nun in der Lage, Energie entweder zu absorbieren oder freizusetzen und damit das unvermeidliche zweite thermodynamische Gesetz (Entropiezunahme) zu brechen.

Wir müssen dies aber sorgfältig von der *Umkehrung* der Entropie unterscheiden, denn diese kann durch rein mechanische Vorrichtungen erreicht werden. Ein Beispiel dafür ist eine Armbanduhr, die sich selber aufzieht. Die zufälligen Armbewegungen desjenigen, der die Uhr trägt, führen eine Rotation herbei, die eine Feder aufzieht. Die entgegengesetzte Rotation, die die Feder lockern würde, ist durch eine Sperre verhindert. Eine Vorrichtung dieser Art könnte auf der Molekularebene ebenfalls wirksam sein und mit zur Entstehung von Leben beitragen, doch erklärt sie nicht den Willensakt, über den wir gesprochen haben (siehe S. 62 und 73). Um der essentiellen Freiheit des Willens und der Möglichkeit des Lebens, Energie zu speichern und freizusetzen, gerecht zu werden, brauchen wir die Dimension der freien Phase. Sie ist es, die dem Wirkungsquantum die Kontrolle des *Zeitpunkts* gestattet.

Vergleich mit der klassischen Physik

Wir wollen nun die völlig andersartige Anschauung vom Universum in der Prozeß-Theorie der in der klassischen Physik gegenüberstellen.

Klassische Physik	*Prozeß-Theorie*
Das Universum basiert auf Gesetzmäßigkeiten.	Das Universum basiert auf Freiheit. Gesetzmäßigkeiten, Einschränkungen der Freiheit, sind sekundär.
Die klassische Physik befaßt sich mit molaren Objekten (statistischen Mengen).	Die Prozeß-Theorie befaßt sich mit Individuen (Wirkungsquanten, einzelnen Atomen, Molekülen und Organismen)[6].
Die Objekte sind das Grundlegende.	Die Wirkung ist das Grundlegende.

Gesetze bleiben in der Prozeß-Theorie bedeutsam, aber sie haben nicht die Allmacht, die die klassische Physik ihnen zuschreibt. Die Prozeß-Theorie hebt aber in der Tat die Bedeutung des Nicht-Gesetzmäßigen, der Unsicherheit, hervor, weil sie insbesondere zur Entstehung von Leben in den höheren Reichen positiv beiträgt (gerade in diesen höheren Reichen leistet die im 4. Kapitel beschriebene Veränderung in den Sicherheitsgraden ihren wichtigsten Beitrag).

Exkurs

Ein weiterer Aspekt der Prozeß-Theorie, dessen Erwähnung gut an den Schluß dieses Kapitels paßt, ist der, daß sich auf den einzelnen Ebenen verschiedene Arten von Gesetzmäßigkeiten manifestieren.
Interessant ist, daß sich die vier Ebenen nach dem Grad unterscheiden lassen, in dem sie Gesetzmäßigkeiten unterworfen sind. Dies zeigt sich auf eine mathematisch recht einfache Weise, nämlich anhand des Grads der jeweils relevanten Gleichungen, der linear oder quadratisch ist.
Ebene I: Wenn wir das Geschehen auf dieser Ebene genau betrachten, dann stellen wir fest, daß es außer der Hierarchie nahezu überhaupt keine »Gesetze« gibt. Die Geschwindigkeit des Lichts schränkt es – wie schon erwähnt – nicht ein, sie stellt vielmehr eine Grenzbedingung für die Materie dar. Sie ist keine Grenzbedingung für den Raum, sondern für die Kombination mit der Zeit, d. h. die Geschwindigkeit. Das Verteilungsgesetz bricht zusammen: $a(b+c) \neq ab$

+ ac. Die Gleichungen reduzieren sich hier auf die Feststellung einer Konstanten: Wirkung = h, Lichtgeschwindigkeit = c.

Ebene II: Hier haben wir das Reich der linearen Algebra und der Erhaltungssätze (Masse, Ladung, Spin etc.).
Es gibt einen Beschränkungsgrad. Ein Beispiel ist die zeitliche Lokalisierung eines Ereignisses. Die Gesetzmäßigkeiten müssen folglich linear sein. Es muß sich um Gesetze der numerischen Summierung handeln.

$$A = B \text{ oder } A = -B$$

In diesen Ausdrücken ist A entweder +B oder −B, also jeweils etwas ganz anderes. Quadrieren wir beide Ausdrücke, so ergibt sich:

$$A^2 = B^2 \text{ oder } A^2 = B^2$$

Beide Ausdrücke sind gleich. Der quadratische Ausdruck *verdeckt* Plus und Minus.

Diracs Einfall, Gleichungen (die vorher quadratisch waren) in linearer Form auszudrücken, deckte Plus und Minus auf und versetzte ihn in die Lage, das Positron vorherzusagen. Späteren Ausführungen in diesem Buch vorgreifend möchte ich hinzufügen, daß Diracs Beitrag eine andere *Art* von Realität vorhersagte, als sie durch die Formeln der Relativitätstheorie ausgedrückt wird, sie hat eher mit Substanz als mit Form zu tun.

Ebene III: Hier haben wir das Reich der geometrischen und quadratischen Beziehungen. Es gelten die Bewegungsgesetze, das Coulombsche Gesetz, die Gravitationsgesetze, etc.
Wir finden hier zwei Beschränkungen, nämlich zwei Dimensionen, in denen Messungen gleichzeitig vorgenommen werden können. Dies ist die Bedingung für die räumliche Lokalisierung und die Beschreibung von Form. So führt die Messung des Raums oder das Intervallgesetz (Raum plus Zeit) zu den Formeln:

$$a^2 = b^2 + c^2 \text{ oder } ds^2 = dx^2 + dy^2 + dz^2 - dt^2$$

Siehe aber auch das Coulombsche Gesetz: die Anziehung ist proportional dem Kehrwert aus dem Quadrat der Entfernung. Es ist die Welt der Begriffe. Atome (Ebene III) sind begriffliche Einheiten.[7]

Ebene IV: Dies ist die Ebene des physikalischen Universums, der Grenzbedingungen.
Hier finden wir das reguläre physikalische Universum, in dem die Gesetze des Ortes mit den Gesetzen der Zeit kombiniert sind. Zwei Körper können nicht gleichzeitig an ein- und demselben Ort sein (sonst gibt es eine Kollision).
Diese Welt der Ebene IV ist – noch einfacher ausgedrückt – die Welt der einzelnen Fälle. »Der Bleistift, mit dem ich *gerade jetzt* schreibe.« »Bleistift« und »Schreiben« sind allgemeine Begriffe, doch durch die Verwendung der Gegenwart wird die Handlung »Schreiben« zeitlich lokalisiert und damit zu einem einzelnen Fall. Sie weist auch auf ein physikalisches Objekt hin. Diese Ebene fügt zu den Gesetzen von Ebene III (den Formgesetzen) die sogenannten Grenzbedingungen hinzu.

6. Atome

Mit dem dritten Reich, dem der Atome, wird die Möglichkeit der Identifikation, der räumlichen Lokalisierung, der klaren Definition eingeführt. Vom Atom können wir sagen: es ist ein Kohlenstoff-, ein Sauerstoff- oder ein Natriumatom. Wir können es lokalisieren, es mit einem »Etikett« versehen und seine Eigenschaften bestimmen. Tatsächlich haben wir dank derselben Quantentheorie, die uns eine vollständige Kenntnis des Protons und Elektrons im zweiten Reich versagt, eine vollständige Erklärung für das Atom im dritten Reich. Nicht nur, daß jedes Atom (oder Element) Eigenschaften besitzt, die mit dem Hinweis auf die Anzahl der Protonen-Elektronen-Paare – auf die Atomnummer – voll und ganz erklärt sind, die vom Atom ausgestrahlten Spektrallinien, die Energiedifferenzen zwischen den Elektronenbahnen repräsentieren, lassen sich ebenfalls präzise bestimmen.[1] Die herrlich rationalen Eigenschaften des Atoms sind ein Merkmal, das wir für kategorial halten, denn – wie wir noch zeigen wollen – die Ebene des Reichs der Atome (Ebene III) ist die der Begriffsbildung oder einfacher ausgedrückt die der *Form* selber.

Es gibt nur etwa 100 Arten des Atoms. Ich sage »etwa«, weil die Atome, die schwerer als das Radium (Atomnummer 92) sind, in der Natur nicht vorkommen. Werden sie künstlich erzeugt, so besitzen sie nur kurze Lebensdauer, die mit steigendem Gewicht bis auf den Bruchteil einer Sekunde abnimmt. Es gibt also eine Obergrenze – und demnach auch nur eine endliche Anzahl verschiedener Atome.

Regeln des Atomaufbaus

Folgende Regeln des Atomaufbaus lassen sich feststellen:

1. Atome bestehen aus einer gleichen Anzahl, aus Paaren von Protonen und Elektronen. Die schweren Protonen bilden den Atomkern, die leichteren Elektronen bewegen sich um ihn herum.
2. Die Anzahl der Protonen-Elektronen-Paare bestimmen die Art des Atoms. Jedes Atom besitzt eine eigene Anzahl solcher Paare, die

Atomnummer genannt wird. Jeder Atomnummer ist somit nur ein bestimmtes Atom zugeordnet.

3. Aufgrund der Abstoßung zwischen positiven Protonen im Atomkern benötigen Atomkerne mit mehr als einem Proton einen zusätzlichen Bindungsfaktor, einen »Klebstoff«. Diese Funktion wird von den *Neutronen* übernommen, die Vereinigungen jeweils eines Elektrons und eines Protons sind. Damit ein Atomkern stabil bleibt, muß er mindestens ebensoviel Neutronen wie Protonen haben.

Wir können uns daraufhin den Aufbau einiger Atome ansehen:

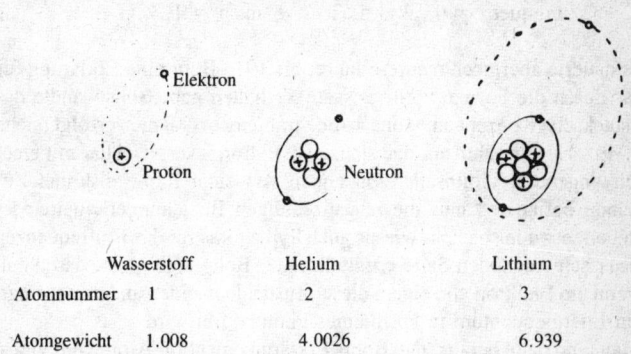

	Wasserstoff	Helium	Lithium
Atomnummer	1	2	3
Atomgewicht	1.008	4.0026	6.939

Nun zu einer weiteren wichtigen Regel des Atomaufbaus. Die hinzukommenden Elektronen füllen Schalen oder Ringe auf, und die Regel besagt, daß die erste Schale zwei Elektronen aufnehmen kann. Ist sie gefüllt, dann folgt eine weitere Schale mit maximal zwei Elektronen, auf die eine mit sechs, eine weitere mit sechs, dann eine mit zehn, noch eine mit zehn und schließlich eine mit vierzehn Elektronen.

Der Drehimpuls im Atom

Es war die Interpretation dieser Schalen, die den Anstoß zur Untersuchung des Atoms gab. Aufgrund dieser Schalen strahlt das Atom Licht mit bestimmten exakten Frequenzen ab bzw. absorbiert solches Licht.

Diese Frequenzen zeigen sich als Spektrallinien (helle Linien für die Strahlung und dunkle Linien für die Absorption). Durch die Entschlüsselung dieser Linien lernte man das Atom begreifen.
Diese Position der Spektrallinien konnte mit großer Genauigkeit empirisch bestimmt werden, doch theoretisch erklärt wurde sie erst im Jahre 1885 durch Balmer, kein Physiker, sondern ein Mathematiker, der die Formel für die Wasserstofflinien entdeckte. Diese Formel gab ihren exakten Wert an und sagte sogar andere Anordnungen von Spektrallinien vorher:

$$\text{Frequenz} = 1/_m 2 - 1/_n 2 \qquad m, n = 1, 2, 3 \text{ etc.}$$

Es dauerte aber noch mehrere Jahre, bis 1913 Bohr eine Erklärung für das durch die Formel vorhergesagte Verhalten gab. Bohr wandte das Plancksche Konzept an, wonach die Strahlung in Quanten erfolgt (siehe S. 40–42). Er nahm an, daß sich das Elektron – vergleichbar mit einer schwingenden Violinsaite – in einem von einer Reihe diskreter Zustände befinden kann, die in ganzzahligen Beziehungen zueinander stehen, etwa in solchen, wie sie auch Pythagoras für die Tonfrequenzen einer schwingenden Saite ermittelt hatte. Bohr stellte fest, daß dann, wenn ein Elektron von einem dieser Zustände in einen anderen springt, ein Energiequantum in Form eines Photons frei wird.
Man fand dann heraus, daß Bohrs Erklärung nicht für Atome mit vielen Elektronen galt. Andere Erklärungsansätze wurden verfolgt, wobei sich das Plancksche Wirkungsquantum als noch bedeutsamer erwies, als man ursprünglich vermutet hatte.
Das Atom aber, wie es sich im Anschluß an Bohr darstellt, wird in den Lehrbüchern nicht deutlich erklärt. Dies liegt zum Teil daran, daß so viel auf einmal passierte. Die Wellengleichungen von de Broglie und Schrödinger sowie die Entdeckung der dritten und vierten Quantenzahl (zusätzlich zum Drehimpuls und zur Energie) überdecken den Aspekt, der für unsere Theorie bedeutsam ist: daß nämlich dann, wenn ein Elektron seine Kreisbahn ändern will, die *Form* der Kreisbahn sich ändern muß, und *die Form hängt ab vom Drehimpuls, nicht von der Energie* (siehe S. 47f.).
Warum ist aber die Form der Kreisbahn so wichtig? Betrachten wir ein Atom im sogenannten Grundzustand. Hier besitzt das Elektron keinen Drehimpuls. Es wird vom Atomkern angezogen wie eine Motte von der Flamme, doch durch das Zurasen auf den Atomkern bekommt es eine so hohe Geschwindigkeit, daß es zurückgeworfen wird, so schnell wie es kam und dann unter Umständen immer wieder zurückkehrt (wie ein Komet, der die Sonne passiert). Das Elektron kann dem Atomkern nicht

entkommen, wenn es nicht einen Grundbetrag an Drehimpuls bekommt, durch den es in eine Kreisbahn um den Kern versetzt wird, und die Möglichkeit zur Wahl erhält, anstatt hin- und herzurasen.

 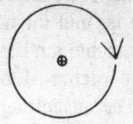

Grundzustand, kein Drehimpuls   Angeregter Zustand

Wir können das Elektron mit einem Astronauten in einem Raumschiff vergleichen. Dann erkennen wir, daß die Bewegung um den Kern herum, die Kreisbahn um die Erde, eine Art Macht repräsentiert, eine Kontrolle der Situation, die derselbe Astronaut nicht hätte, wenn er im freien Fall auf die Erde zustürzen würde.
Wir können diese Situation noch auf eine andere Weise veranschaulichen. Angenommen, ein Mann züchtet Rinder in Texas und möchte sie nach Chicago auf den Viehmarkt transportieren. Er kann lebende Rinder zum Viehmarkt fahren und dort verkaufen. Bezahlt wird er für das Fleisch seiner Rinder, nicht aber dafür, daß sie lebendig sind, obwohl sie nur nach Chicago kommen, weil sie lebendig sind. So verhält es sich auch mit dem Drehimpuls, der Energie übertragen kann, aber nicht Energie ist. Es ist die Ganzheit, die Lebendigkeit, die zu bestehen aufhört, wenn das Lebewesen nicht mehr »ganz« ist. Beim Atom ist es die Form der Kreisbahn. Ich betone also, daß die Lebendigkeit (der Drehimpuls oder das Ganze) wichtiger ist als die physikalische Energie (der Teil).
Wir dürfen daher nicht den Schluß ziehen, daß der Drehimpuls lediglich ein »Epiphänomen« ist, in dem Sinn, daß Lebendigkeit als ein Nebenprodukt grundlegenderer Ursachen betrachtet wird. Hier auf der atomaren und subatomaren Ebene hat er den absoluten Wert h (siehe S. 40–42) und er besitzt beständig Energie. Diese Energie ist zwar ziemlich klein, doch muß sie es nicht sein: was die kosmischen Strahlen anbelangt, so ist sie sehr groß. Auf jeden Fall aber hat die Energie genau den richtigen Betrag für das, was zu tun ist. Sie ist den Atomen und den Elektronen, deren Zustand sie verändert, angemessen.
Indem ich das Augenmerk auf den Drehimpuls lenke, möchte ich nicht nur hervorheben, daß diesem eine primäre Rolle in der Welt der Atome zukommt. Ich möchte auch zeigen, wie die Herausforderungen der Quantenphysik die Wissenschaft entgegen ihren anfänglichen Überzeu-

gungen zu neuen Konzepten geführt haben, die von ihren früheren materialistischen Vorstellungen abweichen. Wie sich hier unvermittelt offenbart, kann Energie nicht – außer durch den Drehimpuls – von einem Atom zum anderen transportiert werden. Ich sage »offenbart«, weil der Weg zu dieser Erkenntnis – wie bei der religiösen Offenbarung – nicht der übliche ist und ihr Inhalt erst interpretiert werden muß.
Vor allem möchte ich hervorheben, daß wir aus diesem Anhaltspunkt, den wir mit solcher Mühe aus den geheimnisvollen Verhaltensweisen des Atoms herausgelesen haben, das Beste machen und ihn auf uns übertragen müssen. Denn was in der Mikrowelt der Atome gilt, gilt unter Umständen auch in der größeren Welt des Menschen. Wir müssen aber noch weiter in die Natur des Atoms eindringen.

Das Periodensystem der Elemente

Das bringt uns auf das periodische System der Elemente, dessen Entdeckung wir Mendelejew (1869) verdanken. Mit Hilfe dieses Periodensystems vermochte Mendelejew Eigenschaften von Elementen vorauszusagen, die zu jenem Zeitpunkt noch nicht entdeckt waren. Er gebrauchte den Begriff »periodisch«, weil dieses System die periodische Wiederkehr gleicher chemischer Eigenschaften anzeigte. Newlands hatte schon ein paar Jahre früher, 1863, eine Tabelle mit sieben Reihen und sieben Spalten vorgeschlagen, die eine grobe Vereinfachung war. Sowohl Mendelejew als auch Newlands irrten aber, was die vierte und die höheren Reihen anbelangte, denn wie sich herausstellte, waren die ursprünglich angenommenen Schalen mit 8 Elektronen aus zwei Unterschalen mit 2 und 6 Elektronen zusammengesetzt. Zu diesen kam in der vierten und fünften Reihe jeweils eine Unterschale mit 10 Elektronen und in der sechsten und siebenten Reihe jeweils eine mit 14 Elektronen hinzu. Die Schalen mit 10 und 14 Elektronen sind dem Atomkern am nächsten. Sie liegen unter den Schalen mit 2 und 6 Elektronen und beeinflussen deshalb die chemischen Eigenschaften nicht. Das ist mit ein Grund dafür, daß sie weder von Mendelejew noch von Newlands in Betracht gezogen wurden. Wir wollen der Einfachheit halber einen Blick auf die ersten drei Reihen des Periodensystems der Elemente werfen (Abb. S. 87):
Diese drei Reihen entsprechen den ersten drei Reihen der Tabelle Newlands. Von wenigen Ausnahmen abgesehen finden wir in ihnen die Elemente, die für die chemischen Vorgänge des Lebens am bedeutsamsten sind. In derselben Tabelle können wir auch die Gewichtsverhältnisse chemischer Verbindungen erkennen, d. h. die Verbindungen von

1 Wasserstoff						
3 Lithium	4 Beryllium	5 Bor	6 Kohlenstoff	7 Stickstoff	8 Sauerstoff	9 Fluor
11 Natrium	12 Magnesium	13 Aluminium	14 Silizium	15 Phosphor	16 Schwefel	17 Chlor

Atomen in der Weise, daß wir insgesamt acht Elektronen in einem stabilen Molekül erhalten.

	Beispiel
Atome in Spalte 1 verbinden sich mit Atomen in Spalte 7 im Verhältnis 1:1	NaCl (Natriumchlorid)
Atome in Spalte 1 verbinden sich mit Atomen in Spalte 6 im Verhältnis 2:1	Na_2O (Natriumoxyd)
Atome in Spalte 2 verbinden sich mit Atomen in Spalte 7 im Verhältnis 1:2	$MgCl_2$ (Magnesiumchlorid)
Atome in Spalte 2 verbinden sich mit Atomen in Spalte 6 im Verhältnis 1:1	MgO (Magnesiumoxyd)

Der Kohlenstoff – in der vierten Spalte – verbindet sich mit dem ganzen Rest, einschließlich mit sich selber (Diamant). Diese Gewichtsverhältnisse gelten für alle Elemente in den jeweiligen Spalten, unabhängig von ihrer Reihe.

Diese Verhältnisse sagen uns nur etwas über die Spalten, nichts aber über die Reihen aus. Gerade die Reihen sind aber das wichtigste Unterteilungsprinzip, sie führen uns zum Verständnis des Entwicklungsprozesses der Atome. Wir müssen deshalb die zusätzlichen Elektronenschalen berücksichtigen, die von der vierten Reihe ab eingeführt werden. Ein klareres Bild ergibt sich, wenn wir die zusätzlichen Reihen in Blocks aufteilen (Abb. S. 88):

Wenn wir davon ausgehen, daß Helium die erste Schale mit 2 Elektronen enthält, dann kommen in der Natur sieben Schalen mit 2 Elektronen, fünf Schalen mit 6 Elektronen, drei Schalen mit 10 Elektronen und eine (vollständige) Schale mit 14 Elektronen vor (die zweite Schale mit 14 Elektronen umfaßt künstliche Elemente von kurzer Lebensdauer).

H 1																	D. Unterschalen mit 6 Elektronen	He 2
Li 3	Be 4	A. Unterschalen mit 2 Elektronen										B 5	C 6	N 7	O 8	F 9		Ne 10
Na 11	Mg 12	B. Unterschalen mit 10 Elektronen										Al 13	Si 14	P 15	S 16	Cl 17		Ar 18
K 19	Ca 20		Sc 21	Ti 22	V 23	Cr 24	Mn 25	Fe 26	Co 27	Ni 28	Cu 29	Zn 30	Ga 31	Ge 32	As 33	Se 34	Br 35	Kr 36
Rb 37	Sr 38		Y 39	Zr 40	Nb 41	Mo 42	Tc 43	Ru 44	Rh 45	Pd 46	Ag 47	Cd 48	In 49	Sn 50	Sb 51	Te 52	I 53	Xe 54
Cs 55	Ba 56	La and 57 58-71	Hf 72	Ta 73	W 74	Re 75	Os 76	Ir 77	Pt 78	Au 79	Hg 80	Tl 81	Pb 82	Bi 83	Po 84	At 85	Rn 86
Fr 87	Ra 88	Ac and 89 90-102																

C. Unterschalen mit 14 Elektronen

Ce 58	Pr 59	Nd 60	Pm 61	Sm 62	Eu 63	Gd 64	Tb 65	Dy 66	Ho 67	Er 68	Tm 69	Yb 70	Lu 71
Th 90	Pa 91	U 92	Np 93	Pu 94	Am 95	Cm 96	Bk 97	Cf 98	Es 99	Fm 100	Md 101	No 102	

Der Aufbau der Schalenstruktur

Wir können nun diese Schalen anschaulich mit Hilfe eines typischen Elements aus jeder Reihe darstellen, wir wählten die Elemente der Spalte 2:

Helium Beryllium Magnesium Kalzium Strontium Barium Radium

Man beachte, wie sich die Sequenz progressiv aufbaut:

1. Zunächst haben wir eine   2
2. Es folgt eine weitere   2
3. Dann haben wir eine   6 und eine 2
4. Dann haben wir noch eine   6 und eine 2
5. Es folgt eine   10 und eine 6 und eine 2
6. Es folgt eine weitere   10 und eine 6 und eine 2
7. Schließlich haben wir   14 und eine 10 und eine 6 und eine 2

Das Periodensystem der Elemente versucht uns etwas über den Prozeß zu sagen. Was das Reich der Atome anbelangt, so gilt:
Der Prozeß ist kumulativ. Jedes Stadium enthält das Vorhergehende. Sieben Stadien des Prozesses folgen einem a-a-b (1-1-2)-Schema. Jedes Stadium wiederholt sich, bevor eine neue Entwicklung eintritt.

Eigenschaften der Reihen

Um noch mehr zu entdecken, müssen wir uns an die Eigenschaften halten, die die Elemente in den verschiedenen Reihen voneinander unterscheiden. Diese Eigenschaften sind nicht chemischer Art, zumindest nicht in dem Sinn, wie die Spalten die chemischen Eigenschaften bestimmen. Sie sind aber sehr interessant und regen zu weiteren Nachforschungen an. Zu diesem Zweck benötigen wir das gesamte Periodensystem der Elemente mit vollständigen Reihen.

Periodensystem der Elemente

Edelgase

H 1																	He 2
Li 3	Be 4											B 5	C 6	N 7	O 8	F 9	Ne 10
Na 11	Mg 12											Al 13	Si 14	P 15	S 16	Cl 17	Ar 18
K 19	Ca 20	Sc 21	Ti 22	V 23	Cr 24	Mn 25	Fe 26	Co 27	Ni 28	Cu 29	Zn 30	Ga 31	Ge 32	As 33	Se 34	Br 35	Kr 36
Rb 37	Sr 38	Y 39	Zr 40	Nb 41	Mo 42	Tc 43	Ru 44	Rh 45	Pd 46	Ag 47	Cd 48	In 49	Sn 50	Sb 51	Te 52	I 53	Xe 54
Cs 55	Ba 56	La und 57 58 71	Hf 72	Ta 73	W 74	Re 75	Os 76	Ir 77	Pt 78	Au 79	Hg 80	Tl 81	Pb 82	Bi 83	Po 84	At 85	Rn 86
Fr 87	Ra 88	Ac und 89 90-102															

Lanthaniden

Ce 58	Pr 59	Nd 60	Pm 61	Sm 62	Eu 63	Gd 64	Tb 65	Dy 66	Ho 67	Er 68	Tm 69	Yb 70	Lu 71

Aktiniden

Th 90	Pa 91	U 92	Np 93	Pu 94	Am 95	Cm 96	Bk 97	Cf 98	Es 99	Fm 100	Md 101	No 102

Ich werde nun die Merkmale der Reihen in der Tabelle so beschreiben, daß später ihre Entsprechung zu den sieben Reichen deutlich wird. Die kursiv gedruckten Wörter charakterisieren die Schlüsselmerkmale der sieben großen Stadien oder sieben Reiche.

Läßt man die Edelgase (Helium, Neon, Argon etc.) außer Betracht (da sie keine Verbindungen eingehen), so stellen wir fest, daß die erste Reihe Wasserstoff enthält. Abgesehen davon, daß er das in den Sternen am häufigsten vorkommende Element ist, ist er auch mehr als doppelt so häufig wie jedes andere Element im menschlichen Körper vertreten. Der Wasserstoff ist somit das *grundlegendste* Element, wie das *Licht*, mit dem alles angefangen hat.

Die zweite Reihe enthält Kohlenstoff, Sauerstoff und Stickstoff, die zusammen mit dem Wasserstoff die Elemente sind, aus denen die Kohlehydrate, die Fette und die Mehrzahl der Proteine bestehen. Mit anderen Worten: die Elemente der zweiten Reihe machen die *Substanz* des Körpers aus. Diese Moleküle sind die Aufbau- und Nährstoffe. Sie haben keine festen Merkmale, keine Identität.

Im schroffen Gegensatz dazu stehen die Elemente der dritten Reihe. Sie bilden Moleküle, die einem speziellen Zweck dienen und ihre *Identität* bewahren. Nehmen wir sie uns einzeln vor:

Natrium: ist Bestandteil des Natriumchlorids, das zur Aufrechterhaltung des Natrium-Kalium-Gleichgewichts dient.
Magnesium: besonders wichtig wegen seiner zentralen Stellung in Chlorophyllmolekülen.
Aluminium: kommt im Körper nicht vor.
Silizium: als wichtiges Element in den Schalen von Kieselalgen und Kalamiten vertreten.
Phosphor: macht das DNS-Doppelhelixmolekül aus. Jede Helix besteht aus einer Reihe von Phosphoratomen (siehe S. 107). Auch wesentlicher Bestandteil des Adenosintriphosphats (ATP, eine chemische Verbindung, die Energie überträgt und entscheidend am Stoffwechsel mitwirkt).
Schwefel: wichtig als Bindeglied zwischen Proteinketten, das die komplexe Molekularstruktur der Proteine ermöglicht.
Chlor: spielt beim Natrium-Kalium-Gleichgewicht und bei anderen speziellen Funktionen eine Rolle.

Die Elemente der vierten Reihe besitzen ebenfalls spezielle Funktionen, doch hier dominiert allem Anschein nach das Motiv der *Verbindung*. Die Fähigkeit des Eisens, sich mit den chemisch ähnlichen Metallen in der Gruppe von Elementen, die Schalen mit 10 Elektronen besitzen, zu verbinden, spielt eine wichtige Rolle bei Stahllegierungen, die man durch Zusatz von Chrom, Vanadium, Kobalt, Nickel usw. erhält. Zink und Kupfer bilden zusammen die wichtige Bronzelegierung, Nickel und Chrom werden als widerstandsfähige Elemente in Wärmevorrichtungen verwendet, etc. In den meisten Fällen müssen wir uns aber, um herauszufinden, wie sich die latenten Fähigkeiten in den einzelnen Reihen manifestieren, den biochemischen Vorgängen zuwenden. So ist beispielsweise das Hämoglobin im Blut eine Verbindung von Eisen mit Sauerstoff, die sich in den Lungen bildet und an den Muskeln auflöst.

Unter den Elementen der fünften Reihe habe ich nur eines gefunden, das für den menschlichen Körper wesentlich ist, nämlich das Jod. Jod ist wichtig für die Schilddrüse, die das *Wachstum* regelt.

Von den Elementen der sechsten Reihe habe ich lediglich das Gold anzubieten, das bei der Behandlung von Arthritis verwendet wird und somit im Zusammenhang mit *Beweglichkeit* steht. Ich fürchte aber, daß dieses Beispiel den Leser oder die Leserin nicht überzeugen wird.

Wir kommen nun zu den Elementen der siebenten Reihe, unter denen sich die radioaktiven Spurenelemente befinden. Vielleicht hat der Mensch – mit all den unnatürlichen Schadstoffen, die er hinterläßt – eine gewisse Ähnlichkeit mit diesen Elementen, die alle radioaktiv sind und destruktiv auf ihre Umgebung einwirken.

Der bogenförmige Abstieg der Atome

Wir würden nun auch bei den Atomen eine Art Abstieg erwarten, auf den ein Aufstieg folgt. Wie tritt dieser in Erscheinung? Er manifestiert sich in der Kurve, die die Bindungsenergie in den verschiedenen Atomkernen anzeigt.

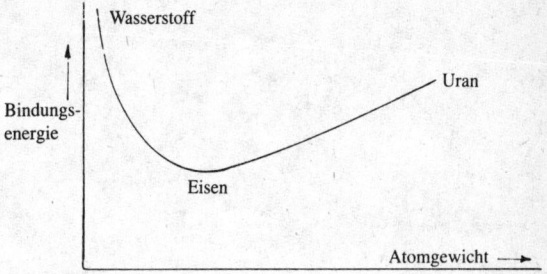

Dieser Bogen hat zwar eine sanfte Form, doch ist in ihm Gewaltiges verborgen. Der Unterschied zwischen Uran und Eisen macht nämlich die Energie aus, die in einer Atombombenexplosion (Kernspaltung) freigesetzt wird, der Unterschied zwischen Wasserstoff und Eisen hingegen die Energie, die bei einer Wasserstoffbombenexplosion (Kernverschmelzung) frei wird. Das Eisen ist auch etwas mehr nach links verlagert, weil es mehr Elemente in den Reihen nach dem Eisen (auf der rechten Seite) gibt. Nach Anpassung dieser Faktoren hätten wir ein Diagramm, das dem Bogen ähnelt. Aus ihm geht sogar hervor, daß sich die schwereren Elemente aus dem Eisen entwickelt haben, was noch nicht ganz geklärt ist. Eine solche Entwicklung soll vor der Existenz unserer Sinne stattgefunden haben.

Um es kurz zusammenzufassen: wir sind näher darauf eingegangen, wie weit das Reich der Atome rational erklärt werden kann, wie sich die

Vielfalt der Atome auf die Anzahl der sie bildenden Protonen-Elektronen-Paare zurückführen läßt, und wie die Periodizität dieser Anzahl, die für die Reihen im periodischen System der Elemente verantwortlich ist, die etwas mehr als 100 Atome in sieben Unterstadien unterteilt – eine Unterteilung, die zumindest bis zu einem gewissen Grad die Eigenschaften der Stadien des Universalprozesses widerspiegelt.

7. Das Reich der Moleküle

Unterteilung chemischer Verbindungen

Während das Atom Protonen-Elektronen-Paare *organisiert, verbindet* das Molekül Atome miteinander. Diese Unterscheidung ist für unsere Zwecke nützlich und soll im folgenden näher erörtert werden.

Es gibt nur etwa 100 Arten von Atomen, aber unzählige Arten von Molekülen. Atome existieren als solche nur einzeln; sobald sie sich verbinden, formen sie Moleküle. Verbinden sich hingegen Moleküle, so entsteht ein weiteres Molekül. Wenn wir die Atome mit den Buchstaben des Alphabets vergleichen, dann sind die Moleküle die Wörter. Atome gibt es wie Buchstaben nur in beschränkter Anzahl, Moleküle hingegen lassen sich in unbegrenzter Zahl konstruieren.

Nachdem wir bei den Atomen sieben Arten von Elektronenschalen gefunden haben – auf diesen sieben Schalen basieren die sieben Reihen im Periodensystem der Elemente –, möchten wir gerne folgendes wissen: *gibt es auch eine siebenfache Aufteilung des Reichs der Moleküle?*

Vor einigen Jahren stellte ich diese Frage einem hervorragenden Chemiker, Dr. Charles Price. Er nannte mir die folgende Aufteilung in sieben Unterstadien:

1. *Monoatomare Moleküle:* Metalle.
2. *Ionenverbindungen:* Salze, die meisten Säuren und Basen.
3. *Nichtfunktionale Verbindungen:* die Paraffinreihen.
4. *Funktionale Verbindungen:* Verbindungen von Verbindungen.
5. *Nichtfunktionale Polymere:* Kettenmoleküle mit 100 000 Einheiten.
6. *Funktionale Polymere:* Proteine (Kettenmoleküle mit Seitenketten).
7. *DNS-Moleküle und Viren:* Doppelhelix, selbstreplizierend.

Rückblickend betrachtet ist es erstaunlich, wie gut diese Untergliederung paßte. Ich mußte sie nämlich trotz neuer Überlegungen nicht ändern, und außerdem entnahm ich ihr Anregungen, die sich auf andere Bereiche des Prozesses übertragen ließen.

Wie ich festgestellt habe, ist das Reich der Moleküle für die Erforschung des Universalprozesses sehr hilfreich, da über dieses Reich vollständigere wissenschaftliche Erkenntnisse vorhanden sind als über andere Reiche.

Die sieben Kategorien von chemischen Verbindungen enthalten wie die sieben Reihen im Periodensystem der Elemente Merkmale, die auch für die sieben Reiche typisch sind. Wenn wir den Weg von den (biatomaren) Salzen zur Desoxyribonukleinsäure (DNS) verfolgen, bei der Hunderte von Millionen von Atomen in einem einzigen Molekül organisiert sind, finden wir Anzeichen für eine außergewöhnliche Evolution. Im folgenden möchte ich diese (chemische) Evolution in ihren Grundzügen skizzieren.

Erstes Unterstadium: Metalle

Das Wesentliche an Molekülen sind nicht die Atome, aus denen sie bestehen, sondern die Bindungen, die diese zusammenhalten. Im Fall der einfachsten Moleküle, der monoatomaren Metalle, sind diese Bindungen so lose, daß sich die Elektronen frei im Metallkörper bewegen können. Auf diese Weise leitet das Metall Elektrizität, ein Umstand, den man sich in Telephon- oder Stromleitungen zunutze macht. Diese Leitfähigkeit der Metalle ist dem ersten Unterstadium angemessen, da sie der Verbreitung der elektromagnetischen Strahlung im ersten Hauptstadium ähnlich ist und sie einschließt (der metallische Leitungsdraht ist Wellenführer für das Signal).

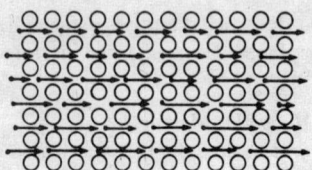

Metalle: metallische Bindung.
Die Elektronen bewegen sich frei im Metallkörper umher.

Nun mag man sich vielleicht fragen, warum Metalle mit ihren monoatomaren Molekülen überhaupt »molekular«, warum sie nicht einfach Atome sind. Hier müssen wir uns bewußt machen, daß die Verbindung von Atomen – und das monoatomare Metallmolekül ist die einfachste solcher Verbindungen – etwas anderes als Atome ergibt. Das resultierende Metallmolekül besitzt Eigenschaften, die in einem einzelnen Atom nicht existieren, beispielsweise Dichte, Geschmeidigkeit, Schmelzpunkt, Leitfähigkeit, Festigkeit usw. Keine dieser

»molaren« (d. h. molekularen) Eigenschaften finden wir bei einzelnen Atomen.

Zweites Unterstadium: Salze

Als nächstes sind Verbindungen der Art des NaCl (Kochsalz) an der Reihe, das aus zwei verschiedenen Atomen besteht, einem positiv (Natrium) und einem negativ geladenen (Chlor). Diese beiden Atome werden durch ihre entgegengesetzten Ladungen zusammengehalten. Wir haben hier eine Entsprechung zum zweiten Hauptstadium des Prozesses, in dem wir die ebenfalls entgegengesetzt geladenen Protonen und Elektronen finden. Salze sind wasserlöslich und formen sich leicht zu Kristallen, in denen die einzelnen Atome so eng von ihren Nachbaratomen umgeben sind, daß man nicht sagen kann, welches Atom mit welchem ein Molekül bildet. Sie sind so angeordnet, daß jedes Natriumatom von sechs Chloratomen und jedes Chloratom von sechs Natriumatomen umgeben ist. Wir können daher sagen, daß die Moleküle des zweiten Unterstadiums, die keine Identität besitzen, an ihre Nachbarmoleküle in kollektiver Weise gebunden sind.

Hervorzuheben ist, daß der Begriff »Bindung« besonders gut zum zweiten Unterstadium paßt. Hier gibt ein Atom eines seiner Elektronen an das andere ab. Ersteres wird dadurch positiv, letzteres negativ geladen. Atome in diesem geladenen Zustand werden als Ionen bezeichnet. Die Bindung heißt in diesem Fall *Ionenbindung*. Sie kommt aufgrund der Anziehung zwischen den entgegengesetzt geladenen Ionen zustande. Diese Anziehung ist aber »gemeinschaftlicher« Natur – jedes positive Ion im Kristall ist von negativen Ionen und jedes negative Ion von positiven Ionen umgeben. Dadurch wird das *Ganze* zu einem Kristall verbunden. Solche Moleküle besitzen keine Identität.

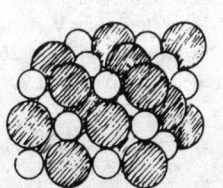

Ein Molekül des zweiten Unterstadiums: Kochsalz (NaCl)

Salze: Die Elektronen sind durch Ionenbindung an ihre Nachbarelektronen gebunden.

Man kann nicht feststellen, welches das Molekül ist, denn es gibt sechs verschiedene Möglichkeiten, auf die ein Atom, etwa ein schwarzes, mit einem anderen, einem weißen, gepaart sein kann.

Drittes Unterstadium: Methanreihe

Auf der nächsten Stufe entwickelt das Molekül eine Identität. Sie kommt aufgrund einer anderen Art von Bindung zustande, der *kovalenten* Bindung, die nicht von Anziehung abhängt. Statt dessen teilen sich die miteinander verbundenen Atome zwei Elektronen und bilden so eine relativ beständige Einheit. Diese Moleküle sind so eine Art Alphabet (wie die Atome, die das dritte Hauptstadium des Prozesses ausmachen). All diese elementaren Substanzen sind im Rohöl vermischt. Sie werden durch den Raffinationsprozeß in die sogenannte Methanreihe aufgespalten. Die für diese Reihe charakteristischen Moleküle bestehen aus einem oder mehreren Kohlenstoffatomen, die mit Wasserstoff verbunden sind.

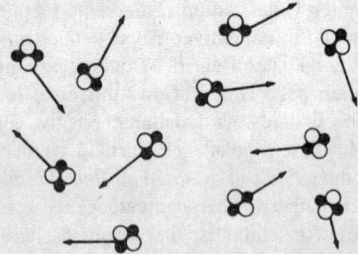

Kohlenwasserstoffe: kovalente Bindung.
Die Elektronen sind in ihren Molekülen fest aneinander gebunden.

Für unsere philosophische Perspektive ist nicht ihr Beitrag für unsere Wirtschaft (Benzin etc.) interessant, sondern die Tatsache, daß sie eine geordnete Serie von molekularen Einheiten darstellen, die mit anderen molekularen Einheiten die reichhaltige Vielfalt der organischen Verbindungen des vierten Unterstadiums entstehen lassen – so wie die 26 Buchstaben des Alphabets die Grundlage für das enorme Vokabular von Wörtern abgeben.

Exkurs

Das einfachste Beispiel für eine kovalente Bindung ist der Wasserstoff selber, der in der Natur als molekularer Wasserstoff, H_2, vorkommt, wobei sich zwei Wasserstoffatome ihre einzelnen Elektronen teilen.

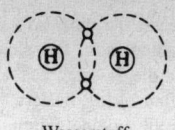

Wasserstoff

Dieses Molekül ist zwar kein Kohlenwasserstoff – weil der Kohlenstoff fehlt –, aber es kann als das nullte Glied der Kohlenwasserstoffreihe (siehe unten) aufgefaßt werden. Es repräsentiert den Fall der einfachsten kovalenten Bindung. Eine solche Bindung unterscheidet sich von der Ionenbindung dadurch, daß sie dem Molekül eine der Ionenbindung fehlende Identität verleiht. Die Ionenbindung beruht auf Anziehungskräften. Die umgebenden Atome sind diesen Kräften unterworfen und schließen sich so mit vielen anderen Atomen zusammen. In der kovalenten Bindung sind die Partner wie in der Ehe aneinander gebunden, und diese Partnerschaft führt zu einer relativ beständigen Einheit.

Gerade auf diese charakteristische Beständigkeit oder Resistenz gegen Dissoziation bezieht sich die Bezeichnung »nichtfunktionale Verbindung«.

Ein Beispiel sind die Öle. Sie lösen sich nicht in Wasser auf und gehen nicht so schnell Verbindungen mit anderen Molekülen ein.

Die Methanreihe, eine Gruppe von chemischen Verbindungen, die im dritten Unterstadium eine wichtige Rolle spielt, besteht aus Kohlenstoff – und Wasserstoffatomen, die die allgemeine Formel C_2H_{2n+2} haben.

Methan	CH_4	H HCH H	Ein leichtes Gas
Äthan	C_2H_6	H H HCCH H H	Gas
Propan	C_3H_8	H H H HCCCH H H H	Wird zum Kochen verwendet, oft in Flaschen abgefüllt
Butan	C_4H_{10}	etc.	
Pentan	C_5H_{12}	etc.	
Hexan	C_6H_{14}	etc.	Beginn Benzin
Nonan	C_9H_{20}	etc.	Beginn Kerosin

In dieser Reihe kommen immer mehr Einheiten aus zwei Wasserstoffatomen und einem Kohlenstoffatom hinzu, bis wir Heizöl, Schmieröl und schließlich Asphalt erhalten. Diese Reihe wird auch Paraffinreihe genannt. Das Wort »Paraffin« leitet sich ab von »parum« (zu wenig) und »affinis« (verwandt), in Anspielung auf die chemische Inaktivität dieser Verbindungen.

Wie die Atome auch beziehen die einzelnen Glieder der Methanreihe ihre
Eigenschaften aus der Reihenposition. Beispiele dafür sind die beim Benzin
erwünschte Flüchtigkeit und die Trägheit des Asphalts.
Die Reihe, die auf dem Benzolring basiert, gehört ebenfalls zum dritten
Unterstadium. Sie hat die allgemeine Formel C_nH_{2n-6} und besteht aus
sechseckig (ringförmig) angeordneten Kohlenstoffatomen, an denen jeweils ein
Wasserstoffatom oder ein Kohlenwasserstoffmolekül hängt.

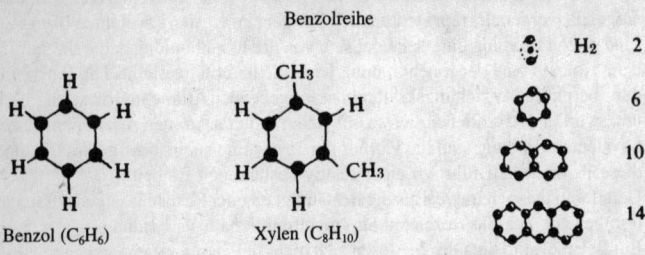

Das Xylen mit seinen zwei Methylgruppen existiert in drei Formen, je nachdem
ob die beiden Methylgruppen unmittelbar benachbart oder durch ein bzw.
mehrere Wasserstoffatome voneinander getrennt sind.
Andere Kohlenwasserstoffe sind Verbindungen von zwei oder mehreren Benzolringen. Dabei ist hervorzuheben, daß, wenn immer ein Ring dazukommt,
die Anzahl der Positionen des Benzolringes derselben Sequenz folgt wie die
Elektronen im Atom, nämlich 2, 6, 10 und 14.

Viertes Unterstadium: Funktionale Verbindungen

Wenn man die Glieder der Methanreihe (die Buchstaben des Alphabets)
mit Radikalen (anderen Arten von Buchstaben) verbindet, so entstehen
die *funktionalen* Verbindungen. Durch solche Verbindungskombinationen werden Hunderttausende verschiedener organischer Moleküle
möglich. Beispielsweise besteht der Holzalkohol aus Methan und dem
OH-Radikal, der Äthylalkohol aus Äthan und dem OH-Radikal. Die
Ketone, Ester und Amine entstehen durch die Verbindung mit anderen
Radikalen. Andere »Alphabete«, wie etwa die Benzolreihe, bilden sehr
viel komplexere Moleküle.

Exkurs

Mit dem vierten Unterstadium werden die Komplexität der organischen Chemie
und die endlose Vielfalt der organischen Verbindungen eingeführt. Wir wollen

deshalb nicht allzu tief in die Materie eindringen. Die eben erörterten Verbindungen der Paraffinreihe sind nichtfunktional, sie schließen sich nicht ohne weiteres mit anderen Molekülen zusammen. Wenn wir aber in einem solchen Kohlenwasserstoff, etwa dem Äthan, ein Wasserstoffatom durch ein OH-Radikal (eine OH-Gruppe) ersetzen, erhalten wir Alkohol, den Äthylalkohol, der als gutes Mixgetränk nur allzu bekannt ist.
Was ist geschehen? Alkohol ist wasserlöslich. Er führt die Ionenbindung[1] und die gemeinsame Anziehung wieder ein. Die verheirateten Paare treffen sich auf einer Cocktailparty und werden voneinander angezogen. Daraus resultieren alle möglichen Verbindungen.
Es gibt andere Alkohole. Nicht nur, daß jede Verbindung der Methanreihe einen Alkohol produziert – Methan produziert Methylalkohol oder Holzalkohol, Äthan Äthylalkohol oder Weingeist, Propan Propylalkohol usw. –, wir haben auch Alkohole, in denen zwei oder mehr Wasserstoffatome durch OH-Radikale ersetzt sind. Ein Beispiel dafür ist Diäthylenglykol, das unter dem Handelsnamen Prestone als Frostschutzmittel verwendet wird.
Es gibt natürlich noch andere Radikale. So führt das Aldehydradikal, CHO, zu einer ganzen Reihe von Aldehyden, angefangen mit Formaldehyd. Aus dem Ketonradikal, CO, lassen sich die Lösungsmittel für Streichlacke und Nagellack erzeugen, und die Amine leiten sich entsprechend vom Ammoniumradikal (NH_3) ab. Die ganze Reihe von Karbolsäuren, die sich in der Seife finden, entsteht durch die Substitution von Wasserstoffatomen in verschiedenen Verbindungen der Methanreihe durch das COOH-Radikal.
Noch interessanter sind die Ester, die für Geruch und Geschmack von Blumen und Früchten verantwortlich sind. Ein Beispiel ist das Isoamylazetat oder Bananenöl, das durch die Verbindung von Amylalkohol und Essigsäure entsteht.
Bis jetzt haben wir nur die Verbindungen aufgeführt, die sich von der Methanreihe ableiten. Viele weitere mehr, u. a. die Sexualhormone, gehen aus der Benzolreihe hervor. Das sollte aber genügen, um den Charakter des vierten Unterstadiums zu beschreiben, das ausschließlich aus *Verbindungen von Verbindungen* besteht.
Wir haben den Schwerpunkt auf organische Verbindungen gelegt, weil sie für das Leben wichtig sind, aber auch Mineralien, die sich nicht anders – etwa als Salze etc. – klassifizieren lassen, gehören unter Umständen zum vierten Unterstadium.

Fünftes Unterstadium: Polymere

Welche weitere Entwicklung über diese Kombination von Verbindungen hinaus ist überhaupt noch denkbar? Ein Beispiel für sie sind die Polymere, die sich aus Molekülketten mit Hunderten oder Tausenden von Einheiten zusammensetzen, wobei jede Einheit aus Dutzenden oder noch mehr Atomen besteht. Zellulose, Gummi, Kunstseide, Nylon gehören zu den Polymeren. Zwar mag die Struktur eines Polymers monoton wirken, aber die wiederholten Verbindungsglieder in einer Kette stellen den Sprung der Evolution dar, der die noch größeren Wunder, die da kommen sollen, vorbereitet. Polymere ähneln Pflanzen nicht nur in dem Sinn, daß sie eine Kette von Zellen produzieren, sondern auch darin, daß sie zu Wachstum fähig sind. Dies ist ein Merkmal aller chemischen Verbindungen von der Stufe der Polymere an.

Exkurs

Polymere sind *Ketten*moleküle mit Hunderttausenden von identischen Kettengliedern. Die Bezeichnung »nichtfunktional« bezieht sich auf ihre chemische Trägheit, eine Folge der kovalenten Bindung, die wir hier – in Bestätigung ihrer Zugehörigkeit zu Ebene III – wiederfinden. Eine andere Eigenschaft, die ihre Zugehörigkeit zum fünften Unterstadium markiert, ist die Tatsache, daß sie – wie auch Zellen – in Form einer Kette oder einer *Reihe* miteinander verbundener Glieder wachsen.
Wenn wir Atome mit Buchstaben und Moleküle mit Wörtern gleichsetzen, dann sind Pflanzen die Sätze. Das *Leben* von Pflanzen – wie die *Bedeutung* von Sätzen – ist der Faktor, der hier hinzukommt. Auf die Polymere angewandt besteht der dem Leben entsprechende Faktor in ihrer Fähigkeit, Ordnung zu speichern, indem sie Energie aus ihrer Umgebung aufnehmen. Hier rollt sozusagen der Stein den Berg hinauf, d. h. diese Fähigkeit steht im Widerspruch zum zweiten thermodynamischen Gesetz, das Entropie für positiv erklärt (siehe Beginn des 8. Kapitels). Polymere besitzen also negative Entropie, und dies erinnert uns daran, daß der Wendepunkt erreicht worden ist. Es sei noch erwähnt, daß das Holz der Bäume aus Polymeren, Zellulose und Lignin besteht, d. h. das fünfte Stadium baut auf chemischen Verbindungen des fünften Unterstadiums auf.
Eine noch unbewiesene Vermutung ist die, daß die Anzahl der Atome, die die Verbindungsglieder der Polymere bilden, ein Vielfaches von fünf beträgt.

Sechstes Unterstadium: Proteine

Was den Komplexitätsgrad anbelangt, so folgen auf die Polymere die Proteine, die Ketten mit Seitenketten sind. Durch diese Seitenketten wird es möglich, daß sich die Kette zu einer von mehreren Helixformen verdreht und auch, daß sie sich mit anderen Punkten auf ihr verhaken kann. Auf diese Weise kommen Moleküle zustande, die die komplizierte räumliche Struktur besitzen. Ein Beispiel dafür wäre das Hämoglobin im Blut, das einen »Behälter« abgibt, der Sauerstoff von den Lungen zu den Muskeln transportiert. Blut, Haare, Nägel, Haut und Horn sind Proteine. Der tierische Organismus benötigt Tausende verschiedener Proteine. Diese Vielfalt von Proteinformen und -strukturen,

ihre Beweglichkeit und ihre Rolle bei der Verdauung, gestattet es, eine Parallele zum sechsten Reich, zum Tierreich, zu ziehen.
In der Proteinkette mit ihren Seitenketten können wir sogar Ansätze zu dem in Glieder unterteilten tierischen Körper mit seinen deutlich ausgebildeten Füßen, zum Arthropoden oder Gliederfüßer, erkennen.

Exkurs

Die Proteine sind die funktionalen Polymere in der Aufteilung von Dr. Price, die wir zu Beginn dieses Kapitels genannt haben.
Mit den Proteinen erwirbt die Welt der Moleküle magische Kräfte. Ist schon der Beitrag der Polymere zur Struktur der Bäume eindrucksvoll genug, so haben wir es hier mit einem noch größeren Wunder zu tun, nämlich der Möglichkeit, daß ein Stoff lebendig wird. Nehmen wir als Beispiel das Aktin und das Myosin. Diese Proteine, die die Muskeln bilden, stellen organisierte Molekülbataillone auf, die mit Venen und Arterien (für die Versorgung mit Nährstoffen und für die Beseitigung von Abfallstoffen) sowie mit Nerven (für die Kontrolle) verflochten sind. Aktin und Myosin sind chemische Verbindungen, die sich bewegen.
Ich hatte schon geahnt, daß es eine bewegungsfähige chemische Verbindung gibt, an ihre Existenz aber nicht so recht geglaubt. Deshalb werde ich nie vergessen, wie überrascht ich war, als ich erfuhr, daß mobile Moleküle tatsächlich existieren, und daß die aus Molekülen aufgebauten Muskeln lebendige Strukturen sind, die sich durch Verkürzung und Verlängerung bewegen können.
Eindrucksvoll ist auch, daß sich schon ein Molekül so bewegen kann, wie wir es nur von Tieren erwarten würden. Eine solche Bewegung ist nicht die zufällige Bewegung von Teilchen wie etwa von Elektronen, sondern die koordinierte Bewegung von Milliarden von Molekülen. Da ein Großteil des Tieres aus Muskeln besteht, können wir tatsächlich sagen, daß der Muskel »das Fleisch gewordene Wort« ist, das wesentliche Prinzip, das dem Willen dient.
Albert Szent-Györgyi entdeckte, daß die langen Aktin- und Myosinmoleküle sich in ihren Seitenketten überlappen und so ineinander geschoben sind wie die Ruder von nebeneinander liegenden Rennbooten. Die Aktivierung des Muskels bewirkt ein Schwingen – oder *Schrumpfen* – der Seitenketten in einer Weise, die das Aktin und das Myosin zusammenzieht und so den Muskel verkürzt.
Zu den trägeren oder *strukturellen* Proteinen gehören die Keratine: Haut, Haare, Fell, Wolle, Hörner, Nägel, Klauen, Hufen, Schuppen, Schnäbel und Federn.
Andere Proteine einschließlich der Enzyme sind *funktional*. So zerstört das Lysozym, ein Kettenmolekül aus 129 Aminosäuren, Bakterien, indem es sich um das Molekül in der Wand des Bakteriums herumwickelt und es auseinanderreißt, also eine Art lebendiger »Engländer« wie der verhexte Besen im »Zauberlehrling«.

Einige wenige Proteine sind analysiert worden. Es bedurfte jahrelanger Forschungen, bis Sanger und seine Mitarbeiter die Struktur des Insulins herausfanden. Insulin hat ein Molekulargewicht von 12 000 und besteht aus vier Polypeptidketten, zwei mit 21 und zwei mit 30 Aminosäuren (die Aminosäuren sind die oben erwähnten Seitenketten).

Hämoglobin, das Sauerstoff im Blut transportiert, ist ein Protein, das im Kern aus vier Eisenatomen besteht. Man schätzt, daß der Mensch etwa 50 000 verschiedene Proteine benötigt.

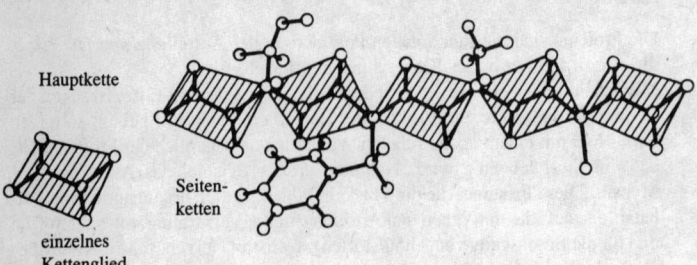

Hauptkette

Seitenketten

einzelnes Kettenglied

Die Polypeptidkette

Die Struktur der Proteine wurde von Linus Pauling entdeckt und als Polypeptidkette bezeichnet. Die einzelnen Glieder dieser Kette bestehen jeweils aus sechs Atomen, die starr in einer Ebene angeordnet sind, wobei sich an jedem Ende, das zwei Glieder miteinander verbindet, ein Kohlenstoffatom befindet. An jedem dieser Kohlenstoffatome hängt eine Seitenkette, eine von zwanzig verschiedenen Aminosäuren mit verschiedener Struktur und unterschiedlichen

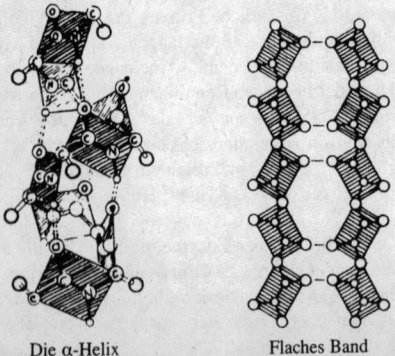

Die α-Helix   Flaches Band

chemischen Eigenschaften. Diese Seitenketten haben u. a. die Funktion, die
Kettenglieder in einem vorgeschriebenen Winkel zueinander zu verdrehen. Auf
diese Weise bildet die Kette eine Art Spirale, eine Helix, oder – wenn die
Glieder abwechselnd um 180 ° gedreht werden – ein Band. In beiden Fällen
kommen an den offenen Enden Wasserstoffbindungen (eine Art Ionenbindung)
hinzu. Es gibt drei mögliche Helixformen mit unterschiedlicher – linker oder
rechter – Wendelung.

Die bereits erwähnten *strukturellen* Proteine, die die Haare, die Haut usw.
bilden, bestehen aus Helixketten. Die Seide hingegen ist ein Beispiel für die
Anordnung in einem flachen Band.

Die *funktionalen* Proteine sind komplizierter. Sie haben Seitenketten, die
bewirken, daß sich die Helix biegt und an vorgegebenen Punkten Ecken bildet.
Auf diese Weise kommen Moleküle wie die Hämoglobinmoleküle im Blut

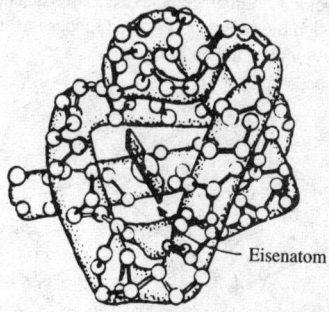

Myoglobin: ein Viertel des Hämoglobinmoleküls, das Sauerstoff im Blutstrom
transportiert.

zustande, die Behälter für das sauerstofftragende Eisenatom sind. Andere
funktionale Proteine wie die Enzyme bilden Miniaturlabors, in denen bestimmte Moleküle zusammengesetzt oder aufgebrochen werden.

So geben die miteinander verbundenen peptidischen Kettenglieder zusammen
mit den Seitenketten, die ihren Winkel bestimmen, eine Art Bausatz ab, der
vergleichbar ist mit den Spielzeugbaukästen, mit denen man die verschieden-
artigsten Formen basteln kann. Für mich ist es aber immer noch unglaublich,
wie selbst aus dieser kunstvollen Einrichtung eine Feder hervorgehen
kann.

Zusammenfassend läßt sich feststellen, daß die funktionalen Polymere oder
Proteine des sechsten Unterstadiums der für das vorhergehende Stadium
typischen Fähigkeit zum Wachstum große Wandlungsfähigkeit verleihen.
Diese Wandlungsfähigkeit wird speziell im Fall der funktionalen Polymere zu
einer Art Belebtheit, zu Beweglichkeit. Es bedarf zwar noch weiterer Forschungen, doch hat es jetzt schon den Anschein, als ob der zusätzlich erschlossene
Verhaltens- oder Freiheitsbereich der Proteine auf die Ionenbindung zurückzu-

führen ist, die im sechsten Unterstadium wieder auf den Plan tritt. Wie Sie sich vielleicht noch erinnern können, kommt im fünften Unterstadium die kovalente Bindung, die die Kettenglieder zusammenhält, wieder zur Geltung. Bei den Proteinen sind es die Ionenbindungen der Seitenketten, die die unterschiedlichen Helixformen und Bindungen – natürlich auch die Kontraktion der Seitenketten, die das Aktin und das Myosin zusammenbringt – hervorrufen. Die Ionenbindung ist die attraktive Bindung – so wie sie es im zweiten Unterstadium war, in dem das Natriumatom sein Elektron abgibt, um das Loch in der äußeren Elektronenschale des Chlors zu füllen.

Abschließend sei noch auf folgendes hingewiesen: nach unserem Bogenmodell müßte die Bindung des sechsten Unterstadiums zwei Freiheitsgrade besitzen. Aufgrund der hier vorhandenen Variationsmöglichkeiten leuchtet es ein, daß die Bindung sehr viel wandlungsfähiger ist als im fünften Unterstadium, doch erst vor kurzem wurde ich mir des Merkmals der polypeptidischen Kettenglieder bewußt, das die beiden Freiheitsgrade exakt zum Vorschein treten läßt. Es ist die Tatsache, daß sich die polypeptidischen Glieder nur in zwei möglichen Winkeln ϕ und ψ zueinander drehen können.

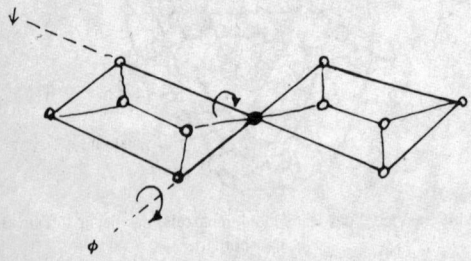

Gerade diese beiden Winkel, die jeweils einen Freiheitsgrad repräsentieren, ermöglichen die Strukturenvielfalt und sind eine Bestätigung für unsere Annahme auf der Basis des allgemeinen Modells.

Man achte auch auf die zunehmende Homogenität in diesem Unterstadium. Alle Proteine sind Polypeptidketten, wohingegen die Polymere des fünften Unterstadiums auf die verschiedenartigste Weise zusammengesetzt sind.

Siebtes Unterstadium: DNS

Das vor kurzem von Watson und Crick entdeckte DNS-Molekül (oder kurz: die DNS) besteht aus einer Doppelhelix, deren leiterartige Sprossen die Informationen, die die Zelle für ihre Vermehrung oder für den Aufbau eines vielzelligen Organismus benötigt, in verschlüsselter Form enthalten. Alle DNS-Moleküle sehen äußerlich gleich aus, im Gegensatz zu den verschiedenen Formen der von ihnen kontrollierten Proteine. Dies scheint das gleiche Prinzip zu demonstrieren, das der Tatsache zugrundeliegen könnte, daß der Mensch nur eine Gestalt besitzt, wohingegen Tiere sehr viele Gestalten annehmen. So wie das DNS-Molekül (im siebenten Unterstadium) Informationsträger ist und die Proteine bildet, die die Arbeit leisten, so stellt der Mensch (im siebenten Hauptstadium) die Werkzeuge her, die er braucht, und zähmt er die Tiere, damit sie seine Arbeit verrichten.

Exkurs

Vor der Entdeckung des DNS-Moleküls im Jahre 1953 hatten Biologen schon eine Zeit lang gewußt, daß Zellprozesse, einschließlich der Zellteilung und Vererbung, von Teilchen gesteuert werden, die unter dem Mikroskop sichtbar waren und die Chromosomen genannt wurden. Watson und Crick gelang der Durchbruch, indem sie feststellten, daß die Chromosomen letztlich aus DNS-Molekülen bestehen. Ihren Ergebnissen nach hat die DNS die Form einer Doppelhelix. Sie setzt sich aus zwei helixförmigen Phosphatketten zusammen, die wie eine Leiter durch Sprossen verbunden sind. Die Sprossen teilen sich in vier verschiedene Arten auf, die in Dreiergruppen zusammengefaßt ein Alphabet aus zwanzig Buchstaben bilden – vergleichbar mit den Punkten und Strichen, aus denen das Morsealphabet zusammengesetzt ist.

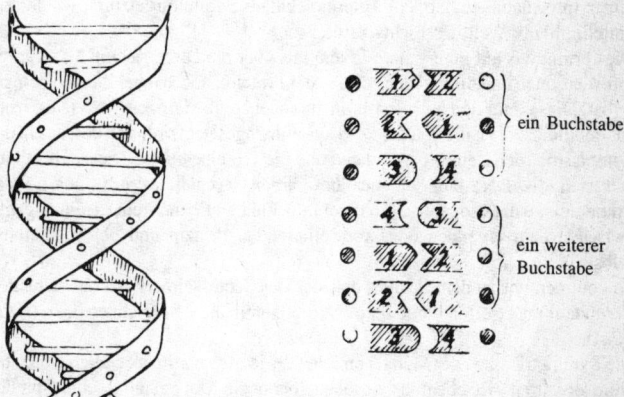

Jeder der zwanzig »Buchstaben« bezeichnet eine der zwanzig Aminosäuren, aus denen sich die Proteine des sechsten Unterstadiums aufbauen.
Die DNS gibt also eine Botschaft, die die exakte Abfolge von Aminosäuren beschreibt, die für den Aufbau der speziellen Proteine, die ihrerseits wiederum den Organismus bilden, notwendig sind. Während nicht bekannt ist, wie die

zeitliche Koordination des Aufbaus der Tausende notwendiger Proteine ermöglicht wird, weiß man, daß das Molekulargewicht der DNS bei einem der einfachsten Organismen, dem »Eschericium coli«, über 3 Milliarden beträgt (3 Milliarden Protonen-Elektronen-Paare). Es muß also mindestens 6 Millionen Buchstaben in der Botschaft geben (50 Atome mit einem durchschnittlichen Molekulargewicht von 10 pro Leitersprosse). Für diese Informationsmenge benötigt man ein Buch mit 2000 Seiten. Das DNS-Modell kann also mit einer Art Plan verglichen werden, der Anweisungen für den Aufbau (der Proteine und damit des Organismus) in verschlüsselter Form enthält.

Für unsere Theorie ist von besonderer Bedeutung, daß die molekulare Evolution in einer einzigen Spezies von Molekülen, nämlich den DNS-Molekülen, gipfelt. Wie Sie sich noch erinnern werden, haben die Proteinmoleküle (Unterstadium sechs) die auf der Polypeptidkette aufgebaut sind, viele verschiedene Formen: da sind die Strähnen faserigen Proteins für die Haare, der komplexe Käfig des Hämoglobins oder die ineinandergeschobenen Batterien des Aktins und des Myosins für den Muskel. Im Falle der DNS-Moleküle haben wir nur eine einzige Form, die Doppelhelix, deren Verschiedenheit sich nicht nach außen bemerkbar macht, sondern in den von ihr verschlüsselt enthaltenen Informationen. Wenn wir die Proteine mit verschiedenen Werkzeugen vergleichen, so ist das DNS-Molekül wie ein Buch: seine äußere Form gibt keinen Aufschluß über den Inhalt. Diese Uniformität aller DNS-Moleküle ist ein Ausdruck der Homogenität, die wir im 4. Kapitel als ein Merkmal der Photonen beschrieben haben. Die Homogenität weist auf die oberste Ebene hin, auf die »intelligible« Welt des Lichts, in diesem Fall aufgrund der Verschlüsselung reiner Informationen. So kehrt die molekulare Evolution letztlich wieder zur »intelligiblen« Welt des Lichts zurück.

Dies bringt uns auf eine andere Erkenntnis über die DNS: sie enthält zwar die Informationen und diktiert den Aufbau der Proteine, macht aber die Arbeit nicht selbst. Diese Funktion delegiert es an die sogenannte Matrizen-RNS (Matrizen-Ribonukleinsäure), die von der DNS zusammengesetzt wird, von dort aus in das Zytoplasma (den Zellkörper) gelangt und die Proteine bildet. Dieser Umstand, daß sich die DNS von »manueller« Arbeit fernhält, verhilft uns zu der Erkenntnis, daß es sogar hier – auf der molekularen Ebene – eine Trennung gibt zwischen dem leitenden oder kontrollierenden Prinzip und der Herstellung selbst.

So kommen wir zu dem Schluß, daß sich das Schlüsselmerkmal des siebenten Unterstadiums treffend mit dem Wort »Dominanz« bezeichnen läßt (siehe S. 24).

Die Symmetrie bzw. der Mangel an Symmetrie, den wir im siebenten Unterstadium erwarten, ist ebenfalls gegeben, denn die Doppelhelix, eine Spirale, besitzt keine radiale Symmetrie und auch – da sich auf seiner ganzen Länge nichts wiederholt – keine Achsensymmetrie. Dieser Mangel an Symmetrie steht im Zusammenhang mit der Tatsache, daß die DNS ausschließlich mit Informationsgebung betraut ist, sie ist Botschaft im Klartext (siehe S. 66f.).

Zum siebenten Unterstadium sollten wir auch den Virus zählen, da er aus DNS besteht. Der Virus ist sogar DNS in nahezu reiner Form, denn es fehlen ihm die anderen, in lebenden Zellen enthaltenen Substanzen für die Vermehrung. Um diese Substanzen zu erhalten, dringt der Virus in die Zellen von Pflanzen oder Tieren ein und »ändert die Pläne« der DNS des Wirtorganismus. Er zwingt sie, neue Viren zu machen. Der Virus ist also eine Art Bandit oder Hijacker. Seine Übernahme der Zelle ist ein unmißverständliches Beispiel für Dominanz. Es war übrigens sogar der Virus, durch den ich auf die Idee kam, daß Dominanz ein Merkmal des siebenten Stadiums allgemein ist. Wir können zwar das Verhalten des Virus als schädlich bewerten, doch verdanken wir unsere Existenz der gleichen Fähigkeit unserer eigenen DNS, denn ohne sie würden wir uns, sobald wir Huhn essen, zu Hühnern verwandeln.

Wir wollen uns nun die Struktur des DNS-Moleküls genauer ansehen. Die Querverbindungen oder Sprossen der Leiter bestehen aus vier Nukleotiden, die sich zu Paaren zusammentun: Cytosin mit Guanin und Adenin mit Thymin.

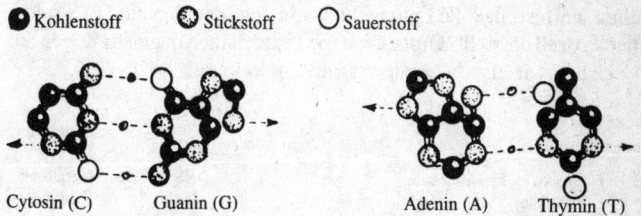

Cytosin (C)   Guanin (G)   Adenin (A)   Thymin (T)

Die Position innerhalb jedes Paares kann ausgetauscht werden, so daß wir vier Möglichkeiten erhalten: CG, AT, GC und TA. Das Ende eines jeden Paars ist mit einem Pentosezucker und dieser wiederum mit einem Phosphoratom (zusammen mit seinen vier Sauerstoffatomen) verbunden.

Wenn sich das ganze Molekül aufteilt, behält jede Hälfte einen vollständigen Satz halber Einheiten bei, die ihre Partner auf der zukünftigen Kette im vorhinein festlegen. Jeder Hälfte ist es möglich, den zu ihm passenden Partner zu duplizieren und so zu einer neuen Doppelhelix zu werden. Wenn jemand denkt, dies sei kompliziert, dann möge er Watsons Buch *Die Doppelhelix*[2] lesen. Watsons Erkenntnis, daß sich einander ergänzende und nicht gleiche Paare zusammentun, vermochte das Rätsel der DNS zu lösen und brachte ihm den Nobelpreis ein.

Ein anderer Punkt regt zu Spekulationen an. Wenn wir von einem Ende einer Leitersprosse zum anderen die Guanin- und Adeninmoleküle zählen, die jeweils einen Ring mit fünf und einen weiteren Ring mit sechs Atomen als zwei Einheiten enthalten, so stellen wir fest, daß es auf jeder Sprosse sieben Elemente gibt.

Die Bedeutung dieses Sachverhalts ist ungewiß, doch fügt er sich in das Bild einer mit jedem Unterstadium zunehmenden Komplexität der Moleküle ein (die peptidischen Einheiten enthielten sechs Atome).

Diese Vermutung fällt – abgesehen vom periodischen System der Elemente selber – nicht in den Rahmen der gegenwärtigen Chemie, doch lenkt sie die

Spekulationen in eine vielversprechende Richtung. Wenn wir uns die Ebenen der molekularen Organisation der Reihe nach vornehmen, so stellen wir zweifellos eine Zunahme des Komplexitätsgrades fest. Und statt nur die Atome in einem Molekül oder die Arten der für ein Molekül erforderlichen Atome zu zählen, gibt es die Möglichkeit, daß die Zahlen von eins bis sieben unterschiedliche Formen molekularer Topologie kennzeichnen und damit auf tiefere Zusammenhänge hinweisen, als sie von der gegenwärtigen Wissenschaft erkannt werden (siehe Anhang II).

Allgemeiner Überblick über die molekulare Evolution

Wenn wir nun zum Reich der Moleküle als Ganzes zurückkehren, stellen wir fest, daß die Entwicklung von den Metallen zur DNS selber einen Prozeß darstellt. Ordnen wir die Unterstadien in einem Bogen an, so machen wir eine hochinteressante Entdeckung.

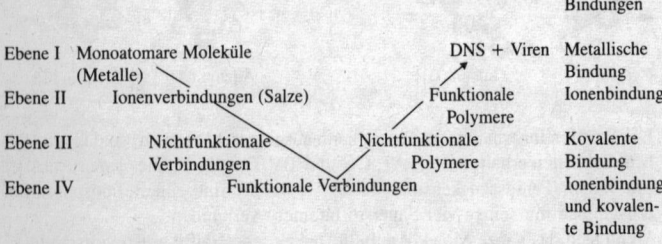

Bei Überprüfung der Art der Bindung, die in jedem Unterstadium vorherrscht, ergibt sich folgendes: im vierten Unterstadium sind Ionenbindung und kovalente Bindung miteinander kombiniert, im dritten und fünften Unterstadium finden wir die kovalente Bindung und im zweiten sowie sechsten Unterstadium die Ionenbindung vor. Da die monoatomaren Moleküle Metalle sind, ist das erste Unterstadium natürlich durch die metallische Bindung charakterisiert. Diese Art der Bindung *sagen* wir für die DNS *voraus,* und sie erscheint angesichts ihres hervorragend leitenden Kerns wahrscheinlich (es läßt sich auch die Möglichkeit denken, daß die DNS ein Kurzwellensignal aussendet, das das Zellwachstum koordiniert). Weniger spekulativ ist der *Unterschied in den Freiheitsgraden* der Bindung zwischen den aufeinanderfolgenden Ebenen. Auf Ebene I bewegen sich die bindenden Metallelektronen im Metallkörper frei umher, d. h. die Bindung ist nicht lokalisiert. Auf Ebene II schaffen die Elektronen Bindungen zwischen jedem Atom und seinen benachbarten Atomen. Auf Ebene III sind die Elektronen der kovalenten Bindung auf das Molekül selber beschränkt[3] (siehe Abb. S. 95).

Entsprechungen zwischen den Unterstadien und den Reichen des Universalprozesses

Es gibt nicht nur sieben Unterstadien, sondern jedes Unterstadium besitzt eine Ähnlichkeit mit dem ihm entsprechenden Stadium des Universalprozesses, dem entsprechenden Reich.

1. Die *Leitfähigkeit* der Metalle mit ihren frei beweglichen Elektronen entspricht der elektromagnetischen Strahlung im Reich des Lichts.
2. Die positiv und negativ geladenen Atome in der *Ionenbindung* entsprechen den Protonen-Elektronen-Paaren, den positiv und negativ geladenen Teilchen.
3. Die *Identität* der Kohlenwasserstoffe in der Paraffinreihe hat insofern eine Entsprechung im Reich der Atome, als diese ebenfalls eine »alphabetische« Reihenfolge bilden, wobei ihre Eigenschaften durch die Position in diesem Alphabet determiniert sind.
4. Die *Kombinationen,* die wir funktionale Verbindungen nennen, gehören dem vierten Unterstadium an, weil sie Kombinationen von Kombinationen sind.
5. Die Selbstreplikation und die Ketten von Einheiten bei den Polymeren entsprechen dem *Wachstum* von Pflanzen mit ihrer Zellteilung.
6. Die Proteine, die chemischen Verbindungen, die sich *bewegen,* stellen die Entsprechung zum Tierreich dar.
7. Die DNS, die das Wachstum von Pflanzen und Tieren *leitet* und *steuert,* gibt uns Aufschluß über das entscheidende Merkmal des siebenten Reichs. Wir können es von nun an als das Reich der *Dominanz* bezeichnen.

Die Abhängigkeit des siebten Stadiums/der siebten Unterstadien vom nächsthöheren Reich

Wir haben das Reich der Dominanz (das siebente Stadium) auf der Grundlage von Beobachtungen im siebenten Unterstadium (DNS und Virus) definiert.

Sowohl die DNS als auch der Virus sind quasi »Chefs«, die die Aktivität der Zell»fabrik« leiten und so die Bezeichnung »dominierend« rechtfertigen. Da ist aber noch ein weiterer interessanter Punkt: das siebente Unterstadium (DNS und Virus) *benötigt zur Erfüllung seiner Funktion Zellen, und Zellen gehören dem nächsthöheren Reich an.* Es wird sich herausstellen, daß alle siebenten Unterstadien das nächsthöhere Reich brauchen, um zu funktionieren. Blühende Pflanzen beispielsweise brauchen für die Bestäubung Insekten. Bemerkenswert ist auch die Abhängigkeit kontrollierter Radioaktivität von Atomen (drittes Stadium) von molarer Konzentration (viertes Stadium). Man nahm früher einmal an, daß sich radioaktiver Zerfall durch nichts von außen beeinflussen ließe, doch die Atombombe beweist das Gegenteil.

Sowohl für die Atombombe als auch in einem Kernkraftwerk muß man genügend Uranatome zusammenbringen, damit die Zerfallsprodukte eines Atoms (Neutronen) den Zerfall anderer Atome bewirken. Bei der Atombombe vollzieht sich dieser Prozeß plötzlich und verursacht eine Explosion. Im Kernkraftwerk wird dieser Prozeß gemäßigt oder verlangsamt, indem man Kohlenstoffstäbe zwischen die Atome schiebt, um die ausgestrahlten Neutronen zu absorbieren und die Spaltungsrate zu kontrollieren.

Was würde dies für das siebente Reich bedeuten? Da es bereits das höchste Reich im Sonnensystem ist, sind wir aufgrund unserer Beobachtungen geneigt, noch höhere Stadien zu vermuten, also uns einen noch größeren Bogen zu denken, der die galaktische Evolution umfaßt. Mit anderen Worten: das Reich der Dominanz erfordert etwas, das sich über ihm befindet, und dies hilft möglicherweise auch erklären, warum alle menschlichen Kulturen – vielleicht mit Ausnahme der des modernen Menschen – von einem Glauben an höhere Wesen, an Götter, abhängen.

Diese Abhängigkeit der siebenten Unterstadien vom nächsthöheren Stadium ist wohl eine der Vorstellungen, die zu akzeptieren uns am schwersten fallen wird, besagt sie doch, daß der Prozeß zumindest im siebenten Unterstadium seine Zukunft vorwegnimmt. So unglaublich dies auch erscheinen mag, meine ich doch, daß wir diesem Punkt Aufmerksamkeit schenken sollten, denn die Beobachtungen in den Unterstadien bestätigen die Theorie. Wir stoßen also wieder auf den teleologischen Aspekt, der sich im Verhalten des Lichts offenbart, in seiner – schon Leibniz und Planck so beeindruckenden – Fähigkeit, den kürzesten Weg zum Ziel zu nehmen.

Die Schlüsselmerkmale der einzelnen Reiche

Im folgenden ordnen wir jedem Reich (Stadium) das Merkmal zu, dem die Stellung eines Schlüsselmerkmals zukommt:

Reich	Schlüsselmerkmal		Bild
1 Licht	Potentialität	☀	Punkt
2 Nuklearteilchen	Bindung	→	Linie
3 Atome	Identität oder Form	○	Kreis
4 Moleküle	Kombination (oder Trennung)	∞	Zwei Kreise
5 Pflanzen	Wachstum oder Organisation, Fortpflanzung	⦿⦿⦿⦿⦿	Kette
6 Tiere	Mobilität		Kette mit Seitenketten
7 (Menschen)	Dominanz		?

Die Bezeichnung für das Schlüsselmerkmal des ersten Reichs, Potentialität, erscheint aufgrund der Beobachtungen im entsprechenden molekularen Unterstadium nicht ganz gerechtfertigt. Ihre Angemessenheit wird aber in späteren Erörterungen deutlich werden.
Ich möchte noch auf einen letzten Punkt in Verbindung mit dem Reich der Moleküle eingehen, der mir interessant genug erscheint, um hervorgehoben zu werden: in den Anfängen dieses Reichs werden die Eigenschaften geschaffen, die wir mit Materie in Zusammenhang bringen, nämlich Dichte, Härte, Festigkeit, Siedepunkt etc. Diese Eigenschaften entstehen, wenn Millionen von Atomen zusammengebracht werden. *Mit der weiteren Entwicklung des Schlüsselmerkmals »Kombination«* machen diese Eigenschaften eine subtile Wandlung durch. Offenbar erwirbt das einzelne Molekül eine Art Verantwortung. Es dehnt seinen Herrschaftsbereich immer weiter aus, bis es schließlich nicht nur selber aus Millionen von Atomen besteht, sondern auch (wie die DNS) Organismen bildet, deren Größe das Milliarden- oder Billionenfache seiner eigenen beträgt.

Ein Schema für die Haupt- und Unterstadien des Universalprozesses

Auf der Grundlage unseres Überblicks über das Reich der Atome und das Reich der Moleküle können wir nun ein Schema (S. 114f.) entwerfen, in dem jedes der sieben Reiche in Unterstadien unterteilt ist. Jedes Unterstadium trägt zu dem Reich, dem es als Teil angehört, etwas bei, das dem Beitrag ähnelt, den das zahlenmäßig entsprechende Reich (oder Hauptstadium) zum Universalprozeß leistet.

Zum Schema im einzelnen: In der linken Spalte stehen die Hauptstadien nach Nummer und Bezeichnung geordnet. Unterhalb jeder Bezeichnung ist das jeweilige Schlüsselmerkmal genannt, zusammen mit Stichworten, die das betreffende Hauptstadium weiter charakterisieren. In der Ecke oben rechts jedes Kästchens für das Hauptstadium sind die Zahl der Freiheitsgrade und die Symmetrieverhältnisse angegeben. In den nächsten Spalten sind die einzelnen Unterstadien aufgeführt. Man beachte, daß das Schlüsselmerkmal für jedes Unterstadium mit dem Schlüsselmerkmal für das entsprechende Hauptstadium identisch ist.

Die oberste Zeile des Schemas unterteilt das Reich des Lichts (das erste Hauptstadium) in Unterstadien nach Frequenz (Hz), beginnend mit der höchsten Frequenz (oder größten Energie) im ersten Unterstadium. Danach findet sich zu Anfang eines jeden Unterstadiums eine Frequenz, die jeweils das etwa $1/2000$-fache der Frequenz des vorherigen Unterstadiums beträgt. Die Wellenlänge ist in cm, die Energie in Elektronenvolt (eV) angegeben. Aufgrund dieser Unterteilung enthält jedes Unterstadium die Frequenzen, die das entsprechende Hauptstadium aktivieren.

Unterstadium eins:	Kosmische Strahlen – Hochenergieteilchen
Unterstadium zwei:	Photonen, die aus Protonen Elektronen bilden, Gammastrahlen
Unterstadium drei:	Röntgenstrahlen, atomare Spektren
Unterstadium vier:	Sichtbare Strahlung und molekulare Spektren
Unterstadium fünf:	Mikrowellen mit Wellenlängen von etwa 10^{-2} cm bis 10 cm (für Zellen vorhergesagt)
Unterstadium sechs:	Kurzwellen mit Wellenlängen von 100 cm bis 10 m (für Tiere vorhergesagt)
Unterstadium sieben:	Langwellen mit Wellenlängen von 10 m bis 20000 m

Man beachte, daß sich das sichtbare Licht genau in der Mitte (im mittleren Unterstadium) befindet, und daß die Zimmertemperatur (bei der das Leben beginnt) am Anfang des fünften Unterstadiums auftritt.

Das Reich der Elementarteilchen (Hauptstadium zwei) wurde noch nicht in zufriedenstellender Weise in Unterstadien aufgeteilt, so daß die entsprechende Zeile leer bleibt. Die Unterstadien des Reichs der Atome sowie des Reichs der Moleküle (Hauptstadien drei und vier) werden durch unsere Erörterungen im 6. und in diesem Kapitel verständlich. Auf die Unterstadien des Pflanzen- und des Tierreichs (Hauptstadien fünf und sechs) werde ich in den nächsten beiden Kapiteln eingehen. Auf das letzte Hauptstadium, das Reich der Dominanz werde ich in den letzten Kapiteln dieses Buchs noch zu sprechen kommen.

Wiederholung und Überblick über spätere Kapitel

Die wesentliche Bedeutung der Ausführungen in diesem Kapitel liegt darin, daß sie unser Bogenmodell bestätigen. Die Entwicklung von Molekülen mit nur einem Atom bis zur DNS mit ihren Milliarden von Atomen ist ebensosehr eine Evolution wie die der Zellen vom einzelligen Bakterium bis zum Baum oder zum Elefanten. Da die Chemie eine exaktere Wissenschaft als die Biologie ist, kann sie eine tragfähige Grundlage schaffen. Sie kann die Vermutungen bekräftigen, auf denen wir unser Bogenmodell aufgebaut haben, und sie zu Prinzipien erheben, die wir brauchen, um das Wesen der menschlichen Evolution zu entdecken.

So haben wir beispielsweise festgestellt, daß die Evolution von den Photonen zu den Molekülen einen Verlust an Freiheit nach sich zieht, die sich dann unter kontrollierten Bedingungen wieder einstellt. Dies trifft auch zu, wenn wir im Reich der Moleküle bleiben. Die bindenden Elektronen in den Metallen haben noch die Freiheit, sich mit Lichtgeschwindigkeit zu bewegen. Diese Freiheit wird in den Salzen zunehmend eingeschränkt, in den Ölen fehlt sie vollständig. Sie stellt sich aber in den Proteinen und in der DNS wieder ein. Die Funktionen dieser hochorganisierten Moleküle werden durch kontrollierte Elektronen ermöglicht.

Wir konnten auch feststellen, wie die Symmetrie des Universalprozesses (siehe 4. Kapitel) auch im Reich der Moleküle in Erscheinung tritt, insofern nämlich als wir die Ionenbindung im zweiten und sechsten

Hauptstadien (Reiche)	Unterstadien	Potentialität	Bindung
1. Licht *Potentialität:* keine Masse; außerhalb von Raum und Zeit; Wirkungsquanten	3 Freiheitsgrade; keine Symmetrie	10^{25} 10^{-15} 10^{11} Kosmische Strahlen Protonenrestenergie →	10^{22} 10^{-11} 10^{7} Gammastrahlen Nukleare Bindungsenergie
2. Nukleartteilchen *Bindung:* Substanz; Anziehungs- und Abstoßungskraft; »Wahrscheinlichkeitsnebel«	2 Freiheitsgrade; bilaterale Symmetrie		
3. Atome *Identität:* Erwerb eines eigenen Zentrums; Elemente, Ordnung schafft Eigenschaften; Ausschließungsprinzip	1 Freiheitsgrad; radiale Symmetrie Reihen nach der Tabelle Mendelejews	[2] **Wasserstoff** eine 2er Reihe	[2] [2] **Lithium** bis **Fluor** zwei 2er Reihen
4. Moleküle *Kombination:* Molare Eigenschaften; klassische Physik; Determinismus; das einzige sichtbare Reich	Kein Freiheitsgrad; vollständige Symmetrie	**Metalle** einzelne Atome	**Salze** doppelte Atome
5. Pflanzen *Wachstum:* Selbstvermehrung; Zelle oder organisierendes Prinzip. Herstellung von Ordnung durch negative Entropie	1 Freiheitsgrad; radiale Symmetrie	**Bakterien** eine Zelle	**Algen** viele Zellen
6. Tiere *Mobilität:* Aktion und Befriedigung; Verdauung; Entscheidung wird möglich	2 Freiheitsgrade; bilaterale Symmetrie	**Protozoen** eine Zelle	**Schwämme** viele Zellen
7. Dominanz *Bewußtsein:* Die Erinnerung an eigene Handlungen führt zu Wissen und Kontrolle	3 Freiheitsgrade; keine Symmetrie	?	**Stammesgesellschaften** (keine Körper?) Kollektives Unbewußtes

Identität	Kombination	Wachstum	Mobilität	Dominanz
10^{18}	10^{15}	10^{11}	10^{8}	10^{4} Hz
10^{-8}	10^{-4}	10^{-1}	10^{3}	10^{6} cm
10^{4}	10^{0}	10^{-3}	10^{-7}	10^{-10} eV
Röntgenstrahlen Atomare Spektren	UV IR Molekulare Spektren	Mikrowellen Zelluläre Strahlung? ← $h\nu = kT$	TV- und Radiowellen Tierische Strahlung?	Niedrigfrequenzwellen
Natrium bis Chlor eine 6er Reihe	Kalium bis Brom zwei 6er Reihen	Rubidium bis Jod eine 10er Reihe	Cäsium bis Astatin zwei 10er Reihen	Radon eine 14er Reihe
Methanreihe nichtfunktionale Verbindungen	Funktionale Verbindungen	Polymere Ketten	Proteine Kette mit Seitenketten	DNS und Viren
Embryophyten Gewebe	Psilophyten Gefäßbündel	Kalamiten Segmente	Gymnospermen bewegliche Samen	Angiospermen blühende Pflanzen
Zölenteraten ein Organ	Weichtiere, etc. viele Organe	Anneliden Ringelwürmer eine Kette	Arthropoden (Gliederfüßer) Seitenketten	Chordaten
Selbst-Bewußtsein	← Der moderne Mensch → Objektives Denken	Kreatives Denken	Christus Buddha Mythische Könige Mazda?	?

Unterstadium, die kovalente Bindung im dritten und fünften Unterstadium beobachten.

Wohl am interessantesten ist der Verlust und der nachfolgende Wiedererwerb der Homogenität. Diese Entwicklung offenbart sich in drastischer Weise in der Progression von den Polymeren mit ihren vielen verschiedenen Ketten zu den Proteinen, die nur auf der Polypeptidkette aufgebaut sind, und von den verschiedenen Seitenketten der Proteine zu den vier Seitenketten der DNS.

Diese Zusammenhänge werden bedeutsam, wenn wir zur Evolution des Menschen kommen, denn die Tatsache, daß sich Moleküle von einem sechsten Unterstadium mit verschiedenen Formen zu einem siebenten Unterstadium mit nur einer Form (der Doppelhelix) entwickeln, ist ein Beweis dafür, daß der Gegensatz zwischen der Vielfalt der Formen bei den Tieren und der Einheitlichkeit der Form beim Menschen (alle Menschen gehören einer Spezies an) als ein Prinzip aufgefaßt werden kann.

Das ist natürlich nur ein Aspekt. Trotz der anatomischen Gleichheit gleichen die Menschen einander nicht mehr so, wie es noch bei den DNS-Molekülen – oder bei Büchern – der Fall ist. Die Menschen unterscheiden sich in den Zielen, die sie sich setzen, und in ihrem Charakter, weniger jedoch in ihren körperlichen Merkmalen. Dies ist wichtig für die Evolution des Menschen, auf die ich am Ende dieses Buchs zu sprechen kommen werde.

Bevor wir aber dieses interessante Thema behandeln, müssen wir noch zwei Formen der Evolution untersuchen, die der des Menschen vorausgehen, nämlich die Evolution der Zellorganismen im Pflanzenreich und die Evolution der Tiere. Beide unterscheiden sich von der Evolution des Menschen. Sie sind Gegenstand der nächsten beiden Kapitel.

8. Das Pflanzenreich

Evolution und Involution

Die Evolution beginnt mit dem Pflanzenreich. Statt »Evolution« sollten wir aber vielleicht »sichtbare Evolution« sagen, denn die erste evolutionäre Aktivität findet sich früher, nämlich bei den Polymeren, dem fünften Unterstadium des Reichs der Moleküle (das bezeichnenderweise das Unterstadium unmittelbar rechts vom niedrigsten Punkt oder »Wendepunkt« des Bogens ist). Die Polymere verhalten sich gegen das Entropiegesetz. Was heißt das?

Die Entropie ist die Tendenz anorganischer Energien, sich zunehmend gleichförmig zu verbreiten. Steine rollen den Berg hinab, heiße Gegenstände, die Hitze ausstrahlen, werden kühler. Die Gesamtenergie in einem bestimmten Bereich oder System wird zunehmend unverfügbar, indem sich Energieunterschiede allmählich ausgleichen. Diese Tendenz, die in der Physik als zweites thermodynamisches Gesetz beschrieben wird, ist auch in der sogenannten Billardkugelhypothese impliziert, die besagt, daß das Universum die allmählich nachlassende Bewegung lebloser Objekte ist.

Um wieder auf die Polymere zurückzukommen: in ihrer Selbstreplikation verhalten sie sich gegen das Entropiegesetz. Sie *speichern* Energie in den Substanzen, die sie bilden. Diese Speicherung, die als *negative* Entropie bekannt ist, läßt den Aufwärtstrend ahnen, der überall im Pflanzenreich offenkundig ist.

Dieser allgemeine Trend im Leben der Pflanzen hat verschiedene Erscheinungsformen, die wir uns als miteinander zusammenhängend vorstellen müssen:

Negative Entropie oder Speicherung von Energie
Hierarchie
Zunehmende Ordnung oder Organisation
Ein Freiheitsgrad: radiale Symmetrie
Größe und Wachstum
Selbstvermehrung
Evolution

Wenn dies aber der Beginn der Evolution ist, wie sollen wir dann die

Entwicklung der Atome und Moleküle charakterisieren? Auch bei diesen handelt es sich um Organisationsstadien, und sie sind ebenso bedeutsam für den Universalprozeß wie seine späteren Stadien, so daß auch sie die Bezeichnung »evolutionär« verdienen würden. Es ist aber zur Tradition geworden, diese frühen Stadien mit dem Begriff *Involution* zu kennzeichnen. Dieser Begriff trifft das Charakteristische der linken Seite des Bogens, in der der Prozeß absteigt, d. h. sich immer mehr in Materie *involviert* und deshalb zunehmend an Freiheit einbüßt. Auf der rechten Seite hingegen steigt der Prozeß zu höheren Formen *auf*, zu zunehmend *evolvierteren* und freieren Formen.

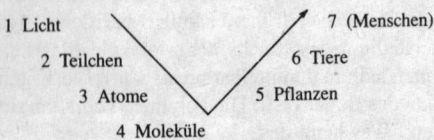

Bei der Beschreibung dieses Bogens im 4. Kapitel legten wir den Schwerpunkt auf die Zunahme der Freiheitsgrade in den Stadien, die auf das Stadium der Moleküle folgen. Die Pflanzen im fünften Stadium erwerben ein Maß an Freiheit, das sich nicht nur in ihrem Wachstum äußert, sondern auch in ihrer Fähigkeit, durch Fortpflanzung die Zeit zu erobern. Sowohl Wachstum (Energiespeicherung, Organisation) als auch Verbreitung durch Fortpflanzung sind das Ergebnis der Zellteilung. Wenn die Zellen zusammen bleiben, sprechen wir von Wachstum, wenn sie sich in getrennte Einheiten spalten, sprechen wir von Fortpflanzung. Die Zellteilung ist aber ein außerordentlich komplizierter Prozeß.

Die Komplexität der Zelle

Man könnte vielleicht annehmen, die Zellteilung erfolge lediglich durch Zunahme an Größe bis zu einer vorgegebenen Obergrenze, die dann die Teilung erzwingt, so wie Wasser, das aus einem Wasserhahn sickert, Tropfen von einer bestimmten Größe bildet. Die Zellteilung ist aber weitaus komplizierter. Früher pflegte man zu sagen, die Zelle sei mit Protoplasma gefüllt, doch diese Beschreibung war ebenso unangemessen wie die Aussage, das Radio sei mit Radioplasma gefüllt.
Die Zelle ist ein Ort, an dem eine Vielzahl komplizierter chemischer Reaktionen ablaufen. Diese Reaktionen werden durch Enzyme gesteu-

ert, durch spezialisierte Proteinmoleküle, die bewirken, daß bestimmte chemische Reaktionen eine Million mal schneller ablaufen als es ohne sie der Fall wäre. Die Zelle enthält auch DNS, die Informationsträgerin ist, sowie RNS, die den Aufbau von Stoffen für das Zellwachstum kontrolliert.

Das *Eschericium coli*, der Bazillus, der den Darm bewohnt und der sich alle zwanzig Minuten teilt, ist eine der kleinsten Lebensformen und zugleich auch diejenige, die die Biologen am gründlichsten studiert haben. Man schätzt, daß er – neben 4 DNS-Hauptmolekülen mit einem Molekulargewicht von jeweils 2,5 Milliarden – etwa 400 000 RNS-Moleküle (1000 verschiedene Arten) mit einem durchschnittlichen Molekulargewicht von 2 Millionen, etwa 1 Million Proteine (2000 verschiedene Arten) mit einem durchschnittlichen Molekulargewicht von 40 000 sowie 500 Millionen kleinere organische Moleküle (700 verschiedene Arten) mit einem durchschnittlichen Molekulargewicht von 300 enthält.

Solche Beschreibungen lassen natürlich die Sinne schwinden. Um durch solche Zahlen nicht den Überblick zu verlieren, müssen wir uns zumindest bewußt machen, daß es sich bei der Zelle um eine *andere Organisationsform* handelt als selbst beim komplexesten Molekül. Wenn wir ein Molekül mit einem Auto vergleichen (Molekül sowie Auto sind Anordnungen verschiedener Teile), wäre die Zelle so etwas wie eine Fabrik mit all den Leuten, die dort arbeiten, den Maschinen und den Computern.

Multizelluläre Organisation

So verblüffend dies auch ist, es steht erst am Anfang des Organisationsstadiums des Pflanzenreichs. Die Pflanze ist in der Lage, eine multizellulare Einheit – etwa einen Baum – zu organisieren, die Billionen von Zellen enthält, deren Zusammenwirken für den Organismus als Ganzes notwendig ist.

Wie sollen wir an dieses Reich herangehen? Sollen wir uns an den Biochemiker wenden, der die Struktur der DNS sowie die Schritte, über die sie die chemischen Vorgänge im Zellinneren leitet, entdeckt hat? Wenn wir es dabei belassen, dann wird uns etwas fehlen, etwas, was die Dame noch spürt, die sagt: »Meine Rosen sind so glücklich heute« – die Existenz der Pflanze als lebendes Wesen. Wir müssen uns dessen bewußt sein, daß uns die Wissenschaft nur einen kleinen Teil des Gesamtbilds vor Augen führt, denn das Wunder des Pflanzenwachs-

tums hat die Entwicklung des Organisationsprinzips zur Folge, und dieses Prinzip geht weit über die chemischen Vorgänge während der Zellteilung hinaus. Dieses Prinzip vermag das Wachstum der Pflanze zu dirigieren, und dies bedeutet, daß es etwas gibt, was die Pflanzen organisiert und ein Lebewesen ist wie sie auch.
Ich habe die Auffassung vertreten, daß die DNS mit ihrem möglicherweise außerordentlich leitfähigen Kern, ihrer Windung, ihrer zwangsläufigen Induktanz zusammen mit der Tatsache, daß alle Zellen in der nächsten Umgebung die gleiche DNS enthalten, auf Frequenzen im unteren Bereich des Infrarotspektralbands übertragen könnte, nicht nur, um die Aktivität innerhalb ihrer eigenen Zelle zu überwachen, sondern auch, um Wachstumsschritte benachbarter Zellen zu koordinieren. Dies ist zwar nur eine Vermutung, doch hilft sie, das Problem zu umreißen. Es bedarf etwas von der Art der Funkübertragung, um die Koordination des Zellwachstums begreifbar zu machen.

Andere Prinzipien

In der Zwischenzeit wollen wir aber fortfahren und die Augen offen halten. Bestimmte selbstverständliche Tatsachen über Pflanzen, die von Biologen übergangen werden, sind wichtig, etwa der Umstand, daß der Baum *nicht als Ganzer* lebendig ist. Sein aus Holz bestehender Stamm wird Jahr für Jahr von der Kambiumschicht gebildet, die den einzig *lebenden* Teil des Stammes ausmacht. Ebenso sind die Blätter lebendig, die Zweige, die sie versorgen hingegen nicht. Das Leben des Baums beschränkt sich also nur auf eine dünne Oberflächenschicht, die Stamm und Zweige bedeckt. Im Gegensatz dazu durchdringt das Leben eines Tieres seinen ganzen Körper. Diese Unterscheidung sowie die unterschiedlichen Freiheitsgrade bei Pflanzen und Tieren verhelfen uns zu einem Überblick über den Unterschied zwischen Pflanzen und Tieren allgemein.
Eine andere wichtige Tatsache ist die, daß das Wachstumsprinzip die Evolution ermöglicht. Die gegenwärtige Wissenschaft erklärt die Evolution mit einem Selektionsprozeß, mit dem »Überleben des Stärkeren«. Damit wird aber nicht erklärt, wie etwas entsteht, was selektiert werden soll. Die Selektion ist ein Prozeß des »Abschneidens«, doch dieses Abschneiden sagt nichts aus über das Wachsen, das ein Abschneiden erst notwendig macht. Das Pflanzenwachstum geht zurück auf die Zellteilung, die sowohl die reife Pflanze als auch ihre Fortpflanzung ermöglicht. Dieses Wachstum hat exponentiellen Charakter, d. h.

es erfolgt nicht nur eine Vermehrung, sondern – im unbehinderten Fall – eine immer raschere Vermehrung.

Ein einzelnes Bakterium wie das *Eschericium coli,* das sich alle zwanzig Minuten teilt, würde unter entsprechenden Bedingungen mit seinen Tochterbakterien innerhalb von 24 Stunden ein ganzes Fußballstadion füllen. Erst eine solche Expansion schafft die Voraussetzung für die Selektion, damit eine Population entsteht, die in einem bestimmten Milieu überleben kann. Diese expansive Tendenz ist ein wesentlicher Beitrag zur Evolution.

Die Wahl zwischen Selbstbestimmung oder Selbstaufgabe

Damit komme ich auf einen anderen und sehr subtilen Aspekt des Pflanzenreichs zu sprechen. Der vielzellige Organismus – etwa ein Baum – ist nicht vollkommen an Selbstexpansion gebunden, sondern hat die Alternative sich fortzupflanzen. Davon machen wir ja auch Gebrauch: wenn wir einen Baum Früchte tragen lassen wollen, hemmen wir sein Wachstum, indem wir die Wurzeln oder die Äste beschneiden oder sogar indem wir um seinen Stamm ein Band binden, um dadurch die Zufuhr von Nahrung oder die Zirkulation durch die Kambiumschicht zu verringern. Der Baum faßt dieses Signal als Warnung auf und richtet seine Energien auf die Produktion von Samen. Diese *Wahl* ist typisch für das fünfte Stadium und stellt einen wesentlichen Teil des Universalprozesses dar. Wir können ihn auch als Umkehrung dessen interpretieren, was im dritten Stadium geschieht, nämlich als Umkehrung der Selbstbestimmung, als Selbstaufgabe. Oder: sehen wir das Wesentliche des dritten Stadiums in der »Annahme eines Zentrums«, so ginge es im fünften Stadium um das Aufgeben von Zentren, nämlich durch die Produktion von Samen.

Hier haben wir es mit einer der am weitesten gehenden Schlußfolgerungen zu tun, zu denen wir aufgrund unseres Bogenmodells gelangen. Sprechen wir von »Aufgabe der Selbstexpansion« als Umkehrung der »Selbstbestimmung«, so scheinen wir Wortspielerei zu betreiben. Aber ersteres beschreibt die Bildung eines Kerns, wodurch beispielsweise das Atom entsteht, und letzteres bezieht sich auf die Bildung von Samen, die die Fortpflanzung ermöglichen. Erst wenn wir uns dessen bewußt sind, erkennen wir, daß wir mit unserer Methode die herausragendsten Beiträge zweier Reiche angemessen würdigen.

Die Funktion des dritten Stadiums: Erwerb von Identität

Nun könnte man fragen: wie können wir zeigen, daß die Selbstbestimmung, der »Besitz eines eigenen Zentrums«, und nicht etwas anderes im dritten Stadium auftrifft? Wie fügt sich dieses Prinzip in unser Modell ein? Das bringt uns zurück auf die Freiheits- bzw. Beschränkungsgrade, wie sie sich in unserem Bogenmodell manifestieren:

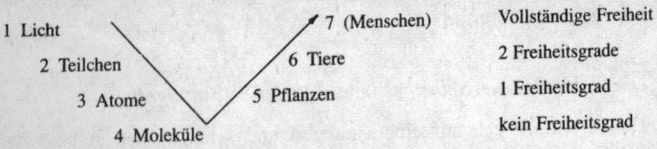

Machen wir uns wieder bewußt, daß auf der zweiten Ebene die Zeit sowie die Bildung von Kernteilchen eingeführt wird, die Substanz, aber keine Identität besitzen. Der Mangel an Identität rührt von der Tatsache her, daß es nur eine Beschränkung (Zeit) gibt. Ohne eine weitere Dimension ist es nicht möglich, Identität zu lokalisieren oder zu definieren. Diese Definition leistet die dritte Ebene, auf der es zwei Beschränkungen (Dimensionen) gibt und die damit eine Definitionsgrundlage (Begrenzung) der Endlosigkeit liefert.

Das Atom, eine typische abgegrenzte Einheit, erwirbt Identität, weil es einen Kern besitzt, ein unveränderliches Zentrum, das Begegnungen, die seine Peripherie (die Schalen mit den Elektronen) berühren, überlebt.

Die Funktion des fünften Stadiums: Aufgabe von Identität

Im fünften Stadium finden wir genau die Umkehrung des oben Gesagten: die Pflanze *gibt* schließlich die Fähigkeit, selber unbegrenzt zu wachsen, ihre zentrierte negative Entropie, *auf* (dieses Opfer ist kein evolutionärer Rückschritt, denn es ermöglicht die noch größere Freiheit der Bewegung oder Belebung, auf die ich im nächsten Kapitel zu sprechen komme). Die Entwicklung der Fähigkeit, die zur Fortpflanzung und zum Pflanzenreich als Ganzes führt, findet ihren höchsten Ausdruck in den blühenden Pflanzen oder Angiospermen, deren Perfektionierung des Samenprinzips die Biosphäre hervorgebracht hat, die Vegetation, die die Erde bedeckt (Grasland, Wald und Urwald).

Die Homogenität der Zellen

Ein weiterer wichtiger Punkt in bezug auf Pflanzen ist der, daß jede Zelle einer Pflanze der Zwilling jeder anderen Zelle ist. Der Baum ist eine Zellfamilie, die letztlich von einer Zelle abstammt. Diese Verwandtschaft der Zellen beruht auf ihrer DNS, die bei allen gleich ist, so daß alle die gleichen Anweisungen in sich tragen. Zellorganisationen haben also einen einheitlicheren Ursprung als Organisationen von Menschen. In letzteren sind Konflikte möglich, innerhalb eines vielzelligen Organismus hingegen können sie nicht entstehen. Die Funktion, die ein Blatt von einer Wurzel unterscheidet und die durch Enzyme wirksam ist, hat ihren Ursprung nicht in der Zelle, sondern in den Bedürfnissen des Organismus. Abgesehen von solchen funktionalen Unterschieden ist jede Zelle einer Pflanze ein exaktes Duplikat von jeder anderen. Die Genstrukturen aller Zellen sind identisch. Im Falle einer Kreuzung mit anderen Pflanzen ist diese Identität bei den Nachkommen nicht mehr vorhanden. Diese besitzen wiederum ihre eigene Identität.

Unterstadien des Pflanzenreichs

Wir können nun das Pflanzenreich – wie schon das Reich der Atome und das Reich der Moleküle – in sieben Unterstadien einteilen.

Die Klassifikation von Pflanzen

Gibt es denn überhaupt nur ein Pflanzenreich? Sonderbarerweise stimmen zwei »Prozeß«-Philosophen, A. N. Whitehead und Oliver Reiser, die die große Kette des Seins in etwa sieben Stadien unterteilen, darin überein, einzellige und vielzellige Organismen als unterschiedliche *Reiche*, nicht als unterschiedliche Unterstadien aufzufassen. Ihre Annahme scheint durch die Reiche, die wir schon besprochen haben, bestätigt zu werden: Protonen und Elektronen organisieren sich zu Atomen, Atome kombinieren sich zu Molekülen, und Moleküle formen sich zu Zellen. In allen Fällen bilden getrennte Einheiten auf einer Ebene eine Einheit auf der nächsten. Warum also fassen wir nicht auch Zellen als ein Reich und vielzellige Organismen als ein anderes Reich auf?

Meine Antwort lautet, daß mit den Zellen eine höhere Organisationsform eingeführt wird, als wir sie bei den Atomen und den Molekülen

Vergleichender Überblick über einige Klassifikationen des Pflanzenreichs

Von links nach rechts kann man das Schicksal von Taxonomierungen in modemeren Klassifikationssystemen verfolgen. Wird der Name einer Gruppe später auf einem rangmäßig höheren Platz verwendet – beispielsweise Chlorophyceae-Chlorophyta –, so wird gewöhnlich der Name der niedrigeren Gruppe als Bezeichnung für eine Untergruppe beibehalten. Die Zahlen in Klammern geben die ungefähre Anzahl der jeweiligen Spezies an. Angegeben sind nur Gruppen mit gegenwärtig existierenden Pflanzen.

Eichler, 1880 (und Modifikationen)	Tippo, 1942	Bold, 1956	allgemeine Bezeichnung	geschätzte Anzahl an Spezies
Pflanzenreich	*Pflanzenreich*	*Pflanzenreich*		
A. *Cryptogamae*	aufgegeben	aufgegeben		
Abt. 1: *Thallophyta*	Subreich *Thallophyta*			
Klasse 1: Algen	aufgegeben			
Cyanophyceae	*Phylum 1: Cyanophyta*	*Abt. 1: Cyanophyta*		
Chlorophyceae	*Phylum 2: Chlorophyta*	*Abt. 2: Chlorophyta*		
	Phylum 3: Euglenophyta	*Abt. 3: Euglenophyta*		
		Abt. 4: Charophyta	Algen	(19000)
Phaeophyceae	*Phylum 4: Phaeophyta*	*Abt. 5: Phaeophyta*		
Rhodophyceae	*Phylum 5: Rhodophyta*	*Abt. 6: Rhodophyta*		
Diatomeae	*Phylum 6: Chrysophyta*	*Abt. 7: Chrysophyta*		
	Phylum 7: Pyrrophyta	*Abt. 8: Pyrrophyta*		
Klasse 2: Pilze	aufgegeben			
Schizomyzeten	*Phylum 8: Schizomycophyta*	*Abt. 9: Schizomycota*		
	Phylum 9: Myxomycophyta	*Abt. 10: Myxomycota*		
Eumyzeten	*Phylum 10: Eumycophyta*	aufgegeben	Pilze (sensu lato)	(42000)
	Klasse 1: Phycomyzeten	*Abt. 11: Phycomycota*		
	Klasse 2: Ascomyzeten	*Abt. 12: Ascomycota*		
Flechten	Klasse 3: Basidiomyzeten	*Abt. 13: Basidiomycota*		

Abt. 2: *Bryophyta*	*Phylum 11: Bryophyta*		
Klasse 1: Hepaticae	Klasse 1: Hepaticae	Abt. 14: *Hepatophyta*	Leberkraut (9000)
Klasse 2: Musci	Klasse 2: Musci	Abt. 15: *Bryophyta*	Moose (14000)
Abt. 3: *Pteridophyta*	aufgegeben		
	Phylum 12: Tracheophyta	aufgegeben	
	Subphylum 1: Psilopsida	Abt. 16: *Psylophyta*	Psilophyten (4)
Klasse 1: Lycopodinae	Subphylum 2: Lycopsida	Abt. 17: *Michrophyllophyta*	Bärlappgewächse (1000)
Klasse 2: Equisetinae	Subphylum 3: Spenopsida	Abt. 18: *Arthrophyta*	Schachtelhalme und Sphenopsiden (25)
Klasse 3: Filicinae	Subphylum 4: Pteropsida	aufgegeben	
	Klasse 1: Filicinae	Abt. 19: *Paerophyta*	Farne (9500)
B. Phanerogamae	aufgegeben		
Abt. 4: *Spermatophyta*	aufgegeben		
Klasse 1: Gymnospermae	Klasse 2: Gymnospermae	aufgegeben	
	Subklasse 1: Cycadophytae	Abt. 20: *Cycadophyta*	Sagobaum (100)
	Subklasse 2: Coniferophytae	Abt. 21: *Gingkophyta*	Frauenhaar (Gingkobaum) (1)
		Abt. 22: *Coniferophyta*	Koniferen (550)
		Abt. 23: *Gnetophyta*	(keine Allg. Bez.) (71)
Klasse 2: Angiospermae	Klasse 3: Angiospermae	Abt. 24: *Anthrophyta*	Blühende Pflanzen (250000)
		Ungefähre Gesamtzahl	(350000)

(Aus: Bold, H.: *The Plant Kingdom.* Englewood Cliffs, N. J.: Prentice-Hall, 1964) beobachten. Dieses neue Prinzip, das auf Zellteilung oder Selbstvermehrung beruht, macht es möglich, daß eine einzelne Zelle den vielzelligen Organismus *aus sich selber* bildet. Zellen sind nicht wie Ziegelsteine in den Mauern eines Hauses, sie sind nicht getrennt von dem Organismus, der aus ihnen hervorgeht. Sie werden nicht *zusammengebracht* wie Atome, wenn sie sich zu einem Molekül vereinigen. Deshalb kann das Pflanzenreich, das die organisatorische Kräfte auf der Grundlage der *Zellteilung* entwickelt, nicht in zwei Reiche aufgespalten werden.

Die Biologen fallen in das andere Extrem und sehen noch nicht einmal in der Unterscheidung zwischen Ein- und Vielzellern eine Grundlage für die Klassifikation. Sie unterteilen die Algen (Seetang) in sieben oder acht große Klassen ohne Rücksicht darauf, ob es sich um ein- oder vielzellige Algen handelt. Manche Algen sind einzellig (Euglena und Kieselalgen) oder enthalten sowohl einzellige als auch vielzellige Formen.

Wie in dem vergleichenden Überblick auf S. 124 f. deutlich wird, gibt es im Hinblick auf die Klassifikationssysteme beträchtliche Unterschiede. In der Unterteilung aus dem Jahr 1942 finden wir sieben Phyla (Hauptklassen) bei den Algen, drei Phyla bei den Pilzen sowie ein Phylum bei den Moosen. Alle höheren Pflanzen dagegen sind in einer Hauptklasse zusammengefaßt! Dies ist mir schon immer absurd vorgekommen, und ich habe mit Genugtuung feststellt, daß Bold, dessen Buch *The Plant Kingdom* der vergleichende Überblick entnommen ist, die höheren Pflanzen in neun Phyla unterteilt. Die so erhaltenen 24 Klassen sind zwar eine Verbesserung, sie helfen uns aber nicht bei unserem Problem der Zuordnung von Organisationsebenen.

An dieser Stelle ist aber interessant, daß sich Bold bei der Erörterung der Entwicklung des Pflanzenreichs eng an die Unterteilung hält, die wir im Hinblick auf diese Entwicklung vorgeschlagen haben. Er sagt:

In unserer Diskussion der Vielfalt des Pflanzenreichs haben wir auf solche Gruppen von Organismen wie Algen, Pilze, Moose … Gymnospermen und Angiospermen Bezug genommen. Hätten wir genauso gut am Ende der Reihe oder mit irgendeiner Gruppe in der Mitte angefangen und dabei in einer anderen Reihenfolge vorgehen können? Die in unserer Studie gewählte Reihenfolge ist in der Tat wichtig, insofern nämlich als in ihr die Organismen nach zunehmendem Komplexitätsgrad geordnet sind.[1]

Zweifellos hält auch Bold die Ebenen zunehmender Komplexität, die wir so hervorheben, für bedeutsam. Wir können also in diesem Sinne fortfahren.

Erstes Unterstadium

Trotz des Umstands, daß die Biologen der Unterscheidung in ein- und vielzellige Organismen so wenig Bedeutung beimessen, müssen wir betonen, daß einzellige Pflanzen der erste Schritt auf dem Weg zu der Komplexität sind, von der Bold spricht. Da bei ihnen definitionsgemäß keine Zelldifferenzierung besteht, passen sie an den Anfang der Reihe zunehmend komplexerer Formen. Es sind die mikroskopisch kleinen Bakterien und Kieselalgen.

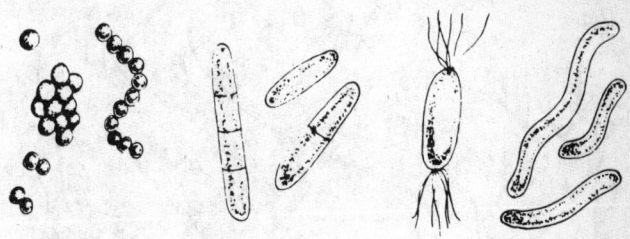

Unterstadium eins: Bakterien (einzellig)

Zweites Unterstadium

Die auffälligste Entwicklung hier ist eine Art Bindung, die sehr große Gewächse entstehen läßt (Abb. S. 128). Millionen von Zellen vereinigen sich und bilden ein Zellgewebe – eine Pflanze, wie wir sie kennen, wenn auch eine recht einfache. Zu dieser Gattung gehört auch der Seetang, einschließlich der riesigen Form, die über 30 Meter lang wird. In diesem Stadium setzt auch die Zelldifferenzierung ein: es gibt einen Stamm, Blätter und die Haftscheiben, durch die die Pflanze auf dem Meeresboden verankert ist. Wir finden hier auch die Differenzierung von Zellen für die geschlechtliche Fortpflanzung. Nicht zwei gleiche Zellen vereinigen sich, sondern zwei verschiedene, Ei und Sperma, die sich in Größe und Anzahl voneinander unterscheiden. Außerdem müssen die Spermazellen zum Ei schwimmen.

Drittes Unterstadium

Alle Biologen stimmen darin überein, daß die nächste Entwicklungsstufe durch die ersten Landpflanzen, die Moose und die Pflanzen aus der Familie des Leberkrauts, gekennzeichnet ist. Man nennt sie Em-

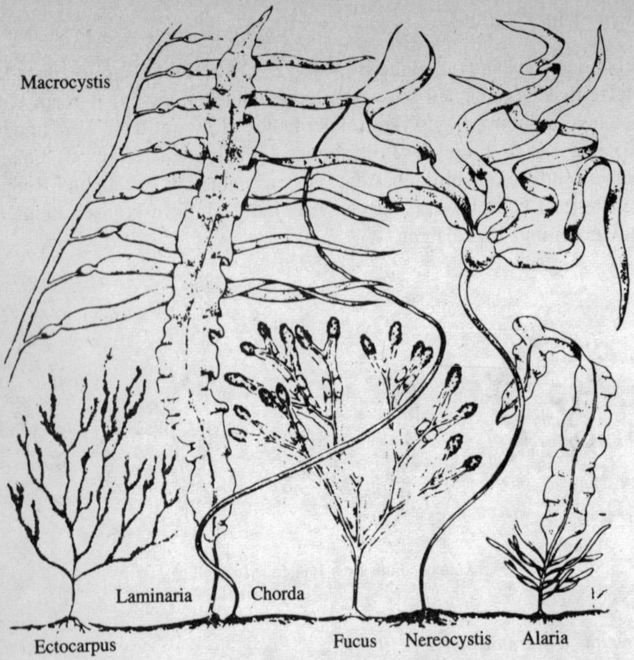

Macrocystis
Laminaria
Chorda
Ectocarpus
Fucus
Nereocystis
Alaria

Unterstadium zwei: Algen, vielzellig
(*Aus:* Villee, C. A.: *Biology.* Philadelphia: W. B. Saunders Co., 1972)

bryophyten (Embryoträger). Es sind die ersten Pflanzen, die den Embryo vom Rest der Pflanze differenzieren, indem sie eine *Zellkammer* bilden, die die junge Pflanze (die selber ein vielzelliger Organismus ist) enthält.

Ei
Samen
Embryo im
Entwicklungsstadium
Zellkammer

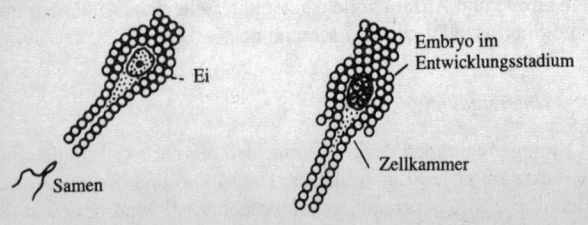

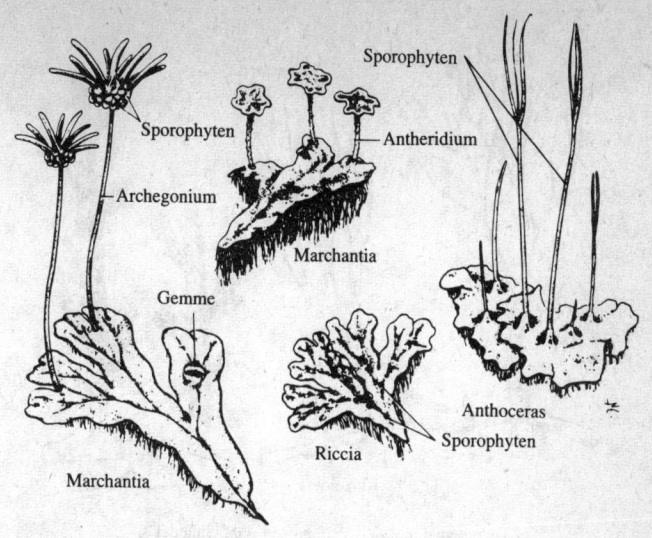

Unterstadium drei: erste Embryophyten, Leberkraut, Moose
(*Aus:* Villee, a.a.O.)

Hier finden wir eine schöne Bestätigung unserer Prozeß-Theorie, denn wir haben hier *Identität* im Zusammenhang mit der Fortpflanzung. Der Embryo erhält eine Identität.
Alle höheren Pflanzen sind Embryophyten. Dies ist auch aufgrund des kumulativen Charakters des Prozesses zu erwarten, d. h. jedes Stadium und Unterstadium enthält alles Vorhergehende. Damit wir also das dritte Unterstadium auf die Pflanzen beschränken, die als erste einen Embryo entwickeln, sollten wir besser vom Stadium der »Bryophyten« sprechen. »Bryos« bedeutet Moos und steht in keinem etymologischen Zusammenhang mit »Embryo«. Wenn ich in unserem Schema des Universalprozesses (S. 114f.) trotzdem das Wort »Embryophyten« benutzt habe, dann deswegen, weil es das hier auftretende Prinzip besser beschreibt.

Viertes Unterstadium

Die nächste Entwicklung bei Pflanzen ist das Gefäßbündel, das aus dem Xylem und dem Phloem besteht. Sie leiten Flüssigkeit und Nahrung

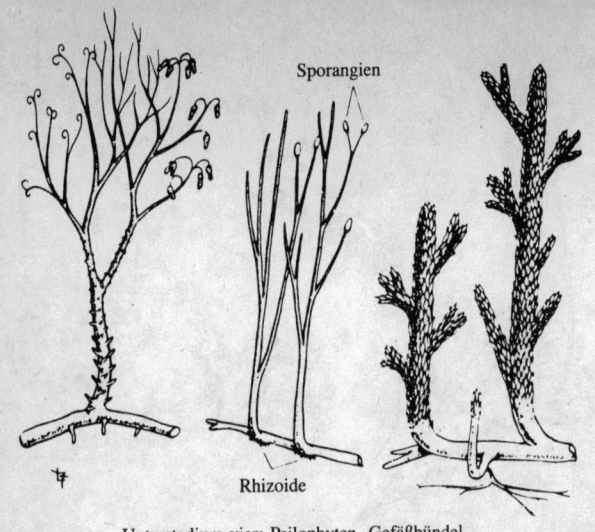

Unterstadium vier: Psilophyten, Gefäßbündel
(*Aus:* Villee, a.a.O.)

durch die Pflanze und ermöglichen so eine Zunahme an Größe. Zu diesem Unterstadium gehören die Psilophyten und die Bärlappgewächse.

Fünftes Unterstadium

An diesem Punkt setzt eine höchst bedeutsame Entwicklung ein, die von Bold nicht genügend hervorgehoben wird, nämlich die Segmentierung des Gefäßbündels. Dies ist die Neuerung, die den gewaltigen Größenunterschied zwischen den Bärlappgewächsen und den Bäumen ausmacht. Die Pflanzen, bei denen sich diese Neuerung findet, sind die Equiseten oder Schachtelhalme, von Bold als Arthrophyta, von anderen als Kalamiten oder Sphenopsida bezeichnet. Diese Pflanzen spielen heute keine bedeutsame Rolle, doch wird mit ihnen die Bildung von Stützgewebe eingeführt. In der Steinkohlezeit erreichten sie eine Höhe von 30 Metern. Die Festigkeit der heute wachsenden Bäume ist auf segmentiertes Gewebe in Form von Holz zurückzuführen. Die Entsprechung zum fünften Unterstadium im allgemeinen besteht in der kettenförmigen Anordnung. Beispiele dafür wären: die Ketten von Zellen in allen Pflanzen, die Ketten molekularer Einheiten bei den Polymeren.

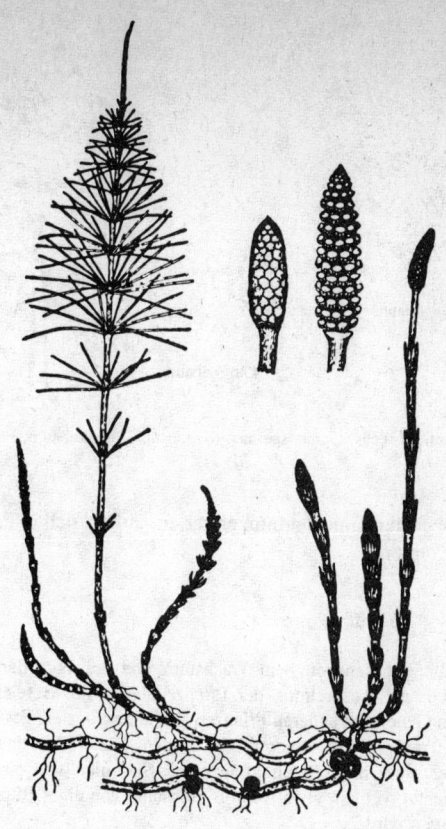

Unterstadium fünf: Kalamiten (Schachtelhalme), segmentierte Gefäßbündel
(*Aus:* Villee, a.a.O.)

Sechstes Unterstadium

Wir kommen nun zu den Pflanzen, die als Gymnospermen bekannt sind. Zu ihnen gehören die Koniferen oder Nadelbäume, also Pinien, Fichten, Zypressen, Schierlingstannen etc. Nach meiner Meinung repräsentieren sie das sechste Unterstadium des Pflanzenreichs. Sie sind die ersten Samenträger unter den Pflanzen (das Wort »Gymnosperm« bedeutet, daß die Samen dieser Pflanzen nackt, d. h. nicht in einem Fruchtknoten eingeschlossen sind). Der Faktor der *Mobilität*,

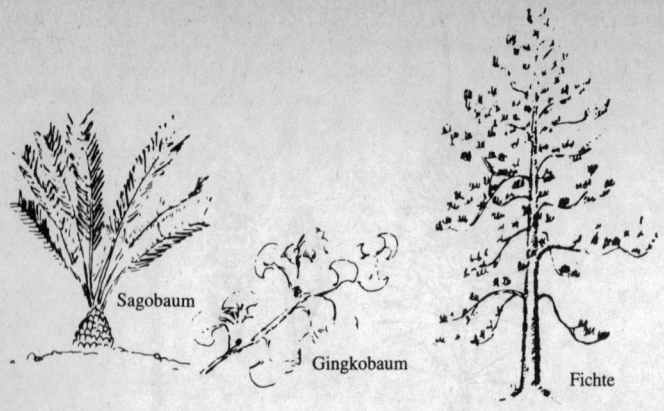

Unterstadium sechs: Gymnospermen (Sagobaum, Gingkobaum, Fichte)

den wir im sechsten Unterstadium erwarten, äußert sich in der Beweglichkeit der Samen.

Exkurs

Es scheint, als ob es neben dem Wachstum und der Fortpflanzung zwei Probleme gäbe: die Ausbreitung der Pflanze über weite Bereiche und die Kreuzung von Genen mit anderen Pflanzen ähnlicher Spezies. Ersteres ist das Ergebnis des Transports von Sporen oder Samen, letzteres ist dann der Fall, wenn die Eier einer bestimmten Pflanze mit Spermien von einer anderen Pflanze befruchtet werden, etwa wenn Blütenstaub von einer Blume zu einer anderen getragen wird.

Bei den primitiven Pflanzen aber können die Spermien keine andere Pflanze erreichen. Sie müssen über die Oberfläche des Gametophyten schwimmen (wie bei den Moosen und den Farnen). Man würde vielleicht annehmen, daß die Spermien näher am Ort der Befruchtung sind, damit diese mit größerer Sicherheit gewährleistet ist. Statt dessen müssen die Spermien bei Moosen bis zum Ende eines langgespitzten Archegoniums (Geschlechtsorgan) schwimmen, und bei den Farnen werden sie am entgegengesetzten Ende der Pflanze produziert, so daß auch sie über den Farn in seiner ganzen Länge schwimmen müssen. Aber warum bloß? Diese Frage wird in den Büchern, die ich daraufhin gelesen habe, nicht beantwortet oder gar nicht erst aufgeworfen. Ich halte sie aber für wichtig, weil in diesem Punkt die *Zweckbestimmtheit* zum Ausdruck kommt, die wir schon früher als eine bedeutsame »Erklärungskategorie« (um Whitehead zu zitieren) bezeichnet haben und die eine Rolle in der ganzen Evolution spielt.

Um die Argumentation aus dem 2. Kapitel zu wiederholen: die Wirkung ml^2/t ist eine anerkannte wissenschaftliche Meßgröße, nämlich das Integral der Energie über die Zeit (Wirkung = E × t). Sie erhielt Bedeutung durch die Entdeckung Plancks, daß Wirkung in *Ganzen* oder Quanten erfolgt, die so grundlegend sind wie das Proton und das Elektron, wenn nicht noch grundlegender. Die Ganzheit – zusammen mit der Tatsache, daß die Wirkung Masse, Länge und Zeit als »Teile« enthält – ermöglicht uns die Aussage, daß *Masse, Länge und Zeit von der Wirkung, vom Ganzen, abgeleitet sind*. Die Zweckbestimmtheit, die zwangsläufig nicht im Teil existieren kann, läßt sich für das Ganze annehmen. Sie ist in der Tat gleichbedeutend mit der Funktion, die dem Ganzen – und nur dem Ganzen – zukommen kann (siehe Ende des 2. Kapitels).

Im Pflanzenreich verschafft sich diese Zweckbestimmtheit wieder Geltung, die im Atom und im Molekül im Verborgenen schlummerte. Das Spermium, das die Fortpflanzung in Gang bringt, kann mit dem Photon oder der ersten Ursache im Lebenszyklus verglichen werden. Wie auch das Photon ist es Wirkung, die sich noch nicht in Materie niedergeschlagen hat. Die Reise des Spermiums zum Ei ist also das zweckgerichtete Stadium des Prozesses, und meiner Meinung nach ist die Trennung zwischen Spermium und Ei *eine Vorrichtung der Evolution, die sicherstellen soll, daß die Zweckbestimmtheit und nicht der Zufall am Anfang jeder neuen Generation steht*. Es wäre absolut einfach, das Spermium in nächster Nähe des Eis entstehen zu lassen. Zwischen dem Spermium und dem Ei muß aber eine gewisse Entfernung liegen, damit sich der teleologische Faktor manifestieren kann.

Wie ist dies möglich, ohne daß die Wahrscheinlichkeit der Befruchtung kleiner wird? Würde sich diese Wahrscheinlichkeit verringern, wäre auch die Zahl der Nachkommen geringer. Die Spezies würde darunter leiden oder vielleicht sogar aussterben. Die Antwort auf die Frage löst auch ein anderes Problem, das die Biologen vernachlässigen: warum werden so viele Spermien produziert, um nur ein Ei zu befruchten? Gerade durch das enorme Ansteigen der Zahl der Spermien und durch die sehr starke Verringerung der Wahrscheinlichkeit, daß ein bestimmtes Spermium das Ei erreicht, kann sich der teleologische Faktor behaupten.

Man könnte nun einwenden, dies sei lediglich eine Frage des Überlebens des anpassungsfähigsten Spermiums. Wir müssen uns aber eins bewußt machen: da das Spermium nur aus einer Zelle besteht, kann sein Überleben nicht auf der vielzelligen Struktur basieren, die seine DNS in verschlüsselter Form enthält, da diese Struktur sich noch nicht manifestiert hat und deshalb nicht hilfreich ist. Das Überleben des Spermiums hängt vielmehr von seiner Lebhaftigkeit ab oder von seiner Hartnäckigkeit auf seiner Wanderschaft zum Ei, d. h. von seiner Zielstrebigkeit.

Siebtes Unterstadium

Die samentragenden Pflanzen, die als Angiospermen bekannt sind, bilden das siebente Unterstadium des Pflanzenreichs. Die Angiosper-

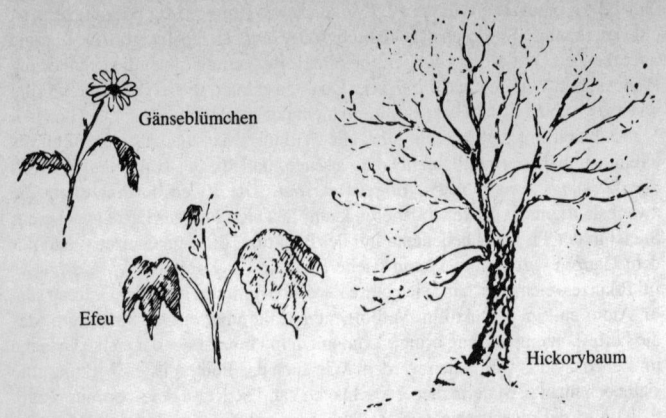

Unterstadium sieben: Angiospermen (Gänseblümchen, Efeu, Hickorybaum)

men (»Samen im Gefäß«) unterscheiden sich von den Gymnospermen (»nacktsamig«) dadurch, daß der Samen bedeckt ist. Dies ist das krönende Merkmal, dem die Angiospermen ihre dominierende Stellung im Pflanzenreich verdanken. Von den 350000 Spezies aller Pflanzen sind 250000 (oder $5/7$) Angiospermen). Bei den Landpflanzen ist dieser Anteil noch höher. Alle Blumen, Gräser und Laubbäume sind Angiospermen. Die Bedeckung des Samens ermöglicht eine Vielzahl von Einrichtungen, die den Samentransport unterstützen. Dazu gehören Disteln, Kletten und die autorotierende Flügelfrucht des Ahorns. Ebenfalls zu nennen wären Nüsse, Körner und Früchte, die Tiere und Vögel transportieren und so verteilen. Der größte Teil der menschlichen Nahrung hängt entweder direkt von solchen Samenbedeckungen ab – wie im Fall von Weizen, Getreide und Gemüse – oder indirekt, etwa im Fall von Weidetieren.

Die sieben Gewebeschichten der Angiospermen

Unsere Aufteilung des Pflanzenreichs ist nicht so eindeutig wie die des Reichs der Atome, in dem das relativ einfache Periodensystem der Elemente ein klares Beispiel für eine Siebenfachstrukturierung abgibt, oder die des Reichs der Moleküle, in dem die Schlüsselmerkmale Bindung, Identität, Kombination, Wachstum, Mobilität und Dominanz

mit der von Dr. Price genannten Einteilung der Moleküle korrespondieren. Trotzdem vermittelt sie uns zumindest einen generellen Überblick. Sie ist zwar nicht ganz korrekt, kann aber als Grundlage für eine tiefergehende Überprüfung der Organisationsprinzipien dienen.
Was können wir also von dieser Aufteilung des Pflanzenreichs in sieben Unterstadien lernen? Einen Hinweis erhalten wir aus der Tatsache, daß die Angiospermen – die blühenden Pflanzen – im Querschnitt *sieben* Gewebeschichten zeigen.

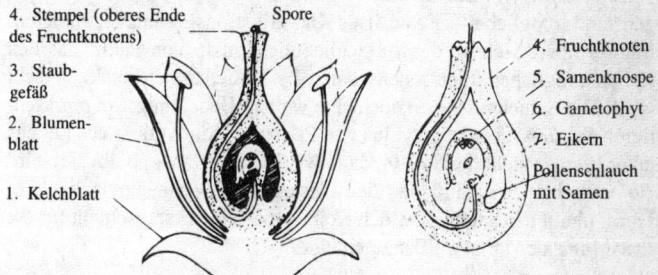

Wie das Atom sich in sieben Reihen anordnen läßt, so hat die blühende Pflanze sieben Schichten oder »Schalen«.

Die Blume ist umgeben von einer äußeren Schicht aus Kelchblättern (1), die eine zweite Schicht mit stärker auffallenden Blumenblättern (2) umschließen. Innerhalb dieser Schicht befinden sich die Staubgefäße (3), die den Blütenstaub hervorbringen, und innerhalb dieser wiederum der Stempel, der das obere Ende des Fruchtknotens (4) bildet. Der Fruchtknoten enthält eine Reihe von Samenknospen (5), innerhalb derer sich der Gametophyt (Eiträger) befindet (6). In diesem Gametophyten gibt es acht Zellkerne, einer von ihnen wird das Ei (7), das von einem Zellkern aus dem Blütenstaubkorn befruchtet wird (der Prozeß wird durch einen zweiten männlichen Geschlechtskern im Blütenstaubkorn vervollständigt, der zwei andere Eier befruchtet, die dann die Bedeckung des Samens bilden).
Wir wollen diese siebenfache Aufteilung nun nicht verabsolutieren, doch sei darauf hingewiesen, daß es Entsprechungen zum Atom gibt, denn die Angiospermen mit ihren sieben Schichten sind analog zu den komplexen Atomen mit sieben Elektronenschalen. Vielleicht besteht sogar eine Parallele zwischen den beiden Kernen des Blütenstaubkorns und den acht Kernen des Gametophyten einerseits und den Schalen mit zwei bzw. mit acht Elektronen andererseits. Wenn dies aber auf die

Angiospermen zutrifft, wie steht es dann mit den übrigen Pflanzen? Die Beantwortung dieser Frage würde Untersuchungen mit dem Mikroskop erfordern. Insofern aber als die Gymnospermen (»Nacktsamer«) definitionsgemäß eine Schicht *weniger* haben als die Angiospermen – und einzellige Pflanzen definitionsgemäß nur *eine* Schicht besitzen –, können wir sagen, daß sich nach den vorliegenden Erkenntnissen eine Entsprechung zwischen der Anzahl der Schichten und den Unterstadien bestätigt hat.

Die Anzahl der Gewebeschichten dürfte in jedem Fall die Manifestation eines deduktiven Prinzips sein und sich deshalb als Untersuchungsgegenstand, möglicherweise auch als Klassifikationsgrundlage, anbieten. Man erinnere sich an das Ausschließungsprinzip von Pauli, das den sieben möglichen Elektronenschalen bei den Atomen exakt gerecht wird. Die Schichten haben noch eine weitere Bedeutung: sie repräsentieren *Stadien* im Lebenszyklus von Pflanzen. Am Anfang des Lebens einer Pflanze steht der Samen, dann wächst die Pflanze, blüht sie, wird sie befruchtet, trägt Früchte, und diese Früchte verfaulen schließlich. Übrig bleibt der Samen, der den Keim sowie eine Stärkeschicht für die Ernährung der jungen Pflanze enthält.

Retrogressive Stadien

Die Pilze, eine wichtige Gruppe von Pflanzen, zu denen die Schimmelpilze, Flechten und Blätterpilze gehören, sind in den von mir genannten Unterstadien nicht enthalten. Dieser Umstand würde einen ernsthaften Einwand gegen die siebenfache Aufteilung des Pflanzenreichs darstellen, wenn nicht auch die anderen Reiche Elemente beinhalten würden, die nicht in das generelle Muster passen. Das Einzigartige an den Pilzen besteht darin, daß sie kein Chlorophyll haben und bei ihnen keine Photosynthese erfolgt. Dies bedeutet, daß sie im Gegensatz zu allen anderen Pflanzen keine Energie aus dem Sonnenlicht beziehen und keine Ordnung gegen den Entropiefluß speichern. Sie bewegen sich auf dem Bogenmodell *nicht nach oben.*

Nun gibt es auch Atome, die sich auf natürlichem Wege nicht mit anderen Atomen kombinieren. Es sind die Edelgase: Helium, Argon, Neon, Krypton, Xenon und Radon. Bei den Teilchen gibt es die sogenannte Antimaterie, die in den Zustand der Strahlung zurückkehrt. Auch im Tierreich gibt es Elemente, die »aus der Reihe tanzen«, nämlich die Tunikaten oder Manteltiere. Es sind sitzende Tiere, die eigentlich Chordaten sind, also zum höchsten Unterstadium gehören, aber auf ihre Möglichkeit zur Bewegung verzichten und in eine schwammähnliche Existenz zurückfallen.

Nun würden wir auch noch Moleküle erwarten, die nicht »am Fortschritt« teilnehmen. Diese Kategorie fällt wohl am meisten auf: es sind die Moleküle, die die Mineralien bilden, die keine aktive Rolle in der Evolution spielen.

Diese »Außenseiter« haben aber keinen Einfluß auf die siebenfache Aufteilung des Universalprozesses. Sie demonstrieren vielmehr, daß es ständig, auf jeder Stufe, die Möglichkeit zur Wahl gibt; aus der falschen Entscheidung resultiert der Verzicht auf die Teilnahme am evolutionären Geschehen.

9. Das Tierreich

Die Implikationen des Organisationsprinzips im Pflanzenreich mögen unseren Verstand gewaltig beansprucht haben. Die Implikationen des Organisationsprinzips im Tierreich strapazieren ihn aber noch mehr.

Charakteristische Fähigkeiten von Tieren

Willkürliche Bewegung

Im Tierreich finden wir nicht nur die Schlüsselmerkmale Organisation und Wachstum, die vom Pflanzenreich übernommen werden, sondern es entwickelt sich auch ein neues Merkmal. Das Ziel des Tierreichs ist *Mobilität*. Mobilität ist mehr als nur Bewegung oder auch Eigenbewegung etwa eines Autos. Sie ist *willentlich gesteuerte* oder *willkürliche* Bewegung. Das Tier bewegt sich auf seiner Suche nach Futter. Weidetiere suchen ständig, Beutetiere nur gelegentlich, dafür aber intensiver. Zudem leben nahezu alle Tiere mit der ständigen Bedrohung durch natürliche Feinde. Es bedarf deshalb der Wachsamkeit ihrer Sinne, Futter zu finden und Feinde rechtzeitig zu erkennen. Dabei müssen sie widersprüchliche Reize bewerten und zwischen Alternativen abwägen. Ein Reh beispielsweise wird, wenn es Durst verspürt, zum Wasserloch gehen. Wittert es aber einen Löwen, so wird es dies unterlassen. Das Tier muß ständig darüber entscheiden, wann und wohin es sich bewegen soll. Bei ihm sind andere Mechanismen wirksam als beim Tropismus der Pflanzen. Eigentlich sind es gar keine Mechanismen, sondern *Werturteile*.

Für die »Bewegung« der Pflanzen hin zum Licht gilt ein anderes Prinzip. Eine Kartoffel, die in einem Keller mit zwei Fenstern Schößlinge treibt, sucht sich nicht eines von den beiden Fenstern aus. Sie bewegt sich dorthin, wo das meiste Licht ist, ohne vorher abzuwägen. Nun kann jemand auf dem Standpunkt beharren, daß die Bewegung der Tiere durch den stärkeren Reiz bestimmt wird. Damit kann er aber nicht der Tatsache gerecht werden, daß verschiedene Sinneseindrücke (Geschmäcker, optische Reize, Geräusche, Gerüche) sowie Empfindungen im Organismus selber (Hunger, Angst, Kälte) von einer zentralen

Kommandostelle, die selber kein Sinnesorgan ist, bewertet werden müssen, ehe eine Handlung erfolgt.

Wir können den Unterschied zwischen dem Tropismus der Pflanzen und den Bewegungen der Tiere durch folgendes Diagramm veranschaulichen:

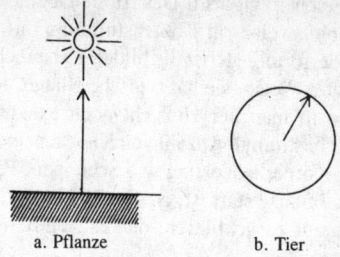

a. Pflanze   b. Tier

Das Wachstum der Pflanzen ist Bewegung hin zu einem *unbestimmt* entfernten Ziel, dessen Richtung *unverändert* bleibt, nämlich in Gegenrichtung zur Schwerkraft oder in Richtung zum Licht. Die Bewegungen von Tieren erfolgen hin zu bestimmten und *erreichbaren* Zielen wie Wasser, Futter, Artgenosse und Unterkunft, die in *jeder Richtung* liegen können. Diese einfache Unterscheidung zwischen einer Dimension (einer Linie) und zwei Dimensionen (einem Aktions»radius«) wurde schon im 4. Kapitel beschrieben, als wir zeigten, daß Tiere und Pflanzen – wie Elementarteilchen und Atome – den Freiheits- und den Beschränkungsgrad miteinander vertauschen.

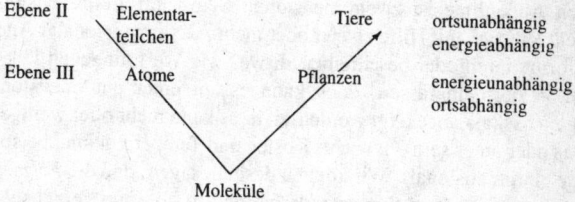

Erinnern wir uns an unseren Nachweis, daß die Unsicherheit von Ort und Geschwindigkeit (deren gemeinsames Produkt nie unter einem bestimmten Wert liegen kann) eine Eigenschaft darstellt, die Elementarteilchen und Tieren (Ebene II) gemeinsam ist, und daß die Unsicherheit der enthaltenen Energie sowohl für das Atom als auch die Pflanze (Ebene III) gilt.

Die Flexibilität der Form

Dies ist die deduktive Grundlage, die die Schlüsselmerkmale unabhängig von ihrer Entwicklung bei Pflanzen und bei Tieren festlegt. Dieses deduktive Prinzip dient uns als Leitfaden bei ihrer weiteren Charakterisierung. So haben wir betont, daß die Identität auf der Form beruht und auf Ebene III in Erscheinung tritt. Das Atom hat eine charakteristische Form. Es ist beispielsweise ein Kohlenstoffatom mit vier Valenzelektronen, das tetraederförmige Kristalle bildet. Entsprechend wächst eine Eiche in festgelegter Weise, sie hat typische Blätter usw. Das Tier auf Ebene II hat eine in mancher Hinsicht noch exaktere Form als die Pflanze: eine ganz bestimmte Anzahl von Knochen und eine charakteristische natürliche Körperbedeckung wie Schuppen, Pelz etc. Während aber die Form der Pflanze starr ist, ist die des Tieres flexibel. Dies läßt sich in der Tat darauf zurückführen, daß es sich bewegen kann.

Wir wollen nun diese Veränderung der Form mit dem Treffen von Entscheidungen in Beziehung setzen. Zweifellos gibt es zwischen Entscheidungsfreiheit und willentlich gesteuerter Bewegung einen praktischen Zusammenhang, doch lohnt es sich, auch einen Blick auf die theoretische Verknüpfung zu werfen. Die Form im Sinne einer festen Außenlinie ist zweidimensional. Selbst ein dreidimensionales Objekt läßt sich mit Hilfe zweier oder mehr zweidimensionaler Ansichten formulieren oder beschreiben. Etwas wie Wert hingegen läßt sich nicht in Formeln fassen, doch kann es auf einer eindimensionalen Vergleichsskala angezeigt werden, d. h. es kann mehr oder weniger als dieses oder jenes sein (Gewicht, Kosten und Temperatur sind beispielsweise eindimensional). Wir können deshalb sagen, daß die *Form* einer Pflanze zwei Beschränkungsgrade hat und in *Form*eln gefaßt werden kann.

Solche Formeln sind in der Tat vorgeschlagen worden. Es verhält sich nicht nur so, daß die Kurven von Pflanzenstengel, Blättern und Grashalmen exponentiellen Spiralen folgen, sondern die Entwicklung des Zellwachstums bei Blumen und Tannenzapfen schreitet nach exakten mathematischen Gesetzmäßigkeiten fort, die nach dem großen italienischen Mathematiker Leonardo von Pisa als Fiboncacci-Reihe bezeichnet werden.[1] Die Formel für diese Reihe besagt, daß sich jedes ihrer Glieder (a) zu dem nachfolgenden Glied (b) so verhält wie das nachfolgende Blied (b) zu der Summe aus beiden (a + b); also a:b = b:(a + b). Der Quotient ⅝, der als das goldene Mittel oder φ bezeichnet wird, beträgt $(1 + \sqrt{5})/2 = 1{,}618$. Die Reihe ganzer Zahlen 0,1,1,2,3,5,8,13,21,34,55 ... gehorcht der Regel, daß jedes Glied die Summe der beiden vorhergehenden Glieder ist. Der Quotient aus jedem beliebigen Paar aufeinanderfolgender Glieder nähert sich φ als Grenzwert an.

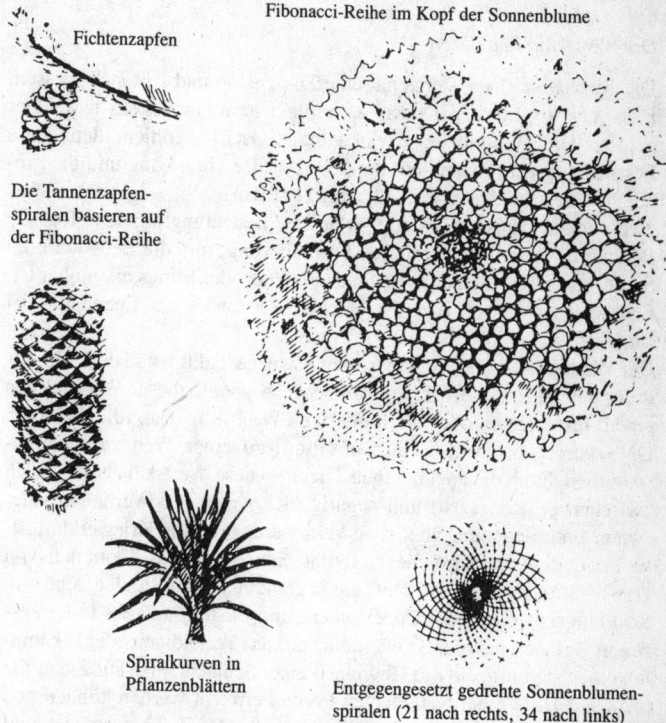

Fichtenzapfen

Fibonacci-Reihe im Kopf der Sonnenblume

Die Tannenzapfenspiralen basieren auf der Fibonacci-Reihe

Spiralkurven in Pflanzenblättern

Entgegengesetzt gedrehte Sonnenblumenspiralen (21 nach rechts, 34 nach links)

Die in der Abbildung gezeigte Sonnenblume[2] ist ein Beispiel für eine Blume, die auf zwei Anordnungen von Spiralen basiert, von denen 21 nach rechts und 34 nach links gedreht sind. Die Zahlen 21 und 34 sind aufeinanderfolgende Glieder in der Fibonacci-Reihe. Nach Gardner sind Riesensonnenblumen entwickelt worden, die über 89 und 144 Spiralen verfügen.

Die Formel für das goldene Mittel enthält die Quadratwurzel aus 5. Zwischen der Zahl 5 und dem fünften Prinzip eine Verbindung herzustellen wird vielleicht Skepsis hervorrufen, doch in Anhang II dieses Buchs zeigen wir, daß die Verbindung von n Punkten durch Linien gleicher Länge nur möglich ist, wenn n < 5. Ein Folgesatz lautet, daß fünf Punkte zur Speicherung von Energie notwendig sind (wie in einer Feder), so daß zwischen der Zahl 5 und dem Wachstum ein tieferer Zusammenhang anzunehmen ist.[3]

Die Wertskala bei Tieren

Die *Wertskala* eines Tieres hat eine Dimension und läßt sich messen. Fido mag am liebsten Knochen, weniger gern Hundekeks usw. Dies mag vielleicht ein bißchen trivial anmuten, ist es aber nicht, denn diese Feststellung veranschaulicht die geringere Beschränkung und die größere Freiheit des Tieres im Verhältnis zur Pflanze. Sie zeigt auch, daß es zwei einander ausschließende Arten von Bedeutung gibt: die formale Bedeutung einer Definition und Formulierung, und die Bedeutung im Sinne von Wert, die auf einer Skala als Plus oder Minus erkennbar ist. Erstere – auf Ebene III – ist objektiv, letztere – auf Ebene II – ist subjektiv.

Der Wechsel, der sich zwischen dem Pflanzenstadium und dem Tierstadium des Universalprozesses vollzieht, ist gerade dieser Wechsel von einem festgelegten oder »formulierten« Wachstumsplan (die durch die DNS vorgeschriebene Zellorganisation) zu einer Wertskala (vorgeschrieben durch die angeborenen Triebe). Diese Wertskala bewegt sich zwischen positiv (Lust) und negativ (Schmerz). Das Verhalten jeder Armee unterliegt einer ähnlichen Veränderung, sobald Krieg erklärt ist. In Friedenszeiten wird die Aktivität einer Armee vollkommen von Organisationsregeln bestimmt, die in Handbüchern festgelegt sind – in Schulungsanweisungen, Codebüchern und Bestimmungen. In Kriegszeiten verlagert sich der Schwerpunkt auf das Verteidigen oder Erkämpfen einer Stellung, auf das Gewinnen einer Schlacht, also auf Ziele, die nicht mit Hilfe einer festgelegten Formel erreicht werden können und davon abhängen, wie sich der Feind verhält. Das Ziel bewegt sich und macht Gegenmaßnahmen notwendig. Organisationsregeln müssen überschritten werden.

Was das Futter anbelangt, so ist das Tier von außen abhängig. Seine Bewegungsfreiheit hat sich auf Kosten der Freiheit der Pflanze entwickelt, ihre eigene Energie zu erzeugen (Photosynthese). Das Tier muß nicht nur Futter kriegen, sondern muß es auch chemisch zerlegen (verdauen) und in sein eigenes System assimilieren. Dies macht ein Verdauungs-, Kreislauf- und Atemsysteme notwendig, die jeweils aus Organen bestehen, deren Zusammenwirken die aufgenommene Nahrung zum Nutzen des Tieres umwandelt. In der Tat entwickeln sich diese energieumwandelnden Funktionen zuerst. Wie wir bei der Betrachtung der Unterstadien des Tierreichs noch sehen werden, ist der Magen das erste tierische Organ, das sich entwickelt. Als nächstes folgt ein mehr oder weniger vollständiges Organsystem. Die Beine und ihre Muskulatur sind erst später an der Reihe.

Die Abhängigkeit des Tieres von einer äußeren Nahrungsquelle wird von unserer Prozeß-Theorie vorausgesagt. Sie entspricht der konstanten Masse der Kernteilchen. Ist das Tier ausgewachsen, so behält es ein festes Körpergewicht bei, wohingegen die Pflanze weiterhin wächst.

Im folgenden geben wir einen Überblick über die Hauptunterschiede zwischen Pflanzen und Tieren:

Pflanzen	*Tiere*
können ihre eigene Energie erzeugen	sind von äußeren Energiequellen abhängig
sind an einen festen Ort gebunden	können sich frei bewegen
wachsen kontinuierlich	wachsen nur bis zu einem bestimmten Punkt
sind in der Form festgelegt	sind in der Form flexibel

Tatsächlich erfolgt das Wachstum der Tiere zu 99,9 Prozent im Mutterleib. Dieses Wachstum ist im wesentlichen vegetativ: der Embryo ist in der Innenwand des Mutterleibs verwurzelt und wächst dort wie eine Pflanze. Die Obelia (siehe S. 150) wird von den Biologen als Beispiel zur Veranschaulichung des Lebenszyklus aller Tiere benutzt. Nachdem sie sich am Meeresboden festgesetzt hat, wächst sie wie eine Pflanze, bis sie bewegliche Formen freisetzt (Quallen). Dieses Verhalten verdeutlicht die Art und Weise, wie das tierische Prinzip auf dem von der Pflanze übernommenen Zellorganisationsprinzip aufbaut.

Zusammenfassung

So hat das dynamische Syndrom, das speziell bei Tieren in Erscheinung tritt, zwei Hauptgesichtspunkte. Der eine ist die willkürliche Bewegung, zu der auch die Wahrnehmung äußerer und innerer Reize sowie ihre Verarbeitung gehört. Darunter fallen Appetit, Motivation, Aktion,

Befriedigung, Entscheidung und Bewertung. All dies läßt sich unter dem Begriff *Animation* (vom lateinischen *animus* oder »Geist«) zusammenfassen. Der zweite Hauptgesichtspunkt umfaßt die Nahrungsaufnahme, die Verdauung, den Kreislauf, die Umwandlung einer Organisationsform in eine andere (etwa von Stärke in Protein) und die Metamorphose (Umwandlung von einer Form in die andere). Für all dies können wir den Oberbegriff *Transformation* einsetzen.

Sowohl Animation als auch Transformation haben einen gemeinsamen Ursprung und beide leiten sich deduktiv vom Charakter der Ebene II her, die aufgrund ihrer zwei Freiheitsgrade sowohl die Bewegung als auch die Umwandlung von Nahrung bei der Verdauung festsetzt (interessanterweise ist in der Mathematik die Entsprechung zur Bewegung eine Transformation, etwa die »Transformation von Koordinaten«).

Die Anwendung solcher deduktiver Prinzipien ist abstrakt, wir können daher dankbar sein, daß beim einfachsten aller Tiere, der Amöbe, die Prinzipien der Bewegung und Verdauung *zu einem verschmolzen* sind oder – korrekter ausgedrückt – sich als solche erkennen lassen, bevor sich die beiden Funktionen teilen.

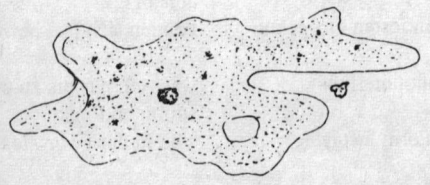

Eine Amöbe, die ein Nahrungsteilchen verschlingt.

Hier kommt das Schlüsselmerkmal des Tierreichs zum Vorschein. Reiz, Bewegung, Nahrungsaufnahme und Transformation sind in seinem ersten Unterstadium potentiell vorhanden, ehe sich dann beim vielzelligen Lebewesen Verdauung, Kreislauf, Atmung, Wahrnehmung, Bewegung und Selbstbegrenzung in getrennte Funktionen aufgespalten haben. Das darin zum Ausdruck kommende Prinzip unterscheidet sich vom vegetativen Prinzip von Organisation, Wachstum und Fortpflanzung so sehr, wie sich nur ein Prinzip von einem anderen unterscheiden kann, auch wenn beim Tier mit seiner zellulären oder vegetativen Organisation die für das Pflanzenreich charakteristischen Merkmale des Wachstums und der Fortpflanzung integriert sind.

Das a-a-b-Muster

Nun werden wir aber auf eine verwirrende Tatsache aufmerksam, auf eine, die unser gesamtes Konzept einer Entwicklung in aufeinanderfolgenden Stadien in Frage zu stellen scheint. Es geht darum, daß primitive Tiere primitiven Pflanzen sehr ähnlich sind. Beide sind einzellig und sind offenbar gleichen Ursprungs.

Das folgende Schema zeigt Moleküle, die sich über ihre Unterstadien bis zur DNS entwickeln, die dann die gemeinsame Grundlage für Pflanzen und Tiere liefert:

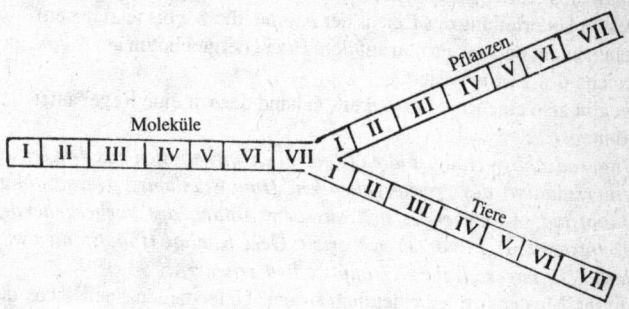

Man kann nun nicht behaupten, daß Pflanzen und Tiere aufeinanderfolgende Stadien bilden, wenn beide den selben Ausgangspunkt, den einzelligen Protisten[4], haben.

Dieser Umstand, der die Annahme einer Kette evolutionärer Formen allem Anschein nach zu widerlegen scheint, erweist sich aber als eines der bedeutendsten Merkmale unserer Prozeß-Theorie. Dies ist das a-a-b-Muster, das ich schon im 6. Kapitel anläßlich der Betrachtung des Periodensystems der Elemente erwähnt habe.

Pflanzen entwickeln sich zweifellos aus den kompliziertesten Molekülen. Wenn wir aber noch weiter zurückgehen und fragen: »Auf welchen Atomen basieren Moleküle?«, dann stellen wir fest, daß 99 Prozent der bedeutsamen Moleküle aus den einfachsten Atomen bestehen. Alle Kohlehydrate und Fette sind nur aus Wasserstoff, Kohlenstoff und Sauerstoff zusammengesetzt, also aus Elementen in den ersten beiden Reihen des Periodensystems. Fügen wir Stickstoff und gelegentlich Schwefel bei, so können wir Proteine bilden, und wenn wir noch Phosphor hinzunehmen, erhalten wir die komplexe DNS. So baut sich der weitaus größere Teil komplexer Moleküle aus den *einfachsten* Atomen auf. Komplexe Moleküle mit Radiumatomen oder überhaupt mit Atomen in der sechsten Reihe des Periodensystems gibt es so gut wie gar nicht.

Es gibt also einen Präzedenzfall für die Verzweigung in Tiere und Pflanzen: die Moleküle verzweigen sich auch.

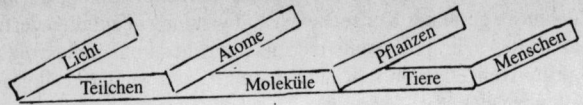

Dieses Muster läßt sich vervollständigen. Wir stellen fest, daß sich alle Atome, mit Ausnahme des Wasserstoffatoms, aus dem Heliumkern am *Ende* des vorhergehenden Reichs entwickeln (gemäß der vorläufig besten Unterteilung des Reichs der Atome, die wir bis jetzt haben). Wir sehen auch, daß das Proton auf dem Hochenergiephoton am *Anfang* des Reichs des Lichts basiert.

Es gibt also eine Regelmäßigkeit, anhand der wir eine Regel aufstellen können:

Ungeradzahlige Hauptstadien (Reiche) entwickeln sich aus dem letzten Unterstadium des vorhergehenden Hauptstadiums. Geradzahlige Hauptstadien entwickeln sich aus dem Anfang des vorhergehenden Hauptstadiums. Mit anderen Worten: Geradzahlige Hauptstadien wiederholen, ungeradzahlige Hauptstadien erneuern.

Dieses Muster tritt sehr deutlich in den Unterstadien des Reichs der Atome in Erscheinung (siehe 6. Kapitel):

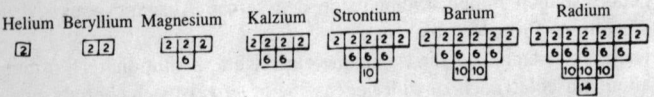

Man beachte, daß sich jede Art der Elektronenschale wiederholt, ehe eine neue Schale hinzukommt. Aufgrund dieser Wiederholung reichen die vier Arten von Unterschalen – mit jeweils 2, 6, 10 und 14 Elektronen – für die sieben Reihen von Atomen im Periodensystem aus.

Warum aber folgt der Universalprozeß diesem a-a-b-Muster? Die Antwort darauf lautet meiner Meinung nach, daß Wiederholungen notwendig sind, damit der Prozeß integrieren kann, was er erreicht hat. Innovation und Wiederholung wechseln sich in ihm ab. In der Musik begegnen wir einem ähnlichen Phänomen: ein Thema wird wiederholt, ehe eine neue und komplexere musikalische Entwicklung eingeführt wird.[5]

Dieses Muster finden wir auch in Märchen, in denen es immer der dritte Sohn ist, der den bösen Zauberer besiegt und die Prinzessin heiratet. Wenn man dies als psychologische Spitzfindigkeit auslegt, dann müssen wir sagen, daß die Natur psychologisch ist. Zweifellos benötigt der

Prozeß die Erinnerung an die Entwicklungen, die er durchlaufen hat, und die Wiederholungen dienen diesem Zweck.
Das a-a-b-Muster ist also eine Ureigenschaft des Universalprozesses. Wie wir noch feststellen werden, findet es sich sogar in den Unterstadien. Außerdem ist es ein weiteres theoretisches Prinzip, das die Eigenschaften der Stadien festlegt.

Die Unterstadien des Tierreichs

Erstes Unterstadium

Das erste Unterstadium des Tierreichs umfaßt – wie das des Pflanzenreichs – einzellige Lebewesen. Zu ihnen gehören beispielsweise die Amöben und die Protozoen. Beide können sich bewegen und Nahrung verdauen. Interessant ist, wie sich in diesen einzelligen Lebewesen die spätere Entwicklung andeutet: so bildet die Foraminifere, ein Wassertier, obwohl sie ein Einzeller ist, eine spiralenförmige Schale, die der von Schnecken und Kopffüßlern – Tieren, die Vielzeller sind und ein milliardenfach höheres Gewicht besitzen – sehr ähnelt. Das etwa 0,25 mm lange Epidinium hat ein rudimentäres Skelett, einen Mund, einen Magen sowie einen Anus und nimmt so die hochentwickelten Wirbeltiere vorweg. So veranschaulicht das erste Unterstadium des Tierreichs mit seinen Andeutungen späterer Entwicklungen das Schlüsselmerkmal für das erste (Unter)stadium allgemein, nämlich die Potentialität.

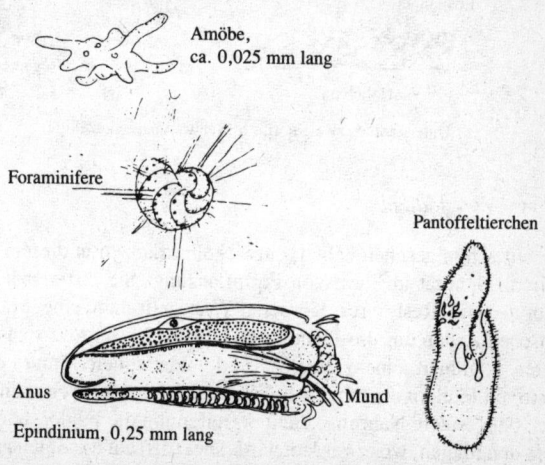

Unterstadium eins: Protozoen, einzellig

Zweites Unterstadium

Die Bindung, das Schlüsselmerkmal des zweiten (Unter)stadiums, bringt die ersten vielzelligen Tiere hervor, die Schwämme. Die Mobilität wird zugunsten der Größe geopfert. Es gibt einen gewissen Grad an Zelldifferenzierung, etwa die Haftscheibenzellen, aber keine Organe oder eine Differenzierung des Gewebes.

Man könnte nun einwenden, Schwämme seien weniger beweglich als Amöben und verkörperten so im Hinblick auf die Mobilität keinen Fortschritt. Wir müssen uns aber bewußt machen, daß das Prinzip des Abstiegs oder »Falls« auch für das Unterstadium gilt: es müssen zunächst Mittel entwickelt werden. Die Bewegungen des einzelligen Tieres sind wie seine Größe mikroskopisch klein. Um in der Entwicklung weiterzukommen, muß das Tier – wie auch die Pflanze – in größere Masse investieren. Der Schwamm ist auch insofern eine Wiederholung der Pflanze, als er wie sie auf dem Meeresboden verhaftet ist.

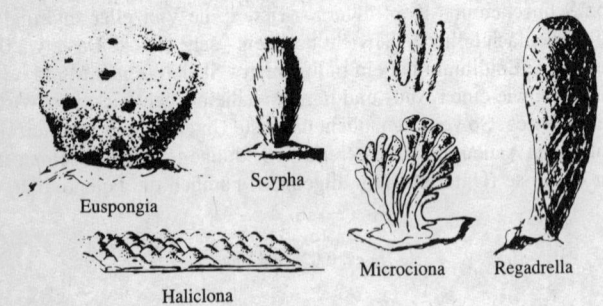

Unterstadium zwei: Porifera (Schwämme), vielzellig

Drittes Unterstadium

Wie wir schon gesehen haben, entwickeln Pflanzen in diesem (Unter)stadium Identität in Form von Fortpflanzung. Sie differenzieren den Embryo vom Rest ihres Körpers. Was stellt nun eine Masse aus tierischen Zellen an, um Identität zu erhalten? Sie formt sich in einer hohlen Kammer, einem Magen, und bildet einen Mund, der von sensitiven Fühlern umgeben ist. Nähert sich beispielsweise ein kleiner Fisch oder andere Nahrung, dann ergreifen ihn die Fühler, und ziehen ihn in den Magen, wo er verdaut wird. Dies trifft auf die Zölenteraten zu (»coel« = hohl, »enterate« = Magen), die ersten Tiere mit einem

Unterstadium drei: Zölenteraten, ein Organ (nach Schmeil)

Organ. Zu den Zölenteraten gehört die Seeanemone, die einen großen Teil ihres Lebenszyklus auf dem Meeresboden verankert ist und einer

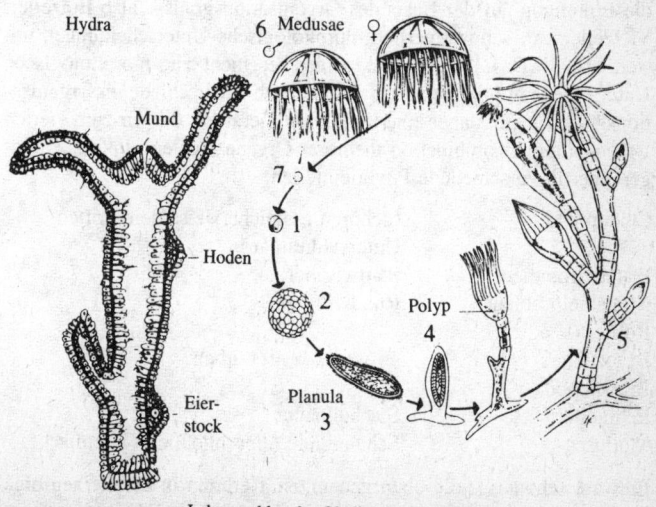

Lebenszyklus der Obelia (*Aus*: Villee, a. a. O.)

Blume ähnelt (könnte als Rekapitulation des vorhergehenden Pflanzenreichs ausgelegt werden). Ein anderer Zölenterat, der Hydroidpolyp, der wie eine Pflanze aussieht, produziert Knospen, die abbrechen und zu beweglichen Quallen werden. Diese Quallen benutzen das selbe Hohlorgan, um sich nach vorwärts zu treiben. Aus der Sicht unserer Prozeß-Theorie besteht der Lebenszyklus des Hydroidpolypen aus sieben Stadien: 1) beginnt als eine Zelle; 2) wird vielzellig; 3) nimmt eine Form (Identität) an; 4) verankert sich auf dem Meeresboden; 5) wächst wie eine Pflanze; 6) entwickelt Blüten, die abbrechen und zu beweglichen Quallen werden; 7) pflanzt sich fort.

Viertes Unterstadium

Bis zu diesem Punkt entspricht unsere Unterteilung der, die die Zoologen treffen, nämlich 1) Einzeller, 2) Vielzeller und 3) Zölenteraten. Das vierte Unterstadium in unserem Schema aber, das wir als »Kombination von Organen« definiert haben, enthält Tiere, die die Zoologen in mehrere Phyla einteilen.

Die von den Zoologen vorgenommene Einteilung der Tiere in Phyla – ein Phylum ist von allen Unterteilungen des Tier- (oder Pflanzen-)reichs die umfassendste – beruht auf der Morphologie (Struktur). Die Einteilung im Rahmen unserer Theorie beruht aber auf dem *Organisationsgrad*. Im Großen und Ganzen stimmen beide Einteilungen überein, weil die Einteilung auf der Basis des Organisationsgrads – also Einzeller, Vielzeller etc. – unweigerlich morphologische Unterscheidungen mit sich bringt. Das Umgekehrte trifft aber nicht zu: morphologische Unterschiede implizieren nicht automatisch Unterschiede im Organisationsgrad. Es gibt daher eine Reihe von Tierarten, die wir zum vierten Unterstadium (Kombination mehrerer Organe) zählen, die die Zoologen aber in verschiedene Phyla einteilen:

Ctenophora	(gehören möglicherweise dem dritten Unterstadium an)
Platyhelminthen	Plattwürmer
Nemathelminthen	Rundwürmer
Rotifera	
Bryozoa	teilweise ausgestorben
Brachiopoda	
Echinodermata	Stachelhäuter
Mollusca	Schalentiere (einschließlich Tintenfische)

Es wäre schwierig, die oben genannten Tierarten in der Reihenfolge ihres Organisationsgrads aufzuführen. Manche sind in einer, manche in anderer Hinsicht weiterentwickelt. Bei keiner ist der Sprung im Organisationsgrad festzustellen, der die Anneliden oder Ringelwürmer kennzeichnet: die Anordnung der Organe in einer Hierarchie mit einem Kopf an der Spitze.

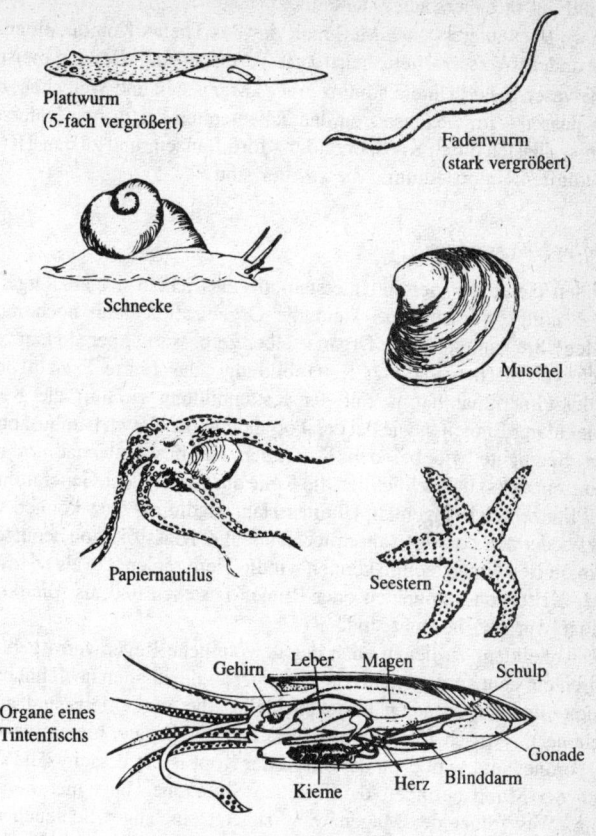

Unterstadium vier: Kombination von Organen

Unsere Aufteilung auf der Grundlage des Organisationsgrads faßt all die oben genannten Tierarten in ein- und demselben Unterstadium mit der Bezeichnung *Kombination von Organen* zusammen. Sie legt also den Schwerpunkt auf die *Kombination*, das Schlüsselmerkmal des vierten (Unter)stadiums allgemein. Dem a-a-b-Muster wird sie eben-

falls gerecht, da sich im vierten Unterstadium das innovative Element des dritten Unterstadiums, das Organ, wiederholt.
Es gibt zugegebenermaßen sehr viele verschiedene Lebewesen im vierten Unterstadium, doch die Vielfalt *an sich* bringt noch kein neues Organisations*niveau* hervor, das das entscheidende Kriterium für die Einteilung in Unterstadien darstellt.
Ein weiteres interessantes Merkmal, das das Thema Kombination auf eine andere Weise variiert, betrifft die Fortpflanzung. Bei den meisten Lebewesen dieses Unterstadiums gibt es Männchen und Weibchen, die sich paaren – im Gegensatz zu den Zölenteraten des dritten Unterstadiums, die sich durch Knospenbildung fortpflanzen, und zu den Tieren des fünften Unterstadiums, die Zwitter sind.

Fünftes Unterstadium

Bei den Tieren des vierten Unterstadiums entwickeln sich alle Organe, die benötigt werden. Was kann die Organisation denn noch mehr leisten? Sie kann nicht die Organe selber verbessern, aber sie kann sie effektiver machen – durch Kettenbildung. Das fünfte Prinzip oder Schlüsselmerkmal hat ja mit der Kettenbildung zu tun: die Kette molekularer Einheiten wie bei den Polymeren, die Ketten bambusähnlicher Segmente wie bei den Kalamiten (fünftes Unterstadium des Pflanzenreichs) und schließlich die Kette aus Zellen oder Generationen im Pflanzenreich allgemein (fünftes Hauptstadium). Hier können wir uns wieder den Zoologen anschließen und ihre Klassifikation benutzen. Zum fünften Unterstadium können wir die Tiere zählen, die als erste aus einer Kette von Segmenten oder Ringen bestehen und als *Anneliden* (Ringelwürmer) bekannt sind.
Die Anneliden, zu denen auch der gewöhnliche Regenwurm gehört, führen ein neues Prinzip ein, die *Metamerie,* die in allen noch höheren Haupt- und Unterstadien bestehen bleibt (die Wirbeltiere sind auch metamer). Typisch für Metamere ist, daß die Organe hintereinander angeordnet sind, wobei an der Spitze der Kopf ist, in dessen Nähe sich auch der Mund befindet, damit neuen Situationen begegnet werden kann. Was früher der Magen war, ist jetzt ein langer Schlauch mit Verdauungs- und Assimilierungsorganen, die halb-automatisch arbeiten, d. h. keine Entscheidung erfordern oder Aufmerksamkeit beanspruchen, und die in einiger Entfernung vom Kopf lokalisiert sind.
Die Anneliden genügen also dem Kettenprinzip, indem sie eine Organhierarchie (vergleichen Sie damit die Anordnung der Organe beim Tintenfisch, S. 151) herstellen. Ihre Bewegungen, die auf Ausdehnung und Kontraktion beruhen, sind ebenfalls linearer Natur.

Wir stellen auch fest, daß von den beiden Grundbeiträgen zur Evolution, Transformation und Mobilität, erstere (d. h. Fähigkeit zur Gewinnung von Energie durch die Verdauung von Nahrung und ihre Umwandlung in neue Formen) sich zuerst entwickelt, im nach unten gerichteten Teil unseres Bogenmodells. Die Fähigkeit, sich zu bewegen, ist zwar allen Tieren eigen, doch begegnen wir ihr zuerst im vierten Unterstadium. Sie bleibt dann im weiteren, nach oben gerichteten Verlauf des Bogens erhalten. Mit den Ringelwürmern macht diese

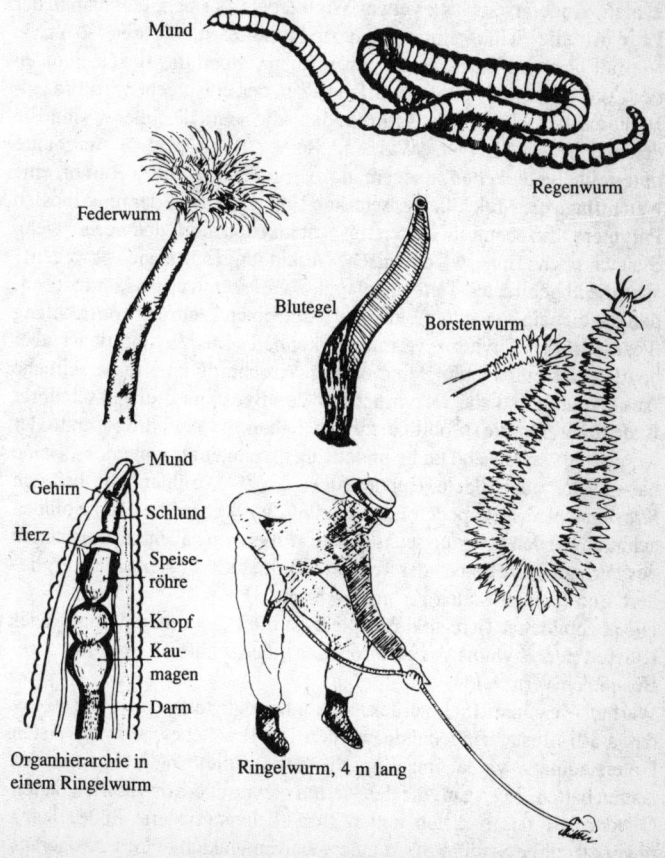

Unterstadium fünf: Anneliden, Hierarchie (Kette)

Fähigkeit ihrer Entwicklung einen großen Sprung: durch die Aneinanderreihung von einzelnen Gliedern wird die Grundlage für das nächste Unterstadium, die Arthropoden, geschaffen.

Sechstes Unterstadium

Man kann den vielfältigen Erscheinungsformen des Lebens unmöglich gerecht werden, wenn man sie nach Organisationsniveaus ordnet, erst recht nicht, wenn wir zu den *Arthropoden* kommen, zu denen die Krustentiere, die Spinnen und etwa 600 000 Spezies von Insekten zählen. Andererseits hat es etwas Wunderbares an sich, daß man in der Lage ist, die Schlüsselprinzipien zu formulieren, die eine so große Vielfalt hervorrufen. Dies gilt um so mehr, wenn die Bezeichnungen der Zoologen die von uns getroffene Wahl des entsprechenden Prozeßstadiums bestätigen. Die Arthropoden, die »Gliederfüßer«, sind die ersten Tiere mit Beinen. Was sind Beine? Beine sind in Abschnitte unterteilte Seitenketten an einem in Abschnitte unterteilten Rumpf, eine Neuauflage der Moleküle des sechsten Unterstadiums, der funktionalen Polymere, die ebenfalls Ketten mit Seitenketten sind (und auch – wenn Sie sich noch erinnern – chemische Verbindungen, die sich bewegen). Was die abgebildeten Tiere anbelangt, so müssen wir uns klar machen, daß die hier ausgewählten Beispiele kaum einen Eindruck vom Umfang dieses großen Phylums vermitteln können. Das Leitmotiv ist aber deutlich erkennbar: die Beine oder in Abschnitte unterteilte seitliche Ansätze. Eine solche Hervorhebung der Beine muß etwas mit ihrer Bedeutung für die Mobilität zu tun haben. Während Tausendfüßer weniger als eintausend und Hundertfüßer weniger als einhundert Beine haben (der abgebildete Hundertfüßer hat 44), zählen wir bei den Krustentieren (Dekapoden oder »Zehnfüßer«) zehn, bei den Spinnen acht und bei den Insekten sechs Beine. Außerdem haben mit Ausnahme des Peripatus alle – auch der Trilobit – Beine, die siebenfach untergliedert sind (dies gilt auch für unsere Beine).

Die abgebildeten Tiere sind Beispiele für die Hauptunterteilungen oder Klassen des Phylums der Arthropoden (die Zehnfüßer sind mit zwei Beispielen vertreten).

Werfen wir einen Blick zurück, so können wir feststellen, wie genau das a-a-b-Muster eingehalten worden ist. Die Lebewesen des ersten Unterstadiums waren einzellig, die des zweiten vielzellig; die des dritten hatten ein Organ, die des vierten mehrere; die des fünften hatten Glieder, die des sechsten hatten zusätzlich gegliederte Füße. Jedes ungeradzahlige Stadium führt eine neue Entwicklung ein, jedes geradzahlige Stadium wiederholt und erweitert sie.

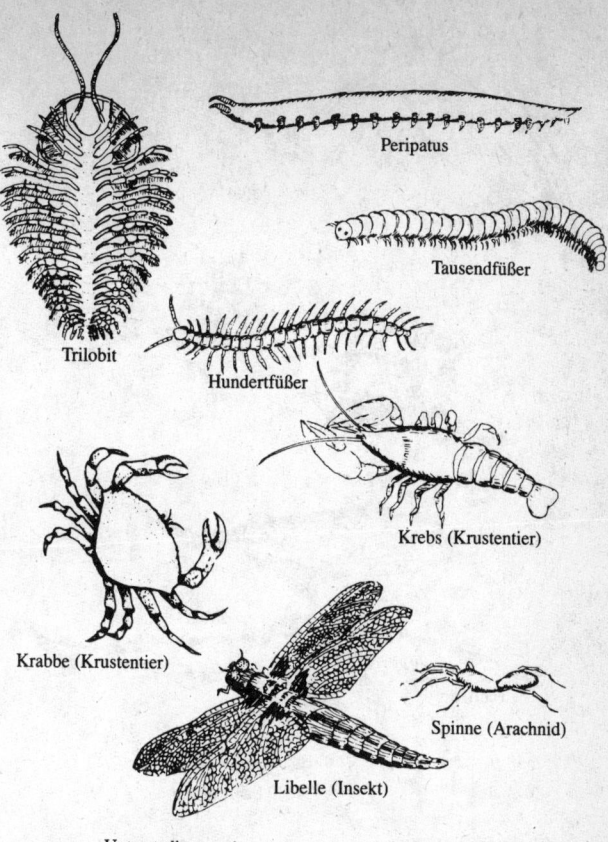

Unterstadium sechs: Arthropoden, Seitenketten (Füße)

Siebtes Unterstadium

Das siebente Unterstadium führt wiederum ein neues Prinzip ein, das in den Chordaten verkörpert ist. Dieses neue Prinzip, das sich von der Bezeichnung für dieses Phylum – dem letzten des Tierreichs – herleitet, besteht in einem Zentralnervensystem, das sich über den Rücken erstreckt und (ausgenommen bei bestimmten primitiven Formen, die im Meer leben) von einer schützenden knochigen Hülle (Chorda) umgeben ist. Es gibt noch andere wichtige Unterscheidungsmerkmale, aber statt sie alle aufzuzählen, möchte ich den Leser bzw. die Leserin auffordern,

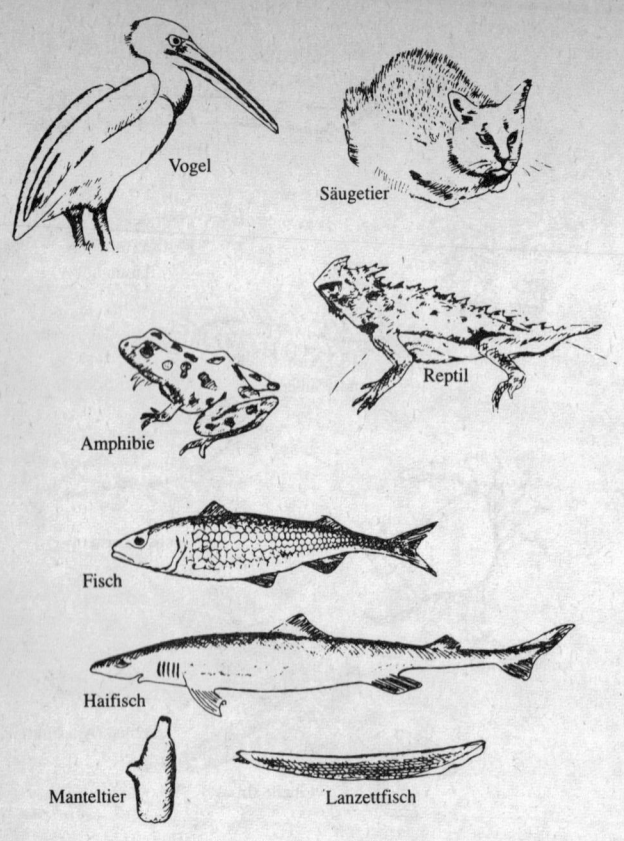

Unterstadium sieben: Chordaten

sich die Klassen dieses Phylums – angefangen von den Lanzettfischen bis zu den Säugetieren – zu betrachten und seine bzw. ihre eigenen Beobachtungen zu machen.

Soweit ich mich in der Zoologie auskenne, kann ich nur wiederholen, was in den einschlägigen Lehrbüchern steht, und das alles ist interessant und wichtig. Da aber der Ursprung der Chordaten unbekannt ist, mag es den gleichen Wert haben, sich die Lebewesen selber zu betrachten statt einen Blick in ein Lehrbuch zu werfen. Unter den hier abgebildeten

Tieren befinden sich primitive Subphyla ohne eine Chorda (mit dem Lanzettfisch als einziges Beispiel) und alle Wirbeltiere.

Man beachte, daß die Arthropoden des vorhergehenden Unterstadiums größtenteils Landbewohner sind, die Chordaten hingegen in ihren Anfangsformen im Meer leben. Auch im Hinblick auf die Beine fangen sie wieder von vorne an, aber wenn dann welche wachsen, dann vier – eine Anzahl, die wir nicht unter den Arthropoden finden, obwohl bei ihnen die Beine das wichtigste Entwicklungsmerkmal sind.

Eine andere Sache, die mich interessiert, ist das Auge.[6] Alle Chordaten haben Augen, nicht die Facettenaugen der Insekten, sondern einen richtigen Augapfel. Man kann einer Biene nicht ins Auge sehen, weil sie tausend davon hat. Das Auge fiel mir erst auf, als ich die Skizzen zu den Abbildungen zeichnete. Danach aber war ich mir bewußt, daß das Auge ein ebenso wichtiges Motiv ist wie das Bein bei den Arthropoden des vorhergehenden Unterstadiums.

Die Kontrollfunktion

Ein auffälliges Merkmal des Nervensystems der Chordaten ist seine Dualität: es besteht aus dem sogenannten *autonomen* Nervensystem, das sich wiederum in das sympathische und das parasympathische System aufteilt, und aus dem *willkürlichen* Nervensystem. Diese Systeme haben unterschiedliche Funktionen: ersteres kontrolliert den Blutkreislauf, die Darmperistaltik und andere autonome Funktionen, letzteres die Sinnesfunktionen und die motorischen Funktionen, die mit willentlich gesteuerten Bewegungen zu tun haben. Autonome Funktionen und willkürliche Funktionen wurden früher als etwas Getrenntes betrachtet. Man nahm an, daß das willkürliche Nervensystem die Kontrolle über den Kreislauf, den Herzschlag usw. nicht übernehmen könnte. Neuere Untersuchungen haben aber gezeigt, daß es mit Hilfe von Vorrichtungen, die einer Person signalisieren, wann beispielsweise mehr Blut in der Hand ist, möglich wird, die Blutzirkulation zu diesem Körperteil zu vergrößern oder zu verringern. Wie diese Experimente beweisen, kann das willkürliche Nervensystem also die autonomen Funktionen steuern, wenn man sich darum bemüht. Man konnte sogar Säugetiere (Ratten) in dieser Hinsicht trainieren. Das Üben einer solchen Kontrolle gehört schon seit langem zu den Yoga-Techniken, auf die ich hier nicht näher eingehen möchte. Wichtig ist, daß ohne eine solche zusätzliche Funktion der Kontrolle die willentliche Steuerung autonomer Funktionen schwer erklärbar wäre. Das Auftreten von

Konflikten zwischen Vorsätzen und Gelüsten (»der Wille ist stark, das Fleisch ist schwach«) ließe sich anders nicht begreifen.

Dieser Dualismus beantwortet auch eine Reihe von Fragen, die sonst offen blieben. Wichtiger ist noch, daß es dem entspricht, was wir auf der Grundlage unserer Prozeß-Theorie erwarten.

Das siebente Unterstadium muß – wie das siebente Hauptstadium – ein neues Prinzip einführen, und dieses Prinzip muß eine Kontrollfunktion besitzen. Es paßt auch, daß es sowohl die Kontrolle über den Organismus selber als auch die Kontrolle über die Umwelt umfaßt.

Das willkürliche Nervensystem kann man sich in der Tat als eine Art inneres Auge vorstellen, als eine Instanz des reflexiven Bewußtseins, das Selbst-Bewußtseins, das man nicht allein mit der Sinneswahrnehmung erklären kann, die aus dem autonomen Nervensystem selber hervorginge. Wie schon früher bemerkt, ist das Auge ein hervorstechendes Merkmal aller Wirbeltiere. Seine morphologische und funktionale Basis als das obere Ende des Nervenstrangs aus Gehirn und Rückenmark – und von daher seine Verbindung mit dem Gehirn – liefert ein überzeugendes Argument für die These, daß dieser Strang seine Ursprünge schon sehr früh in der Evolutionskette hat und sich nicht erst von den Ringelwürmern, erst recht nicht von den Gliederfüßern, herleitet.

Wiederholung

Über die Fülle und Vielfalt tierischer Arten und Formen mag der Leser oder die Leserin das Hauptanliegen unseres Überblicks vergessen haben, nämlich die Veranschaulichung des Schemas auf S. 114f., das auf der Annahme beruht, daß jedes Hauptstadium des Universalprozesses selber ein Prozeß ist, und daß der Charakter jedes Unterstadiums dem des entsprechenden Hauptstadiums gleicht (und umgekehrt).

Wie wir gesehen haben, ist die Entwicklung der Tiere durch Organisationsstadien oder -ebenen gekennzeichnet. Am Anfang dieser Entwicklung steht eine einzelne mikroskopisch kleine Zelle, die sehr lebendig ist, aber nur einen winzigen Aktionsradius besitzt. Der nächste Schritt ist die Zunahme an Größe durch die Vereinigung vieler Zellen. Nach der Größe wird die Identität erworben, durch die Entwicklung eines Magens und – später – anderer koordinierender Organe wie Herz, Leber, Verdauungsorgane etc. Der nächste Schritt ist die Metamerie: der Körper ist wie beim Regenwurm aus einer Kette von Abschnitten gebildet, die Organe folgen nacheinander – wie auf einem Montageband für Hubschrauber. Auf diese Weise ist die Voraussetzung geschaffen für das neue Element, das echte Mobilität ermöglicht, nämlich den gegliederten Fuß (man kann ohne Übertreibung sagen: wenn die bedeutsamste Erfindung der Menschheit das Rad war, dann war die der Natur der Fuß!). Schließlich wird – bei den Chordaten – der gesamte Organismus von einem Zentralnervensystem koordiniert. Man beachte, daß gerade diese Art der Evolution – die Entwicklung zu komplexeren Formen – nicht mit dem Prinzip des Überlebens erklärt werden kann. Der Sprung zu höheren Organisationsformen ist untrennbar mit allen Stadien des Prozesses verknüpft. Er findet sich bei den Atomen und Molekülen ebenso wie bei den Lebewesen.

10. Protoplasma und Psychische Pseudopodien

Bisher haben wir uns auf wissenschaftliche Untersuchungsergebnisse in Bereichen gestützt, in denen die Phänomene Gesetzmäßigkeiten unterworfen sind. Wir wagen uns jetzt in Bereiche vor, in denen die Wissenschaft keine Gesetze gefunden hat – oder in denen die einzig bekannten Gesetze statistischer Natur sind.

Die Prozeß-Theorie und die Gesetze der vier Ebenen

Im allgemeinen herrscht die Überzeugung vor, daß alle Phänomene Gesetzen unterliegen, und wenn man keine finden kann, so ist dies ein Zustand, den man mit der Zeit schon beheben wird. Diese Überzeugung hat im wissenschaftlichen Denken überlebt, obwohl die Quantentheorie bewiesen hat, daß es Bereiche gibt, in denen keine Gesetze gelten und auch keine in der Theorie angewendet werden können.
Wie wir aber im 4. Kapitel hervorgehoben haben, ist der »Fall« in die Manifestation, durch den der Prozeß Mittel zum Zweck gewinnt, zwangsläufig ein Fall aus einer ursprünglichen *Freiheit*. Diese Freiheit ist – obwohl das Zufallsprinzip herrscht und nichts geschaffen wird – das Grundlegende, und die Gesetze sind die *Mittel,* mit denen der Prozeß seine Fähigkeit erwirbt, seine Ziele zu erreichen. Wenn wir uns dazu bringen können, die Determiniertheit im Reich der Moleküle als Schwelle zu höheren Organisationsebenen und zur Wiedererlangung der Freiheit aufzufassen, dann können wir unsere Wissenschaften auch auf andere Bereiche ausdehnen, die sonst unerklärbar blieben. Unsere Prozeß-Theorie unterscheidet sich insofern von den üblichen wissenschaftlichen Theorien, als sie die Bedeutung sowohl der Gesetze (Determiniertheit) als auch der Freiheit hervorhebt.
Auch in noch anderer Hinsicht unterscheidet sich unsere Methode von den wissenschaftlichen Methoden. Wir befassen uns nämlich mit *einzelnen* Einheiten. Wenn wir von der »Freiheit« der Photonen oder der Elementarteilchen sprechen, meinen wir *einzelne* Photonen, deren Verhalten – wissenschaftlich korrekt ausgedrückt – unvorhersagbar ist, oder wir beziehen uns auf *einzelne* Elektronen, deren Ort nicht vorherbestimmt werden kann. Dies würde die Wissenschaft auch nicht in

Frage stellen, ist es ja schließlich eines ihrer wichtigsten Forschungsergebnisse. In ihrer Betonung des Gesetzmäßigen nimmt sie aber Zuflucht zu statistischen Gesetzen oder Wahrscheinlichkeiten, so wie Versicherungsgesellschaften, die vorhersagen, welcher Prozentsatz von Leuten das 80. Lebensjahr nicht erreichen wird, nicht aber, *welche* Personen sterben werden.

Der Beitrag unserer Prozeß-Theorie besteht darin, daß sie vier kategorial abgegrenzte Gebiete beschreibt, in denen Gesetzmäßigkeiten in unterschiedlichem Grad bestimmend sind. Diese Gebiete sind unsere vier Ebenen. Ebene I kennt – mit Ausnahme der Tatsache, daß sich Photonen in ihrer Energie unterscheiden – keine Gesetzmäßigkeiten. Ebene II und Ebene III sind teils frei, teils determiniert (wie auf S. 60 beschrieben), wobei Ebene II zwei Freiheitsgrade (Ort) und Ebene III einen Freiheitsgrad (Energie) besitzt. Ebene IV ist vollkommen determiniert. Auf diese Weise beschreiben die Ebenen die Hauptmerkmale der einzelnen Reiche (siehe 4. Kapitel).

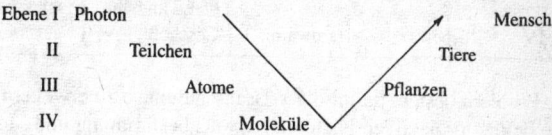

In diesem Modell kommt zum Ausdruck, daß das Wachstum der Pflanzen wie auch die Energieabstrahlung oder -absorption der Atome durch einen, hingegen die Unsicherheit des Ortes der Protonen und Elektronen wie auch die Unsicherheit des Ortes der Tiere durch zwei Freiheitsgrade gekennzeichnet sind.

Wir sind aber jetzt in der Lage, diese Ebenen in einer Weise aufzufassen, die auf Tier und Mensch unmittelbar übertragbar ist. So gesehen ist Ebene I Zweckbestimmtheit, Ebene II Motivation, Ebene III Begriffsbildung oder Intellekt, und Ebene IV der physische Körper, insbesondere seine Fähigkeit, auf andere Körper zu reagieren und so Rückmeldung zu geben. Von diesen vier Ebenen sind die letzten beiden (III, IV) objektiv: Begriffsbildung in dem Sinn, daß Begriffsinhalte kommuniziert werden können, und der physische Körper in dem Sinn, daß er ein Objekt ist.

Die ersten beiden Ebenen bereiten Schwierigkeiten, da sie nicht objektiv sind: das Photon (oder die Zweckbestimmtheit), da es durch Beobachtung vernichtet wird (wenn man die Absichten eines Spions erkennt, sind sie zunichte), und das Kernteilchen, weil es sich nicht identifizieren läßt. Ist das Elektron, das aus seiner Kreisbahn um das Atom herausgetreten ist, genau das gleiche, das in sie eingetreten ist? Ist der Hundertmarkschein, den ich von der Bank abgehoben habe, derselbe, den ich bei ihr eingezahlt habe? Statt solche Nicht-Objektivität subjektiv zu nennen – was bedeuten würde, daß sie im Inneren des Menschen ist –, ziehe ich die Bezeichnung *projektiv* vor, was lediglich mit nicht-objektiv gleichbedeutend ist. Wie wir schon oft betont haben, hat das Universum projektiven Charakter. Auch eine Maschine oder ein Fahrzeug besitzen dieses Element des Projektiven, der Zweck, zu dem sie konstruiert wurden. Sie müssen »Motivation« (Kraftstoff, Antrieb) haben. Entsprechend wird ein Geschoß auf ein Ziel abgefeuert (seine eigentliche Zweckbestimmung) und durch die Ladung vorangetrieben (siehe S. 32 und auch den Anfang vom 4. Kapitel).

	Mensch	*Fahrzeug*	*Geschoß*	
Ebene I	Bestimmung	Kontrolle	Ziel	Projektiv
Ebene II	Emotionen	Kraftstoff	Ladung	
Ebene III	Intellekt	Bauplan	Berechnung (der Flugbahn)	Objektiv
Ebene IV	Körper	Hardware	Geschoßkörper	

Unser Problem besteht darin, die Wissenschaften so zu erweitern, daß sie die beiden projektiven Faktoren – Zweckbestimmung und Motivation – einschließen, damit wir die *Prinzipien,* die zur Kosmologie beitragen und für das Leben wesentlich sind, besser verstehen.

Das Phänomen der Motivation

In diesem Kapitel wollen wir Phänomene besprechen, die mit dem zweiten dieser Faktoren, der *Motivation,* zu tun haben, so wie sie bei Mensch und Tier in Erscheinung tritt. Diese Phänomene sind aufgrund ihrer nicht-objektiven Komponente, die wir nicht länger kategorisch zurückweisen dürfen, besonders interessant, denn wir erwarten nun, daß etwas dem Wesen nach Projektives existiert.

Hier eine Aufzählung einiger dieser Phänomene:

1. Die Bewegungen einer Amöbe
2. Die emotionalen Projektionen von Menschen
3. Die Verhaltensmuster von Tieren (Instinkte)
4. Bestimmte Aspekte der außersinnlichen Wahrnehmung
5. Der Traumzustand
6. Die Opferhandlungen in primitiven religiösen Zeremonien

7. Geistige Heilung (durch Handauflegen oder über Entfernung)
8. Das Teleplasma materialisierender Medien

Ich habe diese Phänomene in der Reihenfolge ihrer Glaubwürdigkeit – aus der Sicht des heutigen rationalen Denkens – aufgeführt. Man braucht wohl kaum darauf hinzuweisen, daß einige von ihnen nicht als Tatsachen akzeptiert sind, und aus diesem Grund sind auch keine Theorien zu ihrer Erklärung entwickelt worden. Ich will auch vom Leser oder der Leserin nicht verlangen, sie alle als Tatsachen hinzunehmen, ich möchte nur, daß sie im Zusammenhang gesehen werden.
Was die Beweise für die Existenz solcher Phänomene angeht, so sind wir in der mißlichen Lage, daß wir uns an kein Appellationsgericht wenden können. Um nur einen einzigen Fall herauszugreifen: die physische Materialisation durch Medien ist wiederholt und auf eindrucksvollste Weise von angesehenen Wissenschaftlern bestätigt worden. Zu ihnen gehörte Gustave Geley,[1] der im Jahre 1924 Gipsabdrücke von teleplasmatischen Händen herstellte, die miteinander so verschränkt waren, daß es keine Möglichkeit gibt, solche Abdrücke mit irgendwelchen bekannten Mitteln zu kopieren.
Um die Existenz von Materialisationsphänomenen zu beweisen, stellte Geley Wachsabdrücke von Händen her, die das Medium materialisiert hatte. Nachdem sich das Wachs verfestigt hatte, wurden die Hände dematerialisiert. Geley goß dann die Wachsabdrücke mit Gips aus, ließ den Gips starr werden und schmolz dann das Wachs ab. Ihm wurde von Fachleuten bezeugt, daß solche Abdrücke (von gefalteten Händen) eine Form hatten, die sich nicht herstellen ließe, wenn man die Hände aus dem Wachs *herausziehen* würde. Sie mußten also dematerialisiert worden sein (ein Blick auf die Photos bestätigt diese Annahme).
Alle notwendigen Vorkehrungen waren getroffen worden, um die Möglichkeit von Betrug auszuschalten. Bei manchen von Geleys Experimenten waren 34 Wissenschaftler und offizielle Vertreter anwesend, die ihm Glaubwürdigkeit bescheinigten.
Noch mehr empirische Beweise kann man sich kaum vorstellen, und doch ist Geleys Arbeit vollkommen ignoriert worden. Warum? *Weil es keine Theorie für die Erklärung seiner Beobachtungen gibt* und die bestehenden Theorien die Möglichkeit ihrer Existenz leugnen. Dies ist nur eines von vielen Beispielen, die alle gemeinsam haben, daß sie nicht von der modernen Wissenschaft erklärt werden können.
Schrenck von Notzing arbeitete ebenfalls mit materialisierenden Medien. Es gelang ihm sogar, Teleplasma einzufangen und unter dem Mikroskop zu untersuchen.[2] Ich will damit nicht sagen, daß diese Phänomene bewiesen worden sind, sondern nur auf eines hinweisen:

wie viele Beweise für diese Phänomene auch beigebracht wurden oder beigebracht werden konnten, sie werden nicht als Tatsachen anerkannt, weil sie in so krassem Widerspruch zum vorherrschenden wissenschaftlichen Weltbild stehen.

Das Kriterium der Falsifizierbarkeit

Wissenschaftsphilosophen haben die Neigung, sich lang und breit über das zu ergehen, was sie das Kriterium der Falsifizierbarkeit nennen: die These, daß eine Theorie nur dann die Bezeichnung wissenschaftlich verdient, wenn sie überprüft werden kann (und sich dadurch eventuell als unrichtig erweist). Ihnen wird nicht bewußt, daß diese Waffe gegen die Grundpostulate der Wissenschaft selber gerichtet werden kann. Statt dessen tendieren sie dazu, alle Phänomene der außersinnlichen Wahrnehmung als Betrug abzutun, weil sie diesen Postulaten widersprechen.[3] Man wird an die Gelehrten des Mittelalters erinnert, die Galileis Beobachtungen durch das Fernrohr leugneten.

Diese Einstellung verstößt gegen die Interessen einer wahren Wissenschaft und steht sogar im Widerspruch zu elementarer Gerechtigkeit, denn man wird eine Theorie unmöglich durch experimentelle Überprüfung korrigieren können, solange theoretisch von vornherein feststeht, wie das Ergebnis der Überprüfung aussehen muß.

Die Bewegung der Amöbe

Aber es gibt bestimmte Punkte unserer Aufzählung, auf die sich die Hypothese einer belebenden und gerichteten Energie anwenden läßt und die als *Tatsachen anerkannt* sind. Dazu gehören die verblüffenden Instinkte der Tiere (manche Motten richten sich in ihren Bewegungen nach den Sternen!). Ein anderes Phänomen ist die Bewegung der Amöbe. Sie gehört zu den simpelsten Fakten tierischen Verhaltens, aber: die Amöbe hat keine Muskeln! Und eigentlich verdecken die Bewegungen durch Muskeln bei den höher entwickelten Tieren nur das Rätsel. Was aktiviert die Muskeln? Die Nerven natürlich. Nun gut, aber was aktiviert die Nerven?

Im folgenden ist eine typische Beschreibung der Bewegung einer Amöbe wiedergegeben:

Die Lokomotion erfolgt durch die Ausbildung zeitlich begrenzter Pseudopodien und ist als *amöboide* Bewegung bekannt. Am Anfang eines Pseudopodiums findet sich eine fingerartige Projektion von Ektoplasma(!). Danach fließt das granulare Plasmasol in die Projektion, während sie sich verlängert. Die auf der kolloidalen Natur des Protoplasmas beruhende Mastsche Theorie besagt, daß die Grundlage für die Bewegung der reversible Übergang vom flüssigen

Solzustand zum Gelzustand ist. Dabei geht der hintere Teil der sich bewegenden Amöbe vom Plasmagel zum Plasmasol über, wohingegen im vorderen Teil, wo sich das Pseudopodium bildet, das Umgekehrte der Fall ist.[4]

Diese Erklärung sagt uns nicht, wodurch das Plasmagel zum Plasmasol wird, und auch nicht, wie die Amöbe entscheidet, was sie an Nahrung aufnimmt. Egal, denn das, was passiert, läßt sich beobachten. Die Amöbe, ein Stück klarer und farbloser Gallertmasse, bildet vorübergehend Erweiterungen (Pseudopodien, d. h. »Scheinfüßchen«) an jeder Stelle ihres Zellkörpers.

Psychisches Protoplasma

Raymond Prince, der sich in einem neueren Artikel mit der Aufmerksamkeit befaßt, vergleicht die psychische Energie mit Protoplasma, das durch die Aufmerksamkeit aktiviert und geleitet wird. Er zitiert Freud, der eine ähnliche Analogie zwischen einzelligen Lebewesen und der Libido formuliert hat:

Freud ... verglich das Ich gern mit einer Amöbe, deren Körper sich in einem libidinösen Reservoir befindet, und die ihre libidinösen Pseudopodien, je nachdem ob sie das Interesse auf etwas richtet oder wieder verliert, ausstreckt oder wieder einzieht. Mit Freuds Worten: »Denken Sie an jene einfachsten Lebewesen, die aus einem wenig differenzierten Klümpchen protoplasmatischer Substanz bestehen. Sie strecken Fortsätze aus, Pseudopodien genannt, in welche sie ihre Leibessubstanz hinüberfließen lassen. Sie können diese Fortsätze aber auch wieder einziehen und sich zum Klumpen ballen. Das Ausstrecken der Fortsätze vergleichen wir nun der Aussendung von Libido auf die Objekte, während die Hauptmenge von der Libido im Ich verbleiben kann, und wir nehmen an, daß unter normalen Verhältnissen Ichlibido ungehindert in Objektlibido umgesetzt und diese wiederum ins Ich aufgenommen werden kann.«[5]

Ich möchte nun wieder auf Geley zurückkommen. Im Jahre 1924 hebt Geley in der Einführung zum zweiten Teil seines Buchs *Hellsehen und Teleplastik* mit Genugtuung den damaligen Trend weg von »mystischen Theorien« hin zu Experimenten mit Medien hervor. Über die Berichte der metapsychischen Kongresse in Kopenhagen (1921) und Warschau (1923) sagt er:

In diesen Berichten ist keine Rede von Gespenstern Verstorbener oder Lebender, von Geistern oder Genien, von Übernatürlichem oder auch nur Übernormalem. Alle sprechen ganz einfach von einem biologischen Phänomen ... Ja man findet sogar – und dies ist noch wichtiger – in der normalen Physiologie und der tierischen Biologie Analogien oder wenigstens Berührungspunkte zwischen den Einzelheiten des teleplastischen Prozesses und gewissen in die Naturwissenschaften eingereihten Erscheinungen.[6]

Etwas später fährt er fort:

Die Materialisation ist also heute nicht mehr die einzigartige und gleichsam ans Wunder grenzende Erscheinung, die in den ersten spiritistischen Werken beschrieben und besprochen wurde. Deshalb kann und muß man, wie ich glaube, das Wort »Materialisation« durch das Wort »Teleplastik« ersetzen ... Was ist Teleplastik? Vor allem bedeutet es *eine physische Verdoppelung des Mediums*. Während des Trance exteriorisiert sich ein Teil des medialen Organismus. Dieser Teil ist zuweilen sehr klein, zuweilen beträchtlich (in gewissen Experimenten Crawfords die Hälfte des Körpergewichts). Das Teleplasma stellt sich der Beobachtung zunächst als eine Art amorpher, fester oder dampfförmiger Substanz dar. Im allgemeinen organisiert sich das amorphe Teleplasma sehr rasch, man sieht dann, wie es sich in neue Formen umbildet, die, sobald das Phänomen vollständig ist, alle anatomischen und physiologischen Eigenschaften biologisch lebender Organe haben können. Das Teleplasma ist ein Lebewesen oder ein Stück eines solchen geworden, wobei es freilich stets eng vom Körper des Mediums abhängt, den es gleichsam verlängert und in den es am Schluß des Experiments resorbiert wird.
Dies ist die einfache, rein als solche betrachtete Tatsache der Teleplastik, losgelöst von gewissen Komplikationen, die man später wird studieren müssen, die Teleplastik ist damit gewissermaßen in ihre anatomisch-physiologische Struktur zerlegt.
Heute steht diese Tatsache fest durch die übereinstimmenden, auf klare Beweise gestützten Bestätigungen von Gelehrten aller Länder.
Photographien der materialisierten Formen, Abdrücke dieser Formen in Ton, Glaserkitt, Ruß, in den bemerkenswertesten Fällen sogar ihr vollständiger Abguß, beweisen die objektive Realität der Teleplastik.
Die Teleplastik ist in allen Ländern stets identisch, welches auch der Beobachter oder das Medium sei: Crookes, Dr. Gibier, Sir Oliver Lodge, Professor Richet, Ochorowicz, Professor Morselli, Dr. Imoda, Frau Bisson, Dr. v. Schrenck-Notzing, Dr. Geley, Crawford, Herr Lebiedzinski und andere haben das Teleplasma ganz übereinstimmend geschildert.[7]

Selbst dieses lange Zitat vermittelt nur einen unvollständigen Eindruck von diesem bemerkenswerten Buch und wird natürlich auch nicht diesem hochinteressanten Thema gerecht. Von Schrenck-Notzing hat in seinem gleichermaßen bedeutenden Werk ähnliche Ergebnisse beschrieben.
Kurz gesagt gibt es also Bestätigungen für die Existenz von Teleplasma. Aus was diese Art von Plasma besteht, kann ich nicht sagen. Ich möchte lediglich darauf hinweisen, daß etwas in dieser Form *theoretisch postuliert* wird – siehe Freud, der zur Veranschaulichung des Verhal-

tens der Psyche die protoplasmatischen Bewegungen der Amöbe auswählt – und daß es auch *Belege,* etwa die Materialisationsphänomene, für die Existenz einer formlosen und lebenden Substanz analog zum undifferenzierten Protoplasma der Amöbe gibt.

Eine solche Substanz entspricht auch dem, was wir ausgehend von unserem theoretischen Modell im sechsten Prinzip des Prozesses erwarten. Wir erinnern uns, daß eines der Schlüsselwörter, mit dem wir das Wesen des zweiten Prinzips charakterisiert haben, *Substanz* war, daß diese Substanz etwas mit Anziehung und Abstoßung – wie bei elektrischen Ladungen – zu tun haben muß, sie aber im zweiten Stadium nicht unter Kontrolle ist. Das kontrollierte Gegenstück dazu müßte nach unserer Theorie im sechsten Stadium auftreten, wo es die Grundlage für das Prinzip des Lebendigen im Tierreich abgibt, und dies ist auch tatsächlich der Fall.

Erlauben Sie mir, ein weiteres Zitat anzuführen, diesmal aus einem früheren Entwurf zum vorliegenden Buch, den ich zu einem Zeitpunkt verfaßte, als ich das Pseudopodiengleichnis von Freud noch nicht kannte und als ich mir der Ähnlichkeit zwischen dem Protoplasma der Amöbe und dem Teleplasma in den Materialisationsphänomenen noch nicht bewußt war.

Wir können nun erkennen, daß der so definierte »tierische Körper« nicht unbedingt oder auch nur teilweise ein physisches Objekt wie der physische Körper ist, der natürlich zum dritten und vierten Stadium gehört. Wir bezeichnen den Hunger als einen physischen Drang und betrachten ihn im Verhältnis zum Geist als etwas mehr Materielles, als etwas Greifbareres. Aber verglichen mit einem Stein oder sogar mit dem physischen Körper an sich – einem »echten« physischen Objekt – ist der »tierische Körper« nicht objektiv. Er ist offensichtlich etwas *Dynamisches*, ein Syndrom aus Drängen, Trieben, Kräften etc. Mit der Verwendung des Begriffs »Feld«, dessen wissenschaftliche und deshalb »objektiven« Implikationen im vorhergehenden Kapitel erörtert wurden, können wir nun die Objektivität mit direkten Zeugnissen stützen . . . Auf ein Tier bezogen können wir den »Feld«begriff benutzen, um eine über den Körper des Tieres hinausgehende Einfluß- und Interaktionssphäre zu beschreiben, die den Wirkungsbereich der Interessen des Tieres in seinen Grenzen absteckt. Es handelt sich hier um einen legitimen Versuch der Anwendung des Feldbegriffs.

Setzen wir nun an der molekularen Ebene an, so stellen wir fest, daß dort das Organisationsprinzip[8] und seine Verkörperung zusammenfallen. Auf der pflanzlichen Ebene geht das Organisationsprinzip so weit über die physischen Grenzen der Zellen hinaus, daß vielzelliges Wachstum möglich wird (wir wissen nicht wie, vielleicht durch elektrische Vorgänge – siehe Burr etc. –, aber wir wollen das hier aufgeworfene Problem nicht unbedingt lösen, sondern uns seiner erst einmal bewußt werden). Kommen wir zum Tierreich, so müssen wir erkennen, daß sich dieses Organisationsprinzip noch weiter erstreckt, weit genug, um die Grundlage für eine Wechselbeziehung mit der Umwelt und damit für die Entwicklung der Sinne sowie die durch Annähern und Zurückziehen charakterisierte Aktivität des Tieres zu schaffen (was ich jetzt Animation nenne).

Zu diesem Konzept eines sich über die Grenzen des physischen Körpers hinaus erstreckenden Organisationsfelds gelangen wir auf der Basis von Schlußfolgerungen aus unserem Wissen über Pflanzen und Tiere. Wir können dieses Organisationsprinzip weder sehen noch berühren. Ein Beweis für dieses Prinzip ist das Lebewesen selber. Wie auch beim Magnetfeld, das ebenfalls weder sichtbar noch ertastbar ist, können wir die Gegenwart dieses Felds durch die Einführung besonderer Materialien, auf die das Feld reagiert, nachweisen. So entdecken wir ein Magnetfeld mit Hilfe von Eisenfeilspänen oder eines Kompaß.

Dies soll genügen, um die Ähnlichkeiten der amöboiden Bewegung, des »psychischen Protoplasmas« und des Teleplasmas mit der postulierten »Substanz« des sechsten Stadiums oder dem Animationsprinzip, das ich zu beschreiben versuchte, noch ehe ich Freud oder Prince gelesen hatte, zu verdeutlichen.

Normalerweise erwartet man, daß Dinge, die existieren, sichtbar sind, doch die Wissenschaft hat auch solche »Dinge« wie Kraft, Ladung und Energie, die man nicht direkt sehen kann, als existent anerkannt. Die Tatsache aber, daß das Teleplasma, von dem wir nicht erwarten, daß es sichtbar ist, unter bestimmten Umständen photographiert werden kann, ist für unsere Theorie wichtig, weil sie die physische oder substantielle Natur des Animationsprinzips betont.

Die Möglichkeit, daß sich Teleplasma photographieren läßt, sollte nicht verworfen werden, auch wenn sie nicht zur Glaubwürdigkeit der Materialisation beiträgt. Die quasi-physische Natur des Teleplasmas kann der Schlüssel zum Verständnis des ungelösten Problems der Wechselbeziehung zwischen Geist und Körper sein. Wir sollten mit unserem Urteil warten, bis wir faktisch oder theoretisch mehr darüber wissen.

Die Notwendigkeit eines Mediums

Wir wollen nun zu unserer Aufzählung von Phänomenen zurückkehren, die mit Motivation zu tun haben. Zwei der genannten Punkte, die Zeremonie des Opferns in religiösen Ritualen und die geistige Heilung, sind äußerst aufschlußreich. Wir erinnern uns, daß das Protoplasma in der Amöbe an jedem Punkt des Amöbenkörpers und in jede Richtung – zu Nahrungsteilchen oder ähnlichem hin – Pseudopodien ausstrecken kann. Masts Erklärung mag zwar auf den Mechanismus der Bewegung zutreffen, widerspricht aber nicht der Annahme, daß hinter dieser Veränderung ein Akt des Willens, der Aufmerksamkeit oder der Intention stehen muß, der die Pseudopodien entstehen läßt und sie dirigiert. Ein ähnlicher Akt ereignet sich in der Psyche, etwa im Fall der Materialisation. Das Teleplasma ist also ein *Werkzeug der Intention*. Es ist ein passives Element, durch das sich die Aufmerksamkeit oder die Intention manifestiert.

Was nun das Opfern von Tieren anbelangt, so habe ich bisher nur eine Erklärung dafür gehört, die ich Dr. Oscar Brunler verdanke. Er vertrat die Ansicht, daß beim Tod eines Tieres eine psychische Substanz freigesetzt werde, die eine Kommunikation mit den Toten ermögliche – im Falle des religiösen Rituals mit den Vorfahren oder den ehemaligen Herrschern der betreffenden Zivilisation oder des betreffenden Stammes. Einen Beweis für seine Annahme sah Brunler in den sexuellen Orgien, die auf eine Massenexekution oder auf den Tod vieler Soldaten in einer Schlacht folgten. Das bei solchen Gelegenheiten frei werdende »Teleplasma« wird verfügbar und verstärkt sexuelle Energien.

Brunler war auch der Auffassung, daß Teleplasma von Medien ähnlich verwendet wird, die ihr eigenes Teleplasma den »Geistern« vorübergehend zum Zweck der Kommunikation zur Verfügung stellen.

Auch wenn wir uns eines Urteils über die Richtigkeit dieser Erklärung enthalten, können wir zumindest feststellen, daß sie mit dem von uns entworfenen allgemeinen theoretischen Rahmen übereinstimmt, denn in den genannten – wie auch in anderen – Fällen klafft eine *Lücke* zwischen dem leitenden Prinzip und der physischen Welt. Dieses leitende Prinzip braucht in allen Fällen ein *Medium* für die Kommunikation oder eine andere Vermittlung mit dem physischen Universum.

Die Tatsache, daß ein Lebewesen unter normalen Umständen seinen eigenen Organismus aktiviert und mit seiner Umwelt ohne sichtbare Hinweise auf die Beteiligung eines Mediums in Wechselbeziehung tritt, besagt nicht, daß kein Medium existiert. Seine Existenz füllt vielmehr genau die Lücke, die Freud mit seinem Vergleich zwischen der Psyche und der Amöbe beschrieben hat.

Träume

Damit kommen wir zu einem anderen Punkt in unserer Aufzählung, den wir noch nicht besprochen haben, nämlich den Träumen, die uns meiner Meinung nach weitere Aufschlüsse geben, diesmal aber aus subjektiver Sicht.

Beim Träumen sind wir von der Außenwelt, die wir mit unseren

Sinnesorganen wahrnehmen, abgeschnitten. Von Bedeutung ist, daß wir in einem Traum nicht laufen können, wenn wir es wollen, und wenn wir es fertigbringen, »unsere Muskeln das tun zu lassen, was wir wollen«, wachen wir sofort auf.

Daraus geht klar hervor, daß der Teil des Gehirns, der für die motorische Aktivität und Kontrolle verantwortlich ist, im Traumzustand nur minimal Wirkung ausübt. Der Versuch zu rennen aktiviert das Kleinhirn und weckt uns auf. Aus der Tatsache, daß im Traum korrekte Gedankenverbindungen häufig vollständig fehlen, läßt sich auch entnehmen, daß die Großhirnrinde, die die gelernten gedanklichen Verbindungen kontrolliert, nicht funktioniert. Durham (dessen Untersuchungsergebnisse in der elften Ausgabe der *Encyclopaedia Britannica* zitiert sind) erhob Meßwerte für die Blutzirkulation im Gehirn während des Schlafs und stellte fest, daß diese nahezu auf Null reduziert war. Neuere Untersuchungsergebnisse, zu denen man mit Hilfe der Enzephalographie und der Messung der elektrischen Gehirnaktivität während des Schlafs gelangt war, wurden dahingehend interpretiert, daß es eine Gehirnaktivität gibt, die sich aber – falls diese Interpretation zutrifft – erheblich von der Aktivität im Wachzustand unterscheidet.

Wir haben aber in Träumen lebhafte Erlebnisse visueller, emotionaler und sogar akustischer Art. Wir bewegen uns, wir fliegen, erleben Abenteuer, haben sexuelle Begegnungen, leiden unter Ängsten und Qualen oder geraten in Ekstasen, die vielleicht noch interessanter und vielfältiger als jene im normalen Leben sind. Und dennoch sind diese Erfahrungen nicht auf Gehirntätigkeiten zurückzuführen, ja sie erfolgen offenbar *ohne einen Beitrag von seiten des Gehirns*. Es hat in der Tat den Anschein, als ob das Gehirn die gleiche Wirkung ausübt wie eine Last auf eine Maschine. Eine Last drückt die Maschine auf eine bestimmte Funktion hinunter. Nehmen wir von einem Motor die Last, so »jagt« er auf Hochtouren. Wir können auch sagen, daß das Gehirn die psychische Aktivität reguliert und kanalisiert, die sich im Traum ungesteuert entfaltet. Gehirn und Psyche sind voneinander getrennt.

Emotionale Projektionen

Hinweise in dieser Richtung stammen auch aus den sogenannten Reizdeprivationsexperimenten, in denen sich die Versuchsperson in einer dunklen und lautlosen Umgebung befindet. Manchmal treibt sie auch im warmen Wasser, so daß sie sich auch nicht über ihren Muskelsinn orientieren kann. Verbringt sie einige Tage auf diese Weise, so gerät sie an den Rand des Wahnsinns. Sie wird von allen möglichen wilden Visionen überflutet, die an einen »Horrortrip« mit LSD erinnern.

Dies spricht ebenfalls dafür, daß wir in einem Meer von Vorstellungen schwimmen, die nur durch unsere wachen Sinne unter Kontrolle gehalten werden.

Wir sagen, daß solche Wahngebilde wie in den oben genannten Experimenten aus dem Unbewußten kommen, aber wo und was ist das Unbewußte? Aus welcher »Substanz« bestehen diese lebhaften Halluzinationen? Sie unwirklich zu nennen oder zu sagen, daß sie im Unbewußten entstehen, ist keine Erklärung.

Und wissen wir, wie weit solche halluzinatorischen Vorstellungen auch unser Alltagsleben bestimmen? Ich sehe auf der anderen Seite der Straße den Rücken eines faszinierenden weiblichen Wesens, beschleunige meine Schritte, um sie mir von nahem anzusehen, doch als ich näher komme oder sehe, wie sie sich umdreht und in ein Schaufenster blickt, merke ich, daß meine Phantasie mir einen Streich gespielt hat. Das Mädchen ist nämlich ziemlich hausbacken.

Die Psychologen sagen uns, daß das neugeborene Kücken keine richtige Vorstellung von seiner Mutter hat. Es folgt jedem Objekt, das annähernd gleich groß ist, und sei es nur ein automatisch sich bewegender Fußball. Diese Beobachtung mag das Bedürfnis der Psychologen nach mechanischen Erklärungen befriedigen, für mich aber kommt darin zum Ausdruck, daß »Mutter« eine subjektive Vorstellung ist, ein Archetyp der Kükenwelt, und daß dieser Archetyp noch vor der Schulung der Sinne existiert, die sich schließlich auch bemerkbar machen wird, aber erst nach dem, was subjektiv – oder archetypisch – ist.

Solche Überlegungen lassen uns die Aktivitäten dieses Psychoplasmas quasi von innen her sehen. Rein funktional betrachtet ist es ein mit Leben erfüllendes Prinzip (Animation), subjektiv stellt es sich uns als Träger von archetypischen oder »typischen« Bildern dar, die sich an äußere Objekte heften oder mit ihnen in Verbindung gebracht werden und uns zu diesen Objekten hin oder von ihnen weg streben lassen.

Kernbildung durch Anziehung

Es bleibt aber noch ein wichtiger Punkt übrig. Lassen Sie mich noch einmal aus einem früheren Entwurf zum vorliegenden Buch zitieren:

Das Tier bewegt sich – oder sagen wir einmal: es jagt Kaninchen. Nun paßt es absolut hierher, wenn wir darauf hinweisen, daß Leute Geld dafür ausgeben, um Wettrennen von Jagdhunden zu sehen, und daß diese Hunde durch ein mechanisches Kaninchen, das vor ihnen auf einer Schiene herläuft, zum

Rennen veranlaßt werden. Die Tatsache, daß es sich nicht um ein echtes Kaninchen handelt, spielt weder für die Zuschauer noch für die Hunde eine Rolle. Solange der Hund glaubt, daß das vor ihm herlaufende Objekt ein Kaninchen ist, läuft er. Worin besteht für den Hund die Substanz? »Der Glaube ist die Substanz«...

Hier zumindest haben wir einen wichtigen Anhaltspunkt: die Dynamik, die den Hund zum Laufen motiviert, »kristallisiert« sich als ein Kaninchen heraus, als etwas zur Jagd Auforderndes, das die gleiche Anziehungskraft besitzt wie ein positiv geladener Atomkern für ein Elektron. Vielleicht sind die »Playboyhäschen« ein anderes Beispiel.

Mit anderen Worten: das Schlüsselmerkmal des Tierreichs hat nicht bloß *dynamischen* Charakter. Es muß sich auch etwas Substantielles herauskristallisieren, oder – anders ausgedrückt – es muß sich »ein Kern bilden«. Zum Tierreich gehört die Dreiheit aus Objekt, Akt und Antizipation – analog zu der für das Reich der Elementarteilchen typischen Dreiheit aus Masse, Bewegung und Ladung. Die Substanz ist demnach ebenso ein Teil des Ganzen wie die Energie, ja man kann sagen: *Substanz ist verdichtete psychische Energie.*

Dieses Konzept der »Kernbildung« hilft uns auch, die Tendenz der plastischen Substanz zu verstehen, sich zu einem Bild zu »verfestigen« oder zu gerinnen. Diese »Verfestigung« im zweiten Stadium des Prozesses ist das Teilchen selber. Im sechsten Stadium ist es beispielsweise die Beute, das Männchen bzw. Weibchen oder was auch immer mit »Ladung« versehen wird.

> So gaukelt die gewalt'ge Einbildung;
> Empfindet sie nur irgendeine Freude,
> Sie ahnet einen Bringer dieser Freude;
> Und in der Nacht, wenn uns ein Graun befällt,
> Wie leicht, daß man den Busch für einen Bären hält!
> (Aus: *Ein Sommernachtstraum, 5. Aufzug, 1. Szene*)

Im Falle des Menschen oder des menschlichen Bewußtseins entsprechen diese Kernbildungen dem, was Jung Archetypen nennt. Sie sind Träger einer Ladung, mit positivem oder negativem Wert versehen, und wirken – in der Sprache der Psychologen – als Reiz, der ein Reaktionsmuster auslöst. Sie sind Verdichtungen emotionaler Energie, von deren beherrschender Kraft der Mensch sich aber lösen kann, und die wieder in freie Energie übergeführt werden können, wenn man sich ihrer bewußt wird und ihre Natur versteht. In den meisten psychotherapeutischen Behandlungen geht es um ein Aufschließen solcher verfestigten »Kernbildungen« von Energie, die sich zu freier psychischer Energie wie Masse zu kinetischer Energie verhalten.

Dem Leser bzw. der Leserin wird schon das von mir gewählte Wort *Kernbildung* aufgefallen sein, mit dem ich die Entsprechung zwischen dem sechsten und dem zweiten Stadium aufzeigen möchte. Beide Stadien, die sich auf Ebene zwei befinden, sind gekennzeichnet durch die Verdichtung von Energie, und ich sehe eine Parallele zwischen der Verdichtung von Energie zu Kernteilchen und der Verdichtung von psychischer Energie zu Archetypen.

Wie nun Raymond Prince (unmittelbar im Anschluß an sein Zitat von Freuds Pseudopodiengleichnis) bemerkt, verwendete Freud einen Begriff, der diese Parallele zu Kernteilchen noch enger zieht, als ich es getan habe, obwohl dies gar nicht seine Absicht war. Prince schreibt:

Innerhalb der Psychoanalyse gab es zahlreiche Auseinandersetzungen über die grundlegende Beschaffenheit der »psychischen Energie«, des »Protoplasmas«, das in den verschiedenen Aktivitäten des Ich wirksam wird ... Freud verwendet in diesem allgemeinen Zusammenhang das Wort »Besetzung«, d. h. »mit einer Ladung versehen«.[9]

Freud greift also bei seinem Versuch, Energie zu beschreiben, auf den Begriff der *Ladung* zurück, auf eines von drei wichtigen, miteinander verbundenen theoretischen Konzepten, die zum zweiten Stadium gehören (Bewegung, Masse und Ladung). Das Wort *Besetzung, d. h. mit einer Ladung versehen,* vermittelt genau das, was das Spezifische des sechsten Stadiums ausmacht, nämlich das Willentliche, das im zweiten Stadium fehlt. Im sechsten Stadium wird über die Ladung verfügt, im zweiten nicht, denn das Elektron ist an das Proton gebunden, *ohne daß es anders kann.* Sogar in der Elektrizität gibt es das Phänomen der »induzierten Ladung«, d. h. das Vorhandensein einer Ladung »induziert« (bewirkt) die entgegengesetzte Ladung in einem neutralen Körper.

Wir verdanken Freud den Punkt, der in dem obigen Beispiel von den Kaninchen jagenden Hunden fehlt und auf den ich selber hätte kommen müssen, wenn ich die Parallelen zu den Kernteilchen des zweiten Stadiums enger gezogen hätte. Bei der »Kernbildung« von Materie im zweiten Stadium entsteht nämlich immer »Ladung«, d. h. es bildet sich eine Anziehungskraft oder »Attraktivität«. Die Unterscheidung zwischen Attraktion und Attraktivität ist wichtig, weil sie das Element der Beteiligung, das aus der Kosmologie der Wissenschaft ausgeschlossen ist, hervorhebt.

Eine Antwort auf die Wissenschaft

Zum Abschluß sei bemerkt, daß das eben erörterte Thema – die Demonstration der Existenz einer plasmischen steuerbaren Energie – besonders schwierig ist, weil eine solche Existenz nicht objektiv ist.

Wir wollen nun hier nicht den Standpunkt verteidigen, daß es eine solche Energie gibt – wir haben uns ja wiederholt für das Akzeptieren des nicht Objektiven eingesetzt –, aber wir wollen doch der Wissenschaft einen Fehler vorhalten, und zwar ist es nicht so sehr, daß sie materialistisch und mechanistisch ist, sondern daß sie versucht, vollkommen objektiv zu sein. William James hat gesagt:

Verglichen mit der Welt lebender individualisierter Empfindungen ist die Welt generalisierter Objekte, über die wir mit dem Intellekt nachsinnen, ohne Substanz oder Leben. Wie in stereoskopischen oder kinetoskopischen Bildern, die man außerhalb des Instruments sieht, fehlt die dritte Dimension, die Bewegung, das vitale Element. Wir sehen ein wunderschönes Bild von einem Schnellzug in Fahrt, aber wo im Bild – so hörte ich einen Freund fragen – ist die Energie, wo sind die 80 Stundenkilometer?[10]

Ich möchte nun noch einmal auf die Pseudopodien zurückkommen. Zu diesem Thema gibt es einen neueren, höchst interessanten Beitrag von Carlos Castaneda in seinem Buch *Eine andere Wirklichkeit*.[11] Dieses Buch ist eines von mehreren, in denen Castaneda seine Einweihung in magische Praktiken durch den Indianer Don Juan beschreibt.
Das ganze Buch befaßt sich auf höchst provokative Weise mit der magischen Welt psychischer Projektionen, doch eine Geschichte, die in unmittelbarer Beziehung zu diesem Kapitel steht, ist die, in der Don Genero einen Wasserfall überquert. Zu diesem Zweck streckt er lange teleplasmatische Arme aus, die sein Gewicht tragen helfen sollen und damit ein sonst undenkbares Kunststück ermöglichen. Castaneda »sieht« diese Arme. Wir können auch erkennen, daß die furchteinflößenden Tiere, denen sich Castaneda stellen und die er zu Verbündeten machen muß, gleichbedeutend sind mit den Jungschen Archetypen. Auch sie sind Kernbildungen einer psychischen Energie, die sich bei richtiger Behandlung in freie Energie umwandelt.
Natürlich kann ich den Wahrheitsgehalt dieser Berichte nicht persönlich bestätigen, ebensowenig wie den der Berichte von Geley und anderen, die mit einem Medium experimentierten und Zeugen teleplasmatischer Erscheinungen wurden. Ich habe aber bisher die Pseudopodien der Amöbe auch noch nicht selbst gesehen.
Eines aber glaube ich schon seit langem: damit sich die Sinne bei den Tieren entwickeln können, muß es so etwas wie eine Urform der physischen Erstreckung des Selbst geben, die »Arme ausstrecken« und berühren kann, wenn auch nur in dem eingeschränkten Sinn, wie ein Magnetfeld sich ausbreitet und auf Eisenfeilspäne einwirkt.
Einmal, in einem Drugstore, als ich besonders guter Stimmung und auch hungrig war, konzentrierte ich meinen Blick auf den Nacken einer

Kellnerin, die über drei Meter entfernt war. Zu meinem Erstaunen schrie sie auf und faßte sich mit der Hand an ihren Nacken. Dann drehte sie sich um, schaute mich an und fragte mich: »Waren Sie das?«

Daß die Wissenschaft solche Phänomene leugnet, beeindruckt mich ebensowenig wie die Tatsache, daß sogar die anerkannten Tatsachen über Tiere, die die Existenz solcher Phänomene zwingend nahelegen, stillschweigend übergangen werden.

Wir wollen nicht versuchen, uns in diesem Buch mit der außersinnlichen Wahrnehmung oder damit im Zusammenhang stehenden Phänomenen zu befassen, doch sei vor Abschluß dieses Kapitels vermerkt, daß unsere revidierte Auffassung einer Kosmologie mit ihren vier Ebenen eine Grundlage für Theorien über solche parapsychologischen Erscheinungen schafft. Wir haben gesehen, wie gut sich das Teleplasma als ein Element der zweiten Ebene auffassen läßt. Dasselbe könnte auch für die Telepathie, das Hellsehen und das Lokalisieren von Bodenschätzen mittels einer Wünschelrute auf einer Landkarte gelten. In solchen Phänomenen fehlt die normale Abhängigkeit von räumlicher Entfernung. Es ist so, als befände sich zwischen dem wahrnehmenden Subjekt und dem wahrgenommenen Objekt kein Zwischenraum. Dies stimmt mit unseren Erwartungen hinsichtlich der zweiten Ebene überein, auf der der Raum nicht existiert (erinnern wir uns, daß es nicht möglich ist, einem Kernteilchen einen Ort präzise zuzuordnen). Die Präkognition paßte dann zur Ebene I – weil es hier keine Zeit gibt. Vor allen Dingen aber findet sich auf Ebene I eine Grundlage für die *Intention,* die nicht nur für die Parapsychologie, sondern für Lebenssituationen im allgemeinen bedeutsam ist.

11. Die tierischen Instinkte und die Gruppenseele

Wissenschaft und Gesetzmäßigkeit

Nachdem wir uns bereits früher damit befaßt haben, was die Wissenschaft erklären kann und – im letzten Kapitel – was nicht, sollten wir uns jetzt von der zwanghaften Erwartung befreit fühlen, daß alle Phänomene wissenschaftlichen Gesetzen unterworfen sind, und sollten unvoreingenommen Forschungsergebnisse überprüfen können, die man »in nächster Zukunft« zu erklären hofft, die aber eigentlich von den gegenwärtigen wissenschaftlichen Theorien nicht erklärt werden können.

Als sich die Wissenschaft ihre ersten Meriten verdiente, mußte sie noch Skeptiker davon überzeugen, daß sie legitim auf Bereiche ausgeweitet werden konnte, in die sie noch nicht vorgedrungen war. Die Harnstoffsynthese, die Impfung, die Sterilisation, die chemische Analyse des Insulins und anderer Proteine sowie die Analyse der Doppelhelix in der DNS waren insofern Meilensteine in der Entwicklung der Wissenschaft, als hier tatsächlich Bereiche erschlossen wurden, von denen man annahm, daß sie nicht wissenschaftlich erforscht werden könnten.

Gegenwärtig scheinen sich die Dinge aber in die entgegengesetzte Richtung zu kehren. Die spektakulären Leistungen der Wissenschaft haben Laien und Wissenschaftler gleichermaßen so beeindruckt, daß man meint, es gäbe nichts, was wissenschaftlich nicht faßbar sei. Zwar mangelt es in der Volkswirtschaftslehre, der Soziologie und der Psychologie an Fortschritten, die einen solchen Glauben an die Allmacht der Wissenschaft rechtfertigen würden, doch kein noch so gewaltiger Fehlschlag vermag anscheinend die stillschweigende Hoffnung zu zerstören, daß die Antworten jederzeit gefunden werden können.

Aufgrund unserer Prozeß-Theorie aber sind wir im Gegenteil auf wissenschaftlicher Grundlage zu der Erwartung berechtigt, daß es kategorial verschiedene Bereiche gibt, in denen die jeweils bestimmenden Gesetze unterschiedlich präzise Vorhersagen ermöglichen (siehe S. 160 f.). Diese Bereiche entsprechen den Ebenen in unserem Bogenmodell, und wir haben ihre Existenz aufgrund sorgfältiger Berück-

sichtigung tatsächlicher wissenschaftlicher Forschungsergebnisse, insbesondere solcher in der Quantenphysik, abgeleitet.
Nun könnte man einwenden, wir würden der Unsicherheit von Elementarteilchen zu große Bedeutung beimessen. Schließlich beträfe sie ja nur einzelne Elektronen, die so winzig seien, daß sie überhaupt keine Konsequenzen für Lebewesen haben können.
Wir hoffen, daß der Leser oder die Leserin diesem Einwand selber begegnen kann oder zumindest unsere Antwort darauf akzeptiert: daß die gleiche Freiheit, die sich bei Elektronen und Atomen in Zufälligkeit auflöst, sich auf der rechten Seite in unserem Bogenmodell zu etwas organisiert, was wir als Lebewesen kennen, wobei mit jedem Organisationsstadium die Möglichkeiten erweitert werden:

Ebene I	Licht			?
Ebene II	Teilchen		Tiere	
Ebene III	Atome	Pflanzen		
Ebene IV		Moleküle		

Daß diese fortschreitende Entwicklung, die in der Herrschaft der Organisation über die zu organisierende Materie gipfelt, der Wirklichkeit entspricht, können wir besonders deutlich in unserem Überblick über das Reich der Moleküle erkennen, zu dessen sieben Unterstadien man durch sorgfältige wissenschaftliche Arbeit gelangt ist. Wie wir uns erinnern, stehen am Anfang die Metalle (Moleküle mit nur einem Atom), es folgen die Salze (in denen zwei oder mehr Atome durch die Ionenbindung in einem Molekül zusammengehalten werden), danach finden wir eine Entwicklung, in der sich immer mehr Atome zu Molekülen vereinigen, bis schließlich bei den Polymeren Hunderttausende, bei der DNS sogar Millionen von ihnen in einem einzigen Molekül organisiert sind. Diese wunderbare Ordnung im Kleinen weist aber auf eine ebenso wunderbare Ordnung im Großen hin, auf die Entwicklung im Universalprozeß von den Photonen zum Menschen und über ihn hinaus.
So stützt das Hauptstadium oder Reich, das von allen sieben am gründlichsten erforscht ist, die These von einer Evolution, in der Gesetzmäßigkeiten transzendiert und *benutzt* werden, in der es ein geordnetes Fortschreiten gibt von etwas, was Gesetzen *unter*worfen ist, zu etwas, was von Gesetzen Gebrauch macht und ihnen somit *über*geordnet ist.

Wie der Wille die Materie kontrolliert

Wir müsen aber noch herausfinden, wie sich diese Beherrschung der Gesetze entwickelt. Zu diesem Zweck muß die Wissenschaft manche Dinge anders sehen. Sie muß erstens die Wirkung als etwas Grundlegenderes als träge Objekte anerkennen, und sie muß zweitens die Kausalkette erkennen, die die reine Wirkung, den Willen oder die Zweckbestimmung mit physikalischen Objekten verbindet (siehe den Exkurs am Ende des 5. Kapitels).

Der Zweck macht natürlich Mittel erforderlich, mit denen man ihn erreichen kann. Wenn wir beispielsweise Erze mit Hilfe physikalischer Instrumente aufspüren wollen, brauchen wir eine Meßskala, auf der uns eine Veränderung im Magnetfeld angezeigt wird. So bedarf das Ganze neben unserer Absicht physikalischer *Objekte,* die eine *Form* annehmen, um uns einen Meßwert über das Wirken einer Kraft zu liefern. Hier haben wir die drei Ebenen unterhalb von Ebene I (der Zweckbestimmung selbst).

    Ebene I   Zweckbestimmung
           II   Kraft (motivierende Kraft)
             III   Form
                IV   Objekte

Die Amöbe kann man auf ähnliche Weise betrachten. Ihre Nahrung ist das *Objekt;* die Gestalt, die sie einnimmt, der Plan oder die *Form;* und das Plasma, das sich auf Anweisung der Intention bewegt, die *Kraft,* die die Gestaltveränderung möglich macht. Es bereitet uns keine Schwierigkeiten, die physikalischen Objekte, die Form (den Plan) oder – wie ich mit Zuversicht annehme – die für sich selber sprechende Natur der Zweckbestimmung als erste Ursache zu verstehen. Was sich der Erklärung entzieht, ist das Wesen der Kraft, die die Bewegung verursacht.

Im letzten Kapitel haben wir auf die Ähnlichkeit zwischen den Pseudopodien der Amöbe und den teleplasmatischen »Fortsätzen« eines Mediums sowie der von Freud beschriebenen psychischen Libido hingewiesen. Nun ist interessant, daß sich diese Kraft in Fällen, die wir als ganz normal ansehen – etwa bei einer Amöbe – um nichts besser »erklären« läßt als im Zusammenhang mit einem Medium im parapsychologischen Sinn. Nehmen wir beispielsweise eine Person, die auf einer Schreibmaschine einen Brief tippt: es gibt eine Absicht, die sie mit dem Tippen verbindet, nämlich die Übermittlung einer Nachricht; es gibt Objekte, die sind die Buchstaben des Alphabets (oder die Schreibmaschinentasten), und es gibt eine im Geist vorgeformte Nachricht. Wodurch werden die Schreibmaschinentasten niedergedrückt? Man könnte sagen: durch Muskeln, oder – wenn es sich um eine elektrische Schreibmaschine handelt – durch elektrische Impulse, doch damit wird die Ursache dieser Bewegung nicht erklärt. Irgendwo gibt es eine andere Person, die Schreibmaschine schreibt (im Gehirn?) und die die Nerven aktiviert, die die richtigen Muskeln in Bewegung setzen.

An diesem Punkt darf man nicht in die Falle gehen und sagen, die Muskelbewegungen seien konditionierte Reflexe und die Nachricht sei aus solchen Reflexen zusammengesetzt. Es stimmt, daß sehr viele Verhaltensgewohnheiten gelernt worden sind. Das Buchstabieren von Wörtern beispielsweise haben wir in der Schule so lange gelernt, bis wir es automatisch konnten, doch diese automatische Reaktion wird nun von dem Selbst, das über den Willen verfügt, kontrolliert. Dieses Selbst hat das Buchstabieren automatisch werden lassen, weil es keine Aufmerksamkeit mehr benötigt. Tausende von Wörtern sind auf diese Weise eingeprägt worden, zusammen mit verschiedenen Formen von Muskelreaktionen (Schreiben, Lesen und Sprechen), doch über und jenseits dieser automatisierten Reflexe sitzt das über den Willen verfügende Selbst, das mit bestimmter Absicht einen Brief schreibt und entscheidet, was gesagt werden soll.

Wir brauchen und sollten auch nicht dieses initiierende Prinzip noch weiter zu erklären versuchen, als wir es ohnehin schon getan haben, nämlich indem wir es mit dem Wirkungsquantum in Zusammenhang brachten. Wie aber tritt das Wirkungsquantum oder das über den Willen verfügende Selbst, das nicht physisch ist, in Aktion und betätigt die physischen Tasten der Schreibmaschine? Dieses Problem bleibt dasselbe, ob wir uns nun die Finger vorstellen, die die physikalisch existierenden Schreibmaschinentasten niederdrücken, oder eine Monade, die – wie die Beatles in ihrem Film »Yellow Submarine« – an einem imaginären Schaltpult sitzt und Knöpfe drückt.

Dieses Phänomen, daß sich die Wirkung physisch zum Ausdruck bringt, deutet sich bei der Amöbe an.

Die Amöbe aus einer anderen Perspektive

Gegenwärtig nimmt man in der Biologie an (siehe S. 164f.), daß die Amöbe ihre Pseudopodien ausstreckt, indem sie die plasmatische Substanz, mit der sie gefüllt ist, vom relativ festen Gelzustand in den flüssigen Solzustand überführt. Aber wie macht sie das?

Bei der Temperatur, bei der sich Leben erhält, beträgt die durchschnittliche kinetische Energie der Moleküle, in denen die Amöbe schwimmt, $1/25$ Elektronenvolt (oder etwa $1/40$ der Energie in einer Taschenlampenbatterie). Die Wellenlänge von elektromagnetischer Energie dieser

Größenordnung beträgt etwa $^{1}/_{1000}$ cm, was in etwa der Größe des Inneren der Amöbe entspricht. Mit anderen Worten: die Amöbe schwimmt in einem Bad aus freier Energie, und braucht diese Energie, die Hitze ist, nur dorthin zu leiten, wo sie ein Pseudopodium bilden will. Dies kann sie aufgrund der freien Phase oder der Dimension des Zeitpunkts, die im Wirkungsquantum enthalten ist.
Erinnern wir uns an den im 5. Kapitel erörterten »Wendepunkt«, an dem das Molekül mit den Mitteln der gleichen freien Wahl des Zeitpunkts (der Phasendimension) Energie speichern kann[1] (siehe zur Diskussion der Phasendimension S. 76–79). Dazu ist es in der Lage, indem es die einwirkenden Kräfte kontrolliert. Die gespeicherte Energie wird dann dem Willen verfügbar gemacht, was sich etwa im Wachstum ausdrückt. Im Fall der Amöbe scheint diese Kontrolle durch die Umwandlung von Gel zu Sol (oder umgekehrt) erreicht zu werden. Mit anderen Worten: durch die Kontrolle der Bindung, die einen Prozeß der Verflüssigung ermöglicht, wird eine Form produziert, mit der ein Ergebnis erzielt werden kann.
Diese plausible Erklärung des beobachtbaren Verhaltens der Amöbe kann uns auf jeden Fall zu der wichtigen Zwischenhypothese führen, die wir brauchen, vorausgesetzt wir verallgemeinern oder erweitern diesen Gedanken in Dimensionen, die weitaus größer sind als die Dimensionen, mit denen wir es beim Inneren der Amöbe zu tun haben. Die Amöbe ist ein anschauliches Beispiel dafür, wie die Absicht die Materie in einer Weise beeinflussen kann, die die Möglichkeit der Wahl erkennen läßt. Die Wahl, von der wir reden, ist die Wahl der Tiere, die Wahl unter Zielen, die ihnen durch die Sinneswahrnehmung vertraut geworden sind (wie wir schon früher bemerkten, hat die Pflanze nur eine begrenzte Wahlmöglichkeit: ihr »Ja« oder »Nein« zum Wachstum).

Automatische und kontrollierte Anziehung

Dies trägt zum Verständnis des Schlüsselmerkmals des sechsten Hauptstadiums, des Tierreichs, bei. So wie die Anziehungskraft den Fall in die Materie herbeigeführt hat, so bewirkt der kontrollierte Einsatz dieser Kraft die Mobilität des Tieres. Es ist die Besetzung, das »Aufladen« mit Anziehungskraft, das das Tier seine Beute verfolgen oder einen Geschlechtspartner aussuchen läßt. Man beachte den Unterschied zu der automatischen Anziehung aufgrund der Schwerkraft oder der Elektrizität im zweiten Stadium, in dem es keine Wahlmöglichkeit gibt.

Der Hund jagt das Kaninchen, weil er es mit der Anziehungskraft (Attraktivität) ausgestattet hat, die das Jagen erst lohnenswert macht. Wenn der Hund nicht hungrig ist, jagt er auch nicht. Man könnte sagen, der Hunger läßt das Kaninchen attraktiv werden; jedenfalls ist diese Art Anziehung nicht die einer mechanischen Kraft (siehe die Diskussion über die Mobilität des Tieres zu Beginn des 9. Kapitels sowie den Abschnitt *Kernbildung durch Anziehung* im 10. Kapitel).
Zwischen dem sechsten und dem zweiten Unterstadium früherer Reiche zeigen sich bemerkenswert ähnliche Unterschiede. Die Ionenbindung beispielsweise, die im zweiten Unterstadium des vierten Hauptstadiums die Moleküle *zusammen*hält, taucht wieder in den Proteinen des sechsten Unterstadiums auf, diesmal wird sie aber umgekehrt benutzt, um die beiden Verbindungen Aktin und Myosin *auseinander,* d. h. aktionsbereit zu halten.

Der Instinkt und die Tierseele

Im sechsten Unterstadium des Tierreichs finden wir die 600 000 Spezies der Insekten. Bei diesen Tieren fallen besonders die Instinkte ins Auge. Da das Tierreich als Ganzes ebenfalls ein sechstes Stadium, das sechste Hauptstadium, ist, können wir erwarten, daß der Instinkt für das Schlüsselmerkmal dieses Stadiums, die Mobilität, eine besondere Rolle spielt. Der Instinkt[2], »eine Tendenz zu Handlungen, die zur Erreichung eines Ziels führen, das für das Überleben der Spezies von natürlicher Bedeutung ist«, entspricht unserer Erwartung: er ist Teil des Mobilitäts-»syndroms«. Obwohl instinktives Verhalten praktisch automatisch abläuft, haftet ihm nicht etwas Zwanghaftes an. Die Nestbauinstinkte von Vögeln lassen viel Spielraum, die Tiere haben Wahlmöglichkeiten. Nur wenn es dann an den Bau des Nestes selber geht, folgt ihr Verhalten einem bereits festgelegten Plan.
Gegenwärtig wird als sicher angenommen, daß komplexe Instinkte, wie sie für Insekten typisch sind – bestimmte Motten beispielsweise richten sich in ihrem Flug nach den Sternen, und manche Wespenarten legen ihre Eier in die Larven anderer bestimmter Wespenspezies, wobei sie gleichzeitig die Larven durch den Stich in ein bestimmtes Nervenganglion lähmen –, in der DNS verschlüsselt sind. Dies scheint mir ein schwerer Irrtum im wissenschaftlichen Denken zu sein. Instinktives Verhalten kann nur durch die Wechselwirkung mit der Umwelt gelernt werden. *Die tierischen Instinkte lassen sich nicht mit der DNS erklären.*

Die Rolle der DNS

Die DNS sorgt lediglich für den Bauplan. Sie enthält verschlüsselt die Instruktionen für die Bildung der chemischen Verbindungen, die ihrerseits die Gewebe und die Organe aufbauen.

Das Verhalten des Tieres hingegen, zu dem auch der Instinkt zählt, muß durch Versuch und Irrtum perfektioniert werden. Eine solche Fertigkeit beginnt mit dem Spielen. Alle jungen Tiere spielen und finden so heraus, wie sie mit ihrer Physis umgehen können. Wenn die Monade Johnny ihre brandneue Amöbe bekommt, dann ist das erste, was er mit ihr tut, Spielen. Dies ist nicht in der DNS enthalten. Durch das Spielen lernt er, das Schaltpult zu bedienen und Pseudopodien zu bilden, die sich als nützlich erweisen, wenn er sich Nahrung besorgen muß. Die DNS wäre in der Lage, die spezifische Instruktion »sich auf Nahrung zubewegen« zu geben, doch diese Instruktion ersetzt nicht die Notwendigkeit, durch Spielen Übung zu erlangen.

Das wahre Problem besteht darin, wie Nahrung zu finden und sich anzueignen ist, und dieses Problem vermag die DNS nicht zu lösen, weil die relevanten Informationen aus der Wechselwirkung mit der Umwelt kommen müssen. Das Tier soll ein anderes Tier jagen. Das Problem dabei ist kybernetischer Natur (die Steuerung der Motorik) und nicht der Plan. Die Verfolgung eines beweglichen Ziels läßt sich nicht computerisieren, sie wird durch Übung gelernt, so wie man das Gehen lernt.

Es gibt zweifellos einen kategorialen Unterschied zwischen den *Instruktionen für den Aufbau des Organismus,* die in den Plänen (DNS) enthalten sind, und dem Lernprozeß, der darin besteht, den resultierenden Organismus zu *gebrauchen*. Dazu gehört Übung, insbesondere Spiel, um die Rückmeldungen zu bekommen, auf denen die Kontrolle beruht. Dies gilt auch für Verhaltensmuster, die auf Instinkten basieren. Solche Verhaltensmuster können enorm kompliziert sein, etwa das Bauen von Bienenstöcken, von Nestern, die Wanderung der Zugvögel, Paarungsrituale, Füttern, Eier legen. Ich kann die Annahme, daß Instinkte in der DNS vorprogrammiert sind, nicht akzeptieren, weil sie ihren Ursprung im Verhalten haben müssen und von der Wechselwirkung mit der Umwelt abhängen.

Betrachten wir noch einmal die Wespe, die ihre Eier in die Larven einer anderen Wespenspezies vergräbt und gleichzeitig diese Larven in ein bestimmtes Nervenganglion sticht, um sie zu lähmen. Kann irgendein Plan diese symbiotische Beziehung lehren? Wenn wir eine Form von Plan hätten, die als Landkarte bekannt ist, dann könnten wir diese benutzen, um einen Schatz zu finden, der an einem bestimmten, in der

Karte angegebenen Punkt vergraben liegt. Dies entspricht aber nicht dem, wie die Beutewespe die richtige Art von Larven ausmacht. Diese müssen durch denselben Suchprozeß lokalisiert werden, der auch bei der Nahrungssuche eine Rolle spielt.

Die Rolle der Gruppe

Der nächste Punkt, den wir uns bewußt machen müssen, ist der, daß *instinktives Verhalten nicht von einem einzelnen Tier gelernt wird*. Dies läßt sich eindeutig der Tatsache entnehmen, daß junge Tiere, die ihre Eltern nicht gesehen haben und von ihnen also auch nichts gelernt haben können – beispielsweise junge Lachse oder Wespen – dennoch die Instinkte ihrer Spezies zeigen. Auch kann ein bestimmtes Tier nicht erworbenes Verhalten individuell über die Gene an seine Nachkommen weitervermitteln, da die Gene schon in einem frühen Alter isoliert sind und nicht durch das Verhalten des Tieres beeinflußt werden können.
Wie können wir das erklären? Wir wollen noch einmal einen Blick auf unser Bogenmodell werfen:

Ebene	I	1 Licht			7 (?)
	II	2 Teilchen			6 Tiere
	III	3 Atome		5 Pflanzen	
	IV		4 Moleküle		

Wir erinnern uns, daß sich Ebene I außerhalb der Zeit befindet. Ebene II existiert in der Zeit, hat aber weder einen Anfang noch ein Ende. Die Energie dieser Ebene läßt sich umwandeln, aber nicht zerstören. Dies gilt auch für die Elementarteilchen. Auf Ebene III haben wir es mit Formen zu tun. Die Einheiten dieser Ebene können gebildet und wieder zerstört werden. Ihre Existenz ist sowohl im Hinblick auf die Zeit als auch auf den Raum endlich. Da sich das sechste oder tierische Prinzip auf Ebene II befindet, ist es nicht endlich. Wie die Energie dieser Ebene kann es die Form verändern, aber nicht aufhören zu existieren.
Was bedeutet das? Zweifellos ist doch die Existenz eines Tieres endlich. Es wird geboren und es stirbt. Dies entspricht den gewöhnlichen Vorstellungen, paßt aber scheinbar nicht zu unserer Theorie. Nach dem, was wir aufgrund der Merkmale der einzelnen Ebenen erwarten, muß das tierische *Prinzip* (im Gegensatz zum Zellkörper des Tieres) auch nach dem Tod des Zellorganismus weiterexistieren. Das bedeutet, daß sich das tierische Prinzip erheblich von der Zellorganisation unterscheidet, mit der wir es normalerweise gleichsetzen.
Der Tod eines Tieres tritt von einer Sekunde auf die andere ein und ist unverkennbar. Der Zellorganismus mag zwar noch eine Weile danach

weiterbestehen und sogar in dem Sinn lebendig sein, daß Zellen weiter wachsen (Haare und Fingernägel wachsen nach dem Tod weiter), aber vom Augenblick des Todes an existiert das *Tier* (das lebende Prinzip) nicht mehr. Der Tod einer Pflanze ist etwas ganz anderes. Es läßt sich unmöglich feststellen, wann er eintritt, wenn es tatsächlich so weit ist. Wird ein Baum gefällt, so treibt der verbleibende Stumpf Keime, ja manche Spezies bilden in solchen Fällen sogar einen neuen Baum. Blumen blühen in einer Vase mit Wasser, Früchte reifen, auch nachdem sie gepflückt worden sind, und Samen können sogar nach Tausenden von Jahren keimen.

Wir können aber nicht sagen, daß der Samen unsterblich ist, denn er kann zerstört werden – eine Folge der Tatsache, daß er ein zusammengesetztes Gebilde ist. Das tierische Prinzip auf Ebene II hingegen ist nicht zusammengesetzt, *es ist unzerstörbar*.

Dies spricht dafür, daß es etwas gibt, was man als die »Seele des Tieres« bezeichnen könnte (interessanterweise bedeutet das im englischen Wort *animal* – Tier – steckende lateinische Wort *animus* »belebender Geist«). Diese Tierseele lebt nicht nur nach dem Tod des einzelnen Tieres weiter, sondern sie besteht schon seit Beginn der Spezies. Damit steht für die Herausbildung der Instinkte – Verhaltensweisen, die das Überleben betreffen – eine unendlich lange Lernperiode zur Verfügung, und es wird verständlich, weshalb schon junge Tiere Instinkte haben.

Da aber alle Tiere derselben Spezies dieselben Instinkte haben, können wir sagen, daß sie dieselbe Seele, eine *Gruppenseele*, besitzen. Mit anderen Worten: es gibt vermutlich eine Gruppenseele bei Polarbären, bei Zaunkönigen, bei den Wespen, die ihre Eier in fremden Larven vergraben und bei Bienen. Der Instinkt kann entsprechend als ein festgelegtes Verhaltensmuster aufgefaßt werden, das die Spezies kollektiv erbt und das auf Verhalten basiert, das zu einem früheren Zeitpunkt in der Geschichte der Spezies gelernt worden ist.

Ein Punkt, der für diese Theorie spricht, ist der, daß sie etwas Analoges zur Energie des sechsen Stadiums liefert, das – wie die Energie im Sinne der Wissenschaft – erhalten bleibt. Wenn wir uns der Möglichkeit, daß es eine Gruppenseele gibt, zumindest aufgeschlossen zeigen, dann gibt es eine Reihe interessanter Phänomene, die für diese Vorstellung sprechen.

Besonders wichtig ist die Arbeit von Eugene Marais, die in einem kleinen Buch mit dem Titel *Die Seele der weißen Ameise*[3] beschrieben ist (ich habe mit Freude festgestellt, daß Robert Ardrey sein Buch *Adam kam aus Afrika*[4] Marais gewidmet hat, der als einer der ersten Forscher Tiere in ihrem natürlichen Habitat beobachtete). Marais stellte fest, daß sich die Arbeiter in einer Termitenkolonie bemerkenswert koordiniert verhalten. Sie bewegen sich beispielsweise dorthin, wo Schaden für die Kolonie entstanden ist, um diesen zu beheben, ohne daß es eine feststellbare Kommunikation gibt. Schiebt man eine Glasplatte zwischen die Arbeiter und die Königin, so wird die Kommunikation nicht beeinträchtigt, dies ist aber der Fall, wenn die Königin entfernt wird. Die Termitenkolonie verhält sich wie ein einzelner Organismus. Arbeiter und Soldaten reagieren auf ein ungeklärtes Kommunikationssystem, das von der Königin abhängig ist. Dies sind deutliche Hinweise auf das, was ich Gruppenseele nenne.

Auch die koordinierten Bewegungen eines Schwarms von Fischen oder eines Zugs von Vögeln werden verständlicher, wenn wir annehmen, daß sie von einem koordinierenden Prinzip bestimmt werden, anstatt eine *ad hoc*-Kommunikation zwischen den einzelnen Tieren des Schwarms oder des Zugs zu vermuten.

Wenn wir nun genauer über das nachdenken, was Marais die »Seele« der weißen Ameise genannt hat – das, was die Aktivität der Arbeiter- und Soldatentermiten ohne merkliche physische Kommunikation leitet –, und annehmen, daß ein Fischschwarm oder ein Vogelzug mit aller Wahrscheinlichkeit ähnlich koordiniert sind, dann können wir uns fragen, ob es überhaupt einen echten Unterschied zwischen diesen Fällen von Koordination und den instinktiven Verhaltensweisen anderer Tiere gibt. Um das Verhalten einer Termitenkolonie zu erklären, scheint irgendein nichtphysisches Agens erforderlich zu sein. Wäre diese Triebkraft nicht auch geeignet, die Instinkte im allgemeinen zu erklären?

Es gibt noch einen weiteren Anhaltspunkt. Wie ich aus mehreren Quellen gehört habe, aber nicht definitiv bestätigen konnte, scheint beim Training von Ratten im Labor die Kontrollgruppe vom Lernprozeß der Versuchsgruppe zu profitieren – zur Verzweiflung der Forscher. Schon ein winziges »Durchsickern« von Informationen an die anderen Tiere würde die Hypothese von der Gruppenseele bestätigen. Da es aber gegenwärtig keinen allgemein akzeptierten theoretischen Rahmen gibt, in den sich solche Phänomene einordnen ließen, werden sich die meisten Forscher scheuen, etwas öffentlich bekannt zu machen, was gemeinhin als Folge eines methodischen Fehlers – mangelhafte Trennung zwischen Kontroll- und Versuchsgruppe und dergleichen – ausgelegt wird.

Einer der am sorgfältigsten studierten und dennoch rätselhaftesten Instinkte bei Tieren ist die Fähigkeit von Vögeln, sich beim Fliegen nach den Sternen zu richten. Die Grasmücke, ein in Europa heimischer Singvogel, zieht jedes Jahr von Deutschland südöstlich in die Türkei, von dort aus südlich nach Ägypten, und kehrt im Frühjahr nach

Deutschland zurück. Um zu erfahren, wie sich diese Tiere orientieren, setzte man junge Vögel, die die Reise noch nicht gemacht hatten, in ein Planetarium, in dem man den Nachthimmel so imitieren konnte, wie er auf verschiedenen Teilen der Erde zu verschiedenen Zeitpunkten im Jahr aussieht. Dabei stellte man fest, daß sich die Vögel nach der Position der Sterne richteten. Wenn man den Nachthimmel zeigte, wie er in Deutschland aussieht, flog die Grasmücke nach Südosten. Unter dem Nachthimmel der Türkei flog sie nach Süden. Unter einem Nachthimmel, der dem von Frankreich entspricht, flog sie nach Osten, und unter dem Nachthimmel des Iran flog sie nach Westen. Da diese Fähigkeiten nicht beeinträchtigt wurden, wenn man die meisten Sterne verdunkelte und so einen bewölkten Himmel imitierte, muß man annehmen, daß diese Vögel nicht nur eine vollständige Sternenkarte in ihrem Bewußtsein eingeprägt haben, sondern auch über eine innere, mit großer Genauigkeit gehende biologische Uhr verfügen, denn ein Irrtum um eine Minute würde eine Kursabweichung von etwa 25 Kilometern bewirken.

So phantastisch diese Fähigkeit ist, sie ist irgendwie von den Vorfahren geerbt worden. In ihr steckt das Ergebnis eines Millionen von Jahren langen Lern- und Evolutionsprozesses – was auch immer es sein mag, das diese Errungenschaft an die jungen Vögel weitergibt.

Neuere Untersuchungen über die Sternenorientierung von Vögeln ergeben weitere wichtige Anhaltspunkte. Emlen[5] zog junge Vögel so auf, daß sie die Sterne nicht sehen konnten. Als die Zeit zum Vogelzug gekommen war und die jungen Tiere zum ersten Mal den Nachthimmel sahen, konnten sie sich nicht orientieren. Dies zeigte, daß die jungen Vögel direkte Erfahrung brauchten. Sie mußten – und dies wurde im nächsten Experiment bestätigt – die richtigen Sterne, nach denen sie sich zu orientieren hatten, erst lernen.

Dieses nächste Experiment war besonders interessant. Emlen veränderte das Planetarium so, daß es sich um Beteigeuze statt um den Polarstern drehte. Beteigeuze war also der Polarstern. Als die Zeit zum Vogelzug gekommen war, verhielten sich die Tiere so, wie sie sich verhalten müßten, wenn die Erde so geneigt wäre, daß Beteigeuze auf der Nordpolachse liegt. Dadurch kommt die wichtige Tatsache ans Tageslicht, daß die Vögel in der Lage sind, sich den Veränderungen in der Sternenkarte anzupassen, die sich über die Jahrhunderte durch das Vorrücken der Tag und Nachtgleiche ergeben. Durch dieses Vorrücken wird der Pol auf einer Kreislinie verschoben und erreicht alle 25 000 Jahre irgendeinen bestimmten Punkt. Ein solches instinktives Verhalten – wie das der Wespe, die eine bestimmte Raupenart sucht, in die sie ihre Eier legt – muß über Millionen von Jahren gelernt worden sein und macht eine Art Gedächtnis erforderlich, die wir auf Ebene II erwarten, das Gedächtnis der Gruppenseele.

Kann diese Theorie überprüft werden? Ich glaube schon. Ich habe gehört, daß englische Meisen gelernt haben, Milchflaschen zu öffnen. Es wäre ohne weiteres möglich, junge Vögel zu isolieren, so daß sie nicht von anderen Vögeln lernen könnten, und dann festzustellen, ob auch sie Milchflaschen öffnen können. Vermutlich würde aber ein hartgesottener Genetiker immer noch behaupten, daß es bei dieser Spezies eine Mutation in den Genen gegeben hat, die dieses Verhalten hervorruft. Vielleicht haben nun einmal »tits« (das englische Wort für »Meisen«, aber auch für »Titten« – Anm. d. Übers.) eine grundlegende Beziehung zu Milch.

12. Die Entwicklung des Menschen

Wir kommen nun zu der Frage, was der Mensch eigentlich ist. Während die Philosophen erkannt haben, daß man selbst bei grundlegenden Fragen der Existenz beim Menschen ansetzen muß und sich auf das menschliche Bewußtsein konzentrieren, haben die Naturwissenschaften auf ihrer Suche nach den natürlichen Gesetzmäßigkeiten den Menschen übergangen und die Aspekte der Realität aufgegriffen, die Gesetzen unterworfen sind – unter Vernachlässigung der Aspekte, bei denen dies nicht der Fall ist. Es gibt in der Tat keine wahre Wissenschaft vom Menschen, noch nicht einmal vom Leben.
Diese Vernáchlässigung könnte der Komplexität der Lebensprozesse zugeschrieben werden, von der die neueren Entdeckungen auf dem Gebiet der chemischen Zusammenhänge in der DNS einen Eindruck vermitteln. Diese Entdeckungen sind zwar von großer Bedeutung, doch machen sie auch deutlich, wie viele Rätsel noch ungelöst bleiben. Die Biologen behaupten, sie hätten das Alphabet des Lebens gefunden, aber angesichts dessen, daß das DNS-Molekül, aus dem ein Bakterium hervorgeht, Informationen enthält, die ein Buch mit tausend Seiten füllen würden, werden wir uns bewußt, wie viel noch in Erfahrung zu bringen ist.
Die bloße Komplexität des Phänomens ist aber nicht allein der Grund, warum sich das Leben nicht auf mechanische und chemische Prinzipien reduzieren läßt. Wir haben in den vorhergehenden Kapiteln den grundlegenden Gegensatz zwischen einer Kosmologie auf der Basis einer deterministischen Wissenschaft und einer Kosmologie auf der Basis von Freiheit erörtert. Da die deterministische Wissenschaft davon ausgeht, daß es für alles eine Ursache und eine vorhersagbare Wirkung gibt, kann sie schon ihrer Grundsätze wegen den freien Willen nicht als wesentlichen Teil des Gesamtbildes akzeptieren. Zweckbestimmung und Motiv müssen ausgeklammert werden. Aufgrund der strikten Beachtung dieses Prinzips verbaut sich die Wissenschaft auch die Möglichkeit, die wesentliche Dynamik des Lebens zu erkennen, durch die es sich nicht nur gegen die Entropie durchsetzt, sondern auch gegen jede Beschränkung, und eine Überfülle verschiedener Formen hervorbringt, wo die Notwendigkeit bestenfalls nur eine monotone Wiederholung aufrechterhalten würde.

Dieselbe Kritik könnte auch gegen das stark überschätzte Prinzip des Überlebens des Stärkeren gerichtet werden. Dieses Prinzip hat seine Gültigkeit, das steht fest. Aber ist es nicht eine Tautologie, weil es sicherlich notwendig ist, daß Leben überlebt? Es ist insofern ein inadäquates Prinzip, da die Notwendigkeit, daß Leben überlebt, vielen Dingen nicht gerecht wird: nicht der Bildung neuer Formen, nicht der kontinuierlichen Fülle und Vielfalt des Lebens, und nicht der Entwicklung vom Einfacheren zum Komplexeren.
Dies bringt uns auf die Notwendigkeit, die Unsicherheit oder die Freiheit als Grundbestandteil der Existenz anzunehmen. Dank der Quantenphysik ist uns dies möglich, ohne die Struktur der Wissenschaft grundlegend zu ändern, denn die Quantentheorie hat bereits mit der längst fälligen Reform angefangen und die Quantenprinzipien von den Protonen und Elektronen auf die molekularen Bindungen übertragen. Solche Bindungen hatte man sich früher einmal statisch vorgestellt, wie Haken oder feste Verbindungen. Die Quantenphysik hingegen betrachtet die molekulare Bindung als einen sehr aktiven Prozeß, der einen Elektronenaustausch beinhaltet – vergleichbar mit zwei Hunden, die sich um einen Knochen balgen. Eine wichtige Rolle bei diesem Austauschphänomen spielt dessen Frequenz, die einen Wirkungszyklus erzeugt. Ein solcher Wirkungszyklus läßt unsere Spekulationen über den Ursprung des Lebens plausibel erscheinen, nämlich daß durch die Kontrolle des Zeitpunkts das Wirkungsquantum in der Lage ist, Ordnung gegen den Entropiefluß herzustellen, und so Leben auf molekularer Ebene entstehen läßt. Der Wirkungszyklus ist – wie wir erklärt haben – das Bewußtsein.

Spezifische Probleme in Verbindung mit dem Menschen

Ab dem Molekül aber verlieren wir das Wirkungsquantum aus den Augen. Wir können uns nicht mehr auf die Physik berufen. Dennoch sehen wir, wie sich das Leben über Pflanze und Tier zum Menschen fortentwickelt. Im Falle des Menschen können wir uns auf etwas anderes berufen, auf unser unmittelbares subjektives Empfinden von Wahlfreiheit. Es stimmt zwar, daß diese Freiheit in Frage gestellt wird, aber von wem? Vom Deterministen, der mit einer Überzeugung spricht, die angeblich mit der absoluten Gültigkeit des wissenschaftlichen Gesetzes zu begründen ist. Er ist sich offensichtlich dessen nicht bewußt, daß diese absolute Regel von der Gesetzmäßigkeit vor einiger Zeit von der Quantenphysik entthront worden ist, er hält an seiner

Überzeugung fest. Worauf beruft er sich? Auf die Rationalität, auf die Vernunft. In diesem Punkt wollen wir uns nicht auf einen Streit mit ihm einlassen. Der Rationalist ist Beweisen unzugänglich. Lassen wir ihn. Vielleicht wird er eines Tages selber entdecken, daß sich seine Argumentation im Kreis bewegt.

Das schwierige Problem besteht nicht darin, den freien Willen zu definieren, sondern die Frage zu beantworten, in welcher Hinsicht die Monade, ein grundlegendes geistiges Prinzip, anders ist. In welcher Hinsicht ist der »élan vital« eines Tieres weiter entwickelt als der einer Pflanze oder eines Moleküls? Diese Frage läßt sich nur schwer, wenn überhaupt, beantworten, weil wir uns nicht im Reich der Dinge bewegen, d. h. nicht im Reich von Objekten, die festgelegte Eigenschaften haben. Der »élan vital«, der Geist oder die Monade sind nicht so sehr ein »Ding«, sondern eine *Fähigkeit* – die sich an nichts anderem messen läßt, als an dem, wie sie sich bewährt.[1]

Nun haben wir aber die These, daß das Universum ein Prozeß ist. Diese These wird durch Beweise für eine Evolution im weiter gefaßten Sinn – eine Evolution durch Organisationsstadien und -grade – gestützt. Wir haben auch ein neues geistiges Rüstzeug, mit dem wir die Kräfte und Energien erkennen können, die dem Determinsten entgehen.

In diesem Kapitel wollen wir diese weiter gefaßte Sichtweise der Evolution auf den Menschen anwenden. Wir werden auch die Notwendigkeit herausstreichen, zwischen mehreren Arten oder Ebenen der Evolution zu unterscheiden, die den verschiedenen Elementen entsprechen, die den Menschen ausmachen – dem Zellorganismus, dem Körper des Tieres und der geistigen Monade. Nur letztere ist für den Menschen von Belang, denn die Zellen und den Tierkörper hat er aus früheren Hauptstadien des Prozesses übernommen.

Bei dem Versuch, das Thema des Menschen an sich in wissenschaftlich respektabler Weise zu behandeln, manövrieren wir uns in die Position eines verlegenen jungen Mannes, der einen Heiratsantrag stellen will. Wir wissen genau, was wir wollen, aber je mehr wir uns unserem Ziel nähern, desto mehr flüchten wir uns in Umschreibungen. Die wissenschaftliche Argumentation fängt an, sich im Kreis zu bewegen, wenn wir versuchen, über den Menschen selber zu sprechen.

Aber wir wollen nun einmal an dieses Thema gehen. Zu diesem Zweck müssen wir noch eine Weile »antechambrieren« und einer Reihe von »Wächtern des Thrones« unsere Referenzen zeigen. Unser Ziel ist die Evolution des einzelnen Menschen, ein Thema, das die Wissenschaft vollkommen ignoriert.

Das Einzigartige am Menschen: Dominanz

Wir wollen uns zunächst mit dem Einwand befassen, den die Wissenschaft dagegen erheben kann, daß wir dem Menschen ein anderes Reich zuordnen als dem Tier. Nach der Klassifikation der Wissenschaft ist der Mensch in seiner anatomischen Struktur dem Affen so ähnlich, daß beide gemeinsame Vorfahren haben müssen. So bezeichnet man bestimmte Affen als »Anthropoiden« (abgeleitet vom griechischen Wort *anthropos* = menschliches Wesen), weil sie den Menschen so ähnlich sind. Die Wissenschaft sieht einen weiteren Beweis für ihre Auffassung in Fossilien von Menschen, deren Formen den Affen mehr glichen als der heutige Mensch. Dies läßt sich zweifellos nicht in Frage stellen. Auch wenn der Mensch nicht von den Affen abstammen würde, hat er doch den Körper eines Säugetiers, der am höchsten entwickelten Form der Wirbeltiere.

Aber der Mensch ist irgendwie anders als die Tiere. Wir können beschreiben, wie sich dies in seinem Körperbau äußert: er steht aufrecht und hat somit seine vorderen Gliedmaßen für zahllose andere Betätigungen frei; der Daumen befindet sich gegenüber den Fingern, so daß er Gegenstände ergreifen kann; sein Gehirn ist größer; er ist das einzige Tier mit Hinterbacken; er ist nackt; sein Penis ist (im Verhältnis zu dem des Affen) groß. Wir können auch Unterschiede in seinem Verhalten erkennen: er stellt Werkzeuge her und benutzt sie; er trägt Waffen; er verständigt sich mit seinen Mitmenschen mit Hilfe des gesprochenen und geschriebenen Worts; er ist religiös. Solche Beschreibungen können hilfreich sein und uns Hinweise darauf geben, daß der Mensch mit Möglichkeiten ausgerüstet ist, mit denen er das rein tierische Dasein transzendiert, doch eine bloße Aufzählung solcher Merkmale führt uns noch nicht zu der klaren kategorialen Unterscheidung, die wir für ein Hauptstadium des Universalprozesses brauchen.

Was ist erforderlich, daß man von einem eigenen Hauptstadium, einem eigenen Reich, sprechen kann? Man beachte, daß die Hauptstadien kumulativ sind (ein Hauptstadium bildet die Grundlage für das nächste). Eine gemeinsame Grundlage ist also kein Hindernis für eine Unterscheidung zwischen Hauptstadien. Sowohl Pflanzen als auch Tiere sind aus Molekülen zusammengesetzt, und beiden ist die Zellorganisation gemeinsam.

Aber die Pflanze entwickelt eine neue Fähigkeit, insofern als sie in der Lage ist, aus Molekülen einen komplexen vielzelligen Organismus aufzubauen (sie ist quasi eine Fabrik[2]). Beim Tier kommt die Fähigkeit hinzu, sich zu bewegen. Es wäre abwegig, darauf zu bestehen, daß die Pflanze dasselbe ist wie ein Molekül, nur weil sie aus Molekülen besteht, oder daß das Tier dasselbe ist wie die Pflanze, nur weil es sich auch aus Zellen zusammensetzt. Wir können deshalb mit gutem Recht sagen, daß der vom Tier übernommene Körperbau des Menschen seinem eigenen Status als Mensch nicht im Wege steht.

Diesen Anspruch erheben wir andererseits nicht deshalb, weil uns daran gelegen ist, die Würde des Menschen zu wahren. Der Mensch ist – wie wir im nächsten Kapitel zeigen werden – in seinem Reich weit weniger fortentwickelt als die Wirbeltiere im Tierreich. Er ist in der Tat von seinem Ziel, der Dominanz, so weit entfernt wie die Muschel von ihrem Ziel, der Mobilität (siehe unser Schema auf S. 114f.).

Da wir das Reich der Dominanz theoretisch von unserem Bogenmodell abgeleitet haben, geht es nicht darum, die Existenz dieses Reiches anzunehmen, sondern um die Berechtigung, *den Menschen in diesem Reich zu plazieren*. Wir müssen unabhängig davon, ob er ein nackter Affe oder ein Killeraffe ist, herausfinden, was an ihm ist, das ihn zu einer Daseinsform zählen läßt, die den einen Freiheitsgrad des Wachstums der Pflanze und die zwei Freiheitsgrade der Bewegung der Tiere transzendiert. Wir müssen das menschliche Prinzip betrachten und seinen abstrakten Charakter entdecken.

Ausgehend von diesem abstrakten Charakter können wir aufrechten Stand, freien Daumen, größeres Gehirn, Verwendung von Werkzeugen, Sprache und sogar tödlichen Waffen, als Teile eines Syndroms sehen, als Manifestationen des Dominanzprinzips. All dies trägt nicht nur dazu bei, die Natur zu erobern, sondern auch – wie in der heutigen Zeit immer offenkundiger wird –, um sich selber zu zerstören. Es sind Herausforderungen, Herausforderungen zur Erlangung von *Selbst*kontrolle, der Veranwortung eines Verwalters.

Das Tier im Menschen

Tatsächlich muß man unter diesem Aspekt den Menschen und sein tierisches Erbe nicht nur als voneinander getrennt, sondern als miteinander im Konflikt stehend betrachten. Die Lösung dieses Konflikts ist die Zusammenarbeit von Mobilität und Richtung – die Kraft des Pferdes muß vom Reiter dirigiert werden. In der Antike wurde diese Partnerschaft in der Person des Chiron ausgedrückt, des weisen Lehrers, der als Zentaur, als ein Lebewesen mit dem Körper eines Pferdes und dem Kopf eines Menschen, dargestellt wurde. Der gescheiterte Versuch, diesen Zustand zu erreichen, wurde durch den Minotaurus symbolisiert, durch das Monster, das der König Minos in seinem Labyrinth hielt und das den Kopf eines Stieres und den Körper eines Menschen besaß.

Doch zurück zu beobachtbaren Fakten. Die Tatsache, daß es im Gegensatz zur unveränderlichen Form des Menschen eine ungeheure Vielzahl verschiedener tierischer Formen gibt, läßt uns einen grundlegenden Unterschied zwischen Mensch und Tier ahnen. Schon die Wirbeltiere allein, angefangen vom Aal bis zum Elefanten, weisen eine enorme Vielfalt auf, wohingegen der Mensch ausnahmslos ein Lebewesen mit zwei Armen und zwei Beinen ist. Im Tierreich finden wir Tausende von Säugetierspezies, Zehntausende von Wirbeltierspezies und Hunderttausende verschiedenere Spezies allgemein[3], die ganze Menschheit aber enthält nur eine Spezies, den *Homo sapiens*. Beim Tierreich hat es den Anschein, als ob die Natur einen Streifzug durch die Welt der Formen macht. Sie stellt quasi einen riesigen Werkzeugkasten zusammen. So erfindet sie einen Rammbock (das Nashorn), eine flexible Greif- und Hebevorrichtung (den Elefanten), eine Motorsäge zum Bäume fällen (den Biber), einen Drillbohrer, um Insekten aus Bäumen zu holen (den Specht), ein Hochfrequenzsonargerät (die Fledermaus), einen Infrarotdetektor (die Eule) und Hunderte anderer einfallsreicher Formen für die Bewältigung der Probleme des Überlebens.

Doch beim Menschen verlagert die Natur den Schwerpunkt. Sie macht ihn zum Benutzer von Werkzeugen allgemein. Dieser Schritt hat abstrakten und definitiven Charakter, er entspricht einem Schritt, wie er für die Aufstellung eines eigenen Reichs erforderlich ist. Ein solcher Schritt konnte nicht anders bewerkstelligt werden (oder zumindest können wir es uns anders nicht vorstellen), als sich für eine bestimmte Tierform zu entscheiden und diese Form die Werkzeuge herstellen zu lassen, mit denen früher jeweils einzelne Spezies ausgestattet waren.

Dadurch, daß das Werkzeug zu einem eigenen Gegenstand wird, erhält der Mensch immense Vorteile. Er kann eine Keule schwingen, einen Stein oder einen Speer werfen, sich das Fell eines Tieres anziehen, ja sogar ein Trinkgefäß aus einem Horn herstellen. Bei der Ausübung irgendeiner dieser speziellen Funktionen gibt er nicht die anderen auf, und er ist auch nicht den Beschränkungen unterworfen, mit denen sich die Tiere abfinden müssen, wenn sie nur Hufen, Klauen oder Stoßzähne haben. Die phantastische Vielfalt von Schnäbeln, die sich bei den Vögeln entwickelt hat – die Vielfalt einer bestimmten Form, die auf eine spezifische Art der Nahrungsaufnahme festlegt –, zeigt, daß die Evolution der Tiere nur so weit gehen kann.

Der Mensch gibt also den mehr unmittelbaren Vorteil einer bestimmten Gestalt oder von Gließmaßen, die eine spezifische Werkzeugfunktion haben, auf, und benutzt nun die in diesem Sinne untauglichen Hände, um künstliche Werkzeuge, Waffen, Behausungen und Fortbewegungsmittel herzustellen. Dies dient dazu, den Anforderungen des Überlebens gerecht zu werden, aber der Mensch tut noch mehr. Er fängt an, sich von einer engen Partnerschaft mit der Natur und von der Teilnahme am natürlichen Geschehen zu lösen.

Dies ist ein gefährliches Experiment. Wir kennen nicht nur die Warnungen der Psychoanalytiker, daß es schädlich ist, wenn der Mensch seine Triebe verdrängt, leugnet oder unterdrückt, wir hören jetzt auch die Stimme der Natur selber, indem wir die Verschmutzung unserer Umwelt, Gifte und andere Nebenwirkungen des Fortschritts zu spüren bekommen.

Diese Warnsignale müssen natürlich beachtet werden. Die Lösung liegt aber nicht in einer Spezialisierung, wie wir sie bei den einzelnen Tieren finden, etwa in den Beinen und Zähnen des Pferdes, im Rüssel des Elefanten oder in der Pranke des Tigers. Wir müssen uns vielmehr lösen, nicht einfach von Maschinen, sondern von den Gewohnheiten und »Mechanismen« der Psyche, ja sogar von den »Mechanismen« der Gesellschaft. Wir sollten Mechanismen beherrschen, nicht uns von ihnen beherrschen lassen.

Die Notwendigkeit, körperliche Beschränkungen abzuwerfen, sich von spezifischen Funktionen zu lösen, universell, ein totales Wesen zu werden, ist die Rolle des Menschen. In seiner Fähigkeit, verschiedene Werkzeuge zu benutzen, auf verschiedene Weise zu funktionieren, ist er das Gegenstück zum Tier, das an ein Element, an eine Nahrung, an ein Verhaltensmuster gebunden ist und sich deshalb mit dieser Funktion gleichsetzen läßt. Der Mensch kann also das *haben,* was das Tier *sein* muß, und er ist frei, um noch größere Herausforderungen anzunehmen. Dieses Prinzip ist für das Verständnis der Evolutionsschritte von entscheidender Bedeutung, insofern nämlich als sich jedes Stadium das vorhergehende Stadium zunutze macht (oder es beinhaltet). Dies wird in der folgenden Aufstellung deutlich:

Teilchen sind frei (Wirkung/Licht).
Atome organisieren Kernteilchen (bauen sich aus ihnen auf).
Moleküle kombinieren Atome.
Pflanzen organisieren Moleküle (bilden aus ihnen Zellen).
Tiere ernähren sich von Pflanzen.
Der Mensch benutzt die Tiere.

Diese »Benutzung« der Tiere durch den Menschen ist nicht nur im Sinne von Züchtung und Zähmung leibhaftiger Tiere zu verstehen, sondern auch in dem Sinne, daß er Vorrichtungen baut, die der

Fortbewegung und anderen Funktionen dienen. Wenn er Pferdestärken benutzt, muß er sich nicht eines wirklichen Pferds bedienen. Auf diese Weise hat er die Vorteile der Spezialisierung, auf die die einzelnen Tiere festgelegt sind, ohne dabei die Nachteile in Kauf nehmen zu müssen. Der Mensch kann auf einem Pferd reiten, ohne seine Hände aufzugeben, und er kann mit Hilfe eines von ihm konstruierten Flugzeugs fliegen, ohne sich die schwerwiegenden anatomischen Einschränkungen aufzubürden, denen der Vogel von Natur aus ausgeliefert ist.

Wir beschreiben also den Menschen, indem wir ihn von den Tieren abheben. So stellen wir fest, daß sich das »Wesen« eines Tiers durch irgendein charakteristisches Verhalten zutreffend ausdrücken läßt: so oder so verhält sich eben nur ein Fuchs, ein Elefant, eine Löwin, ein Bär, eine Ameise, eine Wespe, ein Wurm. Das Wesen des Menschen hingegen ist frei von solchen spezifischen Merkmalen. Wenn er sich wie eine Maus duckt, wie ein Schwein frißt oder wie ein Biber rackert, dann aus »eigenen Stücken«, nicht aus Notwendigkeit, und eben weil er aus eigenen Stücken handelt, d. h. sich für ein solches Handeln entschieden hat, wird er dafür kritisiert oder gelobt.

Damit kommen wir schließlich zu einem ziemlich schwierigen Faktum über den Menschen, nämlich daß wir genau wissen, was Menschen sind, es aber kein gemeinsames Unterscheidungsmerkmal für alle Menschen gibt. Natürlich sind alle Zweibeiner, Wirbeltiere, Warmblüter etc., doch ist dies alles, wie wir ausgeführt haben, das Erbe des Tierreichs, so wie die Tiere die Zellorganisation vom Pflanzenreich übernehmen.

Das bedeutet also, daß es nicht möglich ist, dem Menschen eine spezifische Natur zuzuschreiben. Das Ziel der Evolution ist durch die Transzendierung von Beschränkungen charakterisiert, und da definieren beschränken (»eingrenzen«) heißt, können wir dem Menschen keine »definitiven« Merkmale zuordnen.

Das Ziel des Dominanz-Reiches

Das letzte Ziel des Dominanz-Reiches ist die Evolution eines unbegrenzten Seins, letztlich die Evolution von Gott, einer traditionell als unbeschreibbar aufgefaßten Existenzform, die sich nicht in Worte fassen läßt. Der Begriff Gott ist aber auch gleichbedeutend mit dem höchsten absoluten Wesen, mit etwas, was sich weit jenseits des Menschen befindet und zu keinem der Unterstadien des Dominanz-

Stadiums gehört. Uns erscheint das Element des Unbeschreibbaren besonders angemessen, denn welche Merkmale auch immer sich einer Person unter bestimmten Umständen oder bei einer bestimmten Handlung zuordnen lassen, wir können theoretisch mehr oder andere Merkmale erwarten, als diese Person bei dieser Handlung zeigte.

Ich hebe diesen Punkt hervor, weil er für unsere Theorie, die diesem »offenen« oder unbegrenzten Bereich einen Platz einräumt, wesentlich ist. Die zweite Ebene ist von Natur aus unendlich[4], die dritte endlich. Die offene und unbegrenzte Qualität der ersten Ebene ist nicht einfach Unendlichkeit im Sinne von »ohne Ende« (in bezug auf Masse, Temperatur, Energie etc.), es ist Unendlichkeit im doppelten Sinn. Es ist unendliches »Nicht-Dingliches« oder »Nichts«.

Statt mit vielen Mühen zu versuchen, das Undefinierbare zu definieren, wollen wir die Gelegenheit ergreifen, die wir jetzt haben, um diesen Gedanken unmittelbar zu begreifen. Wir fragen: Was sind Sie, abgesehen von Ihrem Körper? Was bin ich? Wenn es uns schwer fällt, die Existenz von etwas anzunehmen, was keine Beschreibungsmerkmale besitzt, wie sehen wir unsere eigene Existenz? Wenn wir eine Monade sind, die sich einmal in einem Molekül, einer Zelle oder einem Tier befunden hat, was ist dann diese Monade? Wie sah unser Gesicht aus, noch bevor unsere Eltern geboren wurden?

Solchermaßen vorbereitet können wir uns jetzt den in den einschlägigen Lehrbüchern beschriebenen Beweisen für die Evolution zuwenden. Das, was ich im folgenden darstelle, wird wohl vielen bereits vertraut sein. Wie ich aber zu zeigen hoffe, ist es mehrfach mißbraucht worden, für Propagandazwecke[5], als Bemäntelung und für Rationalisierungen, die Fehler, die man teleologisch orientierten Theorien gemeinhin vorwirft, beweisen sollten. Außerdem – und das ist in diesem Zusammenhang am wichtigsten – ist das gängige Evolutionskonzept in unangemessener Weise auf den Menschen übertragen worden.

Die Schwächen gegenwärtiger Evolutionstheorien

Durch Fossilienfunde wissen wir eine Menge Einzelheiten über die Evolution einer Reihe von Tieren. Nehmen wir beispielsweise das Pferd. Beweise für die Tatsache, daß sich das Pferd aus einem fünfzehigen Vorfahren (dem Eohippus, einem Lebewesen von der Größe eines Hundes) entwickelt hat, existieren in Form von Fossilien verschiedenen Alters. Ordnet man die Fossilien nach ihrem Alter, so stellt man fest, daß das Bein des fünfzehigen Eohippus allmählich länger wird und die Zahl der Zehen sich verringert.

Eohippus	5 Zehen	
Protorohippus	4 Zehen	
Misohippus	3 Zehen	(Seitenzehen berühren den Boden)
Protohippus	2 Zehen	(Seitenzehen berühren den Boden nicht)
Equus	1 Zehe	(Reste des zweiten und vierten Zehs erhalten)

Auch beim Elefanten hat sich erst allmählich ein Rüssel entwickelt. Solche Beispiele gelten als die »Musterfälle« der Evolution, und man nimmt an, daß sich andere Lebewesen und andere Funktionen in ähnlicher Weise entwickelt haben. Betrachten wir aber einmal, *wie* diese Evolution erfolgt. Sie ist in erster Linie von der *Spezialisierung* und der Nützlichkeit der spezialisierten Gliedmaßen abhängig. Das Pferd spezialisiert sich auf das Laufen und muß mit der Zeit, da sich das Land erhebt und Futter knapp wird, größere Strecken zurücklegen, um genügend Nahrung zu bekommen. Vermutlich wird es auch von Beutetieren verfolgt und muß ihnen entkommen können. So haben sich durch die Anforderungen des Überlebens beim heutigen Pferd vier Beine entwickelt, die sich für schnelle Fortbewegung zu Lande eignen, es hat Zähne bekommen, mit denen es sich von Gras ernähren kann usw. Gleichzeitig wurde die Fähigkeit, Nahrung vom Boden aufzulesen und auf Bäume zu klettern – so wie sie beim weniger spezialisierten Opossum erhalten geblieben ist – geopfert.

Das Beispiel des Pferdebeins gilt als prototypisch für die Evolution, doch gibt es eine Reihe von Einzelheiten, die andere Probleme der Evolutionstheorie offenbar nicht zu lösen vermögen.

Um das Problem der Evolution umfassender zu beschreiben, müssen wir uns bewußt machen, daß die Selektion nicht der einzige Faktor ist. Die Voraussetzung für eine Selektion ist Variation, und der Ursprung dieser Variation warf immer schon Probleme auf. In älteren naiven Interpretationen wurde angenommen, daß die Dinge einfach von Natur aus variierten. Kornähren variierten in ihrer Länge, und wenn man die längsten Ähren für die Saat selegierte, würde man langähriges Korn erhalten. Dies stimmt nur teilweise, denn während man auf diese Weise einen größeren Anteil an langährigem Korn erzielt, werden die Ähren nicht länger sein als die, die zuerst zur Verfügung standen. Man hat nur eine einheitlichere Züchtung vorgenommen, aber nichts Neues geschaffen. Außerdem darf bei dem Mechanismus, der die Fortpflanzung über

Millionen von Generationen sicherstellen soll, schon rein von der Sache her keine Zufallsvariation wirksam sein. Die Regeln, die ein tadelloses Produkt garantieren, schließen Abweichungen aus. Eine Druckerpresse kann ein Buch kopieren, aber keine neuen Bücher schreiben.
Diese Einwände hätten die Darwinsche Theorie (das Überlebensprinzip) zu Fall gebracht, wenn man nicht das Mendelsche Gesetz neu entdeckt hätte und es die moderne, modifizierte Version der De Vries'schen Mutationstheorie gäbe. Nach De Vries könnten sich die Chromosomen selber in nicht rückgängigzumachender Weise durch kosmische Strahlung verändern. Solche Veränderungen würden übertragen, und während die meisten von ihnen unerwünscht seien, seien einige es nicht. Durch die Selektion würden die unerwünschten Veränderungen eliminiert. Damit war das Überlebensprinzip scheinbar gesichert und feierte fröhliche Urstände.
Nun möchte ich die Theorie von der Mutation aufgrund kosmischer Strahlen nicht als unglaubwürdig abqualifizieren. Wahrscheinlich ist sie die korrekte Erklärung für viele Phänomene, und es gibt keine Zweifel, daß solche Mutationen auftreten. (Abgesehen davon, daß diese Hypothese von der Erschaffung einer neuen Spezies durch kosmische Einflüsse irgendwie vertraut klingt: denken wir da nicht – so bin ich versucht zu sagen – an die jungfräuliche Geburt?) Damit aber alle Probleme der Evolution lösen zu wollen, erscheint absurd und bringt der Wissenschaft keine Ehre, die sich in diesem heiklen Punkt mehr politisch als wissenschaftlich verhalten hat.
Vervollständigen wir einmal das Bild, um die Grenzen zu erkennen, die mit der Vorstellung verbunden sind, daß die Entwicklung des Pferdes prototypisch für die Evolution sei. Wir müssen zunächst ein allmählich sich veränderndes Klima annehmen, das größere Beweglichkeit am wichtigsten werden läßt. Weidetiere müssen mit der Notwendigkeit konfrontiert werden, immer größere Flächen abzusuchen, um genügend Futter zu bekommen. Unter solchen Voraussetzungen sind lange Beine ein Vorteil, und jede Zunahme in der Beinlänge ist für das Überleben von Wert. Der hundeähnliche, fünfzehige Eohippus ist kontinuierlich, über einen Zeitraum von fünfzig Millionen Jahren, gezwungen worden, sich schneller zu bewegen und hat sich dadurch zum heutigen Pferd entwickelt.
Übertragen wir nun diese Vorstellung von Evolution auf den Vogel. Der Vogel hat eine größere Aufgabe als das Pferd: er muß einen Sprung in eine neue Existenzform machen, er muß so leben, als ob er sich in einem anderen Element befände, er muß erfinden. Der Eohippus mußte, um zum heutigen Pferd zu werden, nichts Neues hervorbringen. Er ist ja immer schon auf seiner Suche nach Nahrung herumgelaufen, und daß er

so geworden ist, wie wir ihn heute kennen, lag daran, daß er seine Fähigkeit zu laufen verbesserte. Das Lebewesen aber, das einmal ein Vogel werden sollte, mußte den Gebrauch zweier perfekt ausgebildeter Füße aufgeben und sie der Entwicklung in Flügel überlassen. Diese höchst eigenartige Entwicklung hätte solange keinen Wert für das Überleben gehabt, bis dieses Lebewesen tatsächlich fliegen konnte. Dies hätte erst Hunderte von Mutationen oder Millionen von Jahren später sein können, denn die Flugfähigkeit hängt auch noch von einer Reihe anderer körperlicher Veränderungen ab: von hohlen Knochen, von einer erhöhten Bluttemperatur, von Federn und von vielem anderen. Vorstellbar ist, daß Mutationen diese Veränderungen getrennt und über einen langen Zeitraum hervorbrachten, aber nicht alle auf einmal, es sei denn, man glaubt daran, daß Affen wie Shakespeare schreiben könnten. Und bis alle diese Veränderungen sich vollzogen hatten, *konnte der Vogel nicht fliegen* und somit auch nicht besser überleben als vierbeinige Konkurrenten. Die Evolution der Vögel ist also nicht einfach eine schwierigere Form der Evolution. Sie wirft Probleme auf, die sich nicht mit dem Mechanismus erklären lassen, der beim Pferd funktionierte, nämlich mit der zunehmenden Spezialisierung.

Ebensosehr Kopfzerbrechen bereitet die Evolution des menschlichen Gehirns, die bei oberflächlicher Betrachtung ähnlich gelagert zu sein scheint wie die Evolution des Pferdebeins. Was das Gehirn von anderen evolutionären Einrichtungen zur Bewältigung der Probleme des Überlebens unterscheidet, ist die Tatsache, daß *es sich nicht durch Spezialisierung entwickelt*. Sein Wert liegt in der Fähigkeit, die Erfahrungen beim Umgang mit einem Problem *auf ein anderes Problem zu übertragen*. Hätte sich das Gehirn durch Spezialisierung entwickelt, dann würden Kinder schon bei ihrer Geburt Englisch sprechen oder die Geometrie des Raums beherrschen, so wie das junge Pferd schon bei seiner Geburt gehen und unmittelbar danach laufen kann. Die Evolution des Gehirns oder des Geistes ist in der Tat etwas prinzipiell anderes als die Evolution des Pferdebeins oder des Elefantenrüssels. Sie scheint in überhaupt keinen der gegenwärtig verfügbaren theoretischen Rahmen zu passen und bedarf vielleicht des Evolutionskonzepts, das ich am Ende dieses Kapitels erörtern werde.

Der wohl schwerwiegendste Mangel der gegenwärtigen Evolutionstheorien ist schließlich der, daß sie nichts über die Sprünge zu einem höheren Organisationsniveau aussagen[6]. Wie schon erwähnt gibt es viele Beispiele für Lebewesen, die im unteren Bereich der Evolutionsskala rangieren, aber noch nach Hunderten von Millionen Jahren überleben. Die Hufeisenkrabbe ist der primitivste Gliederfüßler, hält sich aber nach wie vor recht wacker. Der Hai wird niedriger als die echten Fische eingestuft, erfreut sich aber immer noch seiner Existenz, obwohl sich höhere Formen entwickelt haben. Und dasselbe gilt für Tausende von primitiven Lebensformen. Warum ist dann ein Sprung zu höheren Formen notwendig? Ginge es nach dem Motto entweder ein höheres Entwicklungsniveau erreichen oder zugrunde gehen, dann wären die niedrigen Formen ausgestorben. Außerdem läßt sich der Sprung auf ein höheres Organisationsniveau genetisch ebensowenig erklären wie eine anfällige andere Anordnung der Teile aus einem Fuhrwerk ein Automobil oder aus einem Telephon ein Radio macht.

Das Problem, das sich durch die Sprünge von einem Organisationsniveau zu einem höheren ergibt, wird in den gegenwärtigen Evolutionstheorien noch nicht einmal in Betracht gezogen. Die Behandlung dieses Problems führt uns aber auf direktem Wege zu unserer Prozeß-Theorie. Es läßt sich nicht einfach durch Überprüfung zoologischer Details klären. Man muß einen umfassenderen Standpunkt einnehmen, einen, der das Problem des Sprungs zu höheren Organisationstypen auch in anderen Bereichen, nämlich in der Entwicklung der Moleküle und der Elektronenschalen der Atome, erkennt (wie ja aus unserem Schema auf S. 114f. ersichtlich, machen Atome und Moleküle in ihrer organisatorischen Entwicklung die gleichen Unterstadien durch wie die Tiere, doch wird man wohl kaum das Überlebensprinzip auf Atome und Moleküle anwenden können).

Zusammenfassend können wir also sagen, daß das gegenwärtige Evolutionskonzept (das Prinzip des Überlebens des Stärkeren) in mancherlei wichtiger Hinsicht unangemessen ist. Wir brauchen irgendeinen neuen Ansatz. Einen solchen bietet uns die Prozeß-Theorie. Wir haben bereits im 11. Kapitel dargelegt, wie die Hypothese von einer Gruppenseele die Instinkte erklären hilft. Damit sind die Möglichkeiten dieser Hypothese aber noch nicht ausgeschöpft.

Genetische Evolution und Instinktevolution

Wenn wir nun zu unseren vier Ebenen zurückkehren und fragen, welche Bedeutung sie für das Evolutionsproblem haben, dann können wir feststellen, daß es mindestens zwei Arten von Evolution gibt: die genetische Evolution und die Instinktevolution.

Für jede Evolution besteht das Problem, Kontrolle zu erlangen und die vom Willensprinzip bestimmte rechte Seite unseres Bogenmodells zu erreichen. Die genetische Evolution löst dieses Problem mit Hilfe des Überlebensprinzips, die Instinktevolution mit Hilfe von Versuch und

Ebene I

II	Anziehung (Bewegung)	Instinktives Verhalten
III	Form	Organisation
IV	Determiniertheit	(genetische Evolution)

Irrtum. Erstere benutzt die DNS zum Festhalten dessen, was sich bewährt, letztere die Gruppenseele. *Beide Formen von Evolution müssen sich auf Ebene IV bewähren.*
Die Unterscheidung zwischen genetischer Evolution und Instinktevolution ist vergleichbar mit der Unterscheidung zwischen dem Design eines Autos und den Fahrgewohnheiten des Fahrers. Das Design entwickelt sich, je nachdem wie sich verschiedene Modelle bewähren, etwa Autos mit Selbstanlasser, Ballonreifen, Vierradbremsen. Der Autofahrer sammelt im Laufe der Jahre Erfahrungen an: er lernt Wendesignale und Verkehrsregeln, er lernt, wo seine Freunde wohnen, die Absichten anderer Autofahrer vorauszuahnen usw. Es gibt beide Formen von Evolution und beide sind notwendig.

Die Gruppenseele

Im letzten Kapitel haben wir das Konzept der Gruppenseele als eine Hypothese eingeführt, die eine Reihe unerklärlicher Phänomene, u. a. die ausgeprägten Instinkte der Tiere, verständlich zu machen vermag. In diesem Kapitel wollen wir diese Hypothese in erster Linie auf die Evolution anwenden und sie mit anderen Theorien vergleichen. Unser Ziel ist die Evolution des Menschen, doch bis dahin müssen wir einige Pionierarbeit leisten.
Da ist zunächst einmal die Frage der Legitimität unseres Gruppenseele-Konzepts. Es könnte von vornherein mit der Begründung abgelehnt werden, daß es im Widerspruch zu wissenschaftlichen Prinzipien stehe (welche immer es auch sein mögen). Es steht aber nicht im Widerspruch zu unserer Prozeß-Theorie, ja es wird sogar von ihr impliziert, und obendrein glaube ich, daß es von den Grundprinzipien der Wissenschaft impliziert wird.
Da die Gruppenseele mit dem tierischen Prinzip existent wird, gehört sie zu Ebene II und hat deshalb die Natur einer *Energie,* die nach dem Satz der Energieerhaltung *nicht zerstört werden kann* (im Gegensatz zur Form, womit wir eine Ansammlung von Teilen wie Atomen, Molekü-

len oder Zellen meinen). Das Gruppenseele-Konzept folgt aus der Prozeß-Theorie, weil nach dieser Theorie das tierische Prinzip unsterblich sein muß (so wie die Wissenschaft *postuliert,* daß Energie unzerstörbar ist).

Das Gruppenseele-Konzept ersetzt zwar nicht die Theorie von der genetischen Mutation, kann sie aber ergänzen. Auf die Evolution des Pferdes bezogen könnten die Mutationen, die zu langen Beinen führten, recht gut von Verhalten unterstützt worden sein, das aus diesen langen Beinen Vorteile zieht (Laufen), ja sie könnten solches Verhalten sogar erfordern. In anderen Fällen wie in dem der von Marais beobachteten Termitenkolonie ist die Gruppenseele die einzige Erklärung. Wir könnten in der Tat auf der Basis der Gene allein nicht zwischen der Königin und den Arbeitertermiten unterscheiden, ebensowenig zwischen den Soldaten und den Dronen. Diese Differenzierung beruht auf Gruppenerfordernissen, die das ausmachen könnten, was wir Gruppenseele nennen. Wird die Königin getötet, so erhält ein Arbeiter die spezielle Nahrung, die ihn zur Königin umwandelt. Da die Königin und die anderen Termiten – Arbeiter, Soldaten und Dronen – in ihrer DNS übereinstimmen, müssen andere Faktoren als die DNS wirksam sein. Sie hängen von den Erfordernissen des Ganzen ab und lassen deshalb einen organisierenden Körper vermuten, eine Art von Gruppenseele, die von den individuellen Gruppenmitgliedern unabhängig ist. Kein Zweifel, daß sich in den hier entfaltenden Möglichkeiten neue Welten für die Wissenschaft auftun.

Das Gruppenseele-Konzept ließe sich auch als ein Mechanismus für die »Vererbung erworbener Eigenschaften« auffassen, als eine Alternative zur Theorie Lamarcks, der als erster eine solche Vererbung als Erklärung für die Evolution vorschlug. Lamarcks Theorie wird heute so gut wie gar nicht beachtet, in erster Linie weil der anerkannte Mechanismus der Zellreproduktion (DNS) weder das Lernen noch das Vererben erworbener Eigenschaften zu erklären vermag (zu erworbenen Eigenschaften würden auch Verhaltensweisen zählen, die durch Versuch und Irrtum gelernt worden sind). Genauer gesagt: da das für Samen und Eier verantwortliche Zellmaterial schon früh im Leben des Organismus von ihm isoliert wird, kann sich das Verhalten des einen oder anderen Elternteils nicht in die Keimzellen einprägen und damit auch nicht vererbt werden.

Diese Schlußfolgerung ist vielleicht doch ein wenig voreilig. Zwar stimmt es, daß die Chromosomen nicht vom Verhalten des einen oder anderen Elternteils beeinflußt werden können, doch ist keineswegs selbstverständlich, daß auch das Zytoplasma (der Zellinhalt, der sich nicht im Kern, der DNS, befindet) vom Verhalten der Eltern unberührt bleibt. Tatsächlich würde dies sogar eine Erklärung für neuere Untersuchungsergebnisse liefern, wonach Strudelwürmer die angelernten Verhaltensweisen ihrer Eltern erben. Als Träger dieser Vererbung von Gedächtnisinhalten bei Strudelwürmern können chemische Substanzen angenommen werden. Ich kann mich deshalb nicht auf die Strudelwürmer berufen, um meine Theorie von der Gruppenseele zu untermauern, kann aber an ihrem Beispiel deutlich machen, daß es zwei mögliche Arten der Vererbung gibt: die anerkannte Art, die der DNS zugeschrieben wird, und eine andere, wie sie sich am genannten Beispiel bei den Strudelwürmern zeigt. Erstere hängt von der Form (Ebene III), letztere von der Substanz (Ebene II) ab.

Diese beiden Dinge, Form und Substanz, spielen eine so grundlegende Rolle in unserer Theorie und sind so universell, daß wir beinahe die Regel »Wo das eine ist, ist auch das andere« aufstellen können. Im Fall der Strudelwürmer ist Substanz im wörtlichen Sinne beteiligt, insofern als der Blutstrom Substanzen trägt, die einmal Teil der Eltern waren. Dies gilt noch mehr für junge Würmer, die mit Würmern gefüttert wurden, die darauf konditioniert worden waren, Licht zu meiden. Die jungen Würmer lernten dieses Verhalten schneller. Eine Theorie wäre, daß die Erfahrung des Konditionierens Moleküle bildet, die im Blut verbleiben.

Unsere Theorie geht noch weiter. Sie postuliert eine grundlegendere Substanz, die *psychische Energie,* die bei Tieren die Gruppenseele ist. Mit dieser Theorie läßt sich nicht die Frage beantworten, in welchem Stadium der tierischen Evolution die Gruppenseele auftritt. Wir können schwerlich sagen, daß die sehr primitiven Tiere, die Schwämme und Zölenteraten, Instinkte haben. Sie sind in ihrer Beweglichkeit zu sehr eingeschränkt. Umgekehrt sind bei den Insekten, speziell bei den Kolonien bildenden Insekten, Instinkte sehr ausgeprägt. Ameisen und Bienen verhalten sich in einer Weise, die eine hoch entwickelte Gruppenseele vermuten läßt. Wir müssen daher annehmen, daß sich die Gruppenseele ebenso entwickelt wie das Tier. Vielleicht wäre es in der Tat korrekter, davon zu sprechen, daß die Gruppenseele des Tieres das Tier selber ist und daß sie sich in Verbindung mit ihrem Träger, dem Zellorganismus, entwickelt.

Können wir andere Bestätigungen für das Gruppenseele-Konzept finden? Ich persönlich wurde sehr beeindruckt von einem kleinen Buch zu diesem Thema, das die Theosophin Annie Besant geschrieben hat. Das Gruppenseele-Konzept war aber immer schon Teil der Tradition sogenannter »primitiver« Völker, die ja eigentlich weitaus besser als der moderne Mensch wilde Tiere in ihrem Wesen kennen müßten, da ihre Existenz von ihnen abhängt.

Wir haben nun verschiedene Theorien betrachtet, die sich auf die Evolution der Tiere beziehen. Wir können uns nun fragen, wie sie sich auf die Evolution des Menschen anwenden lassen. Auf welche Evolution eigentlich? Woher wissen wir, daß es so etwas wie die Evolution des Menschen überhaupt gegeben hat? Zivilisationen sind aufgeblüht und wieder untergegangen, Wissenschaft und Technologie haben in den letzten 200 Jahren zunehmend rapide Fortschritte gemacht, mehr Menschen als jemals zuvor profitieren von Bildung, Impfung und Medikamenten, die Gleichberechtigung der Frauen setzt sich immer stärker durch, es gibt Kolonien auf dem Mond und so weiter... und doch stellen wir die Frage: *hat sich der Mensch entwickelt?*

Die besondere Evolution des Menschen

In der ganzen Diskussion um die Evolution, einschließlich der Diskussion um die Frage der Vorfahren des Menschen, hat es keinen intelligenten Versuch gegeben, das Evolutionskonzept auf den Menschen selber anzuwenden. Man verschwendete die meiste Mühe für den Nachweis, daß der Mensch von affenähnlichen Ahnen abstammt, aber was bedeutet das schon! Er hat nun einmal einen tierischen Körper (und wie wir schon dargelegt haben, bedeutet das nicht, daß er zum fünften Hauptstadium, dem Tierreich, gehört, ebensowenig wie die zelluläre Zusammensetzung des Tieres bedeutet, daß es eine Pflanze ist, und die molekulare Zusammensetzung der Pflanzen besagt, daß Pflanzen Moleküle sind), warum sollte er nicht einem Affen ähnlich sein? Auf jeden Fall hat es den Anschein, als wäre die richtige Frage nie aufgeworfen worden.

Diese Frage lautet: welche Auswirkungen, welche *Bedeutung* hat die Evolution für den Menschen? Seit Beginn der Geschichtsschreibung gibt es zweifellos keinen erkennbaren Unterschied in der menschlichen Physis. Alte Skulpturen beweisen uns das. Und wenn die heutige Menschheit aus solchen Lebewesen hervorgegangen sein mag, wie sie von der Anthropologie beschrieben werden – vom Pekingmenschen, vom Java-Affenmenschen, vom Heidelberg-Menschen und vom Neandertaler –, so sind die Evolutionsschritte keinesfalls bewiesen, zumal ein Zeitgenosse einiger dieser menschlichen Vorfahren, der Cro-Magnon-Mensch, eine relativ zierliche Gestalt hatte, auch schlanker und eher hübscher war als der heutige Mensch. Wäre außerdem die Evolution des Menschen auf Körperveränderung ausgerichtet gewesen, so hätte sie ebensoviele verschiedene Körperformen hervorgebracht

wie die Evolution des Tieres mit ihren 800000 Spezies. Wie kann Darwins Theorie vom Ursprung des Spezies durch natürliche Selektion irgendeinen Bezug zur menschlichen Evolution haben, wo doch die ganze Menschheit nur aus einer einzigen Spezies besteht?
Wie also hat sich der Mensch dann entwickelt, und wie wird er sich in Zukunft weiterentwickeln? Da Körperveränderungen nicht bedeutend sind, könnten wir vermuten, daß sich ein besseres Gehirn bei ihm entwickelt, doch ist dies in der Vergangenheit geschehen? Sind unsere heutigen Philosophen, Schriftsteller und Bildhauer besser als die der alten Griechen? Unsere Technologie mag besser sein, doch nicht unbedingt deswegen, weil unsere heutigen Ingenieure intelligenter sind, sondern vielleicht deswegen, weil das ganze Wissen der Vergangenheit bewahrt worden ist.

Kritik am Darwinschen Evolutionskonzept

Wir sollten nicht die Tatsache übersehen, daß der Überlebensmechanismus, mit dem die Darwinsche Theorie steht und fällt, beim Menschen nicht funktioniert, ja sogar ins Gegenteil umschlägt! In modernen Zivilisationen beispielsweise neigen die Tüchtigsten dazu, weniger Nachwuchs zu produzieren. Tatsächlich widmen sich in Indien die geistig höherentwickelten Menschen in vielen Fällen einem ehelosen Dasein, und es gibt noch andere Beispiele dafür, wie die Zivilisation – etwa indem sie die Kranken oder die Geistesschwachen am Leben erhält – den selektiven Faktor beim Menschen als einer Spezies eher neutralisiert. Auch dies läßt wiederum deutlich erkennen, daß es für den Menschen als Individuum eine andere Art Evolution geben muß.
Die Krönung des Ganzen ist noch, daß gemäß der genetischen Theorie unser Kampf mit Elend und Not – unsere Kriege, unsere Schicksalsschläge und Leiden, unsere Bildung, unsere Suche nach dem Wahren und dem Guten – keine Auswirkungen auf die genetische Evolution hat, weil es nicht das Keimplasma beeinflußt. Alles ist verlorene Liebesmüh. Aus der Sicht der heutigen genetischen Theorie könnten wir ebensogut die Zivilisation, unser Leben und Treiben, unsere Arbeit, unsere Karriere weglassen, unsere Samen in Flaschen abfüllen und zum Züchter schicken. Wir sind noch nicht einmal zu etwas nutze wie etwa das Rindvieh, dem wir Fleisch und Molkereiprodukte verdanken.
Das sind keine müßigen Spekulationen. Das sind Überlegungen, zu denen wir gezwungen sind, um zu verhindern, daß die gegenwärtigen unvollständigen Kenntnisse der Wissenschaft zum Dogma erklärt werden.

Die Unanwendbarkeit des Gruppenseele-Konzepts

Wir können uns aber auch nicht auf das Gruppenseele-Konzept berufen, das sich als so hilfreich beim Tier erwiesen hat, beim Menschen aber nicht anwendbar ist. Wenn überhaupt, dann muß der Mensch der Gruppenseele entgegenwirken. Er entwickelt sich nicht nur, indem er fähig wird, »sich aus der Herde zu lösen«, was unserer unbewußten Erkenntnis der Gruppenseele entspricht, sondern auch, indem es ihm gelingt, seine »tierischen Instinkte zu überwinden«, d. h. gegen die Verhaltensmuster anzugehen, die für das Tier eine optimale, wenn nicht sogar notwendige Voraussetzung für das Überleben sind (siehe S. 157f.).

Um dem Besonderen in der Evolution des Menschen näherzukommen, müssen wir die Menschheit nicht als Spezies, sondern als eine Ansammlung von Individuen betrachten. Bei einer solchen Sichtweise weicht die Einheitlichkeit der Rasse *Homo sapiens* einer großen Vielfalt. Haben Sie jemals zwei Leute gekannt, die einander vollkommen gleich waren? Ich habe mehrere eineiige Zwillinge gekannt, die sich in ihrer äußeren Erscheinung so ähnlich waren, daß man sie kaum auseinanderhalten konnte. Im Charakter aber waren sie ganz verschieden, ja so verschieden, wie es Leute sein können, die nicht eineiige Zwillinge sind. Menschen können einander in vielerlei Hinsicht gleichen, in ihrem Geschlecht, in ihrer Hautfarbe, in ihrer Körpergröße, in ihrer Erziehung, in ihrer kulturellen Herkunft etc., und Zwillinge können in diesen Punkten identisch sein, aber einen vollkommen unterschiedlichen Charakter besitzen. Letzteres sollten wir im Auge behalten, wenn wir von der Evolution des Menschen sprechen. Wie entwickelt sich der Gesamtcharakter eines Menschen? Die Farbe der Augen, der Haare etc. ist genetisch bedingt. Sie wird – und das gilt für alle anatomischen Details – im Keimplasma geerbt, und wir könnten spekulieren, daß die Kletterinstinkte kleiner Jungs ein Erbe der Instinkte und Verhaltensweisen sind, die für Tiere wichtig werden. Wie aber erklären wir uns die einzigartigen Charaktermerkmale, die beispielsweise einen Menschen wie Mozart ausgemacht haben?

Die individuelle Seele

An diesem Punkt eröffnet unsere Theorie die Möglichkeit einer dritten Form von Evolution. Bei den Pflanzen haben wir die Evolution des Zellorganismus, die auf die DNS rückführbar ist. Bei den Tieren kommt zu dieser Evolution die Evolution des Verhaltens hinzu, die durch das möglich wird, was wir Gruppenseele nennen. Beim Menschen haben wir es mit einer anderen Art von Evolution zu tun, der der *individuellen Seele*.

Eine individuelle Seele ist nicht eine Gruppenseele, doch sie ist ebenfalls unsterblich. Wie die Gruppenseele baut sie auf Vorhergehendem auf (die »Seele« besteht in beiden Fällen aus Erinnerungen an frühere Existenzen, in denen Erfahrungen gemacht wurden), doch hat die individuelle Seele eine andere Aufgabe als die Gruppenseele, nämlich ihre früheren Erfahrungen zu transzendieren anstatt sie zu wiederholen oder auf sie zu reagieren. Mit anderen Worten: das Tier nutzt bis zum Letzten die Möglichkeiten seines Daseins, die ihm durch seine Instinkte eröffnet werden – der Biber baut Dämme, der Ameisenfresser konzentriert sich bei seiner Nahrungssuche auf Ameisenhügel. Keiner von beiden würde aber auf den Gedanken kommen, zu einem Psychoanalytiker zu gehen, damit er von seinen geistigen Fixierungen freikommt, oder seine Bildung durch das Lernen von Sanskrit zu erweitern. Aber der Mensch hat die Verpflichtung, größere Herausforderungen anzunehmen. Wir können sogar sagen, daß er neue Erfahrungen will, daß er zwar eine Weile die Routine genießen mag, daß es aber normal für ihn ist, sich innerhalb seines relativ langen Lebens (im Vergleich zum Leben der Tiere) grundlegend zu verändern. Das Fußballspielen kann seinen Reiz verlieren, wenn man Mitte Zwanzig wird, also in ein Alter kommt, das für ein Pferd ein hohes Alter wäre.

In einem anderen Sinne aber kann ein Mensch mehr als ein Leben lang einer besonderen Fähigkeit verhaftet sein. Bobby Fischer beispielsweise zeigte schon früh in seinem Leben, wie andere große Schachspieler auch, eine so außergewöhnliche Fähigkeit zum Schachspielen und eine ebensolche *Neigung* in dieser Hinsicht, daß er schon in früheren Leben Schach gelernt haben muß. Man beachte auch die Bedeutung des Anreizes, der für Bobby Fischer vom Schachspielen ausgeht. Er ist hoch motiviert. Selbst wenn wir akzeptieren, daß das, was ich sage, unmöglich ist, und daß das Schachspiel*verhalten* durch die DNS vererbt werden könnte, so wäre dem entgegenzuhalten, daß die DNS nicht in der Lage sein könnte, diesen gewaltigen Anreiz zu übertragen. Dieser Anreiz ist so stark, daß er Bobby Fischer in Gedanken und Träumen ständig um Schach kreisen läßt, daß er sogar wünscht, seinen Gegner zu vernichten – etwa, was einen Computer nicht berühren würde. General Patton ist in dieser Hinsicht ebenfalls interessant, nicht nur, weil er innerlich davon überzeugt war, schon in früheren Leben ein General gewesen zu sein, sondern auch wegen seines Muts, sich öffentlich zu seiner Überzeugung zu bekennen.

Gegen die heutige Lehrmeinung, die nicht nur die Präexistenz der Seele, sondern die Seele an sich leugnet, könnten wir Platon anführen, dessen Lehre von der Unsterblichkeit der Seele von Aristoteles übernommen und von diesem später in Frage gestellt wurde. Platon war auch bei weitem nicht der erste, der diesen Gedanken hatte, denn diese Auffassung war schon 3000 Jahre, bevor Platon seinen ersten Atemzug tat, in Ägypten allgemein verbreitet und findet sich auch heute in den meisten Religionen, insbesondere im Buddhismus, im Hinduismus und in nahezu allen Religionen von Naturvölkern. Die Vorstellung von einer Präexistenz der Seele wurde erst 553 n. Chr. aus dem Christentum verbannt, und zwar anläßlich des Bannfluchs gegen Origenes, den Kaiser Justinian durchgesetzt hatte, während der Papst im Gefängnis war.[7]

Ich gestehe, daß ich äußerst erstaunt darüber bin, wieso es der christlichen Kirche beliebt, die Präexistenz der Seele zu leugnen, denn dadurch wird die Unsterblichkeit der Seele (die die Kirche bejaht) weniger glaubhaft. Wieso kann etwas, das nicht stirbt, geboren werden? Ich glaube eher, daß die Bedeutung der Profilierung des Individuums in der modernen Gesellschaft der Faktor ist, dem wir dieses Phantasiegebilde von einem Faden mit einem Anfang, aber ohne ein Ende, der Seele im christlichen Sinne, verdanken (ein Faden ohne Anfang und Ende ist nicht weniger unverständlich als die Zeit selber). »Dem, was geboren wird, ist der Tod sicher«, heißt es in der Bhagavadgita.

Wir müssen aber darauf achten, daß wir die Seele nicht überbetonen. Sie ist nicht nur dem Geist (dem siebten und ersten Prinzip) untergeordnet, sondern existiert in einem gewissen Sinn für die meisten Personen noch nicht. Wie wir schon mehrere Male erwähnten, ist der Mensch in seiner Entwicklung durch die sieben Unterstadien des siebten Hauptstadiums nicht weit, und so ist für den Menschen die Seele ein Merkmal des zweiten und nicht des sechsten Unterstadiums. Sie ist etwas vom Willen nicht Beeinflußbares und Unbewußtes und noch nicht das vom Willen Geprägte und Bewußte, zu dem sie im sechsten Unterstadium wird. Dieser Umstand erklärt nicht nur, daß ihr im modernen Leben die Existenz abgesprochen wird, sondern stimmt auch mit der wichtigsten Lehre der christlichen Religion (und anderer Religionen), der jungfräulichen Geburt, überein. Ein näheres Eingehen auf diesen Punkt würde allerdings den Rahmen dieses Kapitels sprengen.

Wir sollten aber noch einmal vor Abschluß dieses Kapitels graphisch umreißen, was wir als eine dritte Art der Evolution beschrieben haben, als eine Evolution, die mit dem Menschen zu tun hat.

So wie die Evolution der Pflanzen die DNS (Ebene III) und die der Tiere die Gruppenseele (Ebene II) benötigt, so ist für die Evolution des Menschen etwas erforderlich, was untrennbar zu Ebene I gehört. Dieses Etwas läßt sich vielleicht mit dem Ausdruck »Göttliches *Licht*« besser

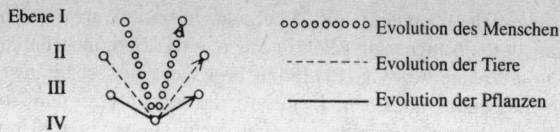

umschreiben als mit Worten wie Bewußtsein oder Verständnis, denn es ist das Licht der Erkenntnis, was zum »Wendepunkt« führt – ebenso wie das Einfangen eines Photons für die negative Entropie von Pflanzen verantwortlich ist.[8]

Die drei Arten von Evolution im Überblick

Es gibt also drei Arten von Evolution. Die erste ist die Evolution des Genotyps, die auf der Basis der DNS erfolgt. Sie ist auch die Evolution, die von der gegenwärtigen Wissenschaft anerkannt wird, und sie bringt den Zellorganismus hervor.

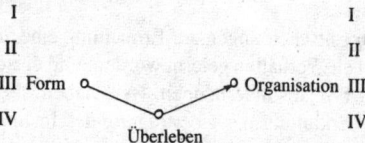

Es handelt sich hier um eine Evolution des *Designs* des Mechanismus. Am Anfang – auf Ebene III (Stadium drei) – steht die Form, sie wird auf Ebene IV ausprobiert und getestet, und schließlich, wenn sie nicht aufgrund mangelnder Überlebensfähigkeit eliminiert wird, entsteht der Prototyp auf Ebene III (Stadium fünf).

Dieser Prozeß läßt sich mit dem Werdegang eines Autos oder eines Flugzeugs vergleichen. Die Form (Ebene III) wird auf Ebene IV getestet und die Testergebnisse werden ausgewertet. Wo sich Schwächen zeigen, werden so lange Verbesserungen der Form ausprobiert, bis diese für die Produktion geeignet ist. Von diesem Zeitpunkt an tritt der Prozeß in die Organisations- oder Wachstumsphase und eine neue Spezies wird ins Leben gerufen. So entwickeln sich die Pflanzen, über den Zellorganismus.

Die zweite Art von Evolution setzt erst da ein, wo es eine Wahlmöglichkeit und somit *Verhalten* gibt, denn ohne Wahlmöglichkeit ist Verhalten nicht möglich. Der Behaviorist wird dem wohl nicht zustimmen, doch wie lernt ein Tier, ein Labyrinth zu durchlaufen? Indem das richtige Verhalten verstärkt wird. Ein Stein hat keine Wahlmöglichkeit und kann deshalb auch nicht gelehrt werden, ein Labyrinth zu durchlaufen. Diese zweite Art von Evolution bringt die tierischen *Instinkte* hervor. Sie beginnt auf Ebene II, auf der die Anziehungs- und Abstoßungskräfte Bewegungen hin zu verschiedenen Dingen in der Umwelt bzw. von ihnen weg hervorrufen, seien es Nahrung, Licht, Wärme, Wasser, andere Lebewesen, ein Männchen oder Weibchen etc. Wie auch in der oben beschriebenen Art von Evolution werden die Instinkte auf Ebene IV getestet, doch ihr »Überleben« läßt sich in diesem Fall besser als Versuch und Irrtum beschreiben: das Lebewesen macht exploratorische Bewegungen und erfährt Belohnung oder Bestrafung. Auf diese Weise wird das richtige Verhalten selegiert.

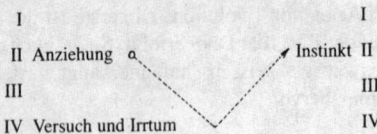

Sobald die richtigen Entscheidungen zur Erreichung eines Ziels gefunden worden sind, ist ein Verhalten gelernt worden, und dieses Verhalten wird zu dem, was wir Instinkt nennen. Wir haben aber noch das Problem, daß diese Erklärung der Übertragung des Instinktverhaltens auf die Nachkommenschaft gerecht werden muß. Eine solche Übertragung ist mit Hilfe des DNS-Mechanismus nicht möglich. Wie schon früher dargelegt (vgl. 11. Kapitel), bedarf es der Vorstellung, daß die Bedürfnisenergie des Tieres unsterblich ist oder erhalten bleibt, also unseres Gruppenseele-Konzepts. Die Existenz einer Gruppenseele ist auf Ebene II implizit gegeben, denn Ebene II ist so beschaffen, daß zeitlich kein Ende gesetzt ist. Wie Masse und Energie entwickelt sich die »Substanz« der zweiten Ebene – die der »psychischen« Energie oder der Bedürfnisenergie entspricht, die das Tier belebt, ja eigentlich *das Tier selber ist* – im Laufe der Zeit und stirbt nicht mit dem Individuum.
Die Schwierigkeiten, die uns eine solche Vorstellung von Unsterblichkeit bereiten, rühren von der Tatsache her, daß wir das Tier mit dem Zellorganismus gleichsetzen. Dieser Zellorganismus aber stirbt in der Tat und kann noch nicht einmal in der Theorie unsterblich sein, weil er etwas Zusammengesetztes ist. Natürlich wird mit dem Tod des Individuums die DNS zerstört, doch überlebt sie durch die anderen Mitglieder der Spezies. Die DNS ist sozusagen durch jedes beliebige Mitglied der Spezies wirksam, und damit auch sie vollkommen stirbt, muß schon die

ganze Spezies ausgelöscht werden. Aber selbst in einem solchen Fall könnte die DNS in Samenform überleben. So stellte man beispielsweise fest, daß aus Samen, die vor Tausenden von Jahren in ägyptischen Gräbern vergraben worden waren, Pflanzen wuchsen und sich vermehrten.

Dies bringt uns auf eine interessante Idee. Man hat in der Eistundra Sibiriens Exemplare einer seit langem ausgestorbenen, dem Elefanten ähnlichen Spezies gefunden, nämlich Mammutexemplare, die so ausgezeichnet erhalten waren, daß ihr Fleisch noch gegessen werden konnte. Vielleicht könnte ihr Samen fruchtbar gemacht und in den Mutterleib einer Elefantin transplantiert werden, um auf diese Weise ein lebendes Mammut auf die Welt zu bringen. Selbst wenn dieses Experiment erfolgreich wäre, würden wir vielleicht feststellen, daß es keine Mammutgruppenseele gibt, die den Zellorganismus des Mammuts belebt.

Wir sehen uns mit dem sehr ernsthaften Problem konfrontiert, das Tier als das zu erkennen, was es wirklich ist, nämlich nicht ein bestimmter Löwe oder ein bestimmtes Zebra, sondern ein Vertreter der Löwen- oder Zebra*spezies*. Dieses Spezies entspricht der Gruppenseele des Tieres, dessen angeborenen Instinkte in den Erfahrungen der Spezies wurzeln und dessen eigene Erfahrungen zu den Erfahrungen der Spezies beitragen.

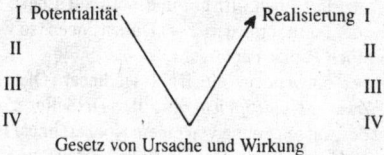

Gesetz von Ursache und Wirkung

Die dritte Art von Evolution betrifft den Menschen. Sie steht insofern zu der von Tieren im Gegensatz, als hier zum Versuch-und-Irrtum-Mechanismus die Möglichkeit des *Verständnisses* der Gesetzmäßigkeiten hinzukommt. Ein solches Verständnis ist die Gewähr für einen sehr viel rascheren evolutionären Fortschritt. Diese dritte Art von Evolution setzt immer noch individuelle Anstrengungen, Mühe und Schwerarbeit voraus. Sie erfordert aber auch die Freuden kreativen Bemühens und ästhetischen Feinempfinden.

Die Lösung ist nicht mehr im Dunkel angeborener Instinkte verborgen, die (wie der Paarungsinstinkt) von blindem Gehorsam gegenüber Schlüsselreizen, die mit der Jahreszeit variieren, abhängen. Sie lädt vielmehr das Selbst dazu ein, sowohl die Welt der Sinne als auch die des abstrakten Denkens zu erforschen, sich in die großen Meisterwerke der Kunst zu versenken, die Vielfalt von Empfindungen der Liebe zu erkunden und die Wahrheit zu suchen.

Wie schon bei den Pflanzen und bei den Tieren besitzt auch die dritte Art von Evolution ihr »Testlabor« auf Ebene IV, auf der das Gesetz von Ursache und Wirkung Einblicke in die Wahrheit erlaubt, d. h. Gelegenheiten zur Erleuchtung bietet, die das Ziel dieser Evolution ist. Hat man einmal ein Ursache-Wirkung-Gefüge durchschaut, so kann man mit dieser Gesetzmäßigkeit arbeiten, kann man die Determiniertheit dem Willen unterwerfen. So ist das Universum eine Schule, in der die Monade lernt.

Exkurs

Unter Ausnutzung der Prinzipien, die wir unserer Prozeß-Theorie verdanken, können wir den Überblick über die drei Arten der Evolution um die Betrachtung der Dimensionalität, in der sich die einzelnen Ebenen voneinander unterscheiden, ergänzen.

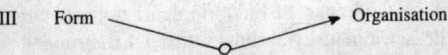

An der ersten oder genetischen Art von Evolution sind DNS und Zellorganismus beteiligt. Sie setzt auf Ebene III ein und wird auf Ebene IV korrigiert. Ebene III, die Ebene der Form, erfordert zwei Dimensionen (so wie wir für eine Planzeichnung ein Stück Papier benötigen).

Nun könnte man aber einwenden, die DNS sei linear. Dies ist aber nicht wirklich der Fall. Zwar ist die *Speicherung* der DNS linear – so wie das Magnettonband mit der Aufzeichnung von einem Konzert linear ist –, doch sind die Informationen verfügbar wie in einem Buch, bereit, zu gegebener Zeit abgerufen zu werden. Wir wissen gegenwärtig über die DNS lediglich, *daß* sie die Informationen enthält, wir wissen aber noch nicht, *wie* die richtigen Informationen zur rechten Zeit benutzt werden. Es gibt also eine verborgene, noch unentdeckte Dimension in der DNS. Wenn dies nicht überzeugt, so können wir noch auf die Grundforderung verweisen, daß jede Art von Information zweidimensional ist, da sie Begriffe und Begriffsoperationen definiert.

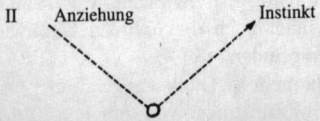

Die zweite Art von Evolution, die Evolution des Instinkts, erfolgt auf Ebene II. Sie ist eine Evolution des Verhaltens. Wir benötigen daher die *Zeit*, die eindimensional ist. Wie schon erwähnt, ist Ebene II die Ebene der Werte (Erfolg ist gut, Mißerfolg ist schlecht) und Werte bedürfen nur einer Dimension (da mehr als eine Dimension einen Wert nicht eindeutig bestimmt). Hinzuzufügen wäre noch, daß das Tier aufgrund seiner Bindung an die Zeit in der Lage ist, die Assoziationen zu bilden, die seine richtige Wahl mit einem Instinktmuster im Gedächtnis verankern, d. h. seine erfolgreiche Wahl und die Belohnung erfolgen gleichzeitig, und deshalb stellt das Tier eine Verknüpfung zwischen Belohnung und seiner Wahl her.

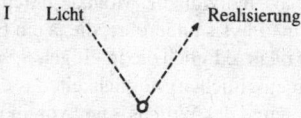

Die dritte Art von Evolution vollzieht sich weder im zweidimensionalen Raum noch in der eindimensionalen Zeit noch in der dreidimensionalen physischen Welt, da diese die Prüfstätte für alle drei Arten von Evolution ist und keine Eigenaktivität beträgt. Auf ihr spielt sich alles ab, ohne daß sie von sich aus etwas dazutut. Das Ungeeignete wird eliminiert, das richtige Verhalten bestätigt.

Die dritte Art von Evolution setzt auf Ebene I ein und endet mit der Erreichung ihres Ziels. Wie die anderen Arten von Evolution auch braucht sie Ebene IV als Prüfstätte, doch ihre Experimente erfolgen weder im Raum noch in der Zeit. Sie spielen sich in der *Gegenwart* ab. Die Gegenwart ist kein Teil der Zeit, sie ist immer die Gegenwart. Die Zeit ist ein Schatten der Gegenwart, ihr Abkömmling.

Jetzt müssen wir noch die besondere Potenz dieser Evolution herausstellen. Sie ist in erster Linie *Erkenntnis*, Erkenntnis eines Prinzips oder einer Wahrheit, Vereinigung von Gegensätzen, *Satori*. Sie ist zugleich das Privileg des Menschen und das formale Prinzip, das die Evolution des Menschen ermöglicht. Sie verwirklicht sich durch das potentiell Göttliche des Menschen.

13. Die Unterstadien des Menschenreichs

Wir beabsichtigen nun, die Stadien zu beschreiben, die der Mensch bei seiner Entwicklung als individuelle Monade durchläuft. Eine solche Entwicklung läßt seine Physis unberührt, die ja ein Erbe des Tierreichs ist, und betrifft auch nicht lediglich die Intelligenz. Sie ist vielmehr eine Kombination aller menschlichen Möglichkeiten – der Intelligenz, der Gefühle, der Intuition und des Willens – und vor allem eine Integration aller seiner Talente in ein großes Ganzes.

Zudem wird mit dem Anstieg der Erdbevölkerung deutlich, daß die Umwelt des Menschen anders geartet ist als die der Tiere. Die tierische Evolution besteht in erster Linie in der Entwicklung eines physischen Organismus, der sich durch seine Mobilität Nahrung beschaffen kann und der durch seine innere Organisation Nahrung in verfügbare Energie umzuwandeln vermag. Die Evolution des Menschen setzt da an, wo das tierische Prinzip bereits vollkommen verwirklicht ist. Die Beschaffung von Nahrung und andere Probleme müssen zwar ebenfalls gelöst werden, doch selbst bei den einfachen Naturvölkern konzentriert sich der Mensch auf andere Dinge als nur auf die unmittelbare Auseinandersetzung mit der Natur. Er wird Mitglied einer Stammesgesellschaft und verbringt einen großen Teil seiner Zeit mit Ritualen verschiedenster Art.

Dies unterstreicht die Bedeutung der Zivilisation oder des sozialen Staates in der Evolution des Menschen. Im folgenden müssen wir also den Menschen als ein soziales Tier anerkennen. Wie wir aber noch deutlich machen wollen, ist es das Selbst, das sich entwickelt, und nicht der Staat. Der Staat oder die Zivilisation, in der sich der Mensch vorfindet, ist ebenso notwendig für seine Evolution wie die Natur für die tierische Evolution. Dennoch ist das, was sich entwickelt, der Mensch als individuelles Wesen und nicht der Staat.

Dies mag den Eindruck erwecken, als ob wir das Individuum gegen den Staat abheben wollten, doch auch dies wäre ein Mißverständnis, denn wie wir im weiteren deutlich zu machen hoffen, ist die Herausbildung des Individuums nur ein Teil eines umfassenderen Prozesses hin zu einem transzendentalen Ziel. Dieses Ziel ist die Erreichung einer höheren Entwicklungsstufe, als sie durch den heutigen Menschen repräsentiert ist, ob wir sie nun mit den Begriffen »Übermensch« oder

»göttergleiche Weisheit« umschreiben. Der Prozeß, der zu diesem Ziel führt, erfordert die Auseinandersetzung der Menschen untereinander und die des Individuums mit dem Staat, doch den Endpunkt bildet weder der Kern der individuellen Persönlichkeit noch das das Individuum Übergreifende des Staates.

Bevor wir mit unserem Thema, den Unterstadien des Menschenreichs, fortfahren, müssen wir uns davor hüten, die Einteilung des Prozesses in Stadien allzu wörtlich zu nehmen. Stadien (und Unterstadien) sind nicht voneinander verschiedene Dinge, sondern verschiedene Phasen in der Entwicklung ein- und derselben Sache. Wir sollten vielleicht besser von verschiedenen Hilfsmittel für die Entwicklung ein- und derselben Monade sprechen. Sie verdecken unter Umständen das vereinigende Element, so wie bei einer Perlenkette die Schnur, die die Perlen zusammenhält, nicht sichtbar sein mag.

Wenn wir also verschiedene historische Perioden (Urzeit, Antike, heutige Zeit) mit Stadien des Menschenreichs gleichsetzen, dann meinen wir, daß sich zu diesen Zeiten die überwiegende Mehrzahl von Menschen im entsprechenden Stadium befunden hat – nicht, daß die »Zivilisation« in diesem Stadium war, denn diese ist – wie schon erwähnt –, ein Hilfsmittel, nicht das Endprodukt.

Erstes Unterstadium

Als Beispiel für den Menschen des ersten Unterstadiums drängt sich der primitive Jäger auf, der existierte, noch bevor die Landwirtschaft die Stammesgesellschaft mit ihrer Arbeitsteilung, ihrem Priesteramt, ihrer Abhängigkeit von den Jahreszeiten und der Notwendigkeit, den richtigen Zeitpunkt für die Aussaat zu bestimmen, einführte. Ich bin mir aber nicht allzu sicher, ob das die Antwort ist. Von den ganz zu Anfang existierenden Völkern erfahren wir, daß sie von den Göttern gelehrt worden seien, die ihnen zeigten, wie sie Feldfrüchte auszusäen und wie sie zu weben hatten, und die ihnen auch die Musik, die Dichtkunst und die anderen Künste brachten. Nach der Auffassung der Theosophen befanden sich die allerersten Menschen noch nicht in einem physischen Leib, so als ob damit herausgestrichen werden soll, daß der Mensch einen ganz anderen Ursprung hat als die Tiere. Schließlich gibt es auch noch die Darstellung, wonach die »Herren der Venus« die höheren Affen darauf vorbereiteten, die menschlichen Seelen zu übernehmen. Wie es heißt, sollen sich einige der Seelen geweigert haben, den Leib eines Affen zu bewohnen – eine Tragödie, wenn man die Auswirkung dieser Weigerung auf die Affen bedenkt. Irgendwie aber bin ich von dieser Darstellung ergriffen, besonders wenn ich an den Gesichtsausdruck von Affen denke.

Zweites Unterstadium

Die allgemeine Bezeichnung für das Schlüsselmerkmal dieses Stadiums ist Bindung. Vom Dominanzprinzip und von der Evolution des Menschen im Gegensatz zu der des Tieres aus gesehen wäre dies das Stadium, das der Entwicklung zu einem seines Selbst bewußten und selbstbestimmten Individuum vorausgeht. Es wäre der Mensch als Mitglied eines Stammes oder einer Zivilisation, in der sein Handeln von den Stammesriten oder von einem König bzw. Führer vollkommen vorgeschrieben wird. Bis zu einem gewissen Grad trifft dies auf alle Gruppen zu, doch dürfen wir nicht vergessen, daß die späteren Stadien aufgrund des kumulativen Prinzips immer die Merkmale beibehalten, die sich zuvor entwickelt haben. Der heutige Mensch kann also immer noch Gruppenverhalten in diesem Sinn zeigen, er kann aber auch selbstbestimmt handeln. Er kann seine Gruppenzugehörigkeit wechseln, und diese Gruppenzugehörigkeit, auch wenn sie nicht vollkommen freien Willen einräumt, hat nichts mehr von der unbewußten und impliziten Beherrschung durch die kollektive Gesellschaft im zweiten Unterstadium an sich. Aus dieser Sicht ist die politische Philosophie des Kommunismus eine Rückkehr zu diesem früheren Entwicklungsstadium, und wir würden die Veränderungen im Kommunismus, die ihn von seinen ursprünglichen Zielen immer weiter entfernen, auf die Tatsache zurückführen, daß das gegenwärtige Stadium der menschlichen Entwicklung über das eines einfachen Kollektivismus hinaus ist.

Das heutige Phänomen des »Vergesellschafteten Menschen« ist ebenfalls nicht so sehr ein Beispiel für Kollektivismus, sondern eher eine Basis, ein Hintergrund, eine Vorbedingung für die Selbstbestimmung. Das Individuum vermag nur zu sich selber zu finden, indem es das Ethos und die Sitten der Gruppe in Frage stellt, indem es ungehorsam ist, wie es in der Genesis heißt. Der vergesellschaftete Mensch von heute ist ein weitaus komplexeres und seines Selbst bewußteres Wesen als es auf Anhieb erscheinen mag. Dieser Begriff bezieht sich nicht auf einen kindähnlichen Zombie, der vollkommen nach einem geheiligten Ritual lebt – so wie wir es uns beim primitiven Menschen vorstellen können –, sondern auf das Mitglied einer äußerst wettbewerbsorientierten Gesellschaft, das einen Verhaltenskodex benutzt, um sich zu verbessern oder um Status zu erlangen – bereit, einen anderen Kodex zu übernehmen, wenn die Umstände es nahelegen.

Die Notwendigkeit solcher Differenzierungen fällt weg, sobald wir in der Zeit zurückgehen und eine primitive Zivilisation betrachten, in der der Kollektivismus noch nicht mit Elementen des Individualismus durchsetzt war. Nehmen wir beispielsweise die Zivilisation der Inkas, die Pizarro während der Eroberung von Peru vorfand. Aus zeitgenössischen Darstellungen ergibt sich das Bild einer Zivilisation mit etwa 12 Millionen Menschen, die ihre Terrassengärten pflegten, bei ihrer Arbeit sangen und ihrem König vollständig ergeben waren. Alles war durch vorgeschriebene Rituale geregelt. Es gab weder die Notwendigkeit noch die Gelegenheit für Eigeninitiative. Aber gerade diese Perfektion machte die Zivilisation der Inkas im Fall eines Angriffs extrem verletzbar, denn wie sonst könnten wir uns erklären, daß Pizarro mit seiner etwa 180 Mann starken Bande eine Rasse mit 12 Millionen Menschen eroberte? Als nämlich Pizarro den König der Inkas gefangennahm, brach das Kollektiv zusammen.

Wir könnten eine solche Zivilisation mit den von Eugene Marais untersuchten Termitenkolonien vergleichen (siehe unsere Diskussion der Gruppenseele im 11. Kapitel). Wie Marais feststellte, brach die gesamte koordinierte Aktivität einer Kolonie zusammen, wenn die Königin entfernt wurde: die Soldaten liefen wirr umher, die Arbeiter hörten mit den Reparaturtätigkeiten auf und die Kolonie löste sich auf.

Die Gründe für den Zusammenbruch können in beiden Fällen nicht vollständig geklärt werden. Ein wichtiger Punkt aber ist, daß die Individuen – die Peonen der Kollektivgesellschaft der Inkas oder die Termiten in der Termitenkolonie – in ihrer Entwicklung nicht genügend fortgeschritten waren, um bei einer Beseitigung des Führers das Kommando zu übernehmen und sich den Eindringlingen zu widersetzen. In einer fortgeschrittenen Zivilisation besäße auch »der Mann auf der Straße« genügend Selbstbestimmung, um den Widerstand zu organisieren. Für dieses Phänomen haben wir aus neuerer Zeit viele Beispiele: die amerikanische und die französische Revolution, der Untergrundwiderstand in den Ländern, die von Hitler überrollt wurden, der organisierte Widerstand gegen Mao in China in den sechziger Jahren dieses Jahrhunderts sowie der Krieg in Südostasien.

Aus den überlieferten Darstellungen kann man auch noch andere interessante Schlüsse ziehen. So schien bei den Inkas das individuelle Überleben ohne Bedeutung zu sein. Als der Führer festgenommen worden war, brach der Widerstand zusammen. Daraus läßt sich entnehmen, daß Moral im Spiel ist, und eine solche Moral hat im Falle des kollektiven Menschen nicht den Ursprung in ihm selber, sondern in einer Person oder einer Sache, die sich über ihm und seinem persönlichen Wirkungskreis befindet. Hierzu können wir auch noch andere Belege anführen. So wurde bei vielen Ausgrabungen alter Königsgräber festgestellt, daß beim Begräbnis eines Königs Mitglieder seines Hofs getötet wurden, um ihn in die nächste Welt zu begleiten. Die auf diese Weise geopferten Personen ergaben sich freiwillig und mit Gleichmut ihrem Schicksal.

Dies ist für den Menschen von heute schwer zu begreifen. In unseren Augen ist die Opferung eines Menschen brutaler Mord, doch für primitive Menschen mag ein solches Opfer nicht diese Bedeutung gehabt haben. Zunächst einmal bringt der Preis, den wir gewonnen haben – die Entdeckung des eigenen Ich und die Entwicklung der Selbstbestimmung –, auch einen Verlust mit sich, den Verlust des Empfindens, daß das Göttliche Realität ist und durch ernannte Führer wirkt. Dieses Empfinden muß früher vorgeherrscht haben, denn wir wissen aus der ägyptischen, der indianischen, ja eigentlich aus allen frühen Traditionen, daß sie ihre Zivilisationen als das Werk von Göttern hielten, die sie lehrten, zur richtigen Jahreszeit zu säen, Seide zu spinnen, Flöte zu spielen etc. Als es nun dieses Empfinden und das stillschweigende Vertrauen in die Führer noch gab, konnte kein Konflikt zwischen dem individuellen Ich und dem Gruppen-Ich aufkommen, einfach weil es noch kein Bewußtsein des individuellen Ichs gab. Wenn der Führer der Zivilisation starb, dann starb das Ich – ein Geschöpf des Führers – ebenfalls.

Wir könnten sogar noch weiter gehen und die Vermutung anstellen, daß der primitive Mensch auf der kollektiven Ebene in gewisser Hinsicht das Gefühl hatte, unsterblich zu sein. Dies ist dem modernen Denken zwar ebenfalls fremd, doch dürfen wir nicht vergessen, daß primitive Menschen mit einem Gefühl der ständigen Gegenwart des Göttlichen gelebt haben müssen; sie befragten doch ständig die Götter durch Orakel und Opfer und machten ihre Lebensführung vom Ergebnis dieser Befragungen abhängig. Sie dürften also eine vollkommen andere Einstellung zur Selbstopferung bei solchen bedeutenden Anlässen wie dem Tod eines Königs gehabt haben.

Wir bringen diesen letzten Punkt nicht nur vor, weil er hilft, den Fakten des primitiven Lebens einen Sinn zu verleihen, sondern auch, weil er die Vermutung bestätigt, die wir schon früher äußerten, daß nämlich die ersten beiden Stadien des Prozesses durch Unzerstörbarkeit, d. h. Unsterblichkeit, gekennzeichnet sind. Eine endliche Existenz in der Zeit – wie auch eine endliche Existenz im Raum – kann nur auf der

dritten und vierten Ebene auftreten, wenn Formen und eine geformte Substanz entstehen. Solche *Formen* sind zerstörbar, wohingegen die Grundbestandteile, aus denen sie sich zusammensetzen – Substanz und Funktion – unzerstörbar sind.
Auf diesen Punkt ging auch Gautama Buddha ein, als er daran erinnerte, daß der Tod das Ende aller zusammengesetzten Dinge ist.[1]

Drittes Unterstadium

Bevor der Mensch in die Lage kommt, Gesetze zu entdecken und zu benutzen, durch die die Dinge miteinander kombiniert werden (die Gesetze der Wissenschaft und der Gesellschaft), muß er sich seiner eigenen Person – im Gegensatz zu den anderen – bewußt werden. Dazu ist ein Tier nicht fähig. Ich erinnere mich an eine kleine Begebenheit mit unseren Hunden. Unser kleiner Hund hatte sich, kurz nachdem wir ihn erworben hatten, auf dem Teppich daneben benommen. Er wurde dafür bestraft, zeigte aber keine Anzeichen von Schuld oder Trauer, sondern wedelte höchst vergnügt mit seinem Schwanz. Der ältere Hund wußte, was es mit der Bestrafung auf sich hatte. Er duckte sich und machte einen zutiefst zerknirschten Eindruck. Ohne Zweifel hatte er Schuldgefühle, konnte aber das Vergehen des kleinen Hundes nicht von einem eigenen Vergehen unterscheiden.
Der Mensch lernt die Gesetze der Materie, indem er die Auswirkungen dessen, was er mit der Materie tut, beobachtet. Selbst als Zeuge der Handlung eines Theaterstücks muß er sich mit einer der Figuren identifizieren, wenn er eine Regung empfinden soll, ja schon nur um das Tragische des Stücks zu empfinden oder um Interesse an der Handlung zu bekommen. Das Ich – der Mund, durch den das Selbst die Substanz der Erfahrung aufnimmt, auf der das Wissen aufgebaut ist –, hat seine Wurzeln in der Selbstidentifikation.
Wir sind geneigt, die Zivilisation der Griechen dem dritten Unterstadium zuzuordnen. Zu dieser Zeit fingen die Leute an, die Autorität in Frage zu stellen und eigenständig zu denken. Tatsächlich ist der rationale Verstand, der für alles einen Grund suchen läßt, ein typisches Phänomen des dritten Unterstadiums. Durch das Schlüsselmerkmal aller dritten Stadien (Haupt- und Unterstadien), die Identität, die durch die Schaffung eines eigenen Zentrums erworben wird, erfolgt ein Losbrechen von der Totalität und entsteht eine Welt für sich. Diese Welt ist zwar klein, sie ist nur ein Bruchstück des Ganzen, aber sie ist rational und selbstbestimmt.

Wir wissen natürlich nur sehr wenig über alte Zivilisationen, aber aus dem, was wir wissen, geht eindeutig hervor, daß der moderne Geist mit den Griechen aufkam. Die Griechen waren die Pioniere in der abstrakten Begriffsbildung und in der Unterscheidung zwischen Begriffen und physischen Objekten. Sie waren die ersten, die die Autorität der Götter anzweifelten. Sie stellten Fragen und lernten, den Verstand zu gebrauchen. Der Mensch wurde für seine Fehler verantwortlich. Vorher galt Mißgeschick als Bestrafung durch die Götter (im Großen und Ganzen gesehen funktionierte es gar nicht so schlecht, sich auf fremde Autoritäten zu verlassen, bestand doch das ägyptische Königreich an die 4000 Jahre). Indem die Griechen die Götter auf die Ebene der Menschen herunterholten, machten sie den Menschen zu einem selbstbestimmten Wesen. Ihre Fragen riefen die Wissenschaften ins Leben.

Die Fehler selbstreflexiven Verhaltens führen zum vierten Unterstadium, zur Notwendigkeit, erste Entscheidungen anhand der Wirklichkeit zu korrigieren. Im dritten Unterstadium geht es aber um den *Ursprung* solcher Irrtümer, die Bewußtsein voraussetzen, das Licht, das das Selbst und seine unmittelbare Umgebung erhellt.

In der Entwicklung des Individuums können wir das dritte Unterstadium am Bruch mit der Autorität erkennen, zuerst am Bruch mit Vater und Mutter, später am Bruch mit der eigenen Gruppe. Die Psychologen sprechen hier von Selbstfindung, von Entdeckung der eigenen Identität. Sie markiert den Beginn der Selbstbestimmung. Nur durch sie kann das Selbst aus der Auseinandersetzung mit anderen profitieren und die Lektionen des vierten Unterstadiums lernen.

Eine Schwierigkeit rührt daher, daß wir nichts darüber wissen, wie weit auch das Leben der Griechen durch das vierte Unterstadium gekennzeichnet war. Ohne Zweifel gab es Gesetze und auch Auseinandersetzungen zwischen den Leuten. Aber in der Forschung herrschte noch nicht der ausschließliche Glaube an die Objektivität, der heute so typisch ist. Das äußerst weitverbreitete Vertrauen in die Wissenschaft, das unsere heutige Zeit von allen anderen unterscheidet, bringt eine Betonung des Weltlichen – des Irdischen – mit sich, wodurch der Eindruck entsteht, als wäre die Gegenwart für alle früheren Zeiten verloren.

Unsere Aufgabe besteht aber nicht darin, Zivilisationen verschiedenen Unterstadien zuzuordnen, sondern in der Beschreibung und Veranschaulichung der Unterstadien der individuellen Entwicklung, geht es doch gerade im siebenten Reich um die Evolution des *Individuums*.

Viertes Unterstadium

Dieses Stadium stellt eine Weiterentwicklung gegenüber der Kollektivität des zweiten Unterstadiums dar, in dem die Einheiten undifferenziert und ohne Identität sind. Es setzt auch die Selbstbestimmung und das Selbst-Bewußtsein des dritten Unterstadiums voraus. Aber noch wird nicht – wie schon im fünften Unterstadium – das Prinzip der Kombination beherrscht, denn der Repräsentant des vierten Unterstadiums, der moderne Mensch, ist bestenfalls immer noch damit beschäftigt, seine eigenen Grenzen zu finden, sich der Konsequenzen seines Handelns bewußt zu werden, das Gesetz von Ursache und Wirkung zu lernen.

Dies entspricht dem vierten Stadium in jedem Prozeß, dem Stadium, dem wir das Schlüsselmerkmal Kombination zugeordnet haben. Mit Kombination ist aber auch Trennung impliziert, und so geht es im vierten Stadium auch darum, das Gesetz so zu lernen, daß es benutzt werden kann und das Vorrücken zum fünften Stadium mit seinen Schlüsselmerkmalen Wachstum und Fortpflanzung ermöglicht.

Die für die heutige Zeit typische Bedeutung der Wissenschaft, die Kenntnis der Naturgesetze, ist ein besonderes sicheres Indiz dafür, daß sich der Mensch von heute im vierten Unterstadium befindet. Da sich außerdem die Wissenschaft nicht auf ihre praktische Anwendung beschränkt, sondern zum Credo macht, daß Gesetze überall präsent sind und alle Phänomene bestimmen, können wir den Schluß ziehen, daß die Abhängigkeit des Menschen von der Religion ihn dazu gebracht hat, die Wissenschaft in ein Glaubenssystem umzuformen.

Die Wissenschaft ist also ein Symptom, anhand dessen wir den Menschen von heute dem vierten Unterstadium zuordnen. Aber es gibt auch andere Symptome. Die Aufgabe der *Kombination* bestimmt in grundlegender Weise das Bild der modernen Welt. Der Mensch von heute ist damit beschäftigt, materielle Substanzen zu kombinieren, er konstruiert Gebäude, Schiffe, Eisenbahnen und die unzähligen technischen Vorrichtungen, die unsere Zivilisation kennzeichnen. Kombinationen von Menschen spielen ebenfalls eine wichtige Rolle: Ehen, Partnerschaften, Handelsgesellschaften, die Kombinationen von Kapital und Arbeit, von Mensch und Maschine, von Geld und Ware. Solche Kombinationen befinden sich in unaufhörlicher Bewegung, dauernd wird darum gekämpft, Lösungen zu finden, die funktionieren: Mensch gegen Mensch, Mensch gegen Maschine – immer auf der Suche nach einem *Gesetz*. Hat man ein Gesetz entdeckt und eingeführt, verlagert sich der Schwerpunkt und man setzt sich mit einer neuen Frage auseinander. Einmal sind es Eigentumsrechte, ein andermal das Wahlrecht, bald ist es das Streikrecht, bald das Arbeitsrecht. Immer aber nimmt die Zahl der Gesetze zu – seien es soziale Gesetze, moralische Gesetze, Verbandsgesetze oder wissenschaftliche Gesetze. Man strebt danach, alles durch Gesetze zu *regeln*, nichts der Willkür und Gesetzeslosigkeit zu überlassen (80 Prozent der amerikanischen Präsidenten sind Rechtsanwälte gewesen).

Das Auto, das dem Eigentümer Unabhängigkeit verleiht, ihn aber für seine eigene Sicherheit und die der anderen verantwortlich macht, ist ebenfalls ein wichtiger Beitrag zum heutigen, durch das vierte Unterstadium geprägten Leben, und ich wage zu behaupten, daß die Evolution des Menschen durch die Kontrolle, die im Umgang mit dem Auto gelernt wurde, eindeutig beschleunigt worden ist.

Es gibt noch ein Symptom, eines, das gegenwärtig akut ist, und das es erlaubt, den modernen Menschen genauer im vierten Unterstadium zu plazieren, nämlich in der Mitte, an dem kritischen Punkt, den wir »Wendepunkt« nennen. Dieses Symptom besteht darin, daß genau die Vorrichtungen, die der Mensch zur Beherrschung der Natur erfunden hat, offensichtlich außer Kontrolle geraten sind und nun sein Überleben ernsthafter gefährden als die Tücken der Natur. Die Verschmutzung der Umwelt, der Atmosphäre und der Meere, die Überbevölkerung, die Gefahr eines Atomkriegs – all das sind Bedrohungen, die aus Handlungen des Menschen hervorgegangen sind und die neue Probleme schaffen, die er lösen muß. Wie immer die Antworten darauf auch aussehen mögen, sie erfordern, daß er in einer Weise handelt, die sich von der bisherigen, die für den »Fortschritt« der Zivilisation kennzeichnend war, unterscheidet. Was er bei seinem Bemühen gelernt hat, die Kräfte der Natur seinen Diensten zu unterwerfen, erfolgte größtenteils durch Versuch und Irrtum, durch Beobachtung von Ursache und Wirkung, doch auf jeden Eroberungsschritt erfolgte eine Erweiterung des Wirkungsbereichs, die ihrerseits wiederum neue Herausforderungen mit sich brachte.

Diese Expansion nach außen stieß erst vor kurzem auf Schwierigkeiten, die dadurch entstanden, daß *der verfügbare Lebensraum nicht unbegrenzt ist*. Der Planet ist ein endlicher Globus mit einer endlichen Oberfläche. Die Gifte, die wir wegwerfen, kehren zurück. Selbst die Verbesserungen haben unglückselige Nebenwirkungen. Die Medikamente halten die Untauglichen (im Sinne Darwins) am Leben, die Düngemittel greifen störend in den Ökologiekreislauf ein, die Insektenvertilgungsmittel töten auch die Vögel, und die Spenden für größeren Wohlstand bewirken eine Inflation. Es wird deutlich, daß sich die Gesetze der Addition umkehren, wenn sie in einem Rahmen angewendet werden, der die Grenzen des verfügbaren Raums überschreitet. Der

Mensch muß Weitblick beweisen und seine beschränkte Fähigkeit in Betracht ziehen, die Verantwortungen zu übernehmen, die die Natur bisher getragen hat und deren Ausmaß sowie subtiles Gefüge erst jetzt so langsam bewußt werden.

Das Wort, das diesem neuen Bewußtsein gerecht wird, heißt *Selbstbeschränkung*. Zwar schwingen darin Dinge wie Kälte, Zwang und Einschränkung mit, doch aufgrund des paradoxen Charakters des Lebensprinzips hat sie Wachstum zur Folge. Als Paradigma diene uns der Lebenszyklus der Obelia (S. 143). Dieses Tier, das in seinem Blastularstadium, dem dritten Stadium, eine Form bekommen und Bewegungsfreiheit erlangt hat, *haftet sich in seinem vierten Stadium an den Meeresboden*. Diese Selbstbeschränkung, die die Freiheit ungehinderten Explorierens aufgibt, wird zur Grundlage für die wahre Expansion, die sich darin manifestiert, daß die Obelia zu einem großen pflanzenähnlichen Organismus heranwächst (fünftes Stadium). Diese Analogie mag willkürlich erscheinen, doch sei daran erinnert, daß die Obelia das Beispiel ist, das die Biologen zur Veranschaulichung des Lebenszyklus aller Organismen wählen.[2] Der Lebenszyklus der Obelia entspricht auch in jedem Schritt dem des menschlichen Embryos: das befruchtete Ei, das zu einem frei schwimmenden vielzelligen Organismus geworden ist (Blastocyste), haftet sich an die Wand des Mutterleibs und wächst dann zu der Form heran, die es bei der Geburt hat (ab der es die Merkmale eines Tiers annimmt, die Merkmale des sechsten Stadiums).

Wie weit wir uns nun an der Obelia (die wir als anschauliches Beispiel anbieten) orientieren, und ob wir uns von empirischen Beispielen oder von deduktiven Prinzipien leiten lassen, wir müssen uns dessen bewußt werden, daß das Versprechen einer Zukunft für den Menschen abhängig ist von einer innerlichen, von uns selber in Gang gesetzten Wandlung, einer Wandlung wie der eines Trinkers, der *selber* entscheiden muß, was für ihn das Beste ist, oder die des verlorenen Sohns, der heimkehrt. Diese innere Wandlung wird dem Menschen weder von der Natur noch vom Staat abgenommen. An diesem Punkt im menschlichen Drama besitzt die Gesamtheit der Natur lediglich Zuschauerfunktion, der Mensch ist der einsame Protagonist.

Diese Entscheidung wird dadurch äußerst schwierig gemacht, daß der Mensch von heute den Glauben an seine spirituelle Herkunft verloren hat. Dies ist rückführbar auf das Wesen des vierten Stadiums, auf den Glauben an die Determiniertheit aller Dinge und an die Allmacht objektiver Gesetze. Es ist schon sonderbar: der Mensch, der die Wissenschaft ins Leben gerufen hat – das Werkzeug aller Werkzeuge, wo die Entdeckung eines jeden einzelnen Werkzeugs schon eine Erweiterung der Einflußsphäre des menschlichen Willens darstellt –, dieser Mensch leugnet im Namen der Wissenschaft genau die Kraft, durch die er zur Schaffung der Wissenschaft imstande war.

Fünftes Unterstadium

Da das Schema, das wir aufstellen, mit Menschen zu tun hat – oder besser gesagt mit der Entwicklung oder Evolution der Monade (und an diesen Begriff können wir uns ebensogut gewöhnen) –, wirft das fünfte Unterstadium keine besonderen Probleme auf, da wir es außergewöhnlichen Menschen zuordnen können, Menschen wie Galilei, Goethe, Napoleon, Mozart, Shakespeare und Beethoven, also den Größen der Geschichte. Die Auswahl solcher Personen sollte aber auf objektiven Überlegungen beruhen.

Wir wollen nun im Interesse der Objektivität herausfinden, welches theoretische Kriterium sich für die Zuordnung zum fünften Unterstadium dieses Reichs eignet. Erinnern wir uns, daß das vierte Unterstadium durch das »Lernen des Gesetzes« gekennzeichnet war. Demnach würde nach unseren Erwartungen das fünfte Unterstadium an dem Punkt beginnen, an dem *das Gesetz gelernt worden ist,* also wenn das betreffende Wesen – wie die Zelle, mit der das Leben beginnt – aus sich selber die Bestandteile hervorbringen kann, die es braucht, um etwas weitaus Größeres, als es zu Anfang ist, zu organisieren. Es ist nicht mehr einfach das Lernen des Gesetzes, sondern seine Beherrschung. Damit wird zum Ausdruck gebracht, daß Personen des fünften Unterstadiums außergewöhnliche Fähigkeiten zeigen, die sich sogar schon früh im Leben manifestieren können.

Es gibt viele Beispiele für das frühe Auftreten außergewöhnlicher Fähigkeiten bei den Großen der Menschheitsgeschichte. Mozart schrieb Symphonien im Alter von sieben Jahren. Newton, der nicht als frühreif galt, stellte als kleiner Junge mechanische Spielzeuge her, u. a. eine durch eine Maus angetriebene Mühle, die Mehl mahlte, und eine richtig gehende Uhr. Pascal bewies im Alter von 16 Jahren ein wichtiges Theorem, auf das sich die gesamte projektive Geometrie aufbaut. Und Galois, der im Alter von 21 Jahren starb, hinterließ der Welt einen Beitrag, der der Mathematik seiner Zeit um 50 Jahre voraus war.

Das Auftreten außergewöhnlicher Fähigkeiten im frühen Alter ist kein notwendiges Merkmal eines Genies, ebensowenig wie es ein Kriterium für das fünfte Unterstadium darstellt. Die oben genannten Beispiele sollen nur dazu dienen, das Wesentliche an unserem Problem herauszuheben. Wie können wir uns außergewöhnliche Fähigkeiten anders erklären als mit dem Erbe der Evolution der Monade (im Gegensatz zu genetischer Vererbung oder Umwelteinflüssen)? Bell[3], der das Leben des Mathematikers Gauß beschrieben hat, erzählt einen Vorfall, der sich ereignete, als Gauß noch nicht drei Jahre alt war. Sein Vater stellte die wöchentliche Lohnliste für die Arbeiter zusammen, die für ihn tätig waren. Als er am Ende seiner langen Berechnungen anlangte, hörte er erstaunt seinen kleinen Sohn piepsen: »Papi, die Berechnungen stimmen nicht, es muß sein...«. Die Nachprüfung gab dem Sohn Recht. Die Fähigkeiten von Gauß waren während seines ganzen Lebens phänomenal, doch wie andere Wunderkinder auch fing er nicht bei Null an. Seine Fähigkeiten zeigten sich, sobald er das Sprechen gelernt hatte.

Betrachtung des grundlegenden Problems der menschlichen Evolution: das Genie

Das Problem, mit dem wir uns im ganzen siebten Hauptstadium, ja in unserem ganzen Schema (S. 114 f.) auseinandersetzen, macht sich hier in diesem fünften Unterstadium mit größter Eindringlichkeit bemerkbar, nämlich dann, wenn wir zu den großen Schöpfern und zu den großen Führern kommen. Wie kam es zu ihrer Größe? Sie auf gewisse Merkmale zurückzuführen – etwa auf eine unendliche Schaffenskraft (so Carlyle in seiner Biographie Friedrichs des Großen), auf ein inspiriertes Genie, auf eine feste Entschlossenheit zur Bewältigung von Schwierigkeiten oder auf eine außergewöhnliche Fähigkeit zur Beeinflussung von Menschen – heißt nicht, sie zu erklären.
Die Tatsache aber, daß es die herausragenden Erscheinungen der Menschheitsgeschichte sind, die das Problem in den Mittelpunkt rücken, ist an sich schon bedeutsam. Kann es sein, daß wir etwas übersehen, dessen Erbe das gewöhnliche Leben ist? Auch auf die Gefahr hin, daß wir uns wiederholen, wollen wir den Leser bzw. die Leserin daran erinnern, woraus er bzw. sie besteht, nämlich aus:

ca. 10^{12} (1 000 000 000 000) Körperzellen,
ca. 10^{9} (1 000 000 000) Molekülen pro Körperzelle, und aus
ca. 10^{6} (1 000 000) Atomen pro durchschnittlichem Molekül (das DNS-Molekül setzt sich aus Milliarden von Atomen zusammen, andere Moleküle besitzen lediglich Tausende, wiederum andere sogar nur einige wenige Atome.)

Jeder bzw. jede von uns ist eine solche Hierarchie, eine Anordnung von etwa 10^{27} Atomen, die jeweils ihre Aufgaben erfüllen, damit wir ein

Buch lesen, das Unkraut im Garten jäten oder ein Auto fahren können.[4]

So gesehen, im Hinblick auf die Komplexität seiner Organisation, ist der Mensch schon ein phantastisches Wesen. Und doch scheinen wir das Beispiel des Genies zu brauchen, um uns zu fragen, wieso jemand mit vier Jahren Musik komponieren und mit sieben Jahren ganze Symphonien schreiben kann.

Im Fall des Genies – des mathematischen Genies oder des musikalischen Wunderkinds – können wir das Geniale nicht einfach auf die Vorfahren zurückführen. Die Vorfahren großer Männer sind in vielen Fällen recht gewöhnliche Menschen gewesen und vermögen das Genie in keinem Fall zu erklären. Auch haben große Menschen keine bemerkenswerten Kinder. Kurz, wir müssen uns nach etwas anderem als den Vorfahren umsehen, um uns Größe verständlich zu machen.

Wie schon gesagt, eignet sich das Gruppenseele-Konzept, das wir für die Erklärung der ausgeprägten Instinkte von Tieren entworfen haben, nicht für den Menschen. Wir haben es hier mit dem Individuum zu tun, und wir meinen, daß individuelle Kompetenz oder Größe ohne eine viele Lebensspannen umfassende Entwicklung nicht denkbar ist. Sobald wir erkennen, daß Größe eine solche Entwicklung voraussetzt, wird offenkundig, daß auch normale menschliche Fähigkeiten sie bis zu einem gewissen Grad benötigen. Dies geht in der Tat aus allen Stadien und Unterstadien in unserem Schema (S. 114f.) hervor: in jedem Fall werden wir von der Notwendigkeit der Annahme überzeugt, daß die in den vorausgegangenen Stadien angesammelten Fähigkeiten und Merkmale als Erbe übernommen werden.

Unser Schema ist also in diesem Sinne eine Bilanz von Soll und Haben, von Investitionen und Ausgaben der Einheiten der Natur. Es ist eine Bilanztabelle, weil in ihm alles Erworbene auf seinen Ursprung zurückgeführt und auf diese Weise undefinierte Posten auf ein Minimum reduziert werden sollen. Es ist das Prinzip der kleinsten Wirkung[5], bezogen auf den Evolutionsprozeß. Mit anderen Worten: es zeigt den kürzesten Weg, wie sich das Einfache zum Komplexen entwickeln kann. Zu leugnen, daß das Komplexe vorausgegangene Entwicklungen als Erbe übernimmt, hieße zu behaupten, daß das Komplexe spontan auftritt.

Wir haben betont, daß im Kern aller Lebensprozesse das Spontaneitätsprinzip ständig wirksam ist, wir haben dieses Prinzip aber nicht postuliert, um Ursache und Wirkung zu ersetzen. Wenn ein anderer Eindruck entstanden sein sollte, dann größtenteils deswegen, weil in anderen Darstellungen die Schwierigkeiten übersehen worden sind, das Problem ignoriert statt erklärt wurde.

Nun weiter. Im fünften Unterstadium erwarten wir das Auftreten einer Fähigkeit analog zu der von Pflanzen (fünftes Hauptstadium), die nicht nur bis zu erheblicher Größe heranwachsen, sondern auch Samen hervorbringen, die ein Eigenleben führen. Diese Fähigkeit zur Fortpflanzung besteht ebensosehr im Verzicht auf Autorität (im Gewähren von Unsicherheit) wie in der Übertragung eines Musters (im Erzwingen von Sicherheit).

Diese Fähigkeit wird auch zum Kriterium für Personen des fünften Unterstadiums, seien es Schriftsteller, Maler, Komponisten, Mathematiker, Physiker, Staatsmänner oder politische Führer: *wenn das, was sie geschaffen haben, eigenständig wird* (wie Pflanzensamen) *und seinen Schöpfer überlebt, dann gehören sie dem fünften Unterstadium an*. Der Erfolg zu Lebzeiten reicht nicht aus, da er durch die Person selber bedingt ist.

Hier im siebten Hauptstadium stoßen wir allerdings auf eine besondere Schwierigkeit: dadurch, daß wir uns selbst in ihm befinden, haben wir nicht – wie bei den anderen sechs Hauptstadien – den Vorteil einer Perspektive, die uns seine Lebewesen objektiv zu betrachten erlaubt. Auch fehlen uns wissenschaftliche Klassifikationen. Wir müssen nicht nur die Klassifikationskriterien selber definieren, sondern auch den so definierten Klassen Elemente zuordnen.

Wir können die Klassifikationen nicht benutzen, die gewöhnlilch angewendet werden, also beispielsweise Autoren, Staatsmänner, Komponisten, Wissenschaftler etc. Dies sind horizontale Klassifikationen, die nicht unbedingt mit der Fähigkeit *an sich* etwas zu tun haben brauchen. Wir müssen alle Berufe als gleich qualifiziert betrachten. Auch dürfen wir nicht das Urteil der Zeitgenossen einbeziehen, sondern müssen die Zeit selber über den Faktor urteilen lassen, den wir als entscheidend ansehen, nämlich die Lebensfähigkeit dessen, was große Menschen geschaffen haben. Wir wollen deshalb einige typische Beispiele aus der Geschichte und aus verschiedenen Berufen anführen:

Maler: eine Reihe großer Renaissancemaler, beispielsweise Giotto, Leonardo, Raphael, Tintoretto, Tizian u.v.a.; Rembrandt, Rubens, Vandyke; auch Maler aus neuerer Zeit, etwa die Impressionisten. (Maler der Moderne haben wir weggelassen, weil wir das Urteil der Zeit noch nicht wissen.)
Komponisten: Bach, Beethoven, Brahms, Chopin, Haydn, Mozart, Wagner.
Staatsmänner: Bismarck, Alexander der Große, Elizabeth I, Garibaldi, Napoleon, Washington (man beachte, daß jeder bzw. jede von ihnen den ersten Impuls – die Saat – für eine neue Nation oder eine neue Regierungsform gegeben hat).
Autoren: Blake, Dickens, Goethe, Shakespeare, Molière, Yeats.
Wissenschaftler: Euklid, Clerk-Maxwell, Galilei, Kepler, Leibniz, Newton

(man beachte auch hier den Beitrag zur späteren Entwicklung der Wissenschaft: diese Männer waren Schöpfer, Begründer neuer Konzepte).

Eine solche Aufzählung soll nur Beispiele dafür geben, was wir unter Menschen verstehen, denen wir die Saat, den kreativen Impetus, für neue Entwicklungen verdanken, für Entwicklungen, die man als kulturelle Fortschritte bezeichnen könnte.

Das individuelle Ich als Träger und Vermittler

Wir sollten uns nun unmißverständlich zu der Position bekennen, daß wir den Menschen in bezug auf seine Evolution nicht als Zelle eines sozialen Körpers betrachten. Nach unserer Anschauung befindet er sich in diesem Stadium nicht in der Entwicklung zu einem kollektiven Superorganismus. Teilhard de Chardin ist so interpretiert worden, und es gibt eine allgemeine Tendenz, sich das, was nach dem Menschen kommt, als eine Art sozialen oder rassischen Organismus vorzustellen, in dem Individuen lediglich die Funktion von Zellen haben. Dies ist nicht die Richtung, in die unsere Prozeß-Theorie weist. Unserer Meinung nach besagt sie, daß das siebte Stadium – zumindest bis zum Ende des fünften Unterstadiums – durch eine Evolution gekennzeichnet ist, *deren Träger Individuen sind*. Wir glauben, daß große kreative Individuen konkrete Beispiele für das fünfte Unterstadium des siebten Hauptstadiums sind. Die Tatsache, daß manche Menschen diese Ebene der Kompetenz oder Fähigkeit erreicht haben, ist ein Beweis dafür, daß sie ein evolutionäres Stadium ist, das demnach *alle* Monaden in ihrer Entwicklung durchlaufen müssen.
Selbst mit Hilfe der von uns aufgestellten Theorie haben wir Mühe, das zum Ausdruck zu bringen, was in der Genesis in recht einfache Worte gekleidet ist. Die Schlange sagt:

Gott weiß vielmehr: Sobald ihr davon eßt, gehen euch die Augen auf; ihr werdet wie Gott und erkennt Gut und Böse.

»Gehen euch die Augen auf« – das entspricht dem, was wir als »Wendepunkt« bezeichnet haben. Wie bereits betont, fassen wir diesen Wendepunkt als die Grundlage für die höheren Stadien des Prozesses auf. Es ist der Punkt, an dem die Wesenheit – nachdem sie ihr anfängliches Potential an freier Energie ausgeschöpft hat – »ihr eigener Lehrmeister« wird und sich selber zu kontrollieren beginnt. Eine vergleichbare Kontrolle von Energie ermöglichte die komplexen Moleküle des zellulären Lebens und damit die Pflanzen.
Wir könnten die Fähigkeit von Pflanzen, das Sonnenlicht in Ordnung

umzuwandeln, mit der Fähigkeit des Genies vergleichen, das Göttliche in Werke umzusetzen. Das Göttliche, das sich im Strom des Weltgeschehens – im Prozeß – manifestiert, brauchen wir nicht in Frage zu stellen, denn ob wir es nun »göttlich« oder »natürlich« nennen, wir nehmen seine Gegenwart wahr, auch wenn es nur das Genie ist, das es in Werke einzufangen vermag.

Wenn diese Argumentation nicht überzeugen sollte, dann könnten wir auch auf die logische Notwendigkeit hinweisen, ein Kompetenzstadium in der Evolution der menschlichen Monade anzunehmen, das der Fähigkeit der Pflanzen zu Wachstum und Fortpflanzung entspricht. Eine solche Kompetenz ist gleichwertig mit den kreativen Fähigkeiten der Größen der Menschheitsgeschichte. Oft wird behauptet, daß spirituelles Wachstum dieser weltlichen Kompetenz vorausgehen kann, eine Annahme, zu der religiöse Menschen neigen, doch bin ich davon überzeugt, daß eine noch so edle Hingabe der Persönlichkeit, etwa die Opferung weltlicher Güter, nur authentisch sein kann, wenn die Persönlichkeit zu voller Reife gelangt ist.

Mit anderen Worten: ich bin fest der Meinung, daß das Verschmelzen in einen Superorganismus – wenn überhaupt – erst nach Abschluß der individuellen Entfaltung, am Ende des fünften Unterstadiums, erfolgen kann. Denn so wie für das dritte Unterstadium die Trennung des Selbst von der Gruppe oder der Anfang der individuellen Entwicklung ist, so kennzeichnet das fünfte Stadium das Ende der individuellen Entwicklung und die Wiedervereinigung des Selbst mit der Gruppe, das die als Individuum gewonnenen Erfahrungen in sie einbringt.

Das sind unsere Gefühle, weshalb wir die Auffassung verwerfen, das auf den modernen Menschen folgende Stadium sei das eines Superorganismus, in dem die einzelnen Menschen die gleiche Rolle spielen wie Soldaten in einer Armee. Schon dieser Vergleich geht am Wesen einer Armee vorbei, denn die Armee ist immer nur so gut wie ihre einzelnen Mitglieder, seien es Generäle, Offiziere oder einfache Soldaten. Organisationen wie eine Armee sind aus unserer Sicht Prüfstätten für das Selbst, das in seinem Bereich eine ähnliche Allgemeinkompetenz erlangen muß wie ein General auf seinem Gebiet, um zu einem weiteren Entwicklungsstadium fortschreiten zu können.

Wir müssen uns also bewußt machen, daß die höheren Unterstadien der Evolution, die auf das fünfte Unterstadium folgen, nur erreicht werden können, nachdem im fünften Unterstadium die spezielle Aufgabe des Wachstums des Selbst erfüllt worden ist. Wir können aber die Verbreitung der Saat, die eine Art Aufgabe des Selbst ist, als den Beginn der Hingabe an etwas weitaus Größeres als das individuelle Selbst auffassen.

Wir ordnen also dem fünften Unterstadium eine gewaltige Aufgabe zu. In ihm beobachten wir die Entwicklung übermenschlicher Fähigkeiten und die Erschaffung von Werken – seien es Kunstwerke, neue Konzepte oder neue Nationen –, die ihren Schöpfer überleben. Solche Schaffensprozesse mögen für die Entwicklung der Zivilisation notwendig sein und zu der Auffassung verleiten, die Zivilisation führe eine Art Eigenleben, doch betonen wir, daß sie nicht Selbstzweck ist. Vielmehr ist sie die Stätte oder das Spielfeld, auf dem die Monade Übungsmöglichkeiten vorfindet.

Kundalini – ein Phänomen des fünften Unterstadiums

Bisher haben wir uns mit eher ungreifbaren Aspekten der menschlichen Evolution befaßt, indem wir das Kriterium von Werken, von Wirkungen statt von Ursachen benutzten. Wir können sagen, daß die Stücke von Shakespeare ein Eigenleben führen, doch wissen wir nichts über das Genie, das sie hervorbrachte. Dies ist zu erwarten, denn mit unserer Methode geben wir nicht vor, die Fähigkeiten auf etwas anderes oder Einfacheres als sich selber zurückzuführen. Deshalb müssen wir in unserer Darstellung ständig auf Beispiele verweisen, deren Rechtfertigung darin besteht, die Unbekannten auszusortieren und in der Anzahl zu reduzieren statt sie zu erklären.

Dieser Vorsichtsmaßregel eingedenk wollen wir jetzt auf ein Phänomen zu sprechen kommen, das in der Hindu-Tradition beschrieben wird. Es ist die Schlangenkraft[6] oder das Kundalini des Yoga.

Kundalini ist eine »Kraft«[7], die – wie uns Yoga-Meister und fortgeschrittene Yoga-Schüler erklären – durch Meditation geweckt wird. Diese Kraft soll vom unteren Ende der Wirbelsäule ausgehen und durch sie hochfließen, wobei sie die verschiedenen Nervenzentren miteinander verbindet. Diese Zentren werden Chakras genannt, und im einzelnen handelt es sich um das Wurzel-Chakra, Milz-Chakra, Nabel-Chakra[8], Herz-Chakra, Kehl-Chakra, Stirn-Chakra und das Kronen-Chakra. Die Chakras werden in der westlichen Wissenschaft nicht als solche anerkannt, entsprechen aber den Ganglien oder Zentren des autonomen Nervensystems sowie möglicherweise den Drüsen mit innerer Sekretion (die sich in etwa an den gleichen Orten befinden). Wie auch immer, die Kundalini-Kraft würde eine *Verbindung* zwischen einer Reihe von Zentren, die den menschlichen Organismus kontrollieren, herstellen.

Wenn wir annehmen, daß das auch noch so ungreifbare Schlüsselmerkmal Dominanz *irgendeine* physische oder quasi-physische Verkörperung haben muß, und wenn wir uns daran erinnern, daß der Durch-

schnittsmensch wenig oder gar keine bewußte Kontrolle weder über autonome Funktionen – Sexualfunktionen, Verdauungsfunktionen, Blutkreislauf etc. – noch über Drüsenfunktionen, die das Wachstum oder andere Körpervorgänge regulieren, besitzt, dann ist zu erwarten, daß es in der Evolution des Dominanz-Prinzips irgendeine Verbindung dieser Subhierarchien geben muß.
Die Kundalini-Kraft hat offenbar eine solche verbindende Funktion, und wenn sie nicht vorzeitig und unter adäquater Selbstkontrolle geweckt wird, ordnet sie die Energien des Sexualzentrums und anderer Zentren der Kontrolle des Selbst unter. Eine solche Verbindung ist ausgesprochen typisch für das fünfte Stadium, das wir oft mit einer Kette verglichen haben – denken wir an die Kette aus Zellen, aus der die Vegetation im Grunde besteht, an die Kette von Generationen bei der Fortpflanzung, und an die Kommandokette in der Hierarchie. Zu erinnern wäre auch an die fünften Unterstadien anderer Hauptstadien, an die Polymere (Kettenmoleküle), die Kalamiten (segmentierte Gefäßbündel) und die Metamere (Tiere, die sich aus einer Kette von Segmenten zusammensetzen).
Wir glauben deshalb, daß die Kundalini-Kraft die Rolle der Kettenbildung erfüllt, die im fünften Unterstadium des siebten Hauptstadiums zu erwarten war. Wir nehmen auch an, daß jene großen Männer und Frauen, die ihre weit überdurchschnittliche kreative Potenz unter bewußter Kontrolle hatten, diese »Kraft« bereits einsetzten, indem sie sie der zentralen Kommandostelle oder dem Selbst gefügig machten.

Die Transzendierung der Persönlichkeit

Wie wir festgestellt haben, beginnt das fünfte Unterstadium, sobald die Monade die Fähigkeit erlangt hat, Werke zu schaffen, die leben – eine Fähigkeit, die vergleichbar ist mit der von Pflanzen, Samen hervorzubringen, die eigenes Leben beinhalten. Wie markieren wir nun das Ende des fünften Unterstadiums?
Da die Schlüsselmerkmale kumulativ sind, erwarten wir nicht, daß diese Fähigkeit irgendwie verlorengeht. Wir müssen uns deshalb nach einem neuen Merkmal umsehen – einem Merkmal, das diese Fähigkeit durch Wandlung oder *Transformation* transzendiert. Wir brauchen aber andere Richtlinien. Welche Aufgabe hat das fünfte Unterstadium?
An dieser Stelle ist es angebracht, wieder auf die Ebenen zu verweisen. In den Stadien 3 bis 5 durchschreitet die Monade die beiden unteren Ebenen.
Stadium 3 führt die Möglichkeit der *Formbildung* ein. Im Falle der Monade ist die Form ein *Ich* oder ein individuelles Wirkungsprinzip.

    1 Zweckbestimmtheit   7 Ziel
    2 Substanz   6 Mobilität
       3 Form   5 Organisation
                     4 Objekte

Diese Begrenzung ist notwendig für ihre frühe Entwicklung, erweist sich aber später als Handikap. Im dritten Stadium ermöglicht das Vorhandensein eines eigenen Zentrums Wissen. In der Genesis wird in diesem Zusammenhang das Essen vom Baum der Erkenntnis von Gut und Böse genannt. Die Genesis bestätigt auch, daß das Einhalten dieser Diät über eine bestimmte Zeit die Menschen »weise wie Götter« macht und sie »Gut von Böse unterscheiden« läßt.

Wie bereits erwähnt, hat das Genie das Gesetz gemeistert. Es weiß, wie es die Dinge zu tun hat, wie es schaffen, malen, schreiben, komponieren, regieren, handeln muß – kurz: wie es seine Fähigkeiten umsetzen muß. Die Erkenntnis von Gut und Böse impliziert aber noch mehr, nämlich daß diese Fähigkeiten nicht Selbstzweck werden dürfen – daß man sich nicht durch sie korrumpieren lassen darf. Hinweise darauf fanden wir bereits im Wachstumsprinzip. Die Wachstumskraft muß an den Samen weitergegeben werden, sonst würde der Samenträger zerstört.

Diese Unfähigkeit, mit der absoluten Kraft fertig zu werden, ist auf die endlichen Grenzen des Ich zurückzuführen, auf eben die Eigenschaft, die Lernen ermöglicht. Wenn aber die Evolution weitergehen soll, muß sie das Ich – die Persönlichkeit – transzendieren. Wie ich vermute, dürfte dies letztlich dazu führen, daß ein physischer Körper nicht mehr gebraucht wird, denn sogar ohne Erweiterung des Selbst würde die beteiligte Energie den Körper mehr strapazieren, als er aushalten könnte – wie eine zu hohe Spannung die Glühbirne durchbrennen läßt.

Die Transzendierung der Persönlichkeit ist somit die Aufgabe des fünften Stadiums. Vielleicht markiert sie die Mitte dieses Stadiums, und seine Obergrenze wäre dann der Punkt in der weiteren Entwicklung der Monade, an dem sie alles, was sie braucht, aus einer selbstlosen Hingabe an große Aufgaben gelernt hat, *ohne* den Anreiz, die Persönlichkeit zu profilieren. Wenn wir die Menschheitsgeschichte überblicken, fällt es uns nicht schwer, zwischen den auffälligeren Persönlichkeiten – Byron, Königin Elizabeth, Paganini etc. – und den weniger auffälligen Menschen mit noch größeren Fähigkeiten – Goethe, Friedrich der Große, Bacon u. a. – zu unterscheiden. Zu letzteren zählen wohl auch die bemerkenswerten Künstler der Renaissance – Tizian, Giorgione, Leonardo da Vinci –, von denen wir im Vergleich zu den charismatischen Persönlichkeiten sehr wenig wissen. Wir kennen nur ihre Werke. Sicherlich gibt es größere und kleinere Genies, und wenn das Aufgeben der Persönlichkeit die Aufgabe des fünften Unterstadiums ist, dann markiert dieses Opfer seinen Angelpunkt.

Das Genie – Streiflichter aus anderer Perspektive

Das moderne Leben leidet unter seinem Bemühen, alles auf sein eigenes Niveau herabzuziehen, das Große seines Nimbus zu berauben, und es lohnt sich vielleicht tatsächlich – schon nur zu unserer Unterhaltung –, das Genie aus einem ganz anderen Blickwinkel kennenzulernen. George Washington wird vielleicht keine Schilling-Münze über den Potomac-Fluß geworfen haben, doch Willoughby, der in gewissenhafter Weise die Rekorde von Sportlern zusammengetragen hat[9], erzählt uns, daß einer der ersten US-Rekorde im Weitsprung mit Anlauf 7 Meter betrug, daß er von George Washington im Alter von 18 Jahren aufgestellt wurde, und daß er über hundert Jahre unübertroffen blieb. Washington war auch ein erstklassiger Ringer, ebenso Abraham Lincoln.
Willoughby berichtet auch, daß Leonardo da Vinci u. a. ein Kunststück beherrschte, mit dem er seine Besucher gern in Erstaunen versetzte: er sprang mit den Füßen nach oben zur Decke und trat dabei gegen einen Kronleuchter. Douglas Fairbanks Sr. – so Willoughby – konnte aus dem Stand mit beiden Beinen auf ein ca. 1,50 Meter hohes Podest springen. Ich selber habe beim Lesen der Lebensgeschichten von Menschen, die aufgrund ihrer anderen Fähigkeiten große Genies gewesen sein dürften, herausgefunden, daß sowohl vor Benvenuto Cellini als auch vor Cheiro (dem Handwahrsager) Menschen, die deren Zorn erregt hatten, auf den Boden fielen, ohne von ihnen berührt worden zu sein. In seiner Autobiographie berichtet Cellini über eine Reihe von Vorfällen, die auf übermenschliche körperliche Fähigkeiten hinweisen und die nicht zu glauben wären, wenn nicht auch Cellinis Kunstwerke die Grenzen des Faßbaren übersteigen würden.
Ich meine nun nicht, daß sportliche Hochleistungen irgendetwas mit dem Genie zu tun haben. Es sind die Werke des Genies, die ihm seine Bezeichnung einbringen, doch ich versuche, mit dem Hinweis auf die erstaunlichen physischen Fähigkeiten die Aufmerksamkeit auf das zu lenken, was hinter dem Genie steht, nämlich auf die Monade – um ein Empfinden dafür zu wecken, welch gewaltige Kräfte in einer Monade schlummern.
Das Wesentliche ist meiner Meinung nach, daß die Werke des Genies – so groß sie auch sein mögen – physisch träge sind und angepaßt werden

können, wohingegen die Monade hinter ihnen vital ist und jedes Mal von neuem schafft. Sie ist deshalb ungreifbarer, universeller, bewundernswerter als ihre Werke – und man sollte sich bewußt machen, daß die Monade, was sie auch sein mag, nicht nur malen, erfinden etc. kann, sondern auch den Körper mit Leben erfüllt.

Eine andere Beobachtung, die diesen Punkt unterstreicht, ist die Lebensfähigkeit mancher historischer Figuren. Sir Thomas Overbury, der von seinen politischen Feinden ermordet wurde, widerstand Gift in Mengen, die zwanzig Menschen umgebracht hätten. Rasputin, der geheimnisumwitterte Mönch aus Rußland, überstand Giftanschläge, Stich- und Schußverletzungen, denen ein normaler Mensch erlegen wäre. Swami Rama, der Yoga-Meister, der in der »Menninger Foundation« getestet wurde, vermochte nicht nur seinen Herzschlag willentlich zu stoppen, sondern aß auch Kaliumzyanid, um die Macht des Geistes über den Körper zu demonstrieren. Diese Kunststücke, die für sich betrachtet reine Wunder sind, gewinnen in unserem Zusammenhang eine besondere Bedeutung, denn zusammen mit den Kunstwerken, der Macht über andere Menschen etc. sind sie Beweise für den zunehmend hohen Evolutionsstand der Monade. Sie werden noch bedeutsamer, wenn wir jetzt zum sechsten Unterstadium kommen.

Das Ende des fünften Unterstadiums: eine Vorahnung des Kommenden

Wie sollen wir das Ende des fünften Unterstadiums charakterisieren? Wir können zumindest seine untere Grenze markieren, nämlich an dem Punkt der Evolution der Monade, an dem sie alles erworben hat, was für die Inkarnation als Ich erforderlich ist, an dem sie – um auf unser nächstes Kapitel vorzugreifen – »die Mühen des Herkules« hinter sich gebracht hat, an dem sie die Frucht vom Baum der Erkenntnis gegessen und den Baum des Lebens entdeckt hat. Das sechste Unterstadium ist jenseits der Persönlichkeit.

Das Ende des fünften Unterstadiums ist ein Punkt, an dem wir anfangen können, die moralischen Prinzipien mit den Prinzipien der Evolution in Einklang zu bringen. Das, was in der christlichen Tradition als »Sündenfall des Menschen« bezeichnet wird, ist der Abstieg des Lebensfunkens – der selber göttlichen Ursprungs ist – in eine *sterbliche* Existenz. Warum? Damit er Gut und Böse unterscheiden lernt oder – auf unsere Prozeß-Theorie bezogen – damit er das Gesetz lernt und es benutzt.

Wie kann er das? Zunächst muß er ein Ich erwerben, ein Zentrum, von dem aus er Handlungen initiieren und die Konsequenzen aus diesen Handlungen sehen kann. So – und nur so – kann die Monade lernen, denn die moralischen Konsequenzen einer Handlung haben nur Bedeutung für den, von dem sie ausgeht. Man muß sich etwas »zu eigen machen«, um Verantwortung zu lernen.
Wenn A mit Absicht B verletzt, leidet B, aber die moralischen Konsequenzen prallen auf A zurück, wo sie das Bedürfnis wecken, den Fehler zu berichtigen. Dieses Berichtigen kann Zeit, manchmal sogar ein ganzes weiteres Leben kosten (die Grundlage für die Karma-Lehre der Hindus).
So führt das Karma, die Manifestation des Ursache-Wirkung-Gesetzes auf der psychischen Ebene, zur Erkenntnis von Gut und Böse und liefert die Basis für das Wachstum der Monade, für ihre Eroberung der Materie. Am Ende des fünften Unterstadiums hat sie diese Lektion gelernt. Sie braucht das Zentrum nicht mehr, das für die Selbstbestimmung und die Erfahrung der Konsequenzen ihres Handelns notwendig war.[10] Wir sind zu der Annahme berechtigt, daß sie jetzt das werden kann, was Joan Grant das »Integrale«, die Synthese aus allen ihren früheren Existenzen nennt.[11]
Das, was die Monade in ihrer langen Evolution gelernt hat, ist nicht verloren. Wenn wir den Unterschied zwischen Tier und Pflanze als Analogon zum Unterschied zwischen dem sechsten und dem fünften Unterstadium heranziehen, so geht es im sechsten Unterstadium um *Animation*. Die Form als solche wird transzendiert und kann nun frei variiert und benutzt werden. Der Schwerpunkt verlagert sich auf den dynamischen oder energetischen Aspekt.
In dieser Schlacht geht es um die Besiegung oder Bewältigung der zwanghaften Natur des Begehrens, das im zweiten Stadium den Fall herbeigeführt hatte. (Das Begehren ist dynamisch, im Gegensatz zur statischen Form). Doch diese Worte sind kaum geeignet, um das sechste Unterstadium treffend zu charakterisieren. Wir müssen weiter in die Tiefe gehen.

Jenseits des Genies

Einen wichtigen Anhaltspunkt finden wir in den Arbeiten großer Maler. Ich muß jetzt das Risiko eingehen, Werturteile über Kunstwerke zu fällen. Meine Prämisse lautet, daß manche Renaissancemaler – Tizian, Correggio, Veronese, Leonardo da Vinci und andere sehr große Maler – Fähigkeiten einer höheren Ebene demonstrieren als beispielsweise die Impressionisten, deren Bilder als schöner beurteilt werden mögen, aber dennoch nicht den Grad an technischer Meisterschaft zeigen, der in den Werken früherer Maler deutlich wird. Dieser Punkt ist ein Schlüssel für den Zugang zum sechsten Unterstadium.

Worauf ich besonders anspiele, ist beispielsweise die außerordentliche Lebendigkeit des menschlichen Körpers bei Tizian oder der hypnotisierende Ausdruck in den Werken Leonardo da Vincis. Dies bringt mich darauf, daß wir es hier mit Substanz (in natura) und ihrer Ausführung in der Malerei zu tun haben, im Vergleich zu den Malern, die mit einer begrenzten Anzahl von Elementen arbeiten. Die großen Bilder der Impressionisten rühren zwar die Sinne stark an, doch sind sie mehr eine Frage der Farbkomposition – analog zu einer musikalischen Komposition, in der die Töne einer Tonleiter verwendet werden. Tizian hingegen arbeitet mit einem Kontinuum, und der Schwerpunkt verlagert sich auf das Lebendige selber. Wir haben das Gefühl, als ob wir, wenn wir durch das Mikroskop auf einen von Tizian gemalten menschlichen Körper blickten, Zellen sehen würden, aber auch sonst, bei Anlegung größerer Maßstäbe, wird das Lebendige nicht geopfert. Vielmehr ist es wohl so, daß der Maler mit seinen Fähigkeiten einen größeren Spielraum hat. Im Falle von Leonardo da Vinci übersteigt dieser Spielraum die Grenzen der Malerei. Wenn seine Bilder vielleicht nicht als schön zu bezeichnen sind, dann womöglich deshalb, weil er versucht, mehr aus der Malerei herauszuholen, als sie zu leisten vermag.

Dieses Streben nach übermenschlichen Zielen ist weder religiös noch intellektuell wie in den Malereien von El Greco oder Blake, die – wie ich zugeben muß – ekstatisch und leidenschaftlich sind. Es ist eine Unzufriedenheit mit dem Drama und der Endlichkeit, mit irgendetwas Künstlichem, sei es ein künstliches Produkt der Phantasie oder des Intellekts. Es ist das Bemühen, so tief wie möglich vorzudringen, daß gar schon die Moleküle vibrieren.

Dies ist, wie ich meine, die Schwerpunktverlagerung, die auf das sechste Unterstadium deutet, da sie – wie aus den Beispielen in der sechsten Reihe unseres Schemas (S. 114f.) ersichtlich – eine Verlagerung von der organisierten zur belebten Fluidität, vom »Wachstum« zur »Mobilität« darstellt. Man beachte auch, welche Aufmerksamkeit diese großen Maler der *Substanz* schenken.

Es ist eigentlich faszinierend, wie wir auf unserem Weg nach oben zum Geist vom Intellekt zu den Emotionen, vom Nichtphysischen zum Physischen kommen. Man würde annehmen, daß der Intellekt dem Geist näher ist, er ist es aber im Hinblick auf die noch verbleibenden Entwicklungsschritte nicht. Die Substanz rangiert höher als die Form. Castanedas Bemühen, die bedrohlichen Tiere zu Verbündeten zu machen, ist eben dieser Schritt von der Form zur Substanz.

Das Magische: die Transzendierung der Vernunft

Wenn wir jetzt die Aufmerksamkeit auf die Bedeutung der Substanz bei den großen Malern und in der Psychometrie lenken, dann wissen wir aber nicht sicher, ob dies das sechste Unterstadium ist. Wir versuchen vielmehr klarzumachen, daß dieses Merkmal (das sich bei den größten Genies zeigt) der Schlüssel zum Zugang zum sechsten Unterstadium ist, ein Fingerzeig in die Richtung, die sich nun als theoretische Möglichkeit eröffnet: das *Magische*.

Hier befinden wir uns im direkten Widerstreit mit der Vernunft, die die Existenz des Magischen auf allen Ebenen leugnet, mit der Begründung, daß die Gesetze der Materie es ausschließen, doch wir verfügen über eine Grundlage, das Magische für hier vorherzusagen. Das Magische ist die Kontrolle oder Manipulierung der Illusion, und es ist im sechsten Unterstadium zu erwarten, weil dieses Stadium die Umkehrung zum zweiten Stadium ist, das in der Illusion eingefangen wurde. Das Magische wird auch durch die beiden Freiheitsgrade auf der zweiten Ebene nahegelegt, die es gestatten, daß sich der Inhalt von einer Form in eine andere verwandelt.

Die Form – wir wiederholen es – wird hier transzendiert und der Manipulation durch Motive unterworfen. Das Motiv ist die einzige Beschränkung. Dies ist die Formel der »Zauberer«. Der Zauberer im Märchen verwandelt sich in ein Samenkorn; sein Rivale verwandelt sich in eine Henne; der erste verwandelt sich daraufhin in einen Fuchs usw. Der Zusammenhang fehlt nicht völlig, denn die Jagd geht weiter. Die beiden Zauberer sind immer noch Rivalen. Eine solche Dualität ist natürlich charakteristisch für die zweite Ebene.

Wir haben in unserem Schema Christus und Buddha dem sechsten Unterstadium zugeordnet. Andere historische Figuren wie Zoroaster, Dionysus, Krishna und Orpheus könnten ebenfalls an dieser Stelle genannt werden. Eine solche Zuordnung ist nicht als Wertung dieser Wesen gedacht, sondern als Einordnung solcher Gestalten, die in Legende und religiöser Überlieferung als Götter beschrieben werden. Nahezu alle Zivilisationen führen ihre Entstehung auf Götter zurück, die herabstiegen und die Menschen lehrten, die Seidenraupe zu kultivieren, zu weben, Getreide anzubauen, Musik zu machen etc. Wesen dieser Art müssen nach dem von uns aufgestellten Evolutionsschema existiert haben und müssen auch heute noch – dem modernen Denken zum Trotz – existieren.

Wir verweisen etwa auf den in der Bibel aufgeführten Stammbaum Noahs (Genesis, Kapitel 5). Mit Ausnahme von Enoch (den Gott im Alter von 365 Jahren zu sich heimrief) erreichten Noahs Vorfahren ein

Durchschnittsalter von 900 Jahren. Auch sein Großvater Methusalem wurde 969 Jahre alt.
Es folgt in Kapitel 6, Vers 4 der Genesis die denkwürdige Textstelle:

In jenen Tagen gab es auf der Erde die Riesen, und auch später noch, nachdem sich die Gottessöhne mit den Töchtern eingelassen und diese ihnen Kinder geboren hatten. Dies sind die Helden der Vorzeit, die berühmten Männer.

Der Rationalist von heute, der keine wissenschaftliche Grundlage für die Existenz von 900 Jahre alten Menschen oder für »Gottessöhne« kennt, wird solche Berichte als mythologisierende Verzerrungen abtun.[12] Wenn wir uns aber im Besitz einer Theorie befinden, in der die Transzendierung der Sterblichkeit ihren Platz einnimmt, dann erscheinen solche Berichte in einem anderen Licht. Sie weisen eventuell auf die Existenz solcher Wesen hin, die wir dem sechsten Unterstadium zuordnen und die nach unseren Erwartungen die Sterblichkeit überwunden haben müssen.

In diesem Zusammenhang sei auch die *Königsliste* der Babylonier erwähnt, die sich ebenfalls auf den Zeitraum vor der Sintflut bezieht und die noch längere Zeiträume für die Herrschaft der einzelnen frühen Könige angibt.

Wir sollten solche Berichte nicht einfach als absurd verwerfen. Wenn wir vorgeben, wissenschaftlich zu sein, dann sollten wir auf jeden Fall versuchen, unsere geistigen Blockierungen in dieser Hinsicht irgendwie zu überwinden. Wir brauchen nicht gleich leichtgläubig zu werden, sondern sollten konstruktive Spekulationen darüber anstellen, was sich jenseits unserer unmittelbaren Umwelt und unseres gegenwärtigen Status befindet.

Um zu veranschaulichen, wie das rationalistische Denken versucht, die Dinge einzuengen, ein Dach über unsere Köpfe zu setzen, wollen wir auf die Astronomie verweisen. Die Astronomen sind wiederholt gezwungen worden, ihre Vorstellungen vom Universum zu erweitern. Dies begann mit dem Fernrohr, durch das Galilei eine Zeichnung der Mondoberfläche, Monde, die um den Jupiter kreisten und dergleichen gesehen haben wollte.

Viele Zeitgenossen Galileis weigerten sich, durch das Fernrohr zu blicken. Aber im Laufe der Jahre stellten andere Menschen Fernrohre her. Newton löste das Problem der Planetenbewegungen, und die Vorstellung, daß die Sonne im Mittelpunkt des Universums stehe, erwies sich als unrichtig. Durch die Entwicklung besonderer instrumenteller Techniken war man in der Lage, Entfernungen zwischen Sternen zu messen, die die Entfernung von der Erde zur Sonne um ein Millionenfaches und noch mehr übertrafen. Es stellte sich heraus, daß die

Sterne Sonnen waren, die im Verhältnis zu Entfernungen auf der Erde unvorstellbar weit entfernt waren.

Dann folgte die Entdeckung wolkenartiger Flecken am Sternenhimmel, die man zuerst für Gaswolken hielt und Sternennebel nannte. Sie erwiesen sich aber – wie der Leser oder die Leserin natürlich weiß – als Milliarden weit entfernter Universen. Ich gebe nun keinen kurzen Überblick über die Entwicklung der Astronomie, damit der Leser oder die Leserin mit astronomischen Kenntnissen angeben kann. Gerade die riesigen Entfernungen dessen, womit sich die Astronomie beschäftigt, verleiten zu exzessiven Spekulationen. Ich will lediglich darauf hinaus, daß der rationale Verstand mit seinem zwanghaften Bemühen, Grenzen abzustecken, unter Umständen die Wahrheit aussperrt.

Die neu entdeckten Fakten erweiterten die Größenvorstellungen immer mehr – erst kam das solare Universum, dann das galaktische Universum und schließlich das Universum der Galaxien – und bewirkten wie bei der ständigen Einnahme einer Droge eine Art Immunität gegenüber großen Dimensionen. Die Astronomen benutzen zur Angabe von Entfernungen im Weltall Lichtjahre oder Zehnerexponenten. Die Kosmologen stellen das Universum an seinen Platz und trösten ihr Ich mit der sogenannten kosmologischen Hypothese, daß nämlich das Universum abgesehen von lokalen Abweichungen für alle Beobachter dasselbe sei. Ein Sonnensystem ist somit eine »lokale Abweichung«, auch eine Galaxis. Dieses Bestehen auf Symmetrie hat etwas Mittelalterliches an sich. Das Universum wird so behandelt, als sei es ein ideales Gas oder als seien die Sterne Sandkörner in einer Wüste. Wieder einmal versuchte der Intellekt, die Wunde in der Haut des reflektierenden Ich zu schließen. Wie es in einem Song der Beatles heißt, reparieren wir ständig Löcher im Dach, um unseren Geist vom Wandern abzuhalten.

Dann kamen die Weltraumsonden. Automatisierte Raketen, die außerhalb der Erdatmosphäre operierten, deckten Quellen ultravioletten Lichts auf, die das Milliardenfache an Sonnenenergie abstrahlten.[13] Die Existenz solcher Strahlungsquellen stellte nicht nur die Glaubwürdigkeit solcher Konzepte wie das der »lokalen Abweichungen« in Frage, sondern widersprach auch allgemein anerkannten Theorien, wonach die Fixsterne die Größe der Sonne nicht um mehr als das Hundertfache übertreffen könnten. Andere neue Beobachtungsergebnisse, die Pulsare, die Quasare etc., stellen bestehende Theorien in ihrer Unzulänglichkeit nur allzu deutlich bloß – ich habe aber keine Zweifel, daß man sich schon etwas einfallen lassen wird, um die aufgerissenen Löcher in den herkömmlichen Gedankengebäuden zu stopfen.

Ich will hier meinen kurzen Überblick abbrechen. Der Kosmos ist etwas, was Ehrfurcht einflößt, trotz der Bemühungen, ihn in die engen Schubladen des rationalen Verstandes zu zwängen. Die Moral lautet daher: traut nicht den beschränkten Grenzen, die der rationale Verstand setzt, um sich selber zu schützen. Laßt euch nicht von statistischen Gesetzen zu der Illusion verleiten, es gäbe nichts anderes als uns hier auf diesem Staubkörnchen im Weltall. Mit anderen Worten: vertuscht keine Beweise, schon gar nicht solche für die potentielle Gottähnlichkeit des Menschen. Wie im Psalm 82,6 geschrieben steht, sagte Gott:

Ihr seid Götter, ihr alle seid Söhne des Höchsten.

Postskriptum

Manchmal werde ich gefragt, warum ich in meine Theorie nicht die Evolution der Sterne und der Galaxien einbeziehe. Die Dimensionen stellarer Prozesse, der galaktischen Evolution, haben natürlich etwas Gewaltiges und rauben uns beinahe den Verstand, die Entdeckungen der Astronomen sind in der Tat faszinierend – ich sehe aber in diesem Gegenstand keine Relevanz für unsere Theorie, außer vielleicht eine Entsprechung in einem weitaus größeren Maßstab zu der Evolution auf unserem Planeten, die wir diskutiert haben. Sonst haben wir keine Anhaltspunkte (wie wir sie den Reichen der Natur verdanken), die eine Erweiterung unserer Studie in galaktische Dimensionen rechtfertigen. Durch ein Fernrohr erscheinen die Sterne als Lichtpunkte, mit der Spektralanalyse und anderen Methoden können Temperatur, Geschwindigkeit, Dichte, Größe etc. der Sternenkörper ermittelt werden. Diese Daten geben uns aber keinen Aufschluß über das Leben, das Bewußtsein der Sterne, und wie wir schon oben feststellten, sind diese Daten einseitig und möglicherweise irreführend. (Warum haben sie uns nicht schon früher Hinweise auf die Existenz von Sternen gegeben, die das Milliardenfache an Energie unserer Sonne besitzen?)
Ich glaube, es ist besser, sich den Sternenhimmel bei klarer Nacht zu betrachten und ihn andächtig auf sich einwirken zu lassen.

14. Jenseits des Menschen

Nun, da wir zum Ende unserer Studie kommen, könnten wir versuchen, die vielen Überlegungen in bezug auf ein vereinigendes und zentrales Thema zusammenzufassen. Wie wir im 4. Kapitel feststellten, beginnt der Prozeß mit einer besonderen, wenn auch undefinierten Dynamik, die wir »Zweckbestimmung« nannten. Im weiteren Verlauf bedient sich der Prozeß der Materie, um Mittel für die Erreichung dieses Zwecks zu bekommen, und gelangt schließlich zu seinem Ziel. Er verwirklicht den Zweck, der ihn hervorgebracht hat.

Unser zentrales Thema bezieht sich darauf, daß ein Selbst oder ein Universum von der gleichen Natur ist. Beide beginnen und enden mit einem undefinierten Ziel, mit uneingeschränkter Wahlmöglichkeit. Diese können wir in verschiedener Weise als freie Wahl, spontane Verursachung oder Zufälligkeit beschreiben. Auf keinen Fall ist sie an eine objektive Form einen Endzustand oder irgendeine zeitliche bzw. räumliche Manifestation gebunden. Um die Transzendierung der Form zu veranschaulichen, die die Zweckbestimmung charakterisiert, könnten wir die Absicht »zu reisen« anführen und auf die verschiedenen Arten des Reisens verweisen: mit Pferdekutsche, Auto, Flugzeug, Weltraumrakete und schließlich – vielleicht – per Teleportation.

Wir wollen die Schwierigkeiten nicht vergessen, auf die unsere Hypothese stößt: das erste Prinzip ist seinem Wesen nach undefinierbar. *Es läßt sich nur anhand seiner Wirkung erkennen*. Ähnliches finden wir in dem Experiment, das den Physikern als das Wilsonsche Nebelkammerexperiment vertraut ist. Der Weg eines unsichtbaren Teilchens (eines Protons, Elektrons oder irgendeines anderen Kernteilchens) hinterläßt eine Dampfspur, die als helle Linie photographiert wird. Wir sehen die helle Linie, können aber ihre Ursache nicht sehen (das Teilchen ist so klein, daß es eine Lichtwelle nicht zu reflektieren vermag; es ist 1000mal kleiner als die Wellenlänge des sichtbaren Lichts).

Diese erste Ursache oder – wie Aristoteles sie nennt – die *letzte Ursache* bildet sowohl den Anfang als auch das Ende, das erste und letzte Stadium des Prozesses, das Reich des Lichts und das Reich mit dem Schlüsselmerkmal Dominanz. Die letzte Ursache ist durch vollständige Freiheit charakterisiert und kennt nur ein Gesetz – das Hierarchiegesetz. Sie läßt sich nicht bestimmen, hat keine Form und ist nicht objektiv.

Wenn wir sie zu beschreiben versuchen, benutzen wir die Worte projektiv oder dynamisch, und um sie gegen die Dynamik im allgemeineren Sinn abzugrenzen (gegen Energie oder Rohsubstanz), sprechen wir von besonderer Dynamik. Doch all diese Umständlichkeiten lassen sich vermeiden, wenn wir den Begriff »Geist« einführen. Dies können wir jetzt einigermaßen ungestraft tun, denn wir verfügen über eine theoretische Grundlage, aus der das für den Geist typische Element des Formlosen abgeleitet ist, und brauchen nicht den Vorwurf der Unbestimmtheit zu fürchten.

Das Wort »Geist« ist ein sehr gutes Wort, auch wenn es derzeit außer Mode gekommen ist. Es hat ziemliche Ähnlichkeit mit dem Wort »Sublimierung«, insofern als es auch auf eine physikalische Operation hinweist: das, was wir aus dem Wein oder aus anderen Zusätzen zu Wasser herausdestillieren, ist Wein»geist«.[1] Es kommt nicht so sehr darauf an, welches Wort wir benutzen, sondern auf das, was wir mit dem Wort verbinden. Mit der Charakterisierung »lediglich eine Sublimierung tierischer Triebe« können wir zum Ausdruck bringen, daß der Mensch »nichts anderes als« ein Tier ist. Aber wenn wir das tun, dann schaffen wir auch – worauf ich schon im 1. Kapitel hinwies – die Unterscheidungen zwischen den anderen Reichen ab. Wir sagen damit auch, daß das Tier lediglich eine Ansammlung von chemischen Stoffen ist, und daß diese wiederum lediglich Atome sind. Wenn wir diesen Weg zu Ende gehen, dann kämen wir zu den Protonen und Elektronen, die überhaupt nichts mehr von Dingen an sich haben. Sie sind »Wahrscheinlichkeitsnebel«. So bleibt uns nichts übrig als die metaphysische Vorstellung, daß alles sich Manifestierende Illusion ist. Diese Vorstellung ist nicht falsch. Ich will aber darauf hinaus, daß die ziemlich unverantwortliche Feststellung, der Mensch sei lediglich die »Sublimierung tierischer Triebe« die Beseitigung *aller* Unterscheidungen zwischen den Reichen der Natur mit sich bringt, und wir brauchen diese Unterscheidungen für eine Darstellung der Evolution.

Die Unterscheidungen zwischen den Reichen der Natur basieren – wie wir im ganzen Buch deutlich machen wollten – auf grundlegenden Prinzipien. Diese Naturreiche sind Stadien eines Prozesses. Das erste Stadium ist Zweckbestimmung, ein Ziel wird entworfen, und das letzte Stadium ist die Erreichung dieses Ziels.

In den fünf dazwischen liegenden Stadien geht es um die Mittel zur Erreichung dieses Ziels. Zunächst erfolgt ein Abstieg in die Determiniertheit, um geformte Materie zu beschaffen, und dann wird die Materie zur Bildung eines Organismus benutzt, der das Ziel erreichen kann. Nahezu jede Unternehmung folgt diesem Muster. Gehen wir beispielsweise in die Geschäftswelt: zunächst wird ein Ziel entworfen

(Zweckbestimmung; 1), dann wird Geld aufgetrieben (Substanz; 2), Pläne werden gezeichnet (Form; 3), Grundlagen werden gelegt und eine Fabrik wird gebaut (4), Produkte werden hergestellt (5) und verkauft (6).

Aber im Falle des Menschen ist das nicht mit den Händen erbaute Haus unsichtbar. Der einzig sichtbare Teil des Hauses ist der physische Körper, der Leib. Dieser repräsentiert die geformte Substanz, er ist unsere vierte Ebene. Um aber das Bild zu vervollständigen, muß man annehmen, daß der Mensch aus drei »Leibern« besteht, die im wesentlichen Prinzipien auf den Ebenen III, II und I sind.

Die Hierarchie des Selbst

Wir würden deshalb eine »Anatomie des Selbst« mit den folgenden vier Prinzipien entwerfen:

- *Der physische Leib*, der das Gegenstück zum vierten Prozeßstadium bildet. Er ist im wesentlichen eine Ansammlung von Molekülen und bildet als solche die eigentliche Substanz des Leibes, die ein objektiv meßbares Gewicht besitzt.
- *Der organisierende »Leib«*, dieser ist insofern das Gegenstück zum fünften Prozeßstadium (dem Pflanzenreich), als er fähig ist, Ordnung zu schaffen und die Materie zu organisieren. Er entspricht eventuell dem Ätherleib. Dieses Stadium kann man sich eben aufgrund seiner Neigung, Ordnung zu schaffen, als eine sehr allgemeine Art von »Geist« vorstellen. Es hat Bezug zum Geist oder zum Ich des dritten Stadiums. Im fünften Unterstadium des siebten Hauptstadiums tritt dieser organisierende Leib als »kreativer Geist« oder als Genie in Erscheinung. Der moderne Mensch befindet sich inmitten dieses Unterstadiums.
- *Der belebende »Leib«*, der dem sechsten Prozeßstadium (Mobilität – Tierreich) entspricht. Die Funktion dieses Leibes ist die Erzeugung von Interesse, Appetit, Emotionen, Bedürfnissen und anderen »Motivationen«. Wie das fünfte Unterstadium hat auch dieser Leib eine höhere Form, die im sechsten Unterstadium des siebten Hauptstadiums repräsentiert ist. Diese höhere Form läßt sich als Seele bezeichnen. In ihr geht es um Werte statt um Strukturen, und sie existiert nur potentiell im Menschen von heute.
- *Der letzte Kern des Selbst oder der »Geist«*, der Hauptsitz des Bewußtseins, aber auch der Werturteile, des Willens und des Gewis-

sens. Gegenwärtig ist auch der »Geist« im Menschen unentwickelt oder nur potentiell vorhanden, aber er ist von größter Wichtigkeit, weil er das siebte Prinzip ist, dessen Entwicklung durch mehrere Unterstadien *die Evolution des Menschen selber ist*. Es wäre unsinnig, eine noch höhere Form annehmen zu wollen, weil das siebte Unterstadium – was immer man sich darunter vorstellen mag – der unbeschreibbare Endpunkt des bereits undefinierbaren Reichs des »Geistes« ist.

In diesem Zusammenhang möchten wir die ersten Ergebnisse der Erforschung mehrerer Hieroglyphen anführen, die von den alten Ägyptern zur Beschreibung der »Teile« oder der »Verkörperungen« des Selbst verwendet wurden. Das erste und deutlichste ist *Khat,* dargestellt als ein gestrandeter Fisch, das für den *physischen Leib* steht.
Dann gibt es *Ka* oder das Ebenbild, dargestellt als ein Paar Arme, die nach oben ausgestreckt sind. (Nach Joan Grant, die diese Hieroglyphen in ihrem Roman *Sekhet-a-ra*[2] beschreibt, bedeutet dieses Symbol *Verstand* und wurde so geschrieben, weil der Verstand höheren Prinzipien dienen sollte. Budge übersetzt es als »Ebenbild«.)
Am besten bekannt ist *Ba* oder *Vogel Ba*. An die Stelle des Vogels kann auch ein menschlicher Kopf mit Flügeln treten. Budge und Grant übersetzen dieses Zeichen als *Seele*.
Viertens gibt es noch *Za,* das für Geist steht. Es ist dargestellt als ein Kreis mit einem Netz von Linien, das die Form eines Siebs hat. Sowohl Budge als auch Grant benutzen die Übersetzung *Geist*.
Es gibt zwar noch andere Verkörperungen in der ägyptischen Hierarchie des Selbst, aber diese vier sind die wichtigsten.
Wir haben nun die Hierarchie der verschiedenen Verkörperungen des Selbst so beschrieben, wie sie in idealer Beziehung zueinander stehen, in der Beziehung, zu der sie sich schließlich entwickeln. Doch der Idealfall tritt nicht so schnell ein. Seit Millionen von Jahren befindet er sich in Entwicklung, und wir werden von den Spitzen des Berges herunterkommen müssen, um seine Entwicklung etwas näher zu betrachten, und zwar so, wie sie sich im Leben vollzieht.

Selbstbestimmung

Im vorangegangenen Kapitel haben wir über die ersten fünf Unterstadien des siebten Reichs, des Reichs der Dominanz, gesprochen. Nachdem wir ausgeführt haben, warum ein solches Reich existieren muß, fuhren wir damit fort, den Menschen von heute in das vierte Untersta-

dium dieses Reichs zu plazieren, und zwar mit der Begründung, daß sich sein Leben um die Bildung von Kombinationen dreht: er kombiniert Teile zu Maschinen und Personen zu Organisationen. Zu dieser herausragenden Bedeutung der Kombinationsbildung und ihrer Gesetze kommt sein Glaube an die Gültigkeit solcher Gesetze, sein Glaube an die Wissenschaft, an die Forschung, an den Determinismus.
Das bringt uns auf einen bedeutsamen Aspekt des siebten Reichs, den wir noch nicht erwähnt haben. Dazu müssen wir uns in Erinnerung rufen, daß wir anhand einer Studie über die sieben Unterstadien eines Reichs zwei Eigenschaften finden konnten, die allen Unterstadien gemeinsam sind (siehe 7. Kapitel über die Moleküle), und damit auch zu Informationen über das siebte Reich gelangten. Diese Eigenschaften waren:

1. Die dominierende Stellung gegenüber vorangegangenen Unterstadien.
2. Die Abhängigkeit des siebten Unterstadiums vom nächsthöheren Hauptstadium (Reich).

Auf die zweite Eigenschaft sind wir noch nicht näher eingegangen. Wir wollen dies jetzt im Zusammenhang mit dem Menschen tun, und das ist etwas für unsere heutige Zeit Peinliches. Es ist so, als wollte man über Sex im Viktorianischen Zeitalter sprechen. Der moderne Mensch befindet sich an einer Art psychologischem Scheideweg. Er löst sich allmählich von der Autoritätsabhängigkeit und tendiert zu immer mehr Selbstbestimmung. Dies läßt sich anhand einer ziemlich langen Entwicklung beobachten, seitdem nämlich das griechische Denken mit der Heiligkeit von Tradition und Autorität brach, wie sie etwa typisch war für die alten Ägypter mit ihrem Priesterstand und den sorgfältig gehüteten Zeremonien und Initiationsriten. Die Griechen entdeckten die Kraft des Verstandes und benutzten ihn, um ihre Unabhängigkeit von Tradition und Autorität zu behaupten. Es gibt auch einen noch nicht so lange dauernden Trend, der mit der Amerikanischen und der Französischen Revolution begann, nämlich die Bekräftigung der Unabhängigkeit des Individuums und das Streitigmachen des »göttlichen Rechts der Könige«. In der unmittelbaren Gegenwart nun haben wir das Phänomen des Autos, das dem Menschen außergewöhnliche Bewegungsfreiheit verschafft hat. Nehmen wir noch die Pressefreiheit, die Religionsfreiheit etc. hinzu, dann haben wir das Bild eines nahezu unmäßigen Bestrebens, sich von jeder Autoritätsabhängigkeit loszusagen.
Seit dem langen Bestehen der Menschheit aber war die – sowohl erzwungene als auch freiwillige – Autoritätsabhängigkeit auffallend

weit verbreitet. Jede Rasse, jedes noch so primitive Volk hatte seine Religion, seinen Glauben an übernatürliche Wesen und Kräfte, seine Zeremonien zur Beschwörung der Gunst der Götter, seine Tänze, Rituale, Tempel und Gottesbilder, seine Mythen, Opfer und Kulte.
Der moderne Mensch hat dies als Aberglaube, als Primitivismus, als das Produkt von Unwissenheit und Barbarei abgetan. Und damit hat er auch Recht. Die Frage ist aber, ob er tatsächlich ein Urbedürfnis aufgeben kann, ohne Entzugserscheinungen zu bekommen. Millionen von Jahren war er von etwas Höherem, von etwas Transzendentem abhängig, jetzt versucht er plötzlich, diese Verbindung abzuschneiden. Er kann sich aber nicht so leicht ändern. Was ist die Folge? Als er die Verehrung von höheren Wesen aus seinem Bewußtsein verbannt hatte, schlich sie sich in sein Unterbewußtsein ein. Er huldigt jetzt der Wissenschaft, und dies ist das Absurdeste, was sich der Mensch mit allen seinen Schwächen hat zuschulde kommen lassen. Die Wissenschaft ist nämlich ein Werkzeug. Sie dient dazu, seinen Willen zu verwirklichen. Sie sollte nicht vergöttert werden, weil sie von Natur aus etwas ist, was zu Diensten steht. Wir können von der Wissenschaft keine Antwort auf die Frage verlangen, ob der Mensch einen eigenen Willen hat, denn die Wissenschaft baut sich ja auf der Lehre auf, daß die Unsicherheit, die eintreten würde, wenn eine Maschine einen eigenen Willen hätte, beseitigt werden muß. Wenn die Batterie *Nein* sagt, wenn wir den Anlasser betätigen, dann besorgen wir uns eine neue Batterie. Kein Werkzeug hätte irgendeinen Wert, wenn es einen eigenen Willen hätte. Es ist etwas, was sich unserem Willen fügt. Es ist deshalb absurd, sich an Vertreter der Wissenschaft zu wenden, die daran arbeiten, jede Selbstbestimmung von Mechanismen zu entfernen, und von ihnen Auskunft über den Aspekt der Existenz erhalten zu wollen, den sie mit allen Mitteln zu beseitigen versuchen.
Wir können aber dieses Bedürfnis des Menschen nicht befriedigen, indem wir ihn mahnen, die Wissenschaft nicht zu konsultieren. Der Mensch braucht nun einmal aufgrund seiner Konstitution Ratschläge. Er ist von etwas Höherem als er selber abhängig. Wenn es ihm genommen wird, dann erfindet er es. Er macht es sich aus dem zurecht, was er in Händen hat. In einer Zeit, da die Religion auf schwankendem Boden steht, macht er einen Kult aus Computern.
Damit haben wir die Neurose des modernen Menschen. Er hat im Zeichen der Wissenschaft eine schöne neue Welt mit Tausenden von Maschinen geschaffen, die ihren Zweck erfüllen. Er verfügt aber nicht über die philosophische Reife, um damit fertig zu werden. Seine Abhängigkeit von etwas Höherem wird dadurch noch akuter, daß er sie nicht bewußt verarbeitet. Er huldigt dem Computer mehr oder weniger unbewußt.

Dies muß in eine Sackgasse führen. Die Wissenschaft, der neue Götze des Menschen, lehnt jede Verantwortung für Zweck und Ziel ab. Sie will keine Fragen beantworten, die das Reich des Geistes betreffen. Gleichzeitig gelingt es ihr, die Kriterien zu untergraben, nach denen der Mensch über moralische oder ethische Fragen zu entscheiden vermag. Sie stellt die Berichte der Bibel als unglaubwürdig hin. Wir stammen nicht von Adam und Eva ab, sondern von einem affenähnlichen Urahnen. Die Erde konnte unmöglich in sieben Tagen entstehen. Die Welt wurde nicht am 23. Oktober des Jahres 4004 v. Chr. erschaffen. Die jungfräuliche Geburt ist ein Mythos. Jehova ist ein jüdisches Vaterbild etc. etc.

Wir können natürlich von der Wissenschaft nicht verlangen, veraltete Ansichten zu stützen. Der Prüfstein der Wissenschaft ist die Wahrheit. Also wollen wir die Wahrheit, um jeden Preis. Es wäre aber äußerst unredlich, von unseren Erforschungen der Natur des Menschen und des Prozesses nicht dieselbe Geradlinigkeit zu verlangen, die Erforschungen der Schwerkraft oder des Elektromagnetismus kennzeichnet. Gleichzeitig würden wir aber dieselben Rechte fordern, die die Wissenschaft genießt, beispielsweise das Recht auf Benutzung mathematischer Techniken, das Recht, die Geometrie nicht nur in der Geographie, sondern auch in der Erforschung des Sinns anzuwenden.

Irrtümmer sind immer möglich, und das gilt ebenso für den Versuch, neue Wege zu beschreiten. Wir wollen uns aber nicht durch die Angst vor Fehlern davon abhalten lassen, weiterzumachen. Nur durch Fehler kann das Unvorhergesehene entdeckt werden.

Im vorangegangenen Kapitel haben wir beschrieben, was sich jenseits des modernen Menschen befindet, wie das fünfte Unterstadium aussieht, in dem der Mensch, nachdem er nun alles über das Gesetz gelernt hat, die bemerkenswerte Eigenschaft zeigt, die wir beim großen kreativen Genie finden: bei den Malern, Dichtern, Komponisten, Führern und Generälen, deren Werke über ihren Tod hinaus lebendig geblieben sind. Es ist nicht meine Aufgabe, den Beweis zu führen, daß Genies eine andere Sorte Mensch sind als der normale Mensch. Es gibt keinen Test, mit dem man die Behauptung, es gäbe einen solchen Unterschied, nachprüfen kann – außer vielleicht man prüft, ob das, was ein Mensch hervorbringt, lebt oder nicht lebt.

Um zu zeigen, wie Menschen mit ungewöhnlichen und weit überdurchschnittlichen Eigenschaften genau in das fünfte Unterstadium passen, haben wir ihre Fähigkeit zur *Selbstvermehrung* hervorgehoben (dieses Wort umfaßt beide Elemente, die die Pflanzen beitragen, nämlich Wachstum und Fortpflanzung). Beim Genie finden wir beides: das »Wachstum« (im übertragenen Sinn) in den Augen seiner Zeitgenossen

(es gilt als »großer« Mensch), und die Fortpflanzung des Selbst in seinen Werken, seien es Malereien, literarische Werke, Kompositionen oder historische Akte wie die Einsetzung des »Code Napoleon«.
Wir haben bereits zwischen diesen *beiden Äußerungsformen* genialer Kreativität unterschieden. Was implizieren sie? Das Selbst hat nun gelernt, sich alle Fähigkeiten verfügbar zu machen, die es braucht, und darin liegt die *Krise* oder das Problem dieses Stadiums. Was würde geschehen, wenn es immer mehr und noch mehr Fähigkeiten an sich zieht? Erinnern wir uns, daß das Selbst immer noch ein begrenzter Leib ist. Es ist nur eine Person und nicht ein Teil der Sonne. Das Ergebnis wäre vergleichbar mit dem, was geschähe, wenn wir immer mehr Elektrizität durch eine Glühbirne leiten wollten. Sie würde durchbrennen (und im Falle des Selbst würden wir annehmen, daß nicht nur der physische Körper »durchbrennt«, sondern das, was sich entwickelt, und zwar auf Dauer – für immer).
So muß also hier im fünften Unterstadium das Selbst, das sich alle Fähigkeiten, die es haben will, verfügbar machen kann, einen Weg finden, diese Anhäufung an Fähigkeiten loszuwerden. Es muß sie in der Form von Schöpfungen *zum Ausdruck bringen*. Es ist – wie Don Giovanni (und in der Tat Mozart selber) – gezwungen, das reine kreative Instrument zu sein; Don Giovanni muß so viele Geliebte haben wie es dem Umfang des Köchel-Verzeichnis entspricht. Hier haben wir den tiefsten Kern der moralischen Frage. Alle anderen moralischen Probleme vorher erscheinen als Kinderspiel. Hier muß sich das Selbst wirklich entscheiden. Und da es an diesem Punkt den Versuchungen der Macht verfallen kann, hat es die größte Schwierigkeit damit, diese Macht aufzugeben oder besser gesagt einer Sache zu widmen oder zu opfern, die jenseits des unmittelbaren Selbstinteresses liegt.
Nun mag all dies übertrieben oder gezwungen erscheinen. Sicherlich, wir bewegen uns im Reich der Phantasie. Seltsamerweise aber fügt sich gerade dieser Punkt am besten in unser Evolutionsschema ein, ja es bildet sogar den Angelpunkt des Ganzen. Erinnern wir uns an die Beziehung zwischen dem dritten und dem fünften Hauptstadium, wie im letzteren der umgekehrte Weg beschritten wird. Erinnern wir uns, daß im dritten Hauptstadium das Schlüsselmerkmal *Identität* auf den Plan trat. Zur Schaffung dieser Identität bedurfte es eines eigenen Zentrums (eine Hülle für den Embryo bei der Pflanze, ein eigener Magen beim Tier, das Selbst-Bewußtsein beim Menschen). Und – wenn man will – erinnern wir uns an die Geschichte von Adam und Eva, die von dem Baum aßen, der sich in der *Mitte* des Garten Edens befand und deshalb das Annehmen eines eigenen Zentrums symbolisiert. Wenn nun der Prozeß im fünften Stadium *in umgekehrter Richtung*

verlaufen muß als im dritten Stadium (in Form eines Aufstiegs), wie können wir dies anders interpretieren als das *Abwerfen eines eigenen Zentrums* – als das, was die Pflanze tut, wenn sie sich vermehrt, und das, was das kreative Genie tut, wenn es Werke produziert? Dies ist in der Tat eines der bemerkenswertesten Ergebnisse unseres Evolutionsschemas. Es leistet nicht nur eine theoretische und kategoriale Erklärung der Selbstvermehrung, sondern tut dies obendrein mit großer Sparsamkeit der Mittel, einfach durch die Umkehrung des Prozeßverlaufs im Stadium der Atome.

Die moralische Frage

Vielleicht noch bedeutsamer ist die Tatsache, daß wir hier eine objektive Erklärung der moralischen Frage haben. Aber zuerst wollen wir klären, was wir eigentlich unter der moralischen Frage verstehen. Was ist »gut«?
Zweifellos ist dieses Wort sehr allgemein und bezeichnet alles Angemessene, Wünschenswerte, Befriedigende, Attraktive. Wir sprechen von einem »guten« Essen, einem »guten« Buch etc. *Moralische* Bedeutung nimmt dieses Wort erst dann an, wenn wir über das unmittelbare Hier und Jetzt hinausgehen. Machen wir beispielsweise eine Diät, so ist es – im Hinblick auf das gewünschte Ergebnis – »gut«, nicht zu essen, wenn es normalerweise »gut« ist zu essen (dann nämlich, wenn man Hunger hat). Die moralische Frage beginnt also an dem Punkt, an dem ein Konflikt zwischen »gut« auf lange Sicht und »gut« auf kurze Sicht besteht. »Sterben für eine gute Sache« kann gut sein, wenn wir ein höheres Selbst annehmen, das einen solchen Tod überdauert.
Im fünften Unterstadium des siebten Hauptstadiums haben wir nun das Selbst mit seinem Potential an unbegrenztem Wachstum. Es hat – wie die Pflanze – gelernt, Ordnung zu errichten, gegen die allgemeine Tendenz zu Unordnung. Es kann die Entropie umkehren! Dies ist eine gewaltige Errungenschaft. Um uns bewußt zu machen, was sie wirklich bedeutet, versuchen wir uns einmal vorzustellen, wir könnten die Entropie an einem bestimmten Punkt im Raum umkehren. Dieser Punkt würde immer heißer und heißer. Es gäbe keinen Brennstoff, und doch würde er brennen. Wir könnten ihn – wie man so sagt – dazu benutzen, um eine ganze Stadt anzuzünden. Mehr noch als das nimmt er unbeschränkte Energie in sich auf. Dies würde natürlich am Ende jedes begrenzte Medium verbrennen. Wir könnten auch ein anderes Bild wählen. Wenn ein Luftballon ein Loch hat, strömt die Luft aus und der

Ballon fällt in sich zusammen. Würde man aber die Entropie umkehren, dann würde die Luft durch ein solches Loch in den Luftballon *hineinfließen*, und zwar *unaufhörlich*. Selbstverständlich würde der Ballon schnell platzen. So würde – um in diesem Bild zu bleiben – die Selbstvermehrung ein Mittel, durch das der sich ausdehnende Ballon seinen Überschuß freiläßt, indem er andere Ballons produziert.

Unser Grund also, den wir dafür anführen, daß die Monade ihr überschüssiges Potential verteilen muß, ist ein objektiver, ein mechanischer. Unendliche Kraft kann nicht in einem endlichen System enthalten sein. Wir haben somit die moralische Frage mit etwas anderem in Zusammenhang gebracht, das unabhängig von der Moral Realität besitzt. *Wir können Moral mit etwas anderem definieren als nur durch sich selber.*

Nun hat es mit der Moral die eigentümliche Bewandtnis, daß sie uns – wie »wissenschaftlich« wir sie auch erfassen – keine Ruhe läßt. Wir haben oben gezeigt, wie sie im fünften Unterstadium »definiert« werden kann. Was hat das mit dem Rest der Menschheit zu tun? Auf den ersten Blick gar nichts. Wir können Hunderte von Leben gelebt haben, ehe wir uns zu einem Stadium entwickeln, in dem die moralische Frage akut wird. Denn es kann wohl kaum eine Tugend oder ein Verdienst sein, etwas nicht zu tun, das wir nicht tun *können*. Leute, die es nicht verstehen, das große Geld zu machen, versuchen gern, aus ihrer Unfähigkeit eine Tugend zu machen. Inkompetenz ist aber keine Tugend, und das gilt allgemein. Man kann nicht großzügig sein, wenn man nichts zu geben hat. Dies bedeutet nun nicht, daß Geben etwas rein Äußerliches ist, daß nur das materiell greifbare Geschenk zählt. Bei der Moral, von der wir im fünften Unterstadium sprechen, geht es um den Verzicht auf das Potential selber, nicht um die Produkte dieses Potentials.

Wenn wir all dies überschauen, dann folgt logischerweise, daß die moralische Frage primäre Bedeutung nur für eine weit entwickelte (im fünften Unterstadium befindliche) Person besitzt. Für den Rest der Menschheit ist Moral etwas, von dem sie dunkel ahnt, daß es einmal große Bedeutung haben wird. Von daher stammt wohl auch der alte Glaube an das Jüngste Gericht. Den Jüngsten Tag wird es in einer weit entfernten Zukunft geben, und dann werden alle Taten der Menschen beurteilt werden. Warum aber sollte man so lange warten, wenn es in der Zwischenzeit nicht noch mehr zu tun gäbe? Man hat den Verdacht, daß diese Vorstellung vom Jüngsten Gericht, auch wenn sie ein Mythos ist, einen wahren Kern hat. Es wird eine Zeit *im Leben eines jeden von uns* kommen, wo wir uns entscheiden müssen, weiterzugehen oder zerstört zu werden. Doch wird diese Zeit erst dann kommen, wenn wir so viel Potential in uns aufgenommen haben, daß dessen Mißbrauch uns zerstören würde. Eine solche Verschiebung auf später ist aber kein wirklicher Ausweg. Das Selbst »weiß« um seine Bestimmung, wenn auch vielleicht nur dumpf, und wehrt sich empfindlich gegen jedes weitere Verschulden. Es achtet peinlich genau darauf, für Zeitungen an einem Selbstbedienungsstand oder für Telephonanrufe im Haus eines Freundes zu bezahlen.

Diese Beobachtungen sollen zur Verdeutlichung dessen dienen, wie man den Aufbau unseres Evolutionsschemas als Grundlage für die Klärung eines sonst schwer faßbaren Problems verwenden kann – so wie der Bildhauer eine Vorrichtung benutzt, die den weichen Lehm am Einfallen hindert.

Das sechste Unterstadium des Dominanz-Reichs

Wir kommen nun zu dem letzten Unterstadium, über das wir überhaupt noch nachdenken oder sprechen können. Man kann die Frage aufwerfen, ob wir es überhaupt erörtern sollten, da es sich durch nichts in der Erfahrung belegen läßt und Spekulationen für Irrtümer anfällig sind. Wenn wir aber dennoch darüber sprechen, dann deshalb, weil es interessant ist. Es ist noch spekulativer als alles, was wir bisher abgehandelt haben, noch phantastischer. Es ist buchstäblich nicht von dieser Welt. Die Wesen in diesem Unterstadium sind nicht physisch. Wenn sie einen Körper besäßen, dann nur aufgrund bestimmter Umstände und Bedingungen.

Ein anderer Grund dafür, daß wir doch auf dieses Unterstadium eingehen, ist der, daß es das höchste Stadium ist, das wir überhaupt noch irgendwie erfassen können und das dadurch richtungsweisende Aussagen für die niedrigeren Stadien zuläßt. Wie wir gesehen haben, ist die Abhängigkeit vom nächsthöheren Stadium gerade im siebten Hauptstadium von grundlegender Bedeutung. Das sechste Unterstadium muß ein Reich unsterblicher Wesen sein (dies schon aufgrund der Zugehörigkeit zu der Ebene, auf der Energie nicht zerstört werden kann). Wir könnten noch weiter gehen und sagen, es sei ein Reich der Götter. Beide Feststellungen stürzen uns aber in Konflikte mit modernen Anschauungen. Wir wollen sie gemeinsam betrachten.

Was die Unsterblichkeit anbelangt, so lehrt uns der Verlauf der Evolution, wie wir sie mit unserem Schema erfaßt haben, eins: das in allen Stadien gegenwärtige Merkmal der Kumulativität läßt sich nur durch eine Übertragung von einem Stadium zum nächsten erklären, die mit

Unsterblichkeit gleichwertig ist. Wir haben außerdem gesehen, daß von den Prinzipien oder Schlüsselmerkmalen nur eins »sichtbar« ist (nur das molekulare oder molare Hauptstadium kann gesehen oder berührt werden bzw. besitzt das, was wir materielle Eigenschaften nennen). Auch dies spricht indirekt für die Unsterblichkeit, da daraus hervorgeht, daß Unsichtbarkeit und Unberührbarkeit keine Beweise für die Nichtexistenz von etwas sind.

Was die »Götter« anbelangt, so kommt es vielleicht auf die Definition an. Es gibt verschiedene Möglichkeiten, Götter so zu definieren, daß wir mit dem modernen Denken nicht auf Kriegsfuß stehen. Wir könnten sie als die Elementarkräfte der Natur definieren, also etwa als Gott des Windes, Gott des Meeres, Gott des Sturms etc. Eine weniger triviale Möglichkeit wäre die, Götter als abstrakte Prinzipien aufzufassen. Kronos oder Saturn wären beispielsweise der Gott der Beschränkungen oder Gesetze, Zeus oder Jupiter der Gott der Expansivität, des Wachstums, der Fortpflanzung. Nur wenn wir sagen, daß Götter tatsächlich existierende Wesen sind, verweigert sich unser modernes Denken. Prinzipien ja – Personen nein!

An dieser Stelle betrügt uns unser Verstand aber. Er ist bereit, jede Abstraktion zuzugestehen, aber sobald er Blut riecht, gerät er in Panik. Wir haben vor uns ein ganzes Universum mit Geschöpfen, die ein Loblied auf den Schöpfer singen, und der Mensch gesteht dies auch ein. Er scheut aber bei dem Gedanken, daß es Wesen gibt, die höher sind als er selber. Warum sollten Götter keine Übermenschen sein, Geschöpfe, die sich zu uns verhalten wie etwa ein Pferd zu einem Regenwurm? Wir akzeptieren das Genie (oder vielleicht gibt es auch hier Vorbehalte – akzeptieren wir es wirklich?). Warum sollten Genies die obere Grenze ausmachen? Deswegen, weil es keine greifbaren Beweise für etwas jenseits des Genies Existierenden gibt?

Hier ist ein anderer Punkt, an dem uns unser Verstand austrickst. Wenn wir sagen, es gäbe Beweise für höhere Seinsformen, so sagt der Verstand, die Beweise reichen nicht aus, vermutlich weil er Grund hat, das Gegenteil anzunehmen. Wenn wir fragen, warum sie nicht ausreichen, so argumentiert er mit dem seltenen Vorkommen von Phänomenen, die auf höhere Seinsformen schließen lassen könnten, doch das bedeutet nur, daß das Gewöhnliche häufiger vorkommt als das Außergewöhnliche. Wenn die Häufigkeit des Vorkommens ein Kriterium wäre, dann hätte es nie einen Prototyp gegeben, weil es immer nur einen Prototyp gibt und Millionen von Kopien.

Wir sollten also nicht *greifbare* Beweise für die Existenz von unsterblichen Wesen oder Wesen, die höher entwickelt sind als wir, beanspruchen. Unser Beweis ist deduktiver oder kategorialer Natur, wie wir ihn

auch für die Existenz eines siebten Hauptstadiums geführt haben. Es ist dieselbe Art von Beweis, die wir für die Erkenntnis haben, daß ein Würfel sechs Seiten besitzt, obwohl wir nie mehr als drei Seiten zugleich sehen können. Vielleicht aber würde der moderne Mensch Übermenschen akzeptieren, solange wir sie nicht als Götter bezeichnen. Das ist das, was ich mit »Blut riechen« meinte – er ist so empfindlich, was dieses Thema anbelangt.
Warum aber? Liegt es an dem, was die Schlange sagte – »die Augen werden euch aufgehen, ihr werdet sein wie Gott und erkennt Gut und Böse«? Kann es deswegen sein, weil man in dem Moment, wo man dies zugibt, die Verantwortung für das Menschsein übernimmt? Steckt dahinter das andere Meisterstück im Ausweichen, die These von der »Abstammung von affenähnlichen Vorfahren«? Warum werfen wir die Krone beiseite? Wir müssen sicherlich dafür bezahlen, und das können wir in keinster Weise vermeiden. Die Frage ist leicht zu beantworten: dieser Punkt ist nämlich von so elementarer Wichtigkeit, er ist so heilig und fordert uns so sehr, daß wir ihn mit unserem Bewußtsein meiden. Wenn wir ein Ding benennen, gewinnen wir Macht darüber, aber wir können nicht etwas benennen, was Macht über uns hat!
Es ist aber ziemlich unfair, die These in dieser Weise zu formulieren, und wir werden uns nicht darauf als Argument berufen. Es dient eher zu meiner Selbsterkenntnis, denn ich bin genauso betroffen wie jeder andere auch.
Wir können also vom Aufbau unseres Evolutionsschemas herleiten, daß es im sechsten Unterstadium des siebten Hauptstadiums unsterbliche oder gottähnliche Wesen geben muß. Wir vermuten auch, daß viele solcher Wesen auf der Erde gelebt haben müssen – nicht nur rein von der Kraft her, die notwendig ist, um eine ganze Zivilisation ins Leben zu rufen oder geistige Richtlinien für ein ganzes Zeitalter zu setzen (Mazda, Orpheus, Christus und Buddha), sondern auch, weil die alten Überlieferungen aller Völker davon berichten, daß bestimmte Götter auf die Erde kamen und die Menschen unterrichteten. Nach der ägyptischen Tradition beispielsweise hat Osiris »den Kannibalismus abgeschafft, die Bebauung des Feldes gelehrt, Tempel errichtet und die Flöte erfunden. Seine Gemahlin lehrte die Frauen, Korn zu mahlen, Flachs zu spinnen und Kleider zu weben«.
Die Mayas hatten einen Gott, der ihnen das Schreiben beibrachte. Nach der Überlieferung der Pawnees (eines amerikanischen Indianerstamms) sandte Torawa Götter, um die Menschen in die Geheimnisse der Natur einzuführen.
Des spekulativen und provisorischen Charakters unserer Argumentation wohlbewußt könnten wir als Kandidaten für diese Kategorie von

Wesen aus der biblischen Tradition Noah und Moses anführen, aber die Schwierigkeit, der wir hier begegnen, ist die gleiche wie bei Osiris, Mazda und Orpheus – wir wissen nicht genug über sie.

Etwas, nach dem man sich umsehen würde, wären übernatürliche Fähigkeiten, etwa die Fähigkeit, Wunder zu wirken, Kranke zu heilen, Tote wieder ins Leben zurückzurufen etc. Auch hier weiß man nicht genug, obwohl es viele Zeugnisse für die Wunder Christi gibt. Es ist in der Tat bemerkenswert, wie wenig Beachtung das moderne Denken diesem Aspekt des Lebens Christi schenkt, vergegenwärtigt man sich die zahlreichen Fälle, in denen er Kranke heilte, Tote auferweckte, böse Geister austrieb und andere übernatürliche Fähigkeiten bewies, wie sie von den Evangelisten berichtet werden. Der Apostel Markus zählt auf:

1,25 Heilung eines Besessenen
1,34 Heilung vieler Kranker; Austreibung vieler Dämonen
1,41 Heilung eines Aussätzigen
2,11 Heilung eines Gichtbrüchigen
3,5 Heilung eines Mannes mit einer verdorrten Hand
4,39 Bringt einen Sturm zur Ruhe
5,8 Heilung eines Besessenen
5,23 Heilung einer Blutflüssigen
5,42 Auferweckung eines zwölfjährigen Mädchens
6,40 Erste wunderbare Brotvermehrung
6,48 Jesus wandelt auf dem See
6,56 Heilung vieler Kranker
7,30 Heilung der Tochter der kanaanäischen Frau
7,35 Heilung eines Taubstummen
8,8 Zweite wunderbare Brotvermehrung
8,23 Heilung eines Blinden
16,6 Auferstehung vom Tode
16,9 Jesus erscheint Maria Magdalena
16,12 Jesus erscheint zwei Jüngern
16,14 Jesus erscheint den elf Aposteln

Leute, die ich frage, antworten mir, sie würden nicht an die Wunder glauben, und sind fest von ihrer Unwichtigkeit überzeugt. Sie behaupten, die Wunder seien erdichtet und deswegen Jesus zugeschrieben worden, weil er ein außergewöhnlicher Mensch war etc. Diese Rationalisierungen werden aber den Tatsachen nicht gerecht. Erstens war Markus der früheste von den Evangelisten und er zählt *mehr* Wunder auf als die späteren Evangelisten. Zweitens waren es die Wunder, durch die Christus seine Jünger an sich zog und die seinen Ruf begründeten – nicht umgekehrt. Damals herrschte genausoviel Skepsis wie heute. Eine häufig berichtete Reaktion auf solche Taten war Angst, was nicht

für die heutige Auffassung spricht, daß die damalige Zeit durch Wunschdenken bestimmt gewesen sein soll. Besonders hervorzuheben sind die Erscheinungen Christi nach seinem Tode. Es steht wohl außer Zweifel, daß sie sehr überzeugend gewesen sein mußten, denn alle Jünger hatten ihn einwandfrei gesehen (der Ausdruck »ungläubiger Thomas« bezieht sich auf die skeptische Haltung eines der Jünger, der sich weigerte, an die Realität der Erscheinungen zu glauben, bis er bei einer späteren Gelegenheit selber die Hände in die Wunden legen durfte, wobei er auch für seinen Unglauben getadelt wurde).
Ich führe die Wunder nicht an, um den Leser oder die Leserin davon zu überzeugen, daß sie tatsächlich passiert sind, ebensowenig wie ich mit der Beschreibung der Expansion und Kontraktion der Moleküle deren Existenz glaubhaft machen will. Entscheidend ist wohl, daß alles im Leben etwas von einem Wunder an sich hat, und wir versuchen, in unser Evolutionsschema eine Reihe von Prinzipien einzupassen, einige, die wir als rational und deshalb glaubwürdig anerkennen, und andere, die sich außerhalb des rational Erfaßbaren befinden.

Siebtes Unterstadium

In diesem Unterstadium erreicht das letzte Hauptstadium, das Reich der Dominanz, und in der Tat die gesamte Evolution ihr Ziel. Wir können es nicht beschreiben, nicht nur, weil es so weit ab von allem Menschlichen ist, sondern auch, weil es sich per definitionem nicht in Worte oder Bilder fassen läßt.

15. Der Prozeß im Spiegel der Mythen

In den vorangegangenen Kapiteln haben wir eine Theorie des Universalprozesses entwickelt. In groben Umrissen haben wir ein Konzept entworfen, das das Zusammenspiel zwischen dem Kreativen und dem Unvermeidlichen der Materiegesetze beschreibt, wobei wir uns in den Einzelheiten so weit wie möglich auf die Wissenschaft beriefen. Dieses Zusammenspiel (oder das, was bei den Völkern des Altertums Vereinigung genannt wurde) bringt eine fortschreitende Entwicklung hervor, die sich in sieben Stadien oder Reichen manifestiert. Wir haben uns nicht weiter bemüht, diese globale These von der Wissenschaft absegnen zu lassen, hauptsächlich deswegen, weil die heutige Wissenschaft die positive Rolle der Unsicherheit in der Kosmologie nicht anerkennt. Die Wissenschaft ist vielmehr so sehr in getrennte Disziplinen zerstückelt, daß sie das vereinigende Prinzip, das das Wort »Universum« impliziert, aus den Augen verloren hat.

Ein solches vereinigendes Prinzip war für die Völker des Altertums noch lebendige Realität. Ihre Spekulationen wurden durch einen mächtigen Drang gespeist, die Stadien der Schöpfung und des Falls des Menschen wenn schon nicht zu erklären, so doch wenigstens zu beschreiben. In ihren scheinbar naiven Mythen und Legenden offenbart sich ein erstaunlicher Sinn für das Ganze, für Integration, und sie tragen etwas bei, was der Wissenschaft mit ihrer Betonung des Erklärbaren und der detaillierten Entwicklung erfolgreicher Techniken verlorengegangen ist. Die Wissenschaft kann uns wie eine Landkarte Informationen liefern, aber sie gibt uns keinen Kompaß. Der Mythos steuert eben diesen Kompaß bei. Mit seiner Hilfe können wir herausfinden, wie die Karte zu orientieren ist.

Niemand soll zu etwas gezwungen werden. Jeder kann dahin gehen, wohin es ihm beliebt. Wir sollten uns bewußt machen, daß die Kompaßanzeige, die die Landkarte orientiert, nicht diktiert, ja noch nicht einmal anspricht, wohin der einzelne geht. Sie hat nur mit der Orientierung der *Landkarte* zu tun, und dies ist für jede Art ihrer Benutzung wichtig. Die Mythen können uns mit dieser Orientierung, die wir suchen, helfen, denn sie stehen noch in Verbindung mit der Natur, eine Verbindung, die der Mensch von heute verloren hat. Diese Verbindung mit der Natur – mit dem Unbewußten, mit den Mysterien von Leben und Tod, von

Zeugung und Transformation, mit dem Bereich des Wissens, der den Menschen mit dem Leben verschmelzen ließ statt ihn in der Position des distanzierten Beobachters zu halten – zieht sich durch Mythen und Legenden, durch Kunstwerke und Symbole.

Das Problem der Interpretation von Mythen

Viele bedeutende Mythen handeln vom Abstieg und Aufstieg des Menschen. Wenn wir die Kosmologien als relevante und notwendige Ausgangsbasis für den Abstieg einbeziehen und den Heldenmythen das Thema des Aufstiegs zuordnen, so stellen wir fest, daß unzweifelhaft die wichtigeren Mythen in diesen Rahmen passen. Wenn es uns nämlich gelungen ist, von ihrer oberflächlichen Ausdrucksweise zu abstrahieren, offenbart sich uns ein erstaunlich tiefgehender und sinnhaltiger Inhalt. Dies ist vielleicht auch der Grund dafür, weshalb sie bis heute überlebt haben. Sie spiegeln in leicht verdaulicher Form die tieferen Wahrheiten der Existenz wider und haben sich aufgrund eben dieses universellen Bedeutungsgehalts bis heute erhalten. An diesem Punkt taucht aber eine Schwierigkeit auf. Wer soll diesen Sinn interpretieren? Denn Mythen müssen natürlich interpretiert werden – wie es auch tatsächlich und auf recht verschiedene Weise geschieht.

Alte Interpretationen

In diesem Zusammenhang ist interessant, wie Plutarch – nach G.R.S. Mead[1] – die verschiedenen Theorien seiner Zeit betrachtete, die vorgaben, die alten Mythen und Theologien zu erklären. Zu ihnen gehörte die Theorie des Euhemerus, daß die Götter nichts anderes als alte Könige und Helden waren. Plutarch findet diese Erklärung nicht ausreichend. Eine andere Theorie, wonach die Götter »Dämonen« darstellten (wie beispielsweise bei Homer, wenn die Götter die Menschen zu bestimmten Handlungsweisen inspirieren oder ihnen sonst beistehen, sie bestrafen oder belohnen), faßte er als Verbesserung auf. Er zog auch die Theorien der Physiker oder Naturphänomenologen (die behaupteten, Osiris repräsentiere den Nil etc.) sowie der »Mathematiker« (die in den Göttern Anspielungen auf Himmelskörper sahen, etwa Osiris als den Mond auffaßten etc.) in Erwägung. Er gelangte aber zu dem Schluß, daß keine einfache Erklärung allein den Mythen gerecht würde. »Aber«, um Mead zu zitieren, »von all diesen Interpretationsversuchen fand er (Plutarch) diejenigen am wenigsten befriedigend, die ... sich damit zufrieden gaben, die Hermeneutik (Erklärung) der Mysterienmythen einfach auf die Tätigkeiten des Pflügens und Säens zu beschränken«. Gegenüber dieser »Pflanzengott«-Theorie erwies sich Plutarch sehr unduldsam und bedachte ihre Vertreter mit dem wenig schmeichelhaften Ausdruck »dummer Pöbel«.[2]

Die neuen Interpretationen: Freud und Jung

Heute, mehr als siebzig Jahre später, haben wir die neuen psychologischen Interpretationen von Freud und Jung. Freuds Haltung läuft eigentlich darauf hinaus, daß man sich mit den Mythen nicht ernsthaft zu befassen braucht. Er reduziert alle Symbole auf die Ebene des Sex (statt den Sex zu einem universellen Kreativitätsprinzip zu erheben). Es ist wohl richtig, daß Freud einen wesentlichen und auch notwendigen Beitrag leistete, indem er die Heuchelei des Viktorianischen Zeitalters bloßstellte. In bezug auf einen Mythos aber, der öffentlich kundtut, daß der Phallus des Osiris sein zentrales Thema ist, bedarf es solcher unerschrockener Pionierleistung nicht. Die Mythen über Osiris – und desgleichen auch der griechische Uranusmythos – sind so unverhüllt sexueller Natur, daß man mit Recht hinter der Sexualsymbolik eine tiefere Bedeutung vermuten kann – und damit die Situation, auf die sich Freuds Zensurtheorie bezog, umkehrt.

Was die Jungschen Interpretationen anbelangt, so kommen wir dem wahren Wesen der Mythen schon näher. Jung, der auf dem von Freud hinterlassenen Stückwerk aufbaut, nimmt eine tiefere Schicht, das kollektive Unbewußte, an. In ihm sind nicht nur die im Freudschen Unterbewußten schlummernden Erinnerungen an frühere Erlebnisse oder verdrängte Erinnerungen des Individuums gespeichert, sondern auch die sehr viel universelleren Erinnerungen einer ganzen *Rasse*. Hier liegen nach Jung alle Erinnerungen der Menschheit in einer Art universellem Schlaf. Sie erwachen nur von Zeit zu Zeit in Träumen oder in Augenblicken der Vorahnung zum Leben, möglicherweise um uns vor einer schweren Krise zu warnen, wirken sich aber in jedem Fall unterschwellig auf uns aus. Sie bereichern uns und lassen das innere Wesen sprechen, das uns das Wahre und das Gute »erkennen« läßt und durch das die alten Märchen und Legenden uns Kraft geben. Was den Sex anbelangt, so gehen die Jungschen Theorien ebenfalls einen Schritt über Freud hinaus, indem sie nämlich das Weiblichkeitssymbol auf die Ebene der Seele heben und nicht zum unmittelbaren Objekt tierischer Gelüste machen.

Trotzdem können wir auch an diesem Punkt nicht stehenbleiben. Die Jungsche Konzeption kommt zwar dem wahren Kern von Mythen ein großes Stück näher, erreicht ihn aber noch nicht. Eine umfassende Untersuchung der Symbolsprache offenbart eine sehr viel größere Bedeutungsvielfalt, als ihr die meisten Jungianer einräumen. Aus der Sicht der Prozeß-Theorie bilden die Archetypen eine ganze Dimension (Ebene) der Existenz. Sie sind die Bewohner der Welt der Psyche und sie manifestieren sich in nahezu unendlich vielen Formen. Sie kommen in den universellen Archetypen ebensosehr zum Ausdruck wie in individuellen Traumsymbolen, in Cartoons – ja sogar in der gewöhnlichen Sprache. Sie machen die Lebenssubstanz aus.

Die Übersetzung von Symbolen wird in der Regel nur dadurch begrenzt, wie weit des Verständnis des Übersetzers reicht. Wir stoßen natürlich auf die gleichen Beschränkungen. Der Fortschritt ist aber oft wie die Gruppengeschwindigkeit von Wellen. Die einzelnen Wellen erheben sich am hinteren Ende der Gruppe und laufen nach vorne, bis sie – sobald sie am vorderen Ende verschmelzen – abflauen und verschwinden. Auf diese Weise tragen sie zu der allgemeinen Bewegung bei, verschwinden aber, sobald sie »zu weit nach draußen« kommen.

Unsere Prozeß-Theorie und die Mythen

Wir stellen nun an diesem Punkt die These auf, daß sich die Mythen mit unserem Evolutionsschema sehr gut vereinbaren lassen. Leser und Leserinnen, die immer noch ihre Zweifel an unserer Evolutionstheorie hegen, werden natürlich dieser These mit Zurückhaltung begegnen und vor einem endgültigen Urteil weitere Beweise für sie abwarten.

Unglückseligerweise ist aber diese durchaus vernünftige Skepsis in den Bereichen, in denen wir uns jetzt bewegen, völlig unangebracht, weil Beweise besonders schwer zu erbringen sind. Dieses Kapitel soll nicht dem Beweis unserer Evolutionstheorie dienen. Existierende Beweise dieser Art haben wir schon in früheren Kapiteln aufgeführt. Da wir deshalb unsere Evolutionstheorie für mehr oder weniger zutreffend halten, dient dieses Kapitel dazu, auf der Grundlage der Mythen unsere Evolutionstheorie auf den Menschen anzuwenden, die Landkarte zu orientieren. Wir schlagen deshalb vor, von einer Entsprechung zwischen unserer Evolutionstheorie und den Mythen auszugehen und fortzufahren. Unsere Rechtfertigung ist die, daß wir dadurch in der Lage sind, Sinn und Bedeutung der Mythen besser zu erkennen.

Es gibt aber außer unserer Evolutionstheorie noch eine zweite Hypothese, deren Richtigkeit akzeptiert werden muß: daß nämlich die primitiven Mythen in Verbindung mit grundlegenden Wirkungsweisen des Kosmos standen und kosmologische Wahrheiten korrekt wiedergeben. Diese Hypothese sagt nichts darüber aus, warum Mythen korrekt sein müßten. Wir erfahren auch nicht, ob die Menschen zutreffende Phantasievorstellungen schufen, weil sie intuitiv die Wahrheit erkannten, oder ob es vielleicht in längst vergangenen Zeiten große Führer gab, die Theologie und Kosmologie in einer Form lehrten, die auch von einfachen Leuten begriffen und weitererzählt werden konnte.

So läßt sich sogar die bemerkenswerte Stelle in Swifts *Gullivers Reisen*, an der er die Monde des Mars beschreibt, auf zweierlei Weise deuten. Swift berichtet nämlich, daß der Mars zwei Monde besitzt, deren Umlaufzeiten sehr kurz sind – was an den tatsächlichen Sachverhalt, nämlich 7 Stunden 39 Minuten und 30 Stunden 18 Minuten, sehr nahe herankommt. Dies wird nun keineswegs durch die Umlaufzeit unseres Mondes nahegelegt, die 27 Tage beträgt. Und Swift schrieb seine Fabel zweihundert Jahre bevor die beiden Marsmonde 1877 von Asaph Hall tatsächlich entdeckt wurden. Hat Swift nun diesen Sachverhalt »intuitiv« erkannt oder entnahm er ihn aus irgendeiner alten oder vergessenen Quelle? Manche behaupten letzteres und führen als Beispiel an, daß der Mars der Mythologie seinen Streitwagen von zwei Rössern, Phobos und Deimos, ziehen ließ (diese Namen benutzten übrigens später die Astronomen zur Bezeichnung der beiden Monde des roten Planeten).

In diesem Zusammenhang möchte ich noch einen weiteren Punkt erwähnen. Ich weiß von Hinweisen, aus denen hervorgeht, daß sich nach Auffassung der alten Hindus weder der Merkur noch die Venus um ihre eigene Achse in bezug auf die Sonne drehen. Wenn dies stimmt, dann muß man daraus ein astronomisches Wissen ableiten, das das heutige Wissen übertrifft, denn die moderne Astronomie konnte erst vor kurzem mit Hilfe moderner Instrumente das Fehlen einer Rotation beim Merkur bestätigen. Außerdem haben Temperaturmessungen der Venuswolken ergeben, daß sie sich sehr langsam um sich dreht, was die Auffassung der alten Hindus bestätigt. So ist vielleicht unsere Zivilisation nicht die erste fortgeschrittene Zivilisation, und wenn dem so ist, dann wären Mythen eher Überbleibsel alter Lehren als Ergebnisse intuitiver Erkenntnis.

Warum Symbole?

Wie wir schon sagten, müssen Mythen interpretiert werden. Da nun das Universum durch den von uns beschriebenen Prozeß bestimmt wird und dessen Eigenschaften zeigt, stellen wir die Hypothese auf, daß die Mythen diesen Prozeß in symbolischer Form wiedergeben. Nun kann man immer noch fragen: warum in symbolischer Form? Warum nicht direkt? Das ist eine interessante Frage. Sie bringt uns auf das Wesen der

Sprache an sich, denn wie würde eine direkte Beschreibung der Kosmologie aussehen? Man vergegenwärtige sich doch die großen Schwierigkeiten der Physiker bei der Beschreibung des Atoms. Als erstes hatten sie das Bild einer Billardkugel, es folgte das eines winzigen Sonnensystems, in dem die Elektronen wie die Planeten um ein Zentrum kreisten. Dann kam das Bohrsche Atommodell, in dem die Elektronenbahnen durch mysteriöse Quantengesetze bestimmt wurden, wobei die Energieniveaus der einzelnen Bahnen in bestimmten numerischen Verhältnissen zueinander standen. Und schließlich wich diese Vorstellung der eines »Wahrscheinlichkeitsnebels«. Die Bemühungen der Physiker, das Atom richtig zu interpretieren, lassen sich – wie wir schon im 6. Kapitel sagten – mit den Bemühungen der Heiligen Schrift vergleichen, die Wahrheiten religiöser Offenbarungen zu beschreiben: beide müssen zu diesem Zweck auf die mit den Sinnen erfahrbare Welt zurückgreifen.

Dies gilt auch für die Kosmogonie, ob nun der Anfang aller Dinge als Erschaffung der Materie aus dem Licht, als Vereinigung zwischen Himmel und Erde oder als die Trennung der oberen Wasser von den unteren Wassern beschrieben wird. Bilder und Worte sind nur ein Hilfsmittel, um unseren Verstand zu unterstützen. Es gibt keine eigentlichen »Dinge« auf der Ebene von Elektronen oder in den ersten Tagen der Schöpfung der Welt, und es gibt keine Vorstellung außer einer solchen, die übersetzt oder fallengelassen werden muß. Das ist der Grund, weshalb am Ende die Symbolsprache triumphiert. Ich erinnere mich dabei an eine herrliche, schon einige Jahrzehnte alte Anekdote über Noel Coward, der ein Telegramm abschickte und es mit »Mussolini« unterschrieb. Als die Dame am Postamt die Unterschrift sah, verwies sie auf eine Bestimmung, nach der falsche Unterschriften nicht erlaubt waren. Daraufhin unterzeichnete Noel Coward mit »Noel Coward«. Die Dame wies ihn wieder zurecht, und er erwiderte: »Aber ich *bin* Noel Coward!« – »Oh«, sagte sie, »in diesem Fall ist es in Ordnung, wenn Sie mit ›Mussolini‹ unterschreiben«.

Darin liegt die Verteidigungsstrategie des Anthropomorphismus. Wir übertragen die Zusammenhänge, die wir in der Natur entdecken, in immer abstraktere Begriffe, und am Ende stellen wir fest, daß wir – wie immer wir sie auch übertragen – immer nur das verstehen können, was menschlich ist, und daß wir genausogut sagen könnten: »Das Elektron zieht das Proton an«. Aber wir wollen uns noch weiter mit der Symbolsprache beschäftigen.

Ein Symbol ist etwas, das für etwas anderes steht. Diese Zuordnung ist nach moderner Auffassung willkürlich. So steht zwar in der Algebra der Buchstabe x für die Unbekannte, aber jeder andere Buchstabe würde dieselbe Funktion erfüllen. Im Altertum hingegen gab es eine unmittelbare und nicht willkürliche Verbindung zwischen dem Symbol und dem, was es repräsentierte, so daß eine Übersetzung möglich war und ist. So kann tatsächlich die Symbolsprache wie die Sprache der Träume genau entschlüsselt werden, weil die Zuordnung von Symbolen nicht willkürlich erfolgt, sondern durch eine innere Verbindung zwischen der Abstraktion und dem diese Abstraktion symbolisierenden Objekt bestimmt wird.

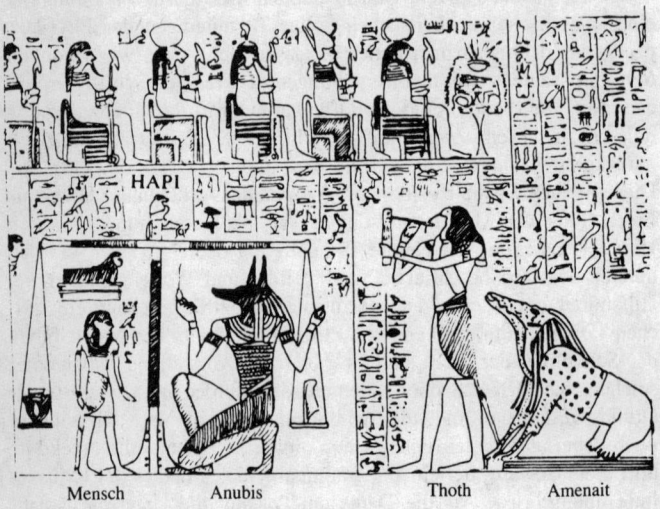

Das Wiegen des Herzes oder der Seele eines Verstorbenen (ägyptischer Mythos)

Wir wollen als Beispiel ein Bild anführen, auf dem das Gericht nach dem Tod dargestellt ist. Es zeigt, wie das Herz oder die Seele des Toten abgewogen wird. Auf dem Bild betätigt der Gott mit einem Hundekopf, Anubis, die Waage, der Mandrillgott, Hapi, liest das angezeigte Gewicht ab, und Thoth, der Gott mit dem Kopf eines Ibis, hält das Ergebnis fest. Das »Herz« wird gegen eine weiße Feder abgewogen, und Amenait, ein hybrides Ungeheuer mit dem Kopf eines Krokodils und dem Hinterteil eines Nilpferds, kauert an der Seite, darauf wartend, alle Überreste zu verzehren, die die Prüfung nicht bestehen. Die Botschaft dieses Bildes ist auch ohne Übersetzung klar, doch ist es interessant, näheres über die Einzelheiten zu erfahren. Thoth, dessen Funktion nicht nur dadurch gekennzeichnet ist, daß er einen Stift hält und das Ergebnis niederschreibt, sondern auch durch den Ibisschnabel, der aus seinem Kopf herauswächst, symbolisiert die Kraft des Verstandes. Kurioserweise ähnelt der Name Thoth dem englischen Wort »thought« (Denken), das seine Rolle beschreibt. Doch die Ägypter, die kein abstraktes Wort wie »Denken« kannten, versahen Thoth mit einem Ibiskopf, um seine Funktion zu symbolisieren. Anubis, der Gott mit dem Hundekopf, ist des Menschen treuer Helfer und Führer. Mit seiner übertrieben großen Nase und seinen übertrieben großen Ohren, die erhöhte Wachsamkeit der Sinne darstellen, repräsentiert er die Urteilskraft. Hapi, der den Zeiger der Waage beobachtet, hat den Kopf eines Mandrills. Jeder, der schon einmal einen Mandrill beobachtet und die außerordentliche Kraft in seinem konzentrierten Blick bemerkt hat, wird diese Art der Darstellung des richtigen Ablesens der Gewichtsanzeige brillant finden.[3] Die weiße Feder symbolisiert die Wahrheit, und zwar aus höchst interessanten Gründen. Wie wir später sehen werden, ist die Luft allgemein ein Symbol für den Geist, und so wie eine Feder die Luft bewegt, so bewegt die Wahrheit den Geist. Der krokodilköpfige Amenait repräsentiert die physische Welt, die die Bruchstücke wieder in den Kreislauf der Materie bringt.

Als Gegensatz zu diesem sehr alten »Haushalt des Selbst« könnten wir Walt Kellys Cartoon »Pogo« anführen. Der unmittelbare Freundeskreis um Pogo setzt sich zusammen aus Albert, einem Alligator, aus Owl, einer Eule, und aus Churchy (abgeleitet von *Cherchez la femme*), einer Schildkröte. Pogo selber, offensichtlich ein Opossum, wird mit einem runden Gesicht dargestellt, von dem Linien wie Strahlen ausgehen, also mit einem Symbol, das überall das solare oder zentrale Prinzip, den Geist selber, repräsentiert. Die Eule Owl steht unzweifelhaft für den Verstand, und Albert ist wie Amenait das Physische (der Körper).

Wenn wir Pogo und seine Freunde mit den vier Funktionen nach C. G. Jung – Intuition, Intellekt, Empfindung und Gefühl – vergleichen, dann sind die ersten drei Funktionen durch Pogo, Owl und Albert dargestellt. Churchy muß also für das Gefühl stehen. Dies wird durch Churchys Vorliebe für das Singen und durch seinen Namen, »Cherchez la femme«, deutlich. Aber warum wird das Gefühl ausgerechnet durch eine Schildkröte symbolisiert? Was ist eine Schildkröte? Sie ist ein Tier mit einer gepanzerten Schale, in die sie sich bei drohender Gefahr zurückziehen kann. Die Geschichte besagt also, daß der Mensch von heute einen Panzer aus Gefühlen trägt. Pogo oder der Geist ist als Opossum dargestellt, weil das Opossum ein Tier ist, das sich totstellen kann.

Ich bin mir allerdings sicher, daß Kelly diese Rollen nicht im Sinn hatte, als er Pogo und seine Freunde kreierte. Wenn er sie bewußt angelegt hätte, wären sie wahrscheinlich nicht so überzeugend geworden wie die instinktiv erfundene Version. Wir haben sowohl in Kellys Cartoons als auch in den Darstellungen auf ägyptischen Papyrusrollen eine Sprache vor uns, die in Verbindung mit der grundlegenden Wahrheit der Natur steht, nicht weil sie ganz bewußt geschaffen wurde, sondern eben deswegen, weil dies nicht der Fall ist. Sie ist so unbewußt wie die Verdauung oder andere Prozesse, die in unserem Körper ohne Zutun unseres Bewußtseins ablaufen, etwa die Heilung von Wunden, die Immunisierung gegen Krankheiten, das Wachstum eines Embryos und natürlich das Wachstum überhaupt. Diese instinktiven Funktionen sind perfekt und stellen eine Art eingebauter Kompaß dar, der die »natürliche« Person leitet, so wie der Gleichgewichtssinn, der durch einen Mechanismus im Innenohr geschaffen wird, es uns ermöglicht, aufrecht zu gehen.

Evolutionsschema und Mythos

Wir behaupten nun, daß der Mythos allgemein den bogenförmigen Verlauf des Prozesses symbolisiert, der mit dem »Abstieg in die Materie« beginnt. Nach unserem Evolutionsschema setzt der Prozeß mit undefiniertem Ziel oder Impuls ein, ist anfangs vollkommen frei, und geht dann eine Reihe von Beschränkungen ein, die ihn schließlich auf die Ebene der vollkommenen Determiniertheit hinunterbringen. Im Mythos ist die Synthese oder Umkehr auf der Hälfte des Bogens manchmal die Fortsetzung ein- und derselben Sage, in anderen Fällen wird diese Umkehr in einem eigenen Mythos beschrieben.

Die wahre Schwierigkeit liegt in der Übersetzung. Mythen sind nicht nur in einer besonderen Sprache, der Symbolsprache, verfaßt, sondern man muß bedenken, daß es ja eigentlich *keine Sprache für die letzte Natur aller Dinge gibt*. Der Physiker sucht Zuflucht zu mathematischen Formeln, weiß aber nie so recht, wovon er spricht. Er übt sich darin, sich die Dinge nicht anschaulich vorzustellen, mit Hilfe seiner Instrumente durch das Dunkel zu navigieren. Nur gelegentlich erleuchtet ein genialer Geistesblitz – wie ein echter Blitz – für einen Augenblick den Weg und ermöglicht ein neues Anvisieren des Ziels.

Die Übersetzung macht also unser Problem aus. Wir müssen unter anderem auch unsere Aussage übersetzen, das Universum sei ein Prozeß. Die vielleicht geeignetste Darstellungsweise dieser These ist die Formel der Quantentheorie, die von Dirac stammt (a und b sind Operationen, h ist die Plancksche Konstante, und i ist imaginär):

$$ab - ba = ih$$

Es handelt sich hier um die berühmte Gleichung, die das mathematische Kommutativgesetz zu Fall bringt, das besagt, daß die Operation a mal b dasselbe ist wie b mal a, oder ab = ba. Aber selbst dies muß übersetzt werden. Es genügt nicht, wenn wir sagen, ab und ba lassen sich nicht vertauschen. Wir müssen die Formel so übersetzen, daß jedes Element erklärt wird. Zweifellos ist ab eine Operation und ba ihre »Umkehrung«, wie etwa in die Stadt gehen und aus der Stadt zurückkommen. Wenn wir in die Stadt gehen und zurück, kommen wir an den Punkt, von dem wir losgegangen sind, also ist das geographische Ergebnis Null. Aber als wir in der Stadt waren, unterschrieben wir vielleicht einen Vertrag oder *taten* auf jeden Fall etwas anderes, und dies entsprach in keinem Sinn einer geographischen Ortsveränderung. Daß es nicht geographisch war, wird durch den Buchstaben i bezeichnet, der in der quantentheoretischen Formel die Quadratwurzel aus -1 repräsentiert. Er besagt, daß die Wirkung von h andersartig ist als die durch ab und ba ausgedrückte Positionsveränderung. i ist imaginär, d. h. in einer anderen Dimension befindlich, so wie das Unterschreiben eines Vertrags etwas anderes ist als der Wechsel von einem Ort zum anderen. Das eine ist eine Werttransaktion, das andere eine physikalische Transaktion. Unsere reduzierte Formel ab – ba = ih besagt also, daß sich der Prozeß auf die materielle Ebene begibt (ab) und sich wieder von ihr löst (-ba). Dabei produziert er eine »nichtmaterielle« Wirkungs*einheit*. Die Materie ist also das Mittel, der imaginäre Teil das Ziel, das erreicht wurde – wie in unserem Bogenmodell.

Der Anfang aller Dinge

Der jüdisch-christliche Mythos

Unsere These lautet, daß der Mythos in seiner vollständigen Form dasselbe wie oben besagt. Wir wollen mit dem vertrauten Beispiel von Adam und Eva anfangen. Adam ist der erste Mensch, *die erste Ursache*. Die erste Ursache für sich allein ist wie Nichts, es fehlt etwas. So tritt Eva hinzu, »die Mutter aller Lebendigen«, *das Prinzip des Begehrens* (Eva als begehrenswertes Wesen versinnbildlicht das Begehren). Es folgt der Schritt, der sie ihrer selbst bewußt und so für ihre Handlungen verantwortlich werden läßt, nämlich das Essen der Frucht vom *Baum der Erkenntnis,* die Tat, die sie weise werden läßt wie Götter und die ihre Verwicklung, ihren Kontrakt mit der Notwendigkeit, ihren Eintritt in die Schule des Lebens repräsentiert. Als nächstes folgt die Vertreibung aus dem Garten Eden, ihr Abstieg in die *Welt,* in der sie –

wie der Herr sagt – ein Leben lang in Sorge von den Früchten des Baums der Erkenntnis essen sollen. Aber damit ist die Geschichte noch nicht vollständig. Das Auftauchen, die Lösung von der Materie, wird in der Genesis nicht beschrieben. Aber vielleicht wird dieser Aspekt am besten im Neuen Testament durch die Person Christi versinnbildlicht, durch den Helden, dessen Körper (Materie) gekreuzigt wird und der über den Tod triumphiert. Er wird noch in einer weiteren Hinsicht durch Christus versinnbildlicht, nämlich durch seine Lehre von der *Wiedergeburt in ihm*. Die Wiedergeburt in Christus ist wiederum ein Symbol. Es steht für das Erwachen, das Bewußtsein des Göttlichen innerhalb des Selbst und unseres letztendlichen Potentials, der Fähigkeit, Söhne Gottes zu sein.

Der ägyptische Mythos

Diese Art Interpretation rückt einen anderen seltsamen, aber bedeutenden Mythos an seinen rechten Ort, nämlich den ägyptischen Mythos von Osiris, dem Liebling der Götter, dessen Bruder Seth ihm den Untergang geschworen hat. Seth bereitet einen wunderbaren Sarg vor, der mit Gold und Juwelen eingefaßt ist und der genau auf die Größe von Osiris abgestimmt ist. Dann lädt Seth alle Götter ein, wobei er den Sarg demjenigen verspricht, der am besten hineinpaßt. Jeder der Götter legt sich probeweise hinein, und als sich Osiris im Sarg befindet, schlägt Seth den Deckel zu und wirft den Sarg mit Osiris in den Nil. Das Wasser des Flusses trägt ihn bis Byblos, wo er unter einem Tamariskenbaum zur Ruhe kommt. Dieser Baum wächst um den Sarg herum und schließt ihn ein.

Diese zweifache Hervorhebung des Eingeschlossenseins und der Beschränkung (zunächst durch den Sarg, dann durch den Baum) läßt sich in Zusammenhang bringen mit dem fortschreitenden Freiheitsverlust, den wir für das zweite und dritte Stadium des Prozesses angenommen haben. Als nächstes nimmt nun Isis, die Schwester von Osiris, den Sarg in Besitz, doch Seth entdeckt ihn und schneidet Osiris' Körper in vierzehn Teile, die er im Sumpf verstreut. Dieser Schritt hebt hervor, daß die Freiheit nun vollständig verlorengegangen ist: Osiris ist nichts anderes mehr als ein Haufen *ungeordneter* Überbleibsel. Dies entspricht dem vierten oder deterministischen Stadium des Prozesses, das durch eine Zerstückelung in Teile ohne Selbst-Energie gekennzeichnet ist.[4]

Im nächsten Teil des Mythos beginnt die »Rückkehr«. Isis sucht nach den Überbleibseln von Osiris und findet alle bis auf eines, das Geschlechtsorgan. Sie fügt dennoch die Fragmente zusammen, erweckt den Leichnam zu neuem Leben, vereinigt sich mit ihm und gebiert einen Sohn, Horus. Horus, dargestellt mit einem Falkenkopf, führt uns zu der »höheren« oder oberen Ebene zurück, von der Osiris herabgestiegen ist. Horus ist auch der kleine Sonnengott, der jeden Morgen wiedergeboren wird und – als eine Erscheinungsform von Ra (dem großen Sonnengott) – den Kreislauf wieder an seinen Anfangspunkt zurückbringt (da Osiris der Sohn von Ra war).

Der Grund für diese sich überschneidenden Erscheinungsformen von Horus liegt darin, daß er sowohl der Anfang als auch das Ende des Kreislaufs ist, in dessen Mitte sich Osiris, der Gott der Unterwelt, der zerstückelte Menschengott, befindet.

Höchst interessant ist das Detail, daß Osiris einen Teil seines Körpers, das Geschlechtsteil, verloren hat, und die Empfängnis von Horus ist demnach eine andere Version der »Unbefleckten Empfängnis«, der jungfräulichen Geburt. Weder Christus noch Horus hatten einen physischen Vater, einen »Verursacher«, und die große Erkenntnis, die uns diese Mythen vermitteln wollen, lautet, daß der letzte Kern des Lebens, seine letzte Ursache, nicht etwas Materielles ist, sondern die Ursache selber. Wenn wir auf die Ebene der vollständigen Zerstückelung und Beerdigung in Materie gelangt sind, auf den felsigen Grund aufgeschlagen sind, dann können wir uns nicht auf irgendetwas außerhalb von uns stützen, um uns wieder nach oben zu bringen. *Wir müssen es selber tun*, und durch diese Handlung werden wir wiedergeboren.

Der griechische Mythos

Unser nächstes Beispiel betrifft den wunderbarsten aller Mythen, die griechische Sage vom Anfang aller Dinge. Eigentlich handelt es sich hierbei mehr um eine Kosmogonie als um einen Mythos vom Menschen, doch da aber sowohl der Mensch als auch das Universum Prozesse sind, können wir auch aus dem griechischen Mythos viel lernen, besonders, wenn wir ihn mit den beiden eben besprochenen Mythen vergleichen. Bei den Griechen heißt es, daß am Anfang Gaia, oder Mutter Erde, von Uranus, dem Gott des Himmels, geschwängert wurde. Sie hatte so sehr unter der Last häufiger Schwangerschaften zu tragen, daß sie sich nach Erleichterung sehnte. Zu diesem Zweck gab sie ihrem Sohn Kronos eine scharfe Sichel und überredete ihn, sie zu benutzen. Kronos tat es. Er schnitt Uranus die Hoden ab und warf sie ins Meer. Aus dem Blut entstanden die Furien, und aus dem Schaum des Meeres wurde Aphrodite (Venus) geboren. Kronos wurde König, aber als er erfuhr, daß er seinerseits von einem Sohn vernichtet wurde, aß er seine eigenen Kinder, sobald sie geboren waren. Seiner Frau Rhea gelang es durch eine List, indem sie nämlich einen Stein in Windeln verpackte und diesen Kronos vorsetzte, ihren Sohn Zeus zu retten, der schließlich – wie vorhergesagt – seinen Vater vernichtete und dessen Nachfolger wurde.

In Kronos haben wir die Personifizierung des Prinzips der Determiniertheit. Indem er seinem Vater die Hoden abschneidet und seine Kinder verzehrt, unterwirft er sie seinem »Gesetz«. Wir würden deshalb Kronos mit dem vierten Prinzip in Zusammenhang bringen, Zeus hingegen mit dem fünften, da er dem Gesetz des Kronos entgeht so wie die Vegetation durch die Fortpflanzung der Determiniertheit »entgeht«. Man beachte, daß das »Gesetz« des Kronos durch eine List umgangen wird. Diese »List« ist eine andere Weise, das »Entrinnen« in die wiedererlangte Freiheit zu sehen. Der »schlaue Ulysses« ist die griechische Version des Helden, der den Beschränkungen der Determiniertheit entgeht. Dies mag den Eindruck erwecken, als sei es himmelweit von den christlichen Tugenden entfernt, doch erinnern wir uns, daß Christus als Kind durch die Warnung des Engels aus Bethlehem herausgeschafft wurde, um dem Erlaß des Herodes zu entgehen.

Die sieben Stadien im Mythos

Der griechische Mythos

Der Mythos von Uranus–Kronos–Zeus, in dem die Erschaffung des Universums dargestellt wird, bietet sich für eine Interpretation mit Hilfe unserer Prozeßstadien an. In diesem Mythos wird eine Abfolge deutlich: Kronos ist der Sohn des Uranus, und Zeus ist der Sohn von Kronos. Bei weiterer Betrachtung stellen wir fest, daß Uranus der Sohn von Gaia (der Erde) ist. Wir haben also die Abfolge:

			Stadium
Gaia	Mutterprinzip	= Substanz	2
Uranus	Sohn der Gaia	= Samenprinzip (Identität)	3
Kronos	Sohn des Uranus	= Determiniertheit	4
Zeus	Sohn des Kronos	= Flucht aus der Determiniertheit	5

Gaia (Mutter Erde) ist gleichbedeutend mit Substanz. Sie stellt die Substanz und entspricht Eva, »der Mutter aller Lebendigen« (Genesis 3,20).

Mutter Erde wird durch den Samen des Uranus schwanger. Dieses Samenprinzip entspricht der Identität, Stadium 3.

Kronos ißt seine eigenen Kinder. Er repräsentiert die Beschränkung durch das Gesetz oder die Determiniertheit. Indem Kronos seinen Vater entmannt, hat er ihn in ähnlicher Weise »eingeschränkt«. Kronos ist die Zeit[5] (Chronometer, chronisch, Chronologie) oder auch Gevatter Tod mit der Sense.

Der Umstand, daß es Zeus gelingt, seinem Vater Kronos, der Begrenzung durch die Zeit, zu entrinnen, entspricht dem fünften Prozeßstadium, der Fähigkeit der Pflanzen, sich durch ihre Samen fortzupflanzen und so die Zeit zu besiegen. Zeus ist ebenfalls durch seine Nachkommenschaft bekannt.

Zeus ist aber nur einer von vielen Helden der griechischen Mythologie, zu denen beispielsweise auch Herkules, Jason, Theseus und Perseus zählen. Jeder hat im Rahmen unseres Bogenmodells seine spezifische Bedeutung.

Im griechischen Schöpfungsmythos fehlt uns eine unmißverständliche Entsprechung zum ersten Stadium, obwohl wir definitiv sagen können, daß schon etwas vor Gaia existiert hat. In manchen Darstellungen wird als Ursprung von allem das Chaos angenommen. Wir zitieren Kerenyi:

Befruchtet vom Wind legte die Urnacht ihr silbernes Ei in den Riesenschoß der Dunkelheit. Aus dem Ei trat der Sohn des wehenden Windes, ein Gott mit goldenen Flügeln, hervor. Er wird Eros, der Liebesgott, genannt, das ist aber nur ein Name, der lieblichste unter allen Namen, die dieser Gott trug.[6]

Es würde mit anderen Darstellungen übereinstimmen, wenn wir behaupten könnten, Eros habe alles in Bewegung gebracht und war der Vater von Gaia, aber wir können es nicht. Hesiod setzt das Chaos an die erste Stelle, Eros wird nach Gaia geboren, als ein Bruder von ihr oder als Gaia selber in der Gestalt des Eros. Vielleicht haben die Griechen als die ersten Materialisten dem Licht und dem Feuer einfach nicht die Urfunktion zuerkannt, die ihnen zusteht.

Der jüdisch-christliche Mythos

Um eine Entsprechung zum ersten Stadium zu finden, können wir uns an die Genesis halten:

1,1 Im Anfang schuf Gott Himmel und Erde.
1,2 Die Erde war aber wüst und leer, Finsternis lag über der Urflut und Gottes Geist schwebte über den Wassern.
1,3 Gott sprach: Es werde Licht. Und es wurde Licht . . . Dies war der erste Tag.

Der iranische Mythos

Die iranische Legende vom Anfang der Welt geht folgendermaßen:

In alten Zeiten bildeten die beiden Reiche des Lichts und der Dunkelheit ...
eine vollständige und ausgeglichene Zweiheit. Dieses Gleichgewicht wurde
gestört, als der Prinz der Dunkelheit vom Glanz des Reichs des Lichts
angezogen wurde. Vor der Gefahr seines Ansturms beschwörte der Vater der
Erhabenheit eine Reihe hypostatischer Kräfte des Lichts. Ihre Niederlage und
ihr nachfolgendes Verschwinden in die Dunkelheit stehen am Anfang des
Zustands der Mischung.[7]

Das Wort »hypostatisch« bedeutet »Substanz besitzend«. Dieser alte
Mythos beschreibt also offenbar einen Aspekt des Lichts, der erst vor
kurzem erkannt wurde, nämlich daß Licht in der Form endlicher Bündel
oder Photonen existiert, die jeweils ein eigenes Energieniveau haben.
Dresden fährt fort, daß »sich unter den ersten Hypostasen, die von der
Dunkelheit absorbiert wurden, der Mensch der Urzeit oder Ohrmizd,
wie er in den iranischen Quellen genannt wird, befand«.

Der vollständige iranische Mythos, wie er von Dresden wiedergegeben
wird[8], kann mit unseren Prozeßstadien wie folgt in Zusammenhang
gebracht werden:

	Stadium
Als erstes erschuf er den Himmel, hell und sichtbar ... in der Form eines Eis aus glänzendem Metall ... Das obere Ende des Himmels reichte bis an das Unendliche Licht; und alles, was erschaffen wurde, wurde innerhalb des Himmels erschaffen. [Der Ausdruck »reichte bis zum Unendlichen Licht« scheint moderne Vorstellungen vom elektromagnetischen Spektrum vorwegzunehmen.]	1 (Licht)
Als zweites erschuf er aus der Substanz des Himmels das Wasser ... [Wir haben häufig auf die Ähnlichkeit zwischen Elementarteilchen auf der einen Seite und Wasser sowie Substanz auf der anderen Seite hingewiesen.]	2 (Substanz)
Als drittes schuf er aus dem Wasser die Erde, rund, in *der Mitte des Himmels* schwebend.	3 (Im Besitz eines Zentrums)
(Ohne Ordnungszahl) Und er erschuf Mineralien innerhalb der Erde ...	4
Viertens erschuf er Pflanzen ...	5
Als fünftes formte er den ... Stier ...	6
Als sechstes formte er Gayomart (den ersten Menschen) ... (Als siebentes war Ohrmizd selber an der Reihe.)	7

In diesem iranischen Mythos werden Pflanzen an die vierte und Tiere an die fünfte Stelle gesetzt. In unserer Prozeß-Theorie hingegen machen sie das fünfte und das sechste Stadium aus. Die Mineralien, die bei uns in das vierte Stadium fallen, werden in diesem Mythos nicht mit einer Ordnungszahl versehen. Ich meine, daß der Verfasser zwei der früheren Stadien durcheinanderbrachte und miteinander kombinierte, weil sie trotz ihrer unterschiedlichen Bezeichnungen ihrer Beschreibung nach in die entsprechenden Stadien unseres Evolutionsschemas passen. Das dritte Stadium wird zwar »Erde« genannt, paßt aber seiner Beschreibung nach (»rund, in der Mitte des Himmels schwebend«) in das dritte Stadium unseres Schemas (»im Besitz eines eigenen Zentrums«). Da das nächste Stadium, das numeriert ist, die Erschaffung der Pflanzen betrifft, ist das fehlende Stadium das der Erschaffung der Mineralien, die wir in das Reich der Moleküle einordnen.

Der Mythos der Mayas

Einer von den weitaus weniger bekannten, aber interessantesten Mythen ist wohl der Mythos im *Popul Vuh,* dem aus dem 16. Jahrhundert stammenden, in Quiché-Indianisch verfaßten Text, das Fragmente aus der Mythologie der Mayas enthält.[9] Wie es im *Popul Vuh* heißt, beginnt alles damit, daß die Zwillingsbrüder Hunhun-ahpu und Vukub-Hunhun-ahpu im Himmel Ball spielen. Die zwölf Prinzen von Xibalba (die Götter) senden ihre vier Eulenboten zu Huhun-ahpu und Vukub-Hunhun-ahpu mit der Aufforderung, zu ihren Einweihungsriten zu erscheinen. Die beiden Brüder bestehen nicht und bezahlen dafür mit dem Leben. Der Kopf von Hunhun-ahpu wird in die Zweige des heiligen Kalabassenbaums gelegt, der daraufhin voll von köstlichen Früchten wird. Xiquic, die jungfräuliche Tochter des Prinzen Cuchumaquic, erfährt von diesem heiligen Baum. Sie möchte von seinen Früchten kosten und reist zu ihm hin. Als Xiquic ihre Hand ausstreckt, um eine Frucht zu pflücken, fällt etwas Speichel aus dem Mund von Hunhun-ahpu auf ihre Handfläche und der Kopf sagt zu ihr: »Dies sind meine Nachkommen. Jetzt werde ich sterben.«
Das junge Mädchen kehrt nach Hause zurück. Sie wird schwanger. Als sie ihrem Vater auf dessen Frage die Geschichte erzählt, weigert er sich, ihr zu glauben. Von Xibalba (den Göttern) aufgestachelt verlangt er ihr Herz in einer Urne. Xiquic überredet ihre Richter, sie am Leben zu lassen. An Stelle ihres Herzens legen sie die Frucht eines bestimmten Baums in die Urne, deren Saft rot ist und die Konsistenz von Blut hat.[10]

Sie gebiert zur rechten Zeit zwei Zwillingsbrüder, Hunahpu und Xbalanque, die aufwachsen und durch große Taten berühmt werden. Die Prinzen von Xibalba hören von ihnen und laden sie zu den Riten vor, mit denen sie in die Mysterien eingeweiht werden. Diese Riten dauern sieben Tage und sind dafür gedacht, sie zu zerstören. Es sind dieselben Einweihungsriten, an denen ihr Vater scheiterte, doch Hunahpu besteht alle Prüfungen und Xbalanque versagt nur bei der letzten, der Prüfung in der Höhle der Fledermäuse, in der sein Kopf vom König der Fledermäuse abgeschlagen wird. Hunahpu verfügt aber bis zu diesem Zeitpunkt über magische Kräfte und erweckt seinen Bruder zum Leben.

Nachdem Hunahpu und Xbalanque ihre Prüfungen bestanden haben, werden sie wandernde Zauberer! Sie reisen umher und führen außergewöhnliche Kunststücke vor: so zerlegt der eine den anderen in Stücke und setzt ihn wieder zusammen etc.

Dies ist höchst interessant, denn hier haben wir einen Hinweis auf etwas, was in den anderen Mythen häufig vernachlässigt wird, nämlich das sechste Stadium. Für das fünfte Stadium gab es viele Beispiele: es ist die Geburt des Helden und das »Bestehen der ihm auferlegten Prüfungen« (wie bei Hunahpu und Xbalanque), die zwölf Taten des Herkules, die Tötung von Drachen (wie bei Perseus), etc. Das siebente oder letzte Stadium ist das, in dem der Held auf die Ebene eines Gottes gehoben wird (Horus wird zum Sonnengott, Christus »sitzet zur rechten Hand Gottes«, und Hunahpu und Xbalanque werden zu Sonne und Mond). Doch das sechste Stadium wird häufig nicht klar zum Ausdruck gebracht.

Erinnern wir uns daran, wie das sechste Stadium im Verhältnis zum zweiten Stadium beschaffen sein muß. Das zweite Stadium ist Attraktion, der Zauber der Illusion.[11] Wir können also annehmen, daß das sechste Stadium ähnlich wie das zweite ist, doch im *Popul Vuh erzeugt das Selbst Illusion* statt durch sie gefangen zu werden. Wir haben schon früher den Begriff »Transformation« als allgemeineren Ausdruck an die Stelle der zu diesem Stadium gehörigen Mobilität gesetzt und auf Märchen hingewiesen, in denen Zauberer sich zu Senfkörner verwandeln, dann zu Hühner, die diese Senfkörner fressen etc. Auf jeden Fall haben wir in diesem Mythos das magische Element oder die *Erzeugung* von Illusion, die den Gegensatz zum Gefangensein von Illusion bildet.

Kommen wir nun wieder auf Hunahpu und seinen Bruder zurück. Ihre Zauberkunststücke werden auch den zwölf Prinzen von Xibalba bekannt und sie laden sie ein, ihnen welche vorzuführen. Die beiden Brüder lassen den Palast der Prinzen verschwinden und wieder erschei-

nen, sie zerstückeln den Lieblingshund der Prinzen und erwecken ihn wieder zum Leben. Fasziniert bitten die Prinzen sie, ebenfalls zerstückelt und wieder zum Leben erweckt zu werden. Die Brüder willigen ein und zerstückeln sie, setzen sie aber nicht mehr zusammen!
Damit ist das Drama beendet. Hunahpu und Xbalanque werden zu den Himmelskörpern Sonne und Mond.

	Stadium
Die Zwillingsbrüder spielen Ball im Himmel.	1
Sie bestehen ihre Einweihungsriten nicht (sie werden durch Illusion getäuscht)[12].	2
Der Kopf von Hunhun-ahpu wird in einen Kalabassenbaum gelegt und die Herren von Xibalba sagen: »Niemand darf kommen und von seinen Früchten essen«.	3
Die Jungfrau Xiquic kommt, ißt von dem Baum und wird schwanger. Durch eine List entgeht sie ihrer Hinrichtung.	4
Sie gebiert Zwillingsbrüder, Xbalanque und Hunahpu. Sie bestehen die ihnen auferlegten Prüfungen anläßlich ihrer Einweihung in die Mysterien.	5
Die Zwillingsbrüder vollführen Zauberkunststücke und täuschen die zwölf Götter, indem sie sie zerstückeln und nicht mehr wieder zusammensetzen.	6
Die Zwillingsbrüder werden zu Sonne und Mond.	7

Zusammenfassung

Vergleicht man die verschiedenen Darstellungen, so fallen sofort die Ähnlichkeiten auf. Besonders verblüffend ist der Umstand, daß im dritten Stadium das Motiv des Baumes immer wiederkehrt, was insofern seltsam ist, als der Baum in jedem Fall eine andere Bedeutung zu haben scheint. Im Mythos von Osiris wächst der Baum um den Sarg. In der Genesis ist vom Baum der Erkenntnis die Rede. Im *Popul Vuh* wird der Kopf von Hunhun-ahpu in den heiligen Kalabassenbaum gelegt. Die einzige Erklärung, die ich für dieses wiederkehrende Motiv des Baumes finden kann, ist die, daß in diesem Prozeßstadium die Bildung von Zusammenhängen möglich wird (es ist das Stadium der Form oder der Begriffe), und Zusammenhänge oder Beziehungen lassen sich

Der Prozeß im Spiegel des Mythos

Licht	Substanz	Identität	Trennung und Kombination
Genesis, Kapitel 1 »... Gott sprach: Es werde Licht.«	»Ein Gewölbe entstehe und scheide Wasser von Wasser.«	»Das Land lasse junges Grün wachsen, alle Art von Pflanzen, die Samen tragen.«	»Lichter sollen Tag und Nacht scheiden ... zur Bestimmung von Tagen und Jahren.«
Altes und Neues Testament Adam.	Eva, »Mutter aller Lebendigen«.	Der Baum der Erkenntnis inmitten des Gartens Eden.	Plage und Sorge, Vertreibung aus dem Garten Eden; jungfräuliche Geburt Christi.
Ägyptische Mythologie Osiris.	Der mit Juwelen eingefaßte Sarg fließt den Nil hinunter.	Der Tamariskenbaum umschließt den Sarg.	Osiris wird von Seth zerstückelt ... Isis sammelt die Stücke, jungfräuliche Geburt von Horus.
Griechische Mythologie Eros?	Gaia (Mutter Erde).	Uranus, der Gott des Himmels, Sohn von Gaia.	Kronos, Sohn des Uranus und der Gaia, ißt seine eigenen Kinder (Zeit). Geburt des Zeus.
Iranische Mythologie »... als erstes der Himmel, dessen Obergrenze an das Unendliche Licht stößt.«	»... als zweites formte er aus der Substanz das Wasser.«	»... als drittes ... die Erde, rund, in der Mitte des Himmels schwebend.«	Viertes Stadium ausgelassen?
Popul Vuh Zwillingsbrüder.	Sie werden von den zwölf Prinzen von Xibalba zu den Einweihungsriten gezwungen und bestehen die ihnen auferlegten Prüfungen nicht.	Hunhun-ahpus Kopf wird in den Kalabassenbaum gelegt.	Die Opferung von Xiquic wird gefordert. Sie entgeht ihr durch eine List.

Wachstum	Transformation	Dominanz
»Das Wasser wimmele von lebendigen Wesen ... Seid fruchtbar und vermehrt euch.«	»Das Land bringe alle Arten von lebendigen Wesen hervor, von Vieh, von Kriechtieren und von Tieren des Feldes.«	»... und Gott ruhte am siebten Tag.«
Christus widersteht der Versuchung durch Satan.	Wunder. Wiederauferstehung ... erscheint seinen Jüngern.	»Sitzet zur rechten Hand Gottes.«
Horus wächst auf und wird zu dem Helden, der Seth besiegt.	Anklage wegen Besitz des Auges.	Horus, der Sonnengott.
Zeus entgeht der Anordnung von Kronos. Viele Helden.	Kinder des Zeus, Ares, Minerva, etc.	
»... er schuf Pflanzen.«	»... er formte den Stier.«	Gayomart.
Jungfräuliche Geburt von Hunahpu und Xbalanque. Sie bestehen die ihnen auferlegten Prüfungen.	Die Brüder werden zu wandernden Zauberern. Sie überlisten die zwölf Prinzen.	Die Brüder werden zu Sonne und Mond.

durch einen Baum ausdrücken, wie etwa im Wort »Familienstammbaum«. Wir haben hier das dritte Stadium, in dem der Geist vom Verstand gefangengehalten wird, und das durch einen Baum repräsentiert wird, weil ein Baum mit seinen vielen Ästen (Verzweigungen) die vielen Arten von Zusammenhängen versinnbildlicht, mit denen sich der Verstand befaßt.

Die »Falle des Verstandes« wird im Mythos von Perseus veranschaulicht, der Medusa tötet. Medusa ist dargestellt mit einem Kopf, aus dem anstelle der Haare Schlangen herausquellen (die Kräfte des Verstands). Jeder, der sie anblickt, wird zu Stein (der Verstand »objektiviert«, d. h. macht zu einem trägen Objekt). Um mit dieser Schwierigkeit fertig zu werden und um zu vermeiden, selber zu einem Stein zu werden, schaut Perseus Medusa durch einen Spiegel an, der selber ein Symbol für den Verstand ist. (»Der Verstand tötet die Wirklichkeit, und nur der Verstand kann das töten, was die Wirklichkeit tötet«, heißt es in einer Zen-Unterweisung).

Im vierten Stadium (vollständiger Freiheitsverlust) kehrt das Motiv der Schwierigkeiten immer wieder (»in Sorge sollst du von ihm alle Tage deines Lebens essen« heißt es in der Genesis, im griechischen Mythos ißt Kronos seine eigenen Kinder, und im *Popul Vuh* muß die Prinzessin Xiquic geopfert werden). Das Problem wird erst durch die jungfräuliche Geburt des Helden gelöst. Im Osiris-Mythos empfängt Isis Horus vom Leichnam des Osiris, und im *Popul Vuh* wird Xiquic durch einen leblosen Kopf geschwängert. Die Ähnlichkeit beruht aber nicht auf Imitation, sie ist nicht von der Art, daß man eine Übertragung des Mythos von Ägypten nach Amerika vermuten könnte. Oberflächlich betrachtet gibt es keine Ähnlichkeit zwischen diesen beiden Mythen. Erst auf einer tieferen Ebene, wenn wir den Zusammenhang zu unserer Prozeß-Theorie herstellen, tauchen diese Ähnlichkeiten auf.

Um die grundlegende Übereinstimmung zwischen all diesen Mythen aufzudecken, müssen wir uns bewußt machen, daß in allen genannten Beispielen, auch in den Kosmogonien, von einem *Abstieg* die Rede ist, auf den – nach einer jungfräulilchen Geburt oder einer List – ein *Aufstieg* oder, wie im Fall des Kronos, eine Flucht aus der Beschränkung (Determiniertheit) folgt. So stellt die Geburt des Zeus, der für seine Liebschaften und seine Nachkommen bekannt ist, die Fähigkeit zur Fortpflanzung wieder her, die Kronos bei Uranus vernichtete.

I	1 Freiheit (potentiell)	7 Freiheit (tatsächlich)
II	2 Bindung	6 Losbindung = Bewegung
III	3 Form	5 Wachstum = Zeus
IV	4 Determiniertheit	

Im Osiris-Mythos wiederum besiegt Horus im vierten Stadium Seth, das Prinzip, das Osiris im zweiten Stadium gefangengenommen und in den mit Juwelen eingefaßten Sarg eingesperrt hatte. Im *Popul Vuh* bestehen die Zwillingsbrüder die Prüfungen, an denen ihr Vater gescheitert war. Als Zauberer bewirken sie, daß die Herren von Xibalba im sechsten Stadium der gleichen Waffe, nämlich der Illusion, zum Opfer fallen, die gegen den Vater der Zwillingsbrüder im zweiten Stadium eingesetzt worden war.

Wir können also die sieben Stadien des Mythos auf vier Ebenen verteilen und entdecken, daß auf jeder Ebene rechts die Befreiung von der Beschränkung erfolgt, die auf derselben Ebene links eingetreten war. Die Ebenen haben also auch für die Mythen die Bedeutung, die wir ihnen im Rahmen unserer Prozeß-Theorie zugeordnet haben: Ebene I ist Freiheit, Ebene II ist Bindung, Ebene III ist Form, und Ebene IV ist Determiniertheit.

16. Die Evolution des Selbst

Die Evolution des Menschen

Unabhängig davon, ob unsere Prozeß-Theorie die Wirklichkeit trifft oder nicht, hat unsere Studie einen wichtigen Punkt besonders deutlich gemacht. Wir sind uns dessen bewußt geworden, daß die gegenwärtigen Evolutionstheorien überhaupt nichts mit der Evolution des Menschen zu tun haben. Ich meine damit speziell die Evolution des *einzelnen Menschen*, die Art der Evolution, die jeden von uns am meisten angeht.

Im 12. Kapitel sind wir ziemlich ausführlich auf die Unzulänglichkeiten der verbreiteten Evolutionstheorien eingegangen, und daraus dürfte klar geworden sein, daß die »Evolution der Spezies« nicht auf den Menschen übertragbar ist, denn die Menschen gehören trotz unterschiedlicher Rasse und Hautfarbe nur zu einer einzigen Spezies. Darwin hatte mit dieser Theorie das Ziel verfolgt, die Vielfalt der Vogelspezies zu erklären, die er auf den Galapagos-Inseln vorfand. Er spekulierte, daß alle diese verschiedenen Spezies von einem gemeinsamen Vorfahren abstammten. Doch die Evolution bewirkte in diesem Fall lediglich, daß verschiedene Spezies von einer primitiveren Lebensform entstanden. Eine Spezies ist definiert als eine Gruppe, die so getrennt von anderen Gruppen ist und sich so sehr von ihnen unterscheidet, daß Mitglieder verschiedener Gruppen sich nicht kreuzen und keinen fruchtbaren Nachwuchs hervorbringen können. Es gibt sechs andere, zunehmend weitere Klassifikationen, die die Biologen benutzen:

Spezies	Löwe *(leo)*
Genus	*Felis* (einschließlich Leoparden etc.)
Familie	Katze (einschließlich Luchse)
Ordnung	Fleischfresser (einschließlich Bären, Hunde etc.)
Klasse	Säugetiere
Phylum	Wirbeltiere
Reich	Tiere

Die ganze Menschheit setzt sich aber nur aus einer einzigen *Spezies* zusammen, fällt also in die engste Kategorie.

Außerdem hat es, wie wir schon im 12. Kapitel erwähnten, seit Beginn der Geschichtsschreibung (also seit 8000 Jahren) keine bedeutsame Veränderung im Körper des Menschen gegeben. Dies ist zwar im Verhältnis zur gesamten Evolution eine kurze Zeit, doch gibt es in diesen 8000 Jahren auch keine Hinweise darauf, daß sich das Prinzip des Überlebens des Stärkeren in irgendeiner Form auf den Körper oder die Genstruktur ausgewirkt hat. Es stimmt zwar, daß Krankheiten und Hungersnöte die weniger gesunden Individuen ausgelöscht haben, doch blieb dies ohne Folgen für die menschliche Physis.

Zwischen den Menschen und die »Gesetze« des Überlebens hat sich die Zivilisation geschoben. Sie gibt Schutz, teilweise durch Trennung der Funktionen – Soldaten, Arbeiter etc. –, der sogar so weit geht, daß sie die Schwachen am Leben erhält und ihre Fortpflanzung ermöglicht. Das Überleben des Stammes ersetzt das Überleben des Individuums. Eine Zivilisation geht nicht unter, weil ihre Mitglieder nicht überlebensfähig sind, sondern weil sie dekadent wird. Dieses Phänomen läßt sich aber nicht mit Hilfe der Genstruktur erklären.

All diese Überlegungen haben jedoch keinen Bezug zu dem, was wirklich wichtig ist, nämlich Ihre Evolution und meine. Hier geht Wissenschaft in Religion über, denn wir alle nehmen das Leben so ernst, als glaubten wir, jede unserer Handlungen würde zu unserer Gesamtentwicklung beitragen. Wie mir scheint, wissen wir in unserem tiefsten Inneren sehr wohl, daß die allmähliche und kontinuierliche Entwicklung unseres Charakters und unserer Kompetenz wichtiger ist als jedes andere Ziel, und daß unser Glaube an die christliche Lehre von unserer Beteiligung an der Evolution getragen wird. Der Glaube an ein besseres Jenseits, in dem wir für ein gutes Leben belohnt werden, geht nicht auf die Kirchenväter oder das Alte bzw. Neue Testament zurück, sondern auf die Tatsache, daß die Evolution seit Milliarden von Jahren auf eine bessere Zukunft hinweist.

Ich vertrete natürlich eine ganz bestimmte Evolutionstheorie, die Prozeß-Theorie, deren Grundthese lautet, daß wir uns innerhalb von Jahrbillionen, vielleicht sogar auf dem Weg über viele Universen, von Photonen und Atomen über Moleküle, Zellen und Tiere zu dem Stadium entwickelt haben, in dem wir als Menschen geboren werden konnten, d. h. mit zwei Jahren anfangen zu sprechen und – manchmal – mit sieben Jahren Symphonien schreiben.

Eine solche Theorie ist zwar geradlinig und konservativ in dem Sinne, daß sie ein Minimum an Annahmen voraussetzt, doch wird der Leser oder die Leserin sie vielleicht nicht für überzeugend halten und es vorziehen, auf ihre Bestätigung durch die Autorität der Wissenschaft zu warten.

Ich möchte aber anzweifeln, daß nur die Wissenschaft uns diese Überzeugung geben darf. Die Überzeugung sollte von innen heraus kommen, und ich hoffe, diese innere Überzeugungskraft beim Leser oder bei der Leserin zu wecken. Vielleicht hilft es, daran zu denken, daß wir uns bemühen, uns zu verbessern und uns langfristige Ziele zu setzen; daß uns äußerst viel daran gelegen ist, richtig zu handeln; daß wir große Anstrengungen machen, uns zu ändern, wenn wir davon überzeugt sind, daß wir nicht richtig handeln; und – vielleicht am wichtigsten – daß wir an etwas glauben, das besser ist als wir, das jenseits unseres Verständnisses liegt.

Eben diese Grundeinstellung hat uns die Kraft verliehen, bis zu unserem gegenwärtigen Stadium zu gelangen, also einen sehr, sehr weiten Weg vom Ausgangspunkt der Evolution zurückzulegen. Wir sind nicht einfach ein Bündel von Atomen. Wir sind Generäle einer Armee oder – wenn es Ihnen lieber ist – Führer einer Organisation, die aus Milliarden und Abermilliardenmal mehr Mitgliedern besteht als die gesamte menschliche Rasse. Wir heben unseren Finger und Milliarden von Zellen gehorchen mit absoluter Präzision. Wenn wir unser Abendessen verdauen, sind Milliarden komplexer Moleküle aktiv, die komplizierte chemische Aufgaben erledigen.

Wir haben lange und hart gearbeitet, um dieses Stadium zu erreichen, und wir haben es aus eigener Anstrengung getan. Und nun stellt sich die Frage: was hat uns bei diesem Aufstieg getragen? Es kann nur eine Antwort geben. Unser Aufstieg wird getragen durch die grundlegendste aller Kräfte, durch die Vorahnung eines Ziels, die schon im Photon, das alles in Gang gesetzt hat, angelegt ist. Diese Vorahnung ist der treibende Motor für unser Streben. Sie ist der Impuls, die Leidenschaft, mit der das Leben im Hinblick auf seine Evolution sich ständig selber übertreffen will und die so gut wie immer seit Bestehen der Menschheit die Menschen dazu gebracht hat, einen Zustand des Seins jenseits ihrer selbst anzunehmen.

Die Religion weckt in uns diesen Glauben nicht. Er ist vielmehr schon in unseren Knochen und in unserem Blut vorhanden und bekräftigt – wenn es ihm so beliebt – die Religion. Die Religion ist in der Tat nichts anderes als sein äußeres Gewand, sie ist eine Methode, um die unbegreifliche Lebenskraft anderen zu vermitteln und sie zum Ausdruck zu bringen.

Damit geraten wir in die anscheinend paradoxe Situation, die Religion als Manifestation physischer und emotionaler statt spiritueller Ursachen aufzufassen. Wir müssen uns aber daran erinnern, daß die physische Substanz bzw. Energie selber das Produkt von Wirkung ist, jenem letzten Ganzen, dessen Teilung Substanz hervorbringt und diese als

Hilfsmittel einsetzt. Der Glaube an etwas jenseits von uns beruht daher auf einem zeitlosen Überblick, derselben dynamischen Orientierung, die das Hilfsmittel des Physischen in seiner Entwicklung vorangetrieben und die unsere Schritte auf der Leiter des Seins seit Bestehen des Universums bestimmt hat.

Nun könnte man aber einwenden: wie steht es damit, wenn diese Urlebenskraft versagt, wie es offensichtlich der Fall ist, wenn – wie im Beispiel von Rom oder Mexiko – eine Zivilisation untergeht, ein ganzes Volk das Opfer der Invasion durch eine neuere und stärkere Kultur wird? Die Antwort liegt in der Tatsache der Resignation. Wäre die Lebenskraft reiner Zwang, ein Naturgesetz, dann könnte sie nicht resignieren. Sie würde auch noch wie die Schwerkraft am Leichnam hängen. In der Resignation liegt die Erkenntnis, daß sich das Hilfsmittel abgenutzt hat, und auch ein Moment des Willens, nämlich der Wille zu sterben, das sinkende Schiff zu verlassen und – ich betone es – die Möglichkeit zu ergreifen, sich nach einem besseren Hilfsmittel umzusehen.

Hier sträubt sich unser Verstand. Er kann nicht weiter, denn er sagt: »Wenn ich mein Leben verliere, was bin ich dann?« Ja, was denn eigentlich, denn wenn nichts da ist, in das man sich kneifen kann, um sich zu vergewissern, daß man da ist, dann ist man Nichts, *kein Ding* (engl.: nothing = *no thing*). Aber wir waren nie *etwas*. Das, in das wir uns gekniffen haben, war niemals wir.

So sollten wir also die evolutionäre Kraft im Menschen und im Leben allgemein als das Versprechen von Selbst-Transzendierung auffassen. Diese Kraft ist – wenn überhaupt – keine automatisch wirkende Kraft wie die Schwerkraft, doch sie bewirkt eine innere Transformation. Die Angiospermen, die am höchsten entwickelten Pflanzen, bringen Blüten hervor, die Insekten anziehen. Wir können dies als einen Überlebensmechanismus bezeichnen, doch die einfacheren Pflanzen überleben ohne Blüten. Wir können, wenn wir wollen, annehmen, daß die blühenden Pflanzen von den Insekten wissen, oder wir können auch fest behaupten, daß sie es nicht tun, doch zu unterstellen, daß die Notwendigkeit des Überlebens Blüten hervorgebracht hat, heißt unsere Intelligenz zu hintergehen und den Forschergeist zu verraten.

Was sollen wir also tun? Nehmen wir uns noch einmal die Frage vor. Betrachten wir die entsprechende Entwicklung in einem anderen Zusammenhang. Entwickeln die komplexesten Atome Radioaktivität, um zu überleben? Ist das Überleben der Grund für die Existenz der DNS? Indem wir uns diese Höhepunkte der Entwicklung in anderen Reichen der Natur vor Augen führen, können wir uns von dem Zwang lösen, das Leben als etwas aufzufassen, was durch äußere Umstände verursacht wird, denn für das Atom gibt es keine Notwendigkeit zu überleben. Seine Entwicklung entspricht einem Entfaltungsmuster. Wir erkennen so die tieferen Hintergründe der Evolution. Wichtig ist das Abenteuer, das Erforschen der Möglichkeiten, das Erfinden eines Spiels und das Spielen dieses Spiels – nicht lediglich, um zu gewinnen, denn zu verlieren bedeutet, daß die Grundlage für ein besseres Spiel gelegt wird. Die Austern spielen immer noch das Spiel, Austern zu sein. Andere Lebewesen haben das Interesse an dieser Beschäftigung verloren und sind aus ihren Schalen gekrochen, nicht um zu überleben, sondern um ihren Handlungsspielraum zu erweitern.

Ich vertraue darauf, daß dieser Punkt ausreichend bewiesen ist. Die große Kette des Seins ist Zeugnis dafür. Unser Evolutionsschema reiht die Fakten der Physik, der Chemie und der Progression der Lebensformen in das universelle Fortschreiten der Natur ein, es läßt sie Zeugnis ablegen von ihrem Ehrgeiz, alle Möglichkeiten zur Schaffung von Formen auszuschöpfen, die auf ihrem Boden gedeihen können.

Indem wir jedoch über das Leben nachdenken, indem wir es in seinen Formen beobachten, isolieren wir uns davon. Wir sind aber eine dieser Formen. Wie können wir unsere Rolle deuten? Wir sind zwar auch Lebewesen, die die Natur hervorgebracht hat, Schauspieler in diesem großen Drama, doch genügt es nicht, daß wir einfach existieren. Wir haben einen Punkt erreicht, an dem wir anfangen können, das Drehbuch zu diesem Drama zu schreiben.

Das Bogenmodell – auf uns selbst angewendet

Der Bogen in unserem Universalprozeß beschreibt, wie Moleküle lernen, zu Proteinen und zur DNS zu werden, wie Zellen lernen, zu großen Bäumen zu werden, und wie Amöben lernen, zu einer Million Spezies von Tieren zu werden – zum Löwen und zur Antilope, die er jagt, oder zum Falken und zum Fisch, den er in die Lüfte trägt. Allen Lebewesen ist ihr Fortschritt eigen. Unserer liegt darin, nicht – wie unsere tierischen Vorfahren – eine bestimmte Funktion, etwa das Laufen, das Schwimmen oder das Fliegen, zu perfektionieren, sondern über die Natur zu herrschen, sie zu lenken und für sie zu sorgen, uns Ziele zu setzen und zu erreichen, die jenseits der unmittelbaren Notwendigkeit liegen.

Als wir unsere Prozeß-Theorie entwickelten, wendeten wir das Bogenmodell auf verschiedene Dinge an. Wir wollen es nun auf uns selber übertragen, insbesondere auf die Frage der Kontinuität des Lebens, denn gerade für solche unbeweisbare und große Zeiträume umfassende Phänomene muß eine Theorie, die auf weit gefaßten Prinzipien basiert, die Grundlage liefern.

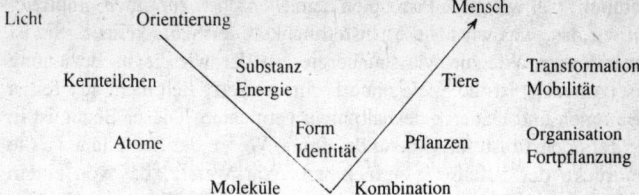

Wie schon früher bemerkt, sind die beiden oberen Ebenen ihrer Natur nach unendlich, die beiden unteren endlich. Dies folgt aus der ontologischen Notwendigkeit, denn das Endliche muß dem Dauernden Grenzen hinzufügen und ist somit zusammengesetzt. Es braucht die zusätzliche Bindung an eine Form und hängt deshalb von der früheren Existenz von etwas ab, was entweder Ausdehnung oder nur Dauer besitzt. So ist das Atom aus Kernteilchen zusammengesetzt – aus primitiveren Existenzarten mit Dauer, aber ohne Form. Wenn die Kernteilchen getrennt werden, hört das Atom auf zu bestehen. Die Substanz, die es enthält, besteht aber fort, denn die Substanz (die Masse-Energie der Physiker) kann nicht zerstört werden.

Wenn wir dieses Schema auf den Menschen übertragen, so erhalten wir:

I Monade
II Seele
III Verstand
IV Körper

Definieren wir nun die einzelnen Grundelemente. Auf die oberste Ebene setzen wir das Prinzip im Menschen, das den Kern seines Bewußtseins ausmacht. Wir können es als *Monade* bezeichnen und ihr die Funktionen der Aufmerksamkeit, der Absicht und der Zielsetzung zuordnen.

Auf die zweite Ebene können wir das erste Hilfsmittel der Monade verlegen, das Erfahrungsbildung möglich macht, also das, wodurch sie Freud und Leid empfinden lernt und die Funktion des Gedächtnisses besitzt. Wir nennen es *Seele*.

Auf der dritten Ebene siedeln wir den *Verstand* an, das reflexive (Selbst-)Bewußtsein, die Identität. Er entspricht der Funktion, die die Bildung von Begriffen ermöglicht und – wie es scheint – einen Körper mit seinem Nervensystem, seinen Sinnesmechanismen und seinem Gehirn braucht.

Auf der vierten Ebene haben wir den physischen *Körper* selber. Dazu gehört die physische Substanz, aus der er besteht.

Dadurch, daß wir diese Prinzipien dem Menschen zuordnen, implizieren wir das, was wir als die Unsterblichkeit der Seele kennen. Sie ist unzerstörbar. Wie die Massenenergie, zu der wir sie in Beziehung gesetzt haben, ist die Seele ohne Form, sie setzt sich nicht aus Teilen zusammen und läßt sich deshalb nicht vernichten. Dieser Bezug ist in der Tat höchst instruktiv, denn das fluide Wesen der Seele läßt sie die Eindrücke der Erfahrung aufnehmen. Wie Wasser, das von einem Gefäß in ein anderes geschüttet wird, nimmt sie die Form des Gefäßes an, in dem sie sich gerade befindet, und vermittelt die Inhalte der Erfahrung. Auch der Physiker findet die Analogie zum Wasser äußerst geeignet zur Beschreibung von Kernteilchen, deren Verhalten oft mit dem von Wassertropfen verglichen wird.

Auch die Monade ist unsterblich, aber wenn wir sie so darstellen, machen wir uns eines logischen Fehlers schuldig, denn die Monade ist außerhalb der Zeit. Hier versagt die Sprache. Ich vertraue aber darauf, daß der Leser oder die Leserin, die mir bisher gefolgt sind, die mißliche Lage eines jeden Versuchs erkennen, das Wesen der Monade zu beschreiben – analog dem Auge, das alles sehen kann, nur nicht sich selbst. Ich will also nicht das Unmögliche versuchen. Es muß aber darauf hingewiesen werden, daß dieses Prinzip (der Geist) oft mit der Seele verwechselt wird, teilweise deswegen, weil – unabhängig von den Wörtern – nicht erkannt wird, daß es nicht ein, sondern auch zwei »nichtobjektive« Prinzipien an sich gibt. Lassen wir uns auch nicht durch die Tatsache verwirren, daß die Wörter *Seele* und *Geist* im Laufe der Jahre ihre Rollen vertauscht haben. Es gab Zeiten, in denen im Wort Geist das mitschwang, was wir der Seele zuordnen würden (beispielsweise der »Geist unter der Erde« oder »deines Vaters Geist« in Shakespeares »Hamlet« im Sinne von Gespenst). Auf jeden Fall ist das, was wir der ersten Ebene zuordnen, noch vor der Seele. Es entspricht dem *Atman* der hinduistischen Lehre, dem *Nous* des Aristoteles etc. Die Seele ist der Sturz des Geistes in die Zeit, das erste Stadium des »Abstiegs« in die Materie.

Makrobius, der seine Ansicht auf die überlieferten Lehren des Pythagoras stützte, beschrieb diesen Abstieg folgendermaßen:

So wie die Linie aus dem Punkt geboren wird,
so kommt die Seele aus ihrem Punkt, der Monade,
in die Dyade, ihre erste Verlängerung. 1

Die »Verlängerung« ist zeitliche Dauer. Der Geist oder die Monade geht aber in diesem Abstieg nicht ganz verloren, sondern bleibt er bzw. sie selber.

Dieser Gedanke ist nicht einfach zu begreifen. Es handelt sich hier in der Tat um eines der größten Rätsel der Existenz, das der westlichen Tradition verlorengegangen ist. Aristoteles, der von Platon die Auffassung übernahm, die Seele sei eine unzerstörbare Substanz, verwarf in seinem späteren Leben diese Ansicht und beschrieb die Seele als ein *formales* Prinzip, das sich nicht vom Körper trennen läßt.

Durch diese Schlußfolgerung bestimmte Aristoteles die Richtung, die das moderne Denken bis heute beibehalten hat, nämlich die Betonung dessen, was definiert werden kann, und die Verwerfung des Substanzbegriffs. Diese Schwerpunktlegung führte zum logischen Positivismus, der ausdrücklich erklärt, daß er sich einzig mit dem Definierbaren, also mit der Form, befassen kann.

Wir haben wiederholt die Mängel der modernen rationalistischen Anschauung hervorgehoben, die die Substanz (und den Wert) eliminiert, weil sie sich nicht definieren läßt. Nur die Substanz aber kann dem Chemiker das Material für seine Experimente liefern (im Gegensatz zu den Informationen), und der Substanzbegriff ist wesentlich für so kritische Fakten wie die Anzahl der Moleküle in einem Gramm oder die absolute Größe dessen, was sonst nur auf der Basis einer Relation erfaßt wird.

Der von der Wissenschaft benutzte Energiebegriff entspricht haargenau dem Substanzbegriff, wie ihn die Philosophen verwenden, und weist somit die Ansicht von Berkeley zurück, der vorschlug, den Substanzbegriff ganz fallenzulassen. Er bestätigt auch jene Skeptiker wie Locke, die – ohne zu versuchen, die Substanz aus der Existenz wegzuargumentieren – die weiterhin an dem, was nicht objektiv definiert werden kann, zweifeln – denn die Antwort lautet, daß die Energie trotz ihrer Nichtobjektivität sehr wohl existiert.

Es ist deshalb wichtig, sich dem zuzuwenden, was die Wissenschaft über die Unzerstörbarkeit der Energie herausgefunden hat. Dieses Prinzip (der Satz von der Erhaltung der Energie) wurde erstmals in Verbindung mit der Erhaltung von Masse erkannt. Irgendwann einmal im 18. Jahrhundert rührte Carnot, ein Wissenschaftler, kräftig in einem Behälter mit Wasser und maß den Betrag an Energie, den er so aufgewendet hatte. Er maß dann auch den Temperaturanstieg im aufgerührten Wasser und stellte fest, daß die Energie, die er aufgewendet hatte, zu Hitze geworden war. Auf diese Weise wurde erstmals das Prinzip der Energieerhaltung erkannt. Die Erhaltung der Masse war schon früher festgestellt worden, aufgrund der Tatsache, daß jedesmal

bei einer chemischen Reaktion die Masse der Produkte dieselbe ist wie die Masse der ursprünglichen Bestandteile. So gilt:
Brennstoffmasse (z. B. Kohlenwasserstoff) + Sauerstoff = Kohlendioxydmasse + Wasser.
Später wurde erkannt, daß Energie auch Masse besitzt, denn wenn Energie bei Verbrennung frei wird, gibt es auch eine sehr kleine Verringerung in der Masse der Produkte. Dieses Prinzip wurde voll und ganz mit der Atombombe bestätigt, nämlich mit der berühmten Gleichung:

$$\text{Energie} = \text{Masse} \times c^2 \; (c = \text{Lichtgeschwindigkeit})$$

Der Anteil an Energie in Masse ist enorm. Der heutzutage benutzte Begriff Megatonne mißt die Energie von Atombombenexplosionen mit Hilfe von Millionen Tonnen von Dynamit.
So groß ist dieser Anteil an Energie, daß nun bei normalen chemischen Prozessen die Massenveränderung bei weitem zu klein ist, um gemessen werden zu können. Seine Glaubwürdigkeit bezieht dieses Prinzip nicht aus dem Experiment, sondern eigentlich erst aus der Theorie. Das, was existiert, kann sich nicht einfach in Nichts auflösen. Diese unmittelbare Einsichtigkeit war es wohl auch, die dem primitiven Menschen die Auffassung nahelegte, daß das Leben nach dem Tode weitergehen würde, und ich kann keinen wesentlichen Unterschied zwischen der Unsterblichkeit und dem, was die Wissenschaft Erhaltung nennt, erkennen.
Jetzt dürfte wohl klar geworden sein, weshalb wir diesen Abstecher in die Wissenschaft gemacht haben, denn dieselben Überlegungen, die zum Substanzbegriff im physikalischen Sinn führen, führen auch zum Begriff der Seelensubstanz. Leider mag dies dem Leser oder der Leserin logisch nicht schlüssig erscheinen. Sicherlich – so nimmt man an – ist die Seele, wenn sie überhaupt existiert, spiritueller Natur und deshalb physikalischen Experimenten nicht zugänglich. Doch spiritueller Natur ist sie gerade nicht. Sie ist das Gegengewicht, die Ergänzung zum *Geist*. Sie ist das, was den Geist heraus- oder herabzieht.
Aus der Vereinigung von Geist und Substanz (oder Seele) geht das physikalische Universum hervor, denn der kreative Funke kann sich selber nur verwirklichen, indem er sich mit der Materie (mater = Mutter) einläßt. Dies ist die Vereinigung der göttlichen Eltern.
Dieser Gedanke ist nicht neu, ja er ist vielleicht der älteste von allen. In diesem Buch tun wir nichts anderes als aufzuzeigen, daß die Wissenschaft die Wahrheit der ältesten Mythen über Geist und Materie bestätigt. Das Photon nämlich, der anfängliche Lichtimpuls, ist der nichtmaterielle Partner, dessen Wechselwirkung mit der Materie Akti-

vität erzeugt, sei es in Form der Bewegung von Kernteilchen, der Energieveränderungen von Atomen, der Veränderungen in molekularen Bindungen, oder der Photosynthese von Pflanzen.

Das teleologische Prinzip

Wir haben aber auch mehr getan. Wir haben gezeigt, daß jeder Prozeß so beschaffen ist und als erste Ursache einen zweck- oder zielgerichteten Impuls besitzt, der sich nur durch eine »Ehe« mit der Materie verwirklichen kann.
Damit wird gerechtfertigt, daß wir dieses Prinzip auf die Natur des Menschen anwenden. Der Mensch hat mit allen Lebewesen und sonstigen Daseinsformen den Ursprung aus dem Licht gemeinsam, doch als ein Lebewesen, das alle Stadien vor dem Dominanzstadium durchschritten hat, übernimmt er die Vorherrschaft über diese Stadien, so wie es auch in der Genesis heißt:

Seid fruchtbar und vermehrt euch, bevölkert die Erde, unterwerft sie euch und herrscht über die Fische des Meeres, über die Vögel des Himmels und über alle Tiere, die sich auf dem Land regen.

So weit das, was dem dominierenden Reich in Aussicht gestellt wurde. Doch wie in den anderen Reichen der Natur muß sich auch hier das Schlüsselmerkmal, das die Dominanz ermöglicht, erst entwickeln.
Erinnern wir uns, durch welch eine lange und verwickelte Evolution die Mobilität der Tiere erreicht wurde. Wie zunächst die Mobilität geopfert wurde, um an Größe zu gewinnen (bei den Schwämmen), wie dann das Tier seine ganze Aufmerksamkeit der Bildung eines Magens, danach der Bildung anderer Organe und schließlich ihrer Anordnung in einer organisierten Kommandostruktur widmen mußte, bis endlich – durch die Hinzufügung gegliederter Füße – die wahre Mobilität erreicht wurde.
Der Mensch macht etwas anderes, aber nicht weniger Schwieriges, und das, was er an Mitteln investieren muß, zieht zunächst den Verlust eben dieser Freiheit nach sich, die seine letzte Belohnung sein soll. Wir haben die Reihenfolge der Unterstadien beschrieben: der kollektive Mensch des zweiten Unterstadiums, der individualisierte Mensch des dritten, der heutige Mensch des vierten, das Genie des fünften etc. Wir müssen aber den ganzen Bogen als eine organische Entwicklung auffassen, vom Geist über die Ebenen der Seele, des Verstandes und des Körpers und zurück über das Wachstum, die Meisterschaft, zur Verwirklichung des Geistes.

Dazu müssen wir uns bewußt machen, daß die vier Ebenen – Geist, Seele, Verstand, Körper – zweimal durchschritten werden: auf dem Weg nach unten und auf dem Weg nach oben.

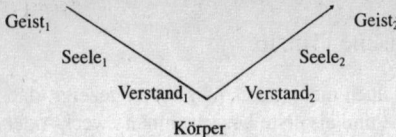

Dem Leser oder der Leserin wird schon vor einer ganzen Weile klar geworden sein, daß es einen großen Unterschied zwischen der rechten und der linken Seite des Bogens gibt. Um eine bekannte chinesische Metapher zu Hilfe zu nehmen: Seele$_1$, entspricht dem Pferd, das umherwandert und Gras frißt, Verstand$_1$, dem Kutscher, der betrunken ist, und Geist$_1$, dem Eigentümer, der schläft.
Dies ist metaphorisch ausgedrückt ihre natürliche Veranlagung. Es ändert sich erst dann etwas, wenn der Eigentümer aufwacht und aus eigener Anstrengung, ohne die Hilfe von Naturgesetzen, etwas unternimmt. *Hier haben wir den Wendepunkt,* dann nämlich, wenn sich die Monade nach erfolgtem Abstieg ihres Erbes und ihrer selbst gestellten Aufgabe bewußt wird und sich wieder dahin wendet, wo sie zuhause ist, in die himmlische Welt. Auf diesem Rückweg durchschreitet sie die Ebenen Verstand$_2$ (Genie) und Seele$_2$ (höhere Seele) und erreicht schließlich die Ebene Geist$_2$.
Das bedeutet nicht, unweltlich zu werden. Es geht vielmehr um die äußerst praktische Aufgabe zu lernen, wie die Dinge funktionieren, denn sie ist der Grund für den Abstieg in die Materie, für das Essen der Frucht vom Baum der Erkenntnis.
Die Bedeutung des Wendepunktes wird in nahezu allen großen Religionen und Mythologien erkannt. Oft ist in diesem Zusammenhang von der Geburt eines Helden die Rede. So muß in der ägyptischen Tradition Osiris eine Reihe von zunehmend schwierigeren Beschränkungen auf sich nehmen, die am Ende zu einer vollständigen Zerstückelung führen. Isis, die Schwester, das Gegenstück oder die Partnerin von Osiris, sammelt die Stücke auf und setzt sie zusammen, mit Ausnahme des Phallus, der verloren bleibt. Trotz dieses Umstands empfängt und gebiert sie Horus, der aufwächst, Set vernichtet und zum Sonnengott wird. Die Geburt von Horus ist der Beginn der Auferstehung von Osiris – der Punkt, an dem sich der Bogen wieder nach oben wendet. Nun ist höchst interessant, daß die Geburt von Horus eine jungfräuliche

Geburt ist, daß die Empfängnis ohne die übliche Beteiligung des männlichen Geschlechtsorgans erfolgte. Was bedeutet das? Erinnern wir uns, daß die Monade die Wende *aus eigener Anstrengung,* ohne die Hilfe von Naturgesetzen, bewirken muß. Die Monade wird an diesem Punkt zur *ersten Ursache,* d. h. sie stützt sich auf das spirituelle Vorrecht, das sie von Ebene I geerbt hat. Diese selbst herbeigeführte Empfängnis führt zur jungfräulichen Geburt, einer Geburt ohne einen »Verursacher« oder Vater.

Auf ähnliche Weise behandelt die Genesis den Fall des Menschen (seine Vertreibung aus dem Garten Eden). Der gefallene Adam wird von Christus erlöst, der die spirituelle Wiedergeburt des Menschen als Sohn Gottes symbolisiert, der zwar an das Kreuz – die »Materie« – geschlagen wird, aber wiederauferstehen und zum Himmel fahren kann, wo er »zur rechten Hand Gottes sitzt«.

Ich will mit dieser Gegenüberstellung von christlicher Lehre und ägyptischer Mythologie darauf hinweisen, daß in beiden von derselben allgemeinen These die Rede ist, die wir für die Beschreibung der Evolution verwendet haben.

Der Leser oder die Leserin wird wohl zur Kenntnis genommen haben, daß ich zur Aufstellung meiner allgemeinen Theorie gelangte, indem ich mehrere Beispiele für den Prozeß miteinander verglich. Auf viele andere solcher Beispiele bin ich in diesem Buch nicht eingegangen. Doch ist es wichtig, alle möglichen Quellen zu studieren und sich dabei nicht durch irrelevante Unterschiede ablenken zu lassen. Die alten Mythen sind außerordentlich reich an Bedeutungsgehalt. Jeder von ihnen enthält Details über den Prozeß im allgemeinen, die in anderen im Dunkeln bleiben, so wie die geologische Beschaffenheit eines Kontinents erdhistorische Daten beiträgt, die sich aus der Beschaffenheit eines anderen Kontinents nicht ableiten lassen.

Der Mythos war mir beispielsweise eine große Hilfe für das Verständnis des dritten Stadiums, der Identität. In der Genesis ist Adam das erste Stadium, die Monade, Eva, die »Mutter aller Lebendigen«, ist das zweite Prinzip, das des Begehrens oder Verlangens. Das dritte Stadium beginnt mit Ungehorsam, mit dem Essen der Frucht vom Baum der Erkenntnis. Dieses Stadium hat mit Form und Identität zu tun, aber die Genesis verbindet es mit Ungehorsam. Wo ist hier der Zusammenhang? Der Ungehorsam ist eindeutig ein Akt der *Selbstbestimmung,* die sowohl für das Bewußtsein eines Selbst als auch für ein Identitätsgefühl notwendig ist. Dies wiederum läßt den Ausdruck »im Besitz eines eigenen Zentrums« verständlich werden, der in allgemeiner Form das dritte Stadium charakterisiert.

Wenn wir diese Abfolge von Stadien auf das Selbst und seine Evolution anwenden, so ergibt sich daraus, daß es nur durch Selbstbestimmung für seine eigenen Handlungen verantwortlich werden kann und daß es nur durch eine solche Verantwortlichkeit auf die Konsequenzen seines Handelns achten und somit lernen kann.

So entwickelt das Selbst durch die Annahme einer Identität Eigenverantwortung und lernt, im vierten Stadium mit den Gesetzen umzugehen. Nachdem es sich mit den Gesetzen vertraut gemacht hat, kann es aus eigenem Antrieb handeln; es kann zur Ursache werden. Dies ist der Wendepunkt, auf den das »Wachstum« des Selbst folgt.

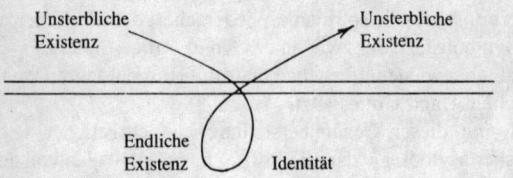

Der Preis der Identität aber ist Endlichkeit – Endlichkeit in Raum und Zeit – und diese Endlichkeit hat positiven Wert, denn wäre das Selbst nicht endlich, könnte es nicht lernen. Nur ein endliches Selbst vermag unter falschem Handeln zu leiden und damit aus seinen Erfahrungen zu lernen.

Damit kommen wir zurück zur Unsterblichkeit der Seele. Wir können jetzt umgekehrt fragen: wenn die Seele unsterblich ist, warum ist dann der Körper sterblich? Deswegen, weil sich nur ein endlicher (oder sterblicher) Körper für das Lernen eignet. Wäre der Körper unzerstörbar, dann könnte er nicht verletzt werden und es gäbe kein Lernen. Das ist der Grund für die Sterblichkeit.

So schließt sich das ganze System. Die zwei oberen Ebenen sind durch Unsterblichkeit, die beiden unteren durch Sterblichkeit gekennzeichnet, und das Selbst »fällt« in das Reich des Sterblichen aus gutem Grund. Nur durch die Übernahme von Rollen lernt das Selbst zu handeln, die Kompetenz zu erreichen, die es zur Herrschaft über die Natur benötigt, und – wie es in der Genesis heißt – »so weise wie Gott zu werden und Gut und Böse zu erkennen«.

Schluß

Damit sind wir am Schluß angelangt. Wir haben uns in der Wissenschaft umgesehen und entdeckt, daß es neben vertrauten Bereichen, die

klar umrissen sind wie die Straßen auf einem Stadtplan, Pforten gibt, die in unbekannte und unerklärte Bereiche führen, die die Welt der Kernteilchen und des Lichts. Dies ist die Welt der Quantenphysik, in der – wider unsere rationale Logik – eine grundlegende Unsicherheit, das Wirkungsquantum, entdeckt wurde. Es ist ein Prinzip, das aktiviert, im Gegensatz zu dem weit mehr akzeptierten wissenschaftlichen Prinzip der Gesetzmäßigkeit, das aufrechterhält und reguliert.
So bestätigt der durch die Quantenphysik aufgedeckte kreative Aspekt des Universums die Lehren der Mythen und religiösen Offenbarungen. Damit ist unsere Suche nach einer Integration von Wissenschaft von jenen nichtphysischen Wirklichkeiten, die als wissenschaftlich nicht belegt gelten, am Ziel.
Was haben wir getan? Wir sind in das innerste Heiligtum der Wissenschaft vorgedrungen. Wir haben entdeckt, daß das fundamentale Element nicht die Billardkugel, sondern *Wirkung* ist. Wenn wir die Grundeinheiten der Wissenschaft in die exakte Reihenfolge ihrer Entstehung bringen, so haben wir die Abfolge, die für die tiefsten religiösen Wahrheiten charakteristisch ist.

Am Anfang war die Erde wüst und leer, Finsternis lag über der Urflut ... Gott sprach: Es werde Licht. Und es wurde Licht.

Denn *das Wirkungsquantum ist Licht*.
Es ist aber nicht nur Licht, es ist gerichtete Energie. Sobald Licht von seiner Quelle, etwa der Sonne, abgestrahlt wird, hat jedes Photon seine exakte Frequenz. Wenn es mit Materie in Berührung kommt, erfüllt es die Funktion, die jeweils erforderlich ist: bei der Berührung mit einem Blatt erfolgt die Synthese zu Stärke, bei der Berührung mit einem Chromosom die Mutation zu einer höheren Form, und wenn es auf die Seite eines Mathematikbuchs fällt, die potentielle geistige Erhellung des Lesers.
Wie wichtig ist doch in dieser Hinsicht das Auge, die Quintessenz der Evolution der Wirbeltiere! Ist doch das Auge das Instrument, das Licht am besten aufzunehmen und am meisten von ihm profitieren kann. Die Natur des Auges hilft uns die vielleicht größte Lücke in unserer Theorie zu schließen: die Beziehung zwischen dem Wirkungsquantum und der Monade.
So wie die Dinge nun einmal sind, muß die Rezeption, die *Aufnahme* des Lichts das Gegenstück zum Licht selber sein. Wie können wir uns erklären, daß die Monade positiv in dem Sinn ist, daß die Wirkung projektiv ist, und zugleich rezeptiv in dem Sinn, daß das Bewußtsein die Existenz reflektiert? Es gibt offensichtlich eine Dichotomie zwischen Geist und Verstand, zwischen dem Licht und seiner Aufnahme.

Ich habe dieses Problem für mich selber in der Weise gelöst, daß ich auf das Wort zurückgreife, das für die Wahrnehmung der Wahrheit benutzt wird, nämlich *erkennen*. Wir können zutiefst über ein Problem nachdenken, aber wir *erkennen* die Lösung. Das Reflektieren, das Aufnehmen des Lichts, ist nicht die wesentliche Aktivität der Monade, es ist vielmehr das *Erkennen,* das Bewußtwerden dessen, was ist. Dies ist das Licht, das auf uns scheint, wenn wir »das Licht der Welt erblicken«. Es ist eine positive Schöpfung des Lichts. So erkennt die Schöpfung am Ende sich selbst.

Dank

Während ich dieses Buch mehrere Male umgeschrieben habe, habe ich die Ideen, Kritik und Vorschläge vieler Freunde in Anspruch genommen – von Ted Bastin, Chris Bird, Oscar Brunler, Jean duCharm, Chris Clark, John Coggeshall, Ira Einhorn, George Hall, Charles Hapgood, David Hill, Bartram Kelley, Sheila La Farge, Payson Loomis, Mary Benzenberg Mayer, Alice Morris, Charles Musès, Ken Pelletier, Charles Price, Jeanne Rindge, Ivan Sanderson, Joan Schleicher, Eric Schroeder, Alice Schwarr, Saul Paul Sirag, Harry Smith, Vincent Smith, Nick Spies, Kelvin Van Nuys, Chycherle Waterston, Rick Werner, Chris Young, und am meisten von meiner Frau Ruth – jeder hat auf ganz besondere Weise zu diesem Buch beigetragen.

Anhang

I. Kurzer Abriß der Prozeß-Theorie

1. Das Universum ist ein *Prozeß*, der zur Erfüllung eines Zwecks in Gang gesetzt wurde.
2. Die Entwicklung dieses Prozesses erfolgt in *Stadien*.
3. Es gibt *sieben* Stadien.
4. In jedem Stadium entwickelt sich ein neues *Schlüsselmerkmal*.
5. Die Schlüsselmerkmale sind *kumulativ*. Jedes Schlüsselmerkmal enthält die Merkmale, die in früheren Prozeßstadien entwickelt wurden.
6. Die Schlüsselmerkmale entwickeln sich nacheinander in sogenannten *Reichen*:

Schlüsselmerkmal	Reich
Potentialität	Licht
Substanz	Kernteilchen
Form (Identität)	Atome
Kombination	Moleküle
Organisation	Pflanzen
Mobilität	Tiere
Dominanz	(Mensch)

7. *Der bogenförmige Verlauf des Prozesses:* In den frühen Prozeßstadien entwickelt sich zunehmende Beschränkung. Wenn die maximale Beschränkung erreicht ist, erfolgt eine *Wende*. In den späteren Prozeßstadien werden die Beschränkungen überwunden, es entwickelt sich zunehmende Freiheit. In der ersten Hälfte (im abwärts gerichteten Teil) des Bogens ist die Freiheit zufällig, in der zweiten Hälfte (im aufwärts gerichteten Teil) kontrolliert.

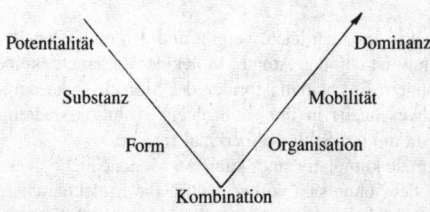

8. *Die Ebenen:* Während des »Abstiegs« und des »Aufstiegs« durchläuft der Prozeß vier Ebenen. Die Ebenen haben jeweils 0, 1, 2 und 3 Beschränkungs-

grade und entsprechend 3, 2, 1 und 0 Freiheitsgrade. Die Stadien, die sich auf dem linken und dem rechten Teil des Bogens auf der gleichen Ebene befinden, haben gemeinsame Eigenschaften.

Ebene I	Zweckbestimmtheit	3 Freiheitsgrade,	0 Beschränkungsgrade
Ebene II	Substanz	2 Freiheitsgrade,	1 Beschränkungsgrade
Ebene III	Form	1 Freiheitsgrad,	2 Beschränkungsgrade
Ebene IV	Kombination	0 Freiheitsgrade,	3 Beschränkungsgrade

9. *Asymmetrie:* Die Stadien, die sich auf dem Bogen gegenüberliegen (also auf einer Ebene liegen), bilden Umkehrungen:

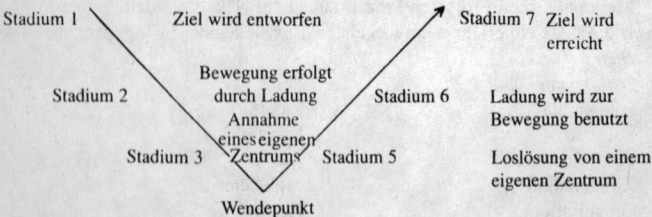

10. *Das 1-1-2-Muster:* Jedes *geradzahlige* Stadium beginnt am Anfang des vorhergehenden Stadiums, und jedes *ungeradzahlige* Stadium beginnt am Ende des vorhergehenden Stadiums.
11. *Hauptstadien – Unterstadien:* Jedes Prozeßstadium (oder Reich) ist selber ein Prozeß, in dem sich das Schlüsselmerkmal dieses Reichs entwickelt. Diese Entwicklung erfolgt in Stadien, die »Unterstadien« genannt werden und die in ihren Merkmalen mit den entsprechenden Reichen (auch Hauptstadien genannt) übereinstimmen.

Merke: Ein Punkt, den man leicht vergißt und den man deshalb nicht genug wiederholen kann, ist der, daß Atome, Moleküle, Zellen etc. keine getrennten Dinge sind, sondern Erscheinungsformen der Monade (oder der sich entwickelnden Grundwesenheit) in ihren einzelnen Evolutionsstadien. Mit jedem Stadium wird sie um ein Schlüsselmerkmal reicher.
Da diese Merkmale kumulativ sind, kann die Monade nicht etwa das Stadium der Zelle erreichen, ohne sich vorher das für die Moleküle charakteristische Merkmal der Kombination angeeignet zu haben, und sie kann nicht das Merkmal der Kombination aufweisen, ohne vorher Identität (wie bei den Atomen) gewonnen zu haben.
Die Hauptaussage unserer Studie ist also die, daß nichts von selber kommt

außer der uranfänglichen Unternehmungslust. Diese Unternehmungslust, die alles in Gang setzt, ist immer gegenwärtig. Sie treibt den Prozeß durch seine Stadien voran und erlangt immer größere Kompetenz.

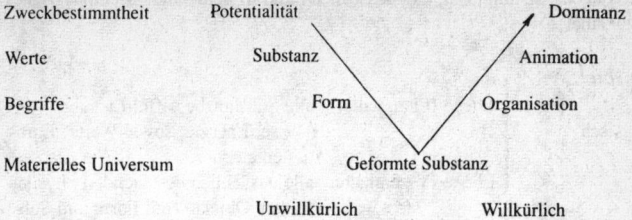

Weitere Eigenschaften der Ebenen im Bogenmodell

Es gibt noch weitere bestimmte Merkmale in unserem Modell, die zu den Freiheitsgraden der einzelnen Ebenen, ihrer Symmetrie, etc. hinzukommen. Wie im 15. Kapitel erwähnt sind die beiden oberen Ebenen projektiv und nicht endlich, die beiden unteren Ebenen sind objektiv und endlich, d. h. die beiden oberen Ebenen sind charakterisiert durch die Unzerstörbarkeit (Erhaltung) der Massenenergie und die Unsterblichkeit der Seele, die beiden unteren durch die Zerstörbarkeit der Formen und die Sterblichkeit der Organismen.

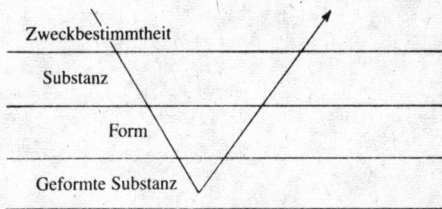

Die erste und die zweite Ebene unterscheiden sich insofern, als die erste speziell, die zweite allgemein ist. Diese Unterscheidung gilt auch für die dritte und vierte Ebene, nur verhält es sich hier umgekehrt: die dritte Ebene ist allgemeiner Natur (da Begriffe allgemein sind), und die vierte Ebene ist speziell (da physikalische Objekte individuelle Objekte sind). So ergibt sich folgendes Diagramm:

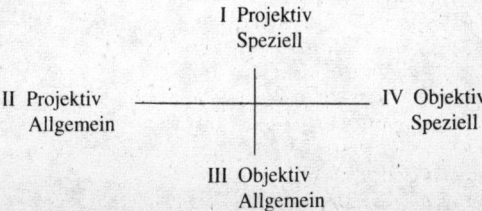

Man beachte, daß an den gegenüberliegenden Enden einer jeden Achse doppelte Gegensätze bezeichnet werden, wohingegen die im rechten Winkel zueinander stehenden Wortpaare jeweils nur einen Gegensatz bezeichnen.
Eine weitere Eigenschaft ist die, daß die horizontale Achse Physisches, die vertikale Achse hingegen, die die Ebenen I und III beinhaltet, Nichtphysisches bezeichnet.

Beispiel:

Physisch
- Ebene II beinhaltet alle Substanzbegriffe: Ladung, Masse, Energie, sowie Werte, Emotionen etc.
- Ebene IV beinhaltet alle tatsächlich bestehenden physikalischen Objekte (mit Form und Substanz): Moleküle, Steine, Tische, Häuser, Körper, vielleicht auch spezielle Merkmale, Eigennamen etc.

Nichtphysisch
- Ebene I beinhaltet alle ersten Ursachen: Zweckbestimmung, Dimensionen, Wirkung (Wirkungsquantum), Photon, Absichten.
- Ebene III beinhaltet alle begrifflichen Einheiten: Formen, Klassen, Definitionen, Verallgemeinerungen etc.

II. Die Bedeutung der Zahl Sieben im Universum

Der intelligente Leser bzw. die intelligente Leserin wird vermutlich nicht ohne Argwohn auf eine Theorie schauen, die auf der Zahl Sieben basiert. Aber warum? Nur weil jede Erwähnung der Zahl Sieben die Zeiten heraufbeschwört, als unsere heutige Wissenschaft noch nicht existierte? In Legenden, Mythen, Märchen und sogar im Aberglauben wimmelt es von Anspielungen auf die Zahl Sieben ohne ersichtlichen Grund. Sie hat dadurch etwas Mystisches bekommen, das das moderne Denken nicht akzeptieren kann, und ist so in Verruf geraten.

Wie schon in der Einleitung bemerkt, hat meine erste Begegnung (seit meiner Kinderzeit) mit dieser Zahl in alten Kosmologien einen ähnlichen Einfluß auf mich ausgeübt. Sie wirkte abschreckend. Dann wurde ich mir aber bewußt, daß die Topologie, eine Wissenschaft, die sich mit tiefgehenderen Implikationen auseinandersetzt als die Geometrie, formale Gründe für eine siebenfache Ordnung liefern konnte. Dies trieb mich zu einem erneuten Durchdenken der Konzepte, die in der Relativitätstheorie eine Rolle spielten, hatten doch die Vorstellungen von einer gekrümmten Raum-Zeit die Grundlagen für moderne Spekulationen über die Natur des Universums gelegt.

Ich kam dazu, mein Hauptaugenmerk auf die Relativitätstheorie zu richten, einmal aufgrund meiner schon früh erwachten Neugier in bezug auf erste Prinzipien, zum anderen aufgrund der öffentlichen Aufmerksamkeit, die man dieser Theorie damals entgegenbrachte (»nur zwölf Wissenschaftler könnten sie verstehen« hieß es in den Pressemeldungen). Ob der Schüler bereit war, werde ich nie wissen, doch der Meister erschien. Es war Oswald Veblen, der wohl bedeutendste amerikanische Mathematiker seiner Zeit. Er nahm mich bereitwillig als seinen einzigen Studenten für die restlichen zwei Jahre meiner Hochschullaufbahn an. Jede Woche las und kopierte ich das Manuskript von seiner Version dieses mysteriösen neuen Gegenstands. Mein anderes Lehrbuch war Eddingtons *Mathematical Theory of Relativity*[1]. Beide legten großen Wert auf die »Summationsregel«, eine Art mathematischer Stenographie, die es ermöglichte, unzählige Gleichungen mit ein paar griechischen Schnörkeln zu schreiben. Obwohl ich manchmal den Dreh herausbekam und diese mühevolle Aufgabe meisterte, wollte ich dennoch wissen, was sie überhaupt für einen Sinn hatte, und fiel Veblen mit meinen ständigen Bitten um Erklärung auf die Nerven. Aber Veblen sagte mir dann immer, dies sei nicht die Aufgabe eines Mathematikers. Ich müßte lernen, die Sprache zu manipulieren; Mathematiker hätten sich nicht um den Sinn zu kümmern.

Nichtsdestoweniger ließ er dann doch etwas durchsickern, und in seinen unkontrollierten Augenblicken hatte er gelegentlich mit mir ein Nachsehen. Das, was ich dann von ihm erfuhr, reichte, um meine Neugier am Leben zu erhalten. Nachdem ich Princeton verlassen hatte, grübelte ich weiter über die von der Relativitätstheorie aufgeworfenen Fragen und ihre Antworten nach und versuchte, über die bedeutsameren, aber weniger publik gemachten Forschungsergebnisse der Quantentheorie auf dem laufenden zu bleiben. Mit Veblen, der mittlerweile die Leitung des Institute for Advanced Study übernommen hatte, hielt ich den Kontakt aufrecht. Ich spürte aber, daß sein Interesse an Mathematik nachließ und er sich statt dessen mehr um seinen Rasen kümmerte. Es traf sich auch einmal, daß Bertrand Russell über gemeinsame Freunde zu mir nach Hause in Paoli kam. Als ich ihn aber ansprach, um ihm meine Lösung der Paradoxien, die er der Nachwelt hinterlassen hatte, zu erklären, versicherte er mir hastig, er interessiere sich nicht mehr für Mathematik, sondern für Frauen. Auf jeden Fall war – abgesehen von gelegentlichen Besuchen bei Veblen, die ich nach der Fertigstellung des Bell-Hubschraubers wieder aufnahm, und Kursen in Logik, die ich auf den ausdrücklichen Wunsch von Veblen nehmen mußte, bevor er mich Gödel vorstellen wollte – meine Karriere *ex cathedra* (obwohl ich brav meine Hausaufgaben machte, starb Veblen, noch bevor er mich Gödel vorstellen konnte).

Aber zurück zur Relativitätstheorie. Einsteins Beitrag (oder – wie Veblen immer wieder betonte – der der Mathematiker vor ihm, Riemann, Lobatschewski u. a.) bestand in einer allgemeineren Geometrie, im Konzept einer gekrümmten Raum-Zeit, das den flachen Euklidschen Raum ersetzte. Dies war zwar faszinierend und brachte eine Menge komplizierter Gleichungen hervor, doch brachte es mir für meine Gedankengänge nicht sonderlich viel. Der eine wesentliche Punkt, die Unveränderlichkeit der Lichtgeschwindigkeit, war natürlich höchst bedeutsam, doch er war das Ergebnis der Speziellen Relativitätstheorie und konnte sogar unabhängig von ihr abgeleitet werden. Die Schlußfolgerungen aus der allgemeinen Theorie – daß das Licht gekrümmter sein müßte, als Newton es vorhergesagt hatte, und daß das Perihel des Merkur um einige Sekunden pro Jahrhundert vorrückte – schienen angesichts solch großen Aufwands recht mager.

Außerdem war der Begriff Relativitätstheorie irreführend. Diese Theorie hatte nur beiläufig mit Relativität zu tun. In Wirklichkeit wollte man mit ihr invariante, d. h. absolute Größen finden, also Größen, die für alle Beobachter dieselben waren. Gerade dieser Aspekt der Relativitätstheorie hatte die größten Auswirkungen und führte zu dem gegenwärtigen sogenannten kosmologischen Postulat: zu der These, daß das Universum abgesehen von lokalen Abweichungen für alle Beobachter dasselbe sei. Ob richtig oder falsch, dieser Standpunkt bildet den Kern der modernen Kosmologie.

Außerdem übersieht die Relativitätstheorie auf ihrer Suche nach absoluten Größen eine sehr grundlegende und wesentliche Invariante, nämlich die *Rotation*. (Der Leser oder die Leserin kann sich selber davon überzeugen, daß die Rotation eine absolute Größe ist, indem er oder sie aus dem Stuhl aufsteht, eine Drehung um 360 Grad macht und sich dann wieder hinsetzt. Wäre die Rotation relativ, dann wäre man zu der Aussage berechtigt, nicht man selber hätte sich gedreht, sondern das Universum um einen selber herum. Wenn man auf diesem Standpunkt beharrt, dann müßten sich alle Fixsterne mit Überlichtgeschwindigkeit durch den Weltraum bewegt haben. Alpha Centauri, der uns am nächsten gelegene Fixstern, hätte in der Zeit der Umdrehung eine Strecke von 42 Lichtjahren zurücklegen müssen, d. h. er hätte sich mehr als eine Milliarde mal schneller als das Licht bewegen müssen, und diese Möglichkeit gibt es nach der Relativitätstheorie nicht. Die Rotation ist deshalb absolut und nicht relativ.)

Dieser Punkt fand Beachtung. So schrieb P. Bridgeman ein Buch zu diesem Thema, das allerdings nicht sehr überzeugend ist. Auch Eddington geht in seinem Buch *Das Weltbild der Physik und ein Versuch seiner philosophischen Deutung*[2] auf die absolute Rotation ein, erkennt aber nicht ihre Bedeutung für die Kosmologie und ihre letztliche Verbindung mit dem Drehimpuls, dessen absoluten Charakter er selber nachweist. Der lineare Impuls ist relativ, aber der Drehimpuls, der auf der Rotation basiert, ist absolut.

Auf jeden Fall wuchs aufgrund meiner Unzufriedenheit mit der Relativitätstheorie mein Interesse an der Alternativtheorie, die sich mir zu eröffnen begann, als ich die theoretische Bedeutung der Zahl Sieben erkannte, die nicht nur die Möglichkeit bestätigte, daß der Prozeß sieben Stadien besitzt, sondern auch alte Fragen in einem neuen Licht erscheinen ließ. Es war insbesondere der Konflikt zwischen der Betonung des Kontinuierlichen in der Relativitätstheorie und der des Diskreten in der Quantentheorie. Mit dieser Frage hatte sich Einstein selbst schon auseinandergesetzt, aber er kam zu keiner Lösung. Einstein konnte in der Tat die Implikation der Quantentheorie nicht akzeptieren. »Der Herrgott würfelt nicht«, sagte er.

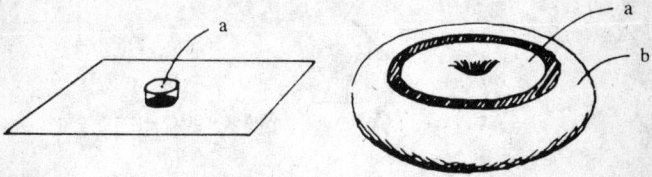

Der Torus und die individuelle Existenz

Ich konnte aber einen Ausweg erkennen. Was die Quantentheorie nachgewiesen hatte, betrifft die Einzelelemente im Raum-Zeit-Kontinuum: Photonen, Protonen oder Elektronen. Diese Einheiten sind quasi-unabhängige punktartige Quellen oder Inseln der Unsicherheit (oder Masse, das ist in diesem Zusammenhang egal). Es sind einzigartige Existenzformen mit einer genau festgelegten Eigenenergie. Meine Vorliebe für Analogien ließ mich das Problem ihrer Existenz mit dem alten Problem des freien Willens in einem von Gott gelenkten Universum vergleichen. Wie kann es selbstbestimmte Einheiten im Kontinuum geben? Die Lösung dieses Problems war möglich durch den Torus, der demonstriert, daß etwas mit etwas anderem verbunden und gleichzeitig auch von ihm getrennt sein kann. Nehmen wir eine Ebene oder die Oberfläche einer Kugel. Ein Kreis, der um einen Punkt *a* ausgeschnitten wird, trennt ihn vollständig vom Rest der Oberfläche (1). Im Fall des Torus bewirkt diese Prozedur nicht automatisch, daß der Punkt getrennt wird (2), denn hier bleibt trotz des abgeschnittenen Teils *b* der Punkt *a* mit dem Rest des Torus verbunden. So kann auch das Selbst in einem toroidalen Universum sowohl getrennt als auch mit dem Rest des Universums verbunden sein. Das Problem bleibt dasselbe für viele Selbst, die noch mehr Löcher darstellen würden. Jedes Loch würde einem Selbst entsprechen, aber alle blieben sie mit dem Universum verbunden.

Mittlerweile wurden meine Vermutungen, daß der Universalprozeß in sieben Stadien verläuft, durch meine Nachforschungen im Bereich der Naturwissenschaft bestätigt. Das Periodensystem der Elemente, das die Atome nach ihrem Aufbau ordnet, hat sieben Reihen; es gibt sieben Ordnungen, nach denen sich Moleküle kombinieren etc. Die theoretischen Hinweise mehrten sich ebenfalls. Zu meiner größten Überraschung entdeckte ich, daß die Formel für das Volumen des Einstein-Eddingtonschen Universums, der sogenannten Hypersphäre, $2\pi^2 r^3$ lautete, also identisch war mit der Formel für den Torus mit einem unendlich kleinen Loch!

Eddington geht in seinem Buch *Fundamental Theory* auf die Hypersphäre ein, in dem er die Frage der Vereinigung von Quantentheorie und Relativitätstheorie ein für allemal beantwortet (siehe Anhang III). Eddington führt aus, daß das neue Konzept, das der Krümmung Rechnung trägt, die *Phase* ist, und Phase-Raum stellt eine fünfte Dimension dar, die zur Raum-Zeit-Dimension im senkrechten Winkel steht.

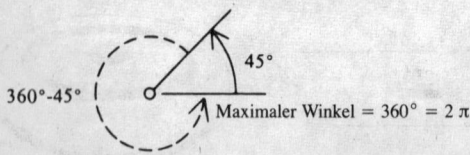

Die Phase ist natürlich eine Winkelbeziehung und kann zwischen 0 und 360° oder $2\pi^3$ variieren, da ein Winkel nur innerhalb dieses Bereichs variieren kann. Die Phase kann die Richtung sein oder das, was ich im 5. Kapitel *Timing* genannt habe, der zeitliche Abstand zwischen einem Input und einer Reaktion. Da sich die *Wahl* entweder in Richtung oder in Timing ausdrückt, *läßt sie sich mit der Phasendimension gleichsetzen*. Wenn wir also der Wahl eine Dimension zuordnen wollen, würde sich der Winkel dafür anbieten. (Die Frage, ob Sie sich für etwas [in Phase] oder gegen etwas [außer Phase] entscheiden, ist eine Frage des Winkels.)

Wir können mit unserer Argumentation noch einen Schritt weiter gehen: unsere Unsicherheit darüber, wie sich jemand anders entscheiden würde, läßt sich auch in Form eines Winkels ausdrücken, und die maximale Unsicherheit wäre gleich dem Winkel 2_π. Die Quantenphysik sagt uns, daß unsere Unsicherheit in einer bestimmten Situation den Wert h, eine Wirkungseinheit, hat. Diese Einheit muß, da sie durch 2_π dividiert werden kann, um den reinen Wert von h zu erhalten, 2_π und somit die Unsicherheit der Richtung (wie auch die der Wirkung) beinhalten.

Wir können dies verdeutlichen, wenn wir uns bewußt machen, daß sich, abgesehen von den von Heisenberg beschriebenen Einschränkungen, die Beobachtung auf ihren eigenen Wirkungszyklus beschränkt. Wir hören beispielsweise einen Ton. Wird die Frequenz dieses Tones auf weit unter 16 Hertz reduziert, so nehmen wir ihn nicht mehr als solchen wahr. Er wird statt dessen zu einer Serie einzelner Schläge oder einer Art Rasseln.

Wenn wir nun umgekehrt Schläge zählen würden und die Frequenz würde 16 Hertz übersteigen, dann könnten wir nicht mehr zwischen einzelnen Schlägen trennen. Ab diesem Punkt würden wir einen gleichbleibenden Ton wahrnehmen und nicht mehr in der Lage sein, zwischen Bruchteilen eines Zyklus zu unterscheiden. Unsere Messung ergäbe n ± ½, oder, auf den Zyklus bezogen, n ± π, d. h. eine *Unsicherheit* von 2_π (wie wir schon sagten, können wir die Umdrehungen des Korkenziehers zählen, wüßten aber nicht, wo sie endeten).

Diese Unsicherheit gilt für jede Messung. Wohlgemerkt: es handelt sich um die Unsicherheit des Beobachters, auf das Objekt selber bezogen ist sie Freiheit.

Wir haben nun die Teile unseres Puzzles und können sie zusammenfügen. Es gilt, zwei miteinander wetteifernde Theorien, die Relativitätstheorie und die Quantentheorie, in Einklang zu bringen. Nach der Relativitätstheorie ist das Universum oder das Gebilde Raum-Zeit gekrümmt und kontinuierlich, nach der Quantentheorie diskontinuierlich. Die Relativitätstheorie sagt, daß die gekrümmte Raum-Zeit rund oder sattelförmig ist.

   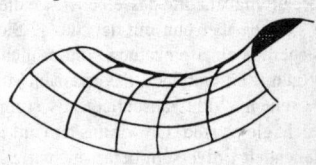

a. Runde Form   b. Sattelform

Im einen Fall führen parallele Linien zusammen, im anderen gehen sie auseinander. Von diesen beiden Möglichkeiten ist letztere die interessantere. Wir sagen: wenn die Raum-Zeit gekrümmt und (beispielsweise) sattelförmig sein soll, dann kann sie nicht so enden, wie es in der graphischen Darstellung gezeigt ist. Denn wenn dem so wäre, könnte sie keine Grenze haben, ohne einen übergeordneten Raum vorauszusetzen, in dem sie eingebettet ist. Die Darstellung ist also unvollständig. Was erhalten wir, wenn wir den Teil ausfüllen, der nicht gezeigt ist?

Wenn wir den Teil des Sattels hinzufügen, der um den Körper des Pferdes herumführt, erhalten wir b. Verlängern wir den vorderen und rückwärtigen Teil des Sattels in Richtung der Pfeile, erhalten wir c. Die Gesamtfigur ergibt auf diese Weise einen Torus oder »Krapfen«, in dem der ursprüngliche sattelförmige Raum nur einen Teil bildet.

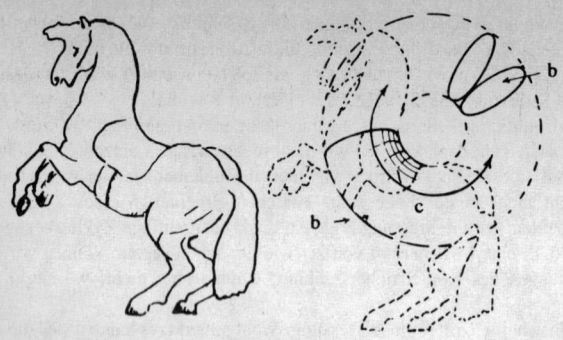

Die Quantenphysik und die Kontrollphase

Wie steht es nun mit der Quantenphysik? Wie Eddington hervorhob, läßt sich die Krümmung der Raum-Zeit durch die Phasendimension ersetzen, deren Maß 2_π ist, und dieser Wert von 2_π entspricht der zur Quantentheorie gehörigen Unsicherheit. Mit anderen Worten: Eddington erkannte, daß die Krümmung in der Relativitätstheorie dasselbe ist wie die Unsicherheit in der Quantentheorie! Wie steht es aber nun mit der Skala? Sicherlich ist die mikroskopisch kleine Unsicherheit eines einzelnen Protons nicht dasselbe wie die riesige Krümmung des Raum-Zeit-Gebildes, das erst nach Milliarden von Jahren sich »wiederholt« bzw. seinen Zyklus abschließt. Es stimmt aber, daß beide in topologischer Hinsicht gleich sind! Ob wir uns nun mit einem Teilchen oder dem aus Teilchen bestehenden Universum befassen, wir erhalten die Topologie des Torus![4] Der Unterschied liegt in ihrer Zeitskala.

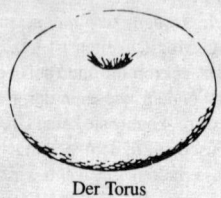

Der Torus

Um auf den sattelförmigen Raum der Relativitätstheorie zurückzukommen: man kann nun sehen, daß die Erweiterung des Sattels um den Bauch des Pferdes und die in einer vertikalen Ebene zur Vervollständigung des Torus zwei Kreisformen darstellen, *zwei* Verwendungen von π und diese beiden π bewirken, daß

das Volumen des Torus $2_\pi{}^2 r^3$
und seine Oberfläche $4_\pi{}^2 r^2$

ist. Wir können daher sagen, daß die Hypersphäre ein Torus ist!

Es ist seltsam, daß dies nicht schon früher erkannt worden ist (ich habe Dr. Wigner in Princeton deswegen angesprochen, und er meinte, es sei nicht bemerkt worden). Auf jeden Fall haben der Torus und die Hypersphäre dieselbe Formel, und die Bedingung, daß die Raum-Zeit sowohl sattelförmig als auch kontinuierlich sein muß, kann nur durch die Figur des Torus erfüllt werden.

Der nächste Schritt ist drastischer. Wir möchten gerne wissen, was das zusätzliche π bedeutet. Wir wissen, daß es etwas mit dem Wirkungszyklus zu tun hat, d. h. wir wissen, daß jede Einheit des Universums – vom Atom zur Galaxis – einen Wirkungszyklus besitzt, der durch 2π repräsentiert ist. Aber ist das alles? Wenn wir uns bewußt machen, daß sich alles Physische räumlich als Kugel ausdrückt – in dem Sinn, daß die Kugel die »Form« eines Teilchens oder der Wirkungsradius einer Fliege bzw. eines Menschen ist –, und daß eine Kugel ein Volumen von (⅔) πr^3 hat, dann können wir diese räumliche Existenz nicht einfach mit 2_π multiplizieren. Das Produkt wäre (⅔) $\pi^2 r^3$, was sich verdächtig von $2\pi^2 r^3$ unterscheidet. Irgendetwas stimmt da nicht, wir liegen um einen Faktor von ¾ daneben. (Eddington geht auf diesen Faktor von ¾ ein, aber da ich seiner Argumentation nicht folgen kann, lege ich meine eigene dar und verweise den Leser bzw. die Leserin auf seine *Fundamental Theory*, siehe Anhang III).

Dieser Faktor von ¾ ist der interessanteste von allen, denn zufälligerweise hat der Wirkungszyklus nach ¾ seines Ablaufs einen Punkt von besonderer Bedeutung erreicht. Wir wollen einmal die verschiedenen Phasen des Lernzyklus betrachten, der ein Beispiel für einen Wirkungszyklus ist.

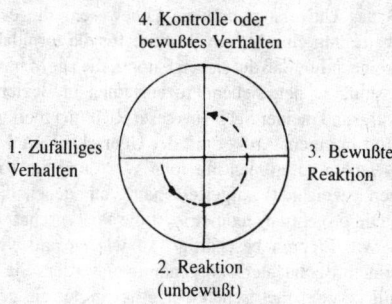

Am Anfang des Lernzyklus steht blindes Handeln. Am Punkt 1 streckt das kleine Kind seine Hand aus und faßt dabei an einen heißen Ofen. Am Punkt 2 reagiert es. Am Punkt 3 überlegt es, was passiert ist. Es wird sich dessen bewußt, daß ein heißer Ofen Schmerzen verursacht (der Behaviorist würde sagen, es stellt eine assoziative Verknüpfung zwischem dem Schmerz und dem heißen Ofen her). Am Punkt 4 *meidet* es den heißen Ofen. Dies ist der Punkt nach ¾ des Ablaufs des Wirkungszyklus, das bewußte Handeln, das mit Punkt 1 verschmilzt, sobald das Vermeidungsverhalten automatisiert worden ist.

Aber eben dieser ¾-Punkt ist bedeutsam. Es ist der Punkt der bewußten Wahl. Er ermöglicht die »Wende«, die wir zuerst im 5. Kapitel besprochen haben, und er besitzt, wie wir gezeigt haben, die Dimension $1 \times t$ oder $1/t^3$. (Dies ist die dritte Ableitung des Orts, d. h. die Veränderung der Beschleunigung oder Kontrolle, die Kontrolle, die wir auch beim Fahren eines Autos ausüben. Dabei kontrollieren wir die Kraft, denn für die Beschleunigung des Autos ist Kraft erforderlich.)

$$1 \times t \times \text{Kraft, oder } lt \times ml/t^2 = ml^2/t = \text{Wirkung}$$

aber auch:

$$¼ \times 2_\pi \times (⅓)_\pi r^3 = 2_\pi^2 r^3$$

Mit anderen Worten: diese zusätzlichen 2_π ermöglichen Kontrolle. Sie markieren den Eintritt des Bewußtseins in das Universum. Ihre Existenz wird bestätigt durch die Formel für die Hypersphäre, die zusätzliche Unsicherheit im Wirkungsquantum (die erst zur Kontrolle wird, wenn das Wirkungsquantum erreicht ist), und durch die tiefgreifende Erkenntnis Eddingtons, daß die Krümmung in der Relativitätstheorie gleichwertig ist mit der Unsicherheit in der Quantentheorie. Wir möchten hinzufügen, daß beide die Fähigkeit des Bewußtseins darstellen, auf das Universum einzuwirken bzw. das determinierte Geschehen zu kontrollieren.

Die sieben Postulate der projektiven Geometrie

Dies waren die theoretischen Überlegungen, die mir kamen, nachdem ich erkannt hatte, daß das Universum und die Lebewesen, die es bewohnen, toroidal sind. Ich hatte nun eine Menge Beweise für die toroidale Natur des Universums, aber keine dafür, daß die sieben Farben, die zur Mappierung eines Torus erforderlich sind, zu den sieben Prozeßstadien in Beziehung gesetzt werden können.[5] Aufgrund meiner Suche in dieser Richtung merkte ich auf, als ich nach Veblens Tod in einem Artikel mit der Überschrift »A Mathematical Science«[6] las, daß Veblen zusammen mit John W. Young die Postulate (von ihnen als Annahmen bezeichnet) aufgestellt hatte, auf denen die projektive Geometrie basiert. Die projektive Geometrie ist die Wissenschaft, die sich mit den Eigenschaften von Figuren beschäftigt, so wie sie aus verschiedenen Blickwinkeln von einem Beobachter wahrgenommen werden. Sie ist allgemeiner als die gewöhnliche oder metrische Geometrie, in der die geometrischen Formen unverändert bleiben.

Die gewöhnliche Geometrie basiert auf vier Postulaten. Man stelle sich daher meine Aufregung vor, als ich entdeckte, daß nach Veblen und Young für die projektive Geometrie *sieben* Postulate erforderlich sind:

I. Wenn A und B unterschiedliche Elemente von S sind, gibt es mindestens eine Klasse, die sie enthält.

II. Wenn A und B unterschiedliche Elemente von S sind, gibt es nicht mehr als eine Klasse, die sie enthält.

III. Jede beliebige zwei Klassen haben mindestens ein Element von S gemeinsam.
IV. Es gibt mindestens eine Klasse in S.
V. Jede Klasse enthält mindestens drei Elemente.
VI. Alle Elemente von S fallen nicht in dieselbe Klasse.
VII. Keine Klasse enthält mehr als drei Elemente.

Ich machte mich sofort daran, diese sieben Postulate in Form eines Bogens anzuordnen. Es fiel auf, daß sie sich in zwei Gruppen unterteilen ließen: in eine, die den Begriff »mindestens« und in eine andere, die den Begriff »nicht mehr als« enthält. Außerdem befaßten sich zwei Postulate mit Ein-heit (IV und VI), zwei mit Zwei-heit (I und II) und zwei mit Drei-heit (V und VII). Für den Wendepunkt des Bogens blieb Postulat III übrig, das mit Kombination zu tun hatte.

	Mindestens		*Nicht mehr als*
Postulat IV	Eine Klasse in S	VI	Alle Elemente nicht in einer Klasse
I	Zwei Elemente in einer Klasse	II	Nicht mehr als eine Klasse für zwei Elemente
V	Drei Elemente in einer Klasse	VII	Nicht mehr als drei Elemente in einer Klasse
	III Zwei Klassen haben einen Punkt gemeinsam		

Wenn wir die Postulate auf diese Weise anordnen, dann können wir sehen, daß sie den in unserem Bogenmodell demonstrierten Symmetrieregeln gehorchen. Auf der ersten, zweiten und dritten Ebene sind Ein-, Zwei- und Dreiheit thematisch, auf der vierten Ebene findet sich die Kombination, und es besteht das uns vertraute Umkehrungsverhältnis zwischen dem absteigenden und dem aufsteigenden Teil des Bogens. Es gibt sogar eine Ähnlichkeit im Hinblick auf die Bedeutung, denn der rechte (aufsteigende) Bogenteil, der »nicht mehr als«-Teil, bringt Selbstbeschränkung zum Ausdruck, die zur »Nachgiebigkeit« des linken (absteigenden) Teils im Gegensatz steht. Darin wird ein Zusammenhang zwischen den Postulaten der projektiven Geometrie und unseren sieben Prozeßstadien deutlich. Wir müssen nunmehr eine Beziehung zwischen dem Problem des Mappierens und den sieben Postulaten herstellen.

Die Polyvertone

Zu diesem Zweck beginnen wir damit, uns das Problem des Mappierens eingehender zu betrachten. Unter Mappieren verstehen wir hier das Zuordnen von Farben zu Bereichen (Ländern) auf einer Landkarte in der Form, daß zwei benachbarte Länder nicht die gleiche Farbe haben. Dabei scheint es sich um ein ziemlich triviales Problem zu handeln und man hat nicht den Eindruck, daß es die große Bedeutung hat, die der Topologie anhaftet, die sich – wie bekannt – mit tieferen Zusammenhängen befaßt als die Geometrie.

Das Problem der Farbgebung ist aber nicht trivial. Um dies zu erkennen, wollen wir uns das Problem vornehmen, wie viele Punkte durch Linien miteinander verbunden werden können, die sich gegenseitig nicht kreuzen.

Wie der Leser oder die Leserin selber nachprüfen kann, lassen sich auf diese Weise in einer Ebene nicht mehr als vier Punkte miteinander verbinden.

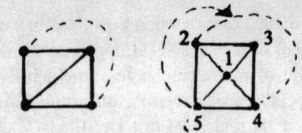

Bei fünf Punkten ist dies nicht mehr möglich. Wir können nicht von 3 zu 5 gelangen, ohne eine andere Linie zu kreuzen.

Dies mag ebenso trivial erscheinen wie das Mappieren, denn es handelt sich in der Tat um das gleiche Problem, nur in anderer Gestalt. Die Linie nämlich, die zwei Punkte miteinander verbindet, entspricht einer Grenze zwischen zwei Ländern auf einer Karte und damit einer Farbunterscheidung. Da das Problem der Farbgebung auf solche Weise verallgemeinert werden kann, dürfte es wohl kaum trivial sein.

Wir wollen nun die Bedingung aufstellen, daß die Verbindungslinien gleich lang sein müssen. Wir beginnen mit vier Punkten wie zuvor, diesmal in Form eines Quadrats angeordnet:

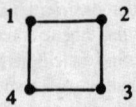

Da die Linie 1–3 aber eine Diagonale ist, kann sie nicht genau so lang sein wie die Quadratseiten. Um sie auf gleiche Länge zu bringen, müssen wir die Figur verzerren, und zwar so, daß im Endeffekt zwei gleichseitige Dreiecke entstehen. Nun haben wir aber den Abstand zwischen 2 und 4 vergrößert. Damit auch dieser Abstand 2–4 gleich groß wird wie die übrigen, müssen wir die Dreiecke aus der Ebene des Papiers herausklappen und erhalten so eine räumliche Figur, eine Pyramide mit drei Seiten.

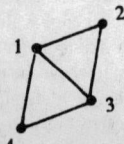 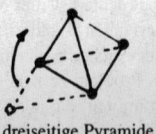

dreiseitige Pyramide

Diese Pyramide wird auch Tetraeder genannt. Er hat vier Scheitelpunkte (Vertices), sechs Kanten und vier Flächen und entsteht, wenn wir jeden von vier Punkten mit jedem anderen durch gleich lange Linien verbinden wollen, die sich nicht schneiden dürfen. Zur Lösung dieses Problems benötigt man drei Dimensionen.

Entsprechend entsteht ein gleichseitiges Dreieck, wenn wir jeden von drei Punkten mit jedem anderen durch gleich lange Linien verbinden. Hier können wir in zwei Dimensionen bleiben.

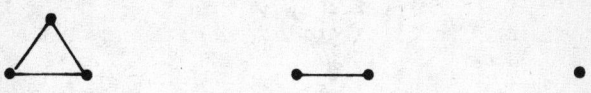

Die einzelne Linie in der Mitte der Abbildung verbindet zwei Punkte miteinander. Hier sind wir in einer Dimension, und der alleinstehende Punkt benötigt überhaupt keine Dimension.

Wir haben nun vier Figuren, die mit vier Dimensionalitäten (3, 2, 1 und 0 Dimensionen) gekoppelt sind. Diese Verknüpfung mit Dimensionen führt uns zu der Erkenntnis, daß diese abstrakten Dinge eine Ähnlichkeit mit den Schlüsselmerkmalen der ersten vier Hauptstadien (Reiche) besitzen, weil die Anzahl der Dimensionen der Anzahl der Beschränkungsgrade entspricht.

Wir können auch einen Zusammenhang erkennen zwischen dem Punkt und dem Merkmal Potentialität, der Linie und dem Merkmal Bindung, der Ebene und dem Merkmal Form, deren Darstellung zwei Dimensionen erfordert, sowie dem Körper und den materiellen Objekten, die Form und Substanz kombinieren.

Doch diese Überlegungen bilden nur eine Vorstufe. Wir wollen die Methode so erweitern, daß wir uns auch mit mehr als drei Dimensionen befassen können, um so Informationen über die späteren Hauptstadien zu erhalten. Die Methode des Verbindens einer Anzahl von Punkten liefert uns nur gewisse Orientierungshilfen auf diesem schwierigen Terrain.

Figur	*Dimension*	*Figurbezeichnung*	*Beschränkungsgrade*	*Schlüsselmerkmal*
.	0	Punkt	0	Potentialität
•—•	1	Linie	1	Bindung
△	2	Ebene	2	Form
◇	3	Körper	3	Materielle Objekte

Jenseits von drei Dimensionen
Wir fragen uns jetzt: was geschieht, wenn wir fünf Punkte unter den genannten
Bedingungen verbinden? Dies ist offenbar im dreidimensionalen Raum nicht
möglich, ohne eine Linie zu verlängern.

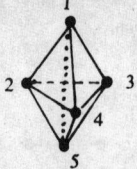

Zwei dreiseitige Pyramiden,
die mit ihren Grundflächen aneinanderliegen

Wir können unter den genannten Bedingungen jeden dieser Punkte mit jedem
anderen verbinden, bis auf das letzte Paar von Punkten, die in der Abbildung als
1 und 5 bezeichnet sind und die senkrechte innere Diagonale bilden. Diese Linie
muß verlängert werden.

Man beachte, daß dies natürlich kein gewöhnlicher Polyeder ist. Er hat fünf
Scheitelpunkte und *scheinbar* neun Kanten und sechs Flächen. Wir vergessen
aber die innere Diagonale 1–5, die eine weitere Kante darstellt, und erhalten so
zehn Kanten. Durch diese Diagonale entstehen auch drei innere Flächen, so daß
sich zusammen mit der Fläche, die von den Punkten 2, 3 und 4 eingeschlossen
wird, zehn Flächen ergeben. Diese Zahlen sind vertraut. Es handelt sich um die
Koeffizienten einer Gleichung fünften Grades oder $(\times + 1)^5$, nämlich

$$\times^5 + 5\times^4 + 10\times^3 + 10\times^2 + 5\times + 1.$$

Wir können sehen, daß der erste 5er-Koeffizient die Anzahl der Scheitelpunkte
angibt, der erste 10er-Koeffizient die Anzahl der Kanten und der zweite 10er-
Koeffizient die Anzahl der Flächen. Was bedeutet der zweite 5er-Koeffizient?
Er gibt die Anzahl der Tetraeder an, die wir erhalten, wenn wir von den fünf
Scheitelpunkten vier beliebige auswählen:

```
1 2 3 4 –
– 2 3 4 5
1 – 3 4 5
1 2 3 – 5
1 2 – 4 5
```

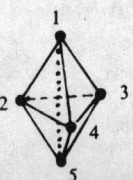

Dadurch werden wir auf die Tatsache aufmerksam, daß Punkt, Linie, Dreieck
und Tetraeder ebenfalls durch die Koeffizienten der entsprechenden Gleichun-

gen niedrigeren Grades beschrieben werden. Der sich so ergebende Aufbau von Zahlen ist als Pascalsches Dreieck bekannt.

1	$= (× + 1)^0 = 1$	1 Punkt
1 2 1	$= (× + 1)^2 = 1\ 2\ 1$	2 Punkte, 1 Kante
1 3 3 1	$= (× + 1)^3 = 1\ 3\ 3\ 1$	3 Punkte, 3 Kanten, 1 Fläche
1 4 6 4 1	$= (× + 1)^4 = 1\ 4\ 6\ 4\ 1$	4 Punkte, 6 Kanten, 4 Flächen

Die Entsprechung zwischen den Koeffizienten und der Anzahl der Scheitelpunkte, Kanten etc. weist auf die abstraktere Bedeutung dieser Figuren hin und läßt uns schnell die Anzahl von Kanten, Flächen etc. feststellen, wenn wir zu den Figuren höherer Ordnung kommen.

Wie können wir diese Figuren nennen? Polyeder, d. h. »Vielflächner«, ist nicht das richtige Wort, denn wir würden gern die Linie und den Punkt einbeziehen, die beide keine Fläche haben. Alle diese Figuren haben aber Scheitelpunkte oder Vertices, so daß wir sie *Polyvertone* nennen können. Die Figur mit fünf Vertices wird somit zum *Pentaverton*.

Wir wir feststellten, läßt sie sich nicht in drei Dimensionen konstruieren, ohne eine Linie zu verlängern. Da aber eine verlängerte Diagonale eine Art inneres Schwergewicht bildet, das Speicherung von Energie impliziert, können wir das Pentaverton zum fünften Reich der Natur, dem Pflanzenreich, in Beziehung setzen, denn die Pflanze vermag Energie zu speichern. Wir können jetzt sagen, daß *ein Samen ein vierdimensionales Objekt ist* (oder ein fünfdimensionales, wenn wir die nullte Dimension einbeziehen).

Damit zeigt sich ein Weg, die höheren Dimensionen aus ihrer üblichen Unanschaulichkeit zu rücken. Wir haben ihre Existenz jetzt konkret bestätigt, denn wir können einen Samen *sehen*. Äußerlich gleicht er irgendeinem anderen festen Objekt, etwa einem Kieselstein, doch er enthält eine innere Organisation, die Energie zu speichern und zu verbrauchen vermag.

Wenn wir sechs Punkte miteinander verbinden, erhalten wir das Hexaverton.

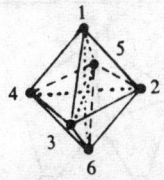

Es hat Ähnlichkeit mit einem Oktaeder, da es acht Außenflächen besitzt, die jeweils ein gleichseitiges Dreieck darstellen. Wenn wir aber alle Punkte miteinander verbinden, erhalten wir fünfzehn Kanten. Wie viele Flächen? Mit Hilfe des Pascalschen Dreiecks erhalten wir die Koeffizienten:

1 6 15 20 15 6 1

Es muß also zwanzig Flächen und fünfzehn Tetraeder geben (versuchen Sie, sie zu finden!).

Hier müssen wir *drei* innere Diagonalen haben (1–6, 5–4, 3–2), die jeweils verlängert sind. Dieses Hexaverton entspricht dem Tierreich. Die drei verlängerten Diagonalen weisen auf die Fähigkeit des Tieres hin, seine Form nach verschiedenen Richtungen zu verändern, was ja die Grundlage für seine Bewegungen bildet.

Dieses Modell hat noch eine weitere interessante Eigenschaft. Ihre Beschreibung bringt uns zurück auf das Mappieren oder seine Entsprechung, das Verbinden von Punkten auf einer Oberfläche.

Wie können wir sechs Punkte mit Linien verbinden, die sich nicht schneiden? Dies läßt sich nicht in einer Ebene durchführen, in der höchstens vier Punkte auf diese Weise miteinander verbunden werden können. Die Möglichkeit ist aber auf einem Möbiusband gegeben.

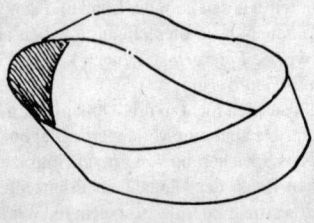

Möbiusband

Die zeichnerische Darstellung dieser Figur wird erleichtert durch die Übereinkunft, das Möbiusband als ein Quadrat aufzufassen, dessen diagonal gegenüberliegende Ecken aufeinander gelegt werden.

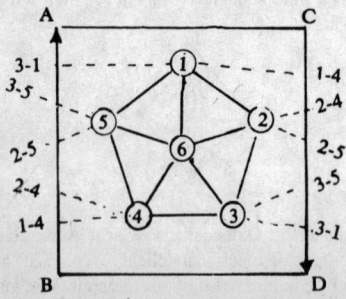

Man beachte, daß die Seite AB so an die Seite DC anschließen muß,
daß B C und A D berührt.

Die rechte vertikale Seite des Quadrats muß man sich nach hinten geklappt denken, wobei sie eine halbe Umdrehung macht und dann an die linke vertikale Seite anschließt. Diese Verdrehung ermöglicht es, jeden der fünf Punkte mit jedem anderen zu verbinden (der sechste Punkt in der Mitte ist mit allen fünf umgebenden Punkten verbunden). Man beachte, daß von jedem Punkt fünf Linien ausgehen.

Dies mag auf den ersten Blick wenig mit dem Mappieren zu tun haben, aber es ist in der Tat ein- und dasselbe Problem. Man kann auf dem Möbiusband eine Landkarte erstellen, die sechs Farben erfordert (im Gegensatz zum Torus, der – wie bereits erwähnt – sieben Farben benötigt).

Das Heptaverton

Wenn wir jeden von sieben Punkten mit jedem anderen verbinden, brauchen wir 21 Linien oder Kanten. Wir fangen bei Punkt 1 an und ziehen Verbindungslinien zu den übrigen sechs Punkten. Dann verbinden wir Punkt 2 mit den Punkten 3, 4, 5, 6 und 7 – mit Punkt 1 ist er ja schon verbunden –, Punkt 3 mit den Punkten 4, 5, 6 und 7 etc. Auf diese Weise erhalten wir $6 + 5 + 4 + 3 + 2 + 1 = 21$ Verbindungslinien. Dies läßt sich auch durch die mit Hilfe des Pascalschen Dreiecks bestimmbaren Koeffizienten bestätigen, nämlich:

$$1 \quad 7 \quad 21 \quad 35 \quad 35 \quad 21 \quad 7 \quad 1.$$

Diese Figur kann man sich als so entstanden denken, daß man einen Punkt in der Mitte eines Oktaeders hinzufügt. Dieser zusätzliche Punkt bewirkt einen Satz von sechs »zusammengedrückten« Diagonalen, die zu den 15 Kanten des Hexavertons hinzukommen, so daß wir 21 Linien (Kanten) erhalten.

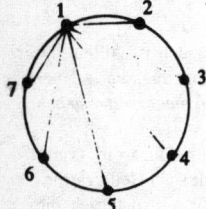 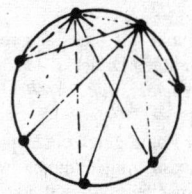 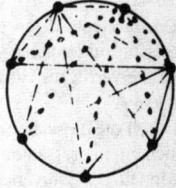

Daß diese Figur einer Landkarte mit sieben Farben gleichwertig ist, läßt sich aus der Tatsache ersehen, daß auf der Oberfläche eines Torus jeder von sieben Punkten mit jedem anderen verbunden werden kann, ohne daß die so entstehenden Linien einander schneiden.

Die Demonstration dieses Sachverhalts ähnelt der des Hexavertons auf dem Möbiusband, außer daß wir den Torus als eine Ebene darstellen, bei der man sich vorstellen muß, daß die gegenüberliegenden Seiten sich umbiegen und zusammenstoßen, und zwar die obere mit der unteren und die rechte mit der linken. Während des Umbiegens werden die Seiten nicht gedreht.

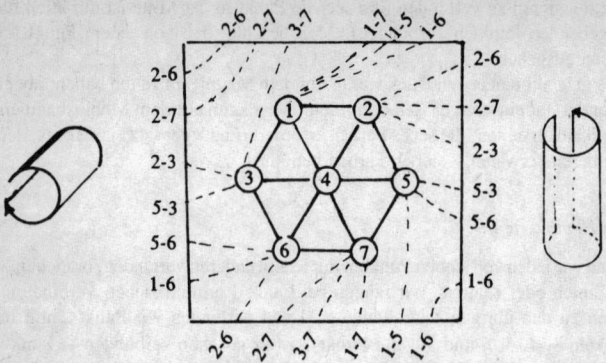

Höchst interessant ist die Tatsache, daß wir im Fall des Heptavertons die maximal mögliche Anzahl von Dreiecken haben, die sich um einen Scheitelpunkt (Vertex) scharen. Beim Tetraverton sind es drei, beim Pentaverton vier, beim Hexaverton fünf Dreiecke:

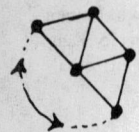 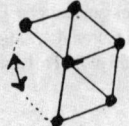 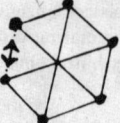 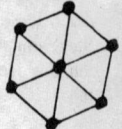

Da im Heptaverton jeder Punkt mit sechs anderen verbunden ist, füllen die sechs resultierenden gleichseitigen Dreiecke den 360°-Raum aus, der in einer Ebene verfügbar ist. *Dies bedeutet, daß wir offenbar nicht mehr weiter gehen können.*

Durch die Tatsache, daß der Raum durch ein Heptaverton gefüllt wäre, ergibt sich ein interessantes Paradoxon. Angenommen, wir würden ein Heptaverton-Modell des Universums aufstellen. Wir würden herausfinden, daß sich die Berührungsfläche zwischen dem Modell und dem Universum unendlich nach allen Richtungen erstrecken würde. Und wir wüßten nicht, ob wir uns innerhalb oder außerhalb des Modells befinden!

Während die Vertone ab dem Tetraverton (vier Scheitelpunkte) aufwärts nicht in den drei Dimensionen des gewöhnlichen Raums denkbar sind und zusätzliche imaginäre Dimensionen erfordern, hat es den Anschein, als wäre eine Verbindung von mehr als sieben Punkten unter den genannten Bedingungen selbst im imaginären Raum unmöglich. Dies ist auch gar nicht so unglaubwürdig, wenn

wir uns vergegenwärtigen, daß wir zuerst ein, zwei und drei reale und anschließend ein, zwei und drei imaginäre Dimensionen hatten.
Wenn wir dem Punkt die nullte Dimension zuordnen, haben wir sieben Dimensionen, und wenn damit alle Möglichkeiten erschöpft sind, haben wir eine Bestätigung für die siebenfache Unterteilung des Universalprozesses.

Sieben Postulate und sieben Punkte

Interessanterweise besitzt das Problem, jeden von sieben Punkten mit jedem anderen zu verbinden, ohne daß die so entstehenden Linien sich schneiden, in mancherlei Hinsicht Ähnlichkeit mit den bereits erwähnten sieben Postulaten der projektiven Geometrie.
Wie Veblen und Young demonstrieren, implizieren die Postulate, daß es exakt sieben Elemente oder Punkte in S (der Grundgesamtheit) und sieben Klassen mit jeweils drei Elementen gibt. Sie veranschaulichen dies durch die folgende Problemstellung: es sollen sieben Komitees mit jeweils drei von insgesamt sieben Männern gebildet werden, wobei zu beachten ist, daß in nicht mehr als einem Komitee dieselben zwei Männer sind (Postulat II).
Bezeichnen wir die sieben Männer als a, b, c, d, e, f und g, dann können wir für das erste Komitee die Männer a, b und d, für das zweite die Männer b, c und e auswählen usw.

```
        a b c d e f g
        a b – d
        b c – e
          c d – f
            d e – g
              e f – a
                f g – b
                  g a – c
```

Wenn wir dies auf die sieben Punkte des Heptavertons übertragen, so ergibt sich:

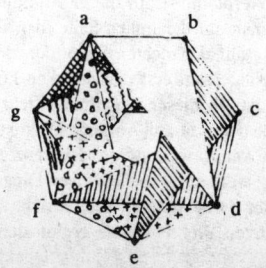

Es gibt sieben Dreiecke mit jeweils drei Punkten, wobei in nicht mehr als einem Dreieck dieselben zwei Punkte sind (bzw. keine zwei Dreiecke eine gemeinsame Kante haben). Die sieben Dreiecke bilden alle 21 Kanten des Heptavertons.

Die »Klassen« der Postulate sind also Flächen, die jeweils durch drei Punkte bestimmt sind.

Wir können auch den Nachweis führen, daß es sieben Tetraeder gibt, die keine Fläche gemeinsam haben.

Veblen und Young beweisen: wenn zwei Grundgesamtheiten S_1 und S_2 den sieben Postulaten genügen (insofern als ihre Elemente und Klassen korrespondieren), sind S_1 und S_2 im abstrakten Sinn äquivalent und stellen ein- und dieselbe Grundgesamtheit dar. Sie nennen den Satz von Postulaten, der zu solchen isomorphen Beispielen führt, *kategorial*.

Wir haben gezeigt, daß das Heptaverton isomorph ist:

1. mit dem Torus, insofern als das Verbinden von sieben Punkten mit Linien, die einander nicht schneiden, dem Mappieren von sieben Ländern entspricht (dies stellte auch Hilbert[7] fest);
2. mit den sieben Postulaten, insofern als sowohl die Elemente (Punkte) als auch die Klassen (Dreiecke) in Entsprechung zueinander gesetzt werden können.

Da also sowohl der Torus als auch die sieben Postulate mit dem Heptaverton isomorph sind, sind sie auch miteinander isomorph. Wir könnten deshalb den Schluß ziehen, daß die sieben Postulate ein toroidales Universum erfordern.

Dies ist aber nicht unser Ziel. Wir möchten zeigen, daß die sieben Schlüsselmerkmale in unserem Evolutionsschema mit dem Torus isomorph sind, und dies setzt voraus, daß die Schlüsselmerkmale mit den Postulaten isomorph sind.

Es genüge der Nachweis, daß die sieben Schlüsselmerkmale in einer – und nur in einer – bestimmten Weise den sieben Postulaten zugeordnet werden können. Da die Schlüsselmerkmale kumulativ sind, müssen sie in einer bestimmten Reihenfolge stehen, die natürlich der Reihenfolge der Prozeßstadien (der sieben Reiche der Natur) entspricht. Wie wir gezeigt haben, entsprechen die sieben Postulate, wenn sie in der Reihenfolge wie auf S. 305f. angeordnet werden, den Schlüsselmerkmalen und bewahren auch die gleichen Symmetrieverhältnisse. In dieser Anordnung befinden sich die Postulate mit »mindestens« auf der linken Seite (der, die zuerst kommt) und die mit »nicht mehr als« auf der rechten Seite (der, die folgt). Dies muß so sein, weil wir die Mitgliederzahl erst einschränken können, wenn die volle Mitgliederzahl erreicht ist. In dieser Anordnung steht auch das Postulat IV (es gibt mindestens eine Klasse) am Anfang. Dies ist das einzige Postulat, das am Anfang stehen kann, weil es die Existenz von etwas begründet. Postulat I muß folgen, weil es zwischen zwei Dingen unterscheidet, und Postulat V muß an dritter Stelle stehen, weil es sich mit drei Dingen befaßt. Die Anordnung der letzten drei Postulate ergibt sich aus Symmetriegründen.

Wir können also den Schluß ziehen, daß die Schlüsselmerkmale die Eigenschaft der Postulate haben und kategorial sind. Außerdem folgt daraus, daß jedes Universum, d. h. in unserem Sinn jeder Prozeß, sieben Schlüsselmerkmale haben muß.
Hier müssen wir erkennen, daß die Beschreibung der Schlüsselmerkmale beträchtlicher Flexibilität unterworfen ist. In einem gewissen Sinn sind die Schlüsselmerkmale undefinierte Begriffe, in einem anderen wiederum nicht. Ihre richtige Definition erfordert lediglich, daß sie:
1. unabhängig und kategorial verschieden,
2. kumulativ (also in einer bestimmten Reihenfolge) sein müssen.
Diesen Erfordernissen können auch die Unterscheidungen nach Dimensionalität (Ein-heit, Zwei-heit etc.) genügen, die – wie man weiß – die Freiheitsgrade und damit die Ebenen (wie in unserem Bogenmodell) implizieren.
Wir sind also mit einem Paradigma ausgerüstet, das als ein kategoriales Prinzip aufgefaßt werden kann.
Der Leser oder die Leserin wird nun vermutlich einwenden, wir verletzten die Prinzipien wissenschaftlicher Forschung, die auf der induktiven Methode basieren müßte. Dieser Einwand verfehlt aber völlig den Sinn unserer Methode. Wahres wissenschaftliches Forschen muß auf irgendeinem Paradigma basieren, und wenn dieses nicht erkannt wird, bleibt es unbewußt. Dies gilt für das »Vierer«-Paradigma, das die »objektive« Wissenschaft strukturiert und den Determinismus begründet. Es ist falsch, weil es die erste Ursache übersieht und die Rationalität zum Oberschiedsrichter macht. Dadurch, daß es die Objektivität betont, läßt es den projektiven Aspekt aus und führt in eine Sackgasse. Es entdeckt nicht die reflexive Qualität des Universums. Das »Siebener«-Paradigma korrigiert diese Irrtümer und öffnet das geschlossene System, das durch das »Vierer«-Paradigma aufgezwungen würde. Es bewahrt uns vor einer Fehlinterpretation der Beschränkung durch Gesetze.
Wenn wir mit dem »Siebener«-Paradigma an ein Problem herangehen, dann ist es so, als würden wir uns mit einer Maschine in dem Wissen befassen, daß sie nicht nur eine Struktur besitzt, sondern auch einem Zweck dient und eingeschaltet werden kann. Hingegen würde das objektive »Vierer«-Paradigma nur eine Erforschung ihrer Struktur zulassen.

Die Bedeutung der Komitees in unserem Evolutionsschema

Die Komitees oder Untergruppen aus drei Punkten sind bedeutsam, weil sie den Postulaten von Veblen und Young genügen. Wir haben gezeigt, daß die sieben Postulate eine Entsprechung zu den sieben Hauptstadien des Universalprozesses haben können.
Wir sind daher berechtigt, diese Entsprechung zu erweitern und zu fragen: »Wenn die Hauptstadien den Postulaten entsprechen, worin besteht dann die Entsprechung zu den Komitees?«
Meine Bemühungen, eine solche Entsprechung zu finden, waren erst erfolgreich, als ich entdeckte, daß die Komitees auf eine andere als die bisher gezeigte Weise gebildet werden können.

Abbildung 1 zeigt die bisherige Art der Verbindung zwischen sieben Punkte,
Abbildung 2 stellt eine andere Möglichkeit dar:

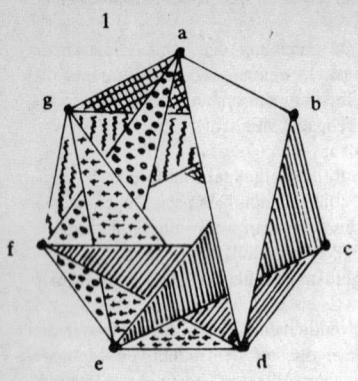
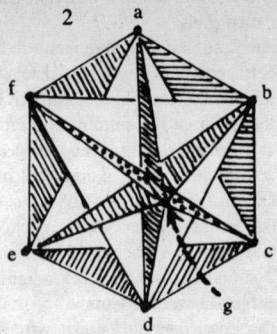

Man beachte, daß ein Punkt nach innen verschoben wurde und so die Bildung von drei schmalen Dreiecken ermöglicht.

Aber auch das brachte nicht sonderlich viel. Was sich letztlich als fruchtbar erwies, war die Erkenntnis, daß die Bildung der Komitees *kumulativ* erfolgt. Mit Zunahme der Anzahl der Elemente nimmt auch die Anzahl der Komitees zu. Diese Zunahme erfolgt aber rascher und fällt auf Null ab, sobald sieben Elemente überschritten werden (bei mehr als sieben Elementen läßt sich das Postulat nicht mehr erfüllen, daß irgendwelche zwei Komitees ein gemeinsames Mitglied haben).

Anzahl der Elemente	1	2	3	4	5	6	7	8
Anzahl der Komitees	0	0	1	1	2	4	7	0

Wenn wir beispielsweise sechs Punkte nehmen, dann werden im Verhältnis zu fünf Punkten zwei mehr Komitees (insgesamt vier) ermöglicht.

Zu diesem Zeitpunkt arbeitete ich gerade an dem Material für die Kapitel über die Evolution und hatte die drei am Schluß des 12. Kapitels gezeigten Diagramme entworfen, die drei Arten der Evolution darstellen sollen. Ich erkannte dann, daß die drei Evolutionsarten den Komitees entsprachen, es waren *Wechselbeziehungen zwischen den Schlüsselmerkmalen von drei Hauptstadien*. Da es sieben Komitees und drei Evolutionsarten gibt, blieben noch vier Dreiecke (oder Komitees) übrig, die nicht erklärt waren. Dieses Problem wurde aber durch die Tatsache vereinfacht, daß es nach Einsetzen der drei Evolutionsarten nur eine Möglichkeit gab, die verbleibenden Komitees darzustellen, nämlich aufgrund der Erwägung, daß das erste Komitee aus Licht, Teilchen und Atomen bestehen mußte, da dieses Komitee ja als erstes existiert. Das nächste, auf die beiden Evolutionsarten folgende Komitee ist erst möglich, wenn das Tierstadium erreicht ist. In diesem Komitee stehen Zellorganisation, Tiere und

Licht miteinander in Wechselbeziehung. Ich vermute, daß es etwas mit der Einführung der Wahl bei Tieren zu tun hat, und die Wahl muß ihren Ursprung in der freien Orientierung haben, die für das Licht charakteristisch ist. Überraschend war für mich die Tatsache, daß ich kein Komitee aus Pflanzen, Licht und Molekülen bilden konnte, von dem ich annahm, daß es zur Speicherung von Licht durch Chlorophyll passen würde und von daher für das Pflanzenreich notwendig wäre.

Die beiden noch verbleibenden Komitees, die erst mit dem siebenten Hauptstadium möglich sind, setzen sich zusammen aus Dominanz, Form und Animation sowie Dominanz, Energie und Organisation. Beide scheinen allein für den Menschen typische Aktivitäten zu beschreiben, doch fällt es mir schwer, sie auseinanderzuhalten. Die Animation der Form läßt auf mechanische Hilfsmittel schließen – aber dies gilt ebenso für die Organisation von Energie. Ich muß daher in Erwägung ziehen, daß es noch mehr zu entdecken gibt.

Die Erkenntnis des kumulativen Faktors deckte aber noch mehr Hinweise auf die einzigartige Bedeutung der Zahl Sieben auf. Wir haben bereits den Aufbau der Komitees beschrieben, die wir von nun an Triaden nennen wollen.

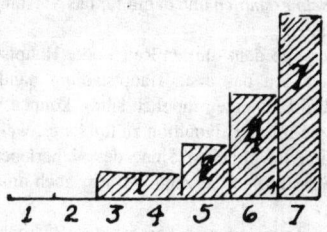

Horizontale Skala: Anzahl der Elemente
Vertikale Skala: Anzahl der Triaden, die für n Elemente möglich sind

Zusätzlich zu den Triaden sind auch Tetraden (mit vier Elementen) möglich. Diese dürfen nicht mehr als zwei Elemente (eine Kante) gemeinsam haben. Wie schon im Fall der Triaden kann diese Bedingung bei mehr als sieben Elementen nicht mehr erfüllt werden.

Im Fall der Tetraden beobachten wir sogar einen noch rascheren Aufbau.

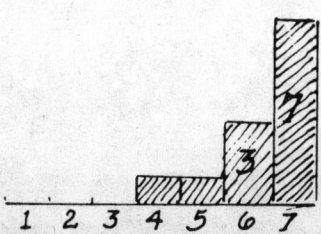

Wenn wir die Teilmengen aus n Elementen zusammenzählen, erhalten wir:

	\multicolumn{8}{c}{Anzahl der Elemente}
	1	2	3	4	5	6	7	8
Triaden	0	0	1	1	2	4	7	0
Tetraden	0	0	0	1	1	3	7	0
Gesamtsumme aus den Teilmengen	0	0	1	2	3	7	14	0

Daraus folgt, *daß die Zahl Sieben insofern einzigartig ist, als sie die maximale Anzahl von möglichen Teilmengen enthält* – mehr als doppelt soviel als jede andere Zahl. Sie ist auch die höchste Zahl, bei der kombinierte Teilmengen möglich sind.

Die Einzigartigkeit der Zahl Sieben ist somit bestätigt. Es gibt keine andere Zahl, bei der so viele Teilmengen möglich sind. Interessant ist auch, daß wir zwar gegenwärtig nicht wissen, was diese Teilmengen »bedeuten« oder wie sie auf praktische Fragen bezogen werden können, sie aber für *Wechselbeziehungen zwischen Schlüsselmerkmalen* und damit für das Verständnis der Kosmologie für bedeutsam halten.

Da die Teilmengen erst ab dem fünften Reich oder Hauptstadium Bedeutung erhalten (weil es sich um das erste Hauptstadium handelt, in dem zwei Teilmengen mit je drei Elementen möglich sind), können wir vermuten, daß eine dieser Teilmengen mit der Evolution zu tun hatte, weil gerade in diesem Stadium die Evolution im üblichen Sinne des »Überlebens des Stärkeren« beginnt. Zu dieser Schlußfolgerung sind wir aber auch unabhängig davon im 12. Kapitel gelangt.

Warum aber sind die Teilmengen in den exakten Wissenschaften übersehen worden? Ich glaube, diese Frage beantwortet sich von selbst. Die exakten Wissenschaften befassen sich nur mit den ersten vier Hauptstadien, für die das Konzept der Teilmengen nicht angemessen ist (da es höchstens eine einzige Teilmenge von jeder Art in einem Hauptstadium gibt).

Wir haben also auf der Grundlage von höchst abstrakten Überlegungen die einzigartige Bedeutung der Zahl Sieben bestätigt.

III. Die Phasendimension

(Aus: Eddington, Arthur Stanley: *Fundamental Theory*, S. 46–47. London: Cambridge University Press, 1946.)

Die Gleichungen der Wellenmechanik postulieren normalerweise einen flachen Raum. Ich glaube nicht, daß irgendetwas mit dem Versuch gewonnen ist, die Wellenmechanik auf den gekrümmten Raum zu übertragen. Krümmung und Wellenfunktionen sind alternative Darstellungsformen der Verteilung von Energie und Moment, und es dürfte nicht angebracht sein, sie miteinander zu vermengen.

Wir haben den gekrümmten Raum der molaren Relativitätstheorie als eine Art der Darstellung der außerordentlichen Fluktuation eingeführt und die fundamentale Beziehung (3·8) zwischen der mikroskopischen Konstante σ und den kosmologischen Konstanten R_0, N erhalten. Da wir nun im Besitz dessen sind, was wir von ihr haben wollen, interessiert uns die Krümmung des Raumes nicht mehr und wir kehren zum flachen Raum zurück, um die spezialisierte Entwicklung der mikroskopischen Theorie zu verfolgen. Das bedeutet nicht, daß wir von nun an die Krümmung vernachlässigen. Wir wenden vielmehr nicht den Trick an, durch den sie eingeführt wird. Die Skalenunsicherheit wird nicht als Krümmung verschleiert, sondern offen in Betracht gezogen. So gibt es keinen Verlust an wissenschaftlicher Rigorosität.

Die Skala wird jetzt als eine zusätzliche Variate behandelt, deren Wahrscheinlichkeitsverteilung zusammen mit der der gewöhnlichen Momente und Koordinaten gegeben ist. Die Variaten einer Wahrscheinlichkeitsverteilung treten als konjugierte Paare auf, und die mit der Skala konjugierte Variate soll *Phase* genannt werden. Da wir auch Fälle berücksichtigen müssen, in denen sich die Skala auf einen Eigenwert reduziert, wird die Skala als ein Moment und die Phase als eine Koordinate klassifiziert. Die Phasenkoordinate ist repräsentiert als eine fünfte Dimension senkrecht zur (nun flachen) Raum-Zeit, so daß Skala und Phase unter den Rotationen und Lorentz-Transformationen der speziellen Relativitätstheorie invariant sind.*

Die Skalenunsicherheit ist in erster Linie eine Fluktuation des externen Standards (engl.: extraneous standard). Fluktuationen des Standards spiegeln sich in den gemessenen Eigenschaften des Systems wider. Das Skalenmoment ist das Maß für eine Eigenschaft, die wir als den *Skalenindikator* bezeichnen können. Sie selber variiert nicht, aber ihr Maß zeigt diese widergespiegelten Fluktuationen an. In den gewöhnlichen Momenten sind die widergespiegelten Fluktuationen des Standards und die Fluktuation der Eigenschaft selber untrennbar miteinander verknüpft. Wir müssen also eine nichtvariierende Eigenschaft einführen, um die Skalenfluktuation an sich deutlich zu machen.

Wir haben mit Hilfe eines Vergleichsteilchens den externen Standard verkörpert und das Objektsystem »perfektioniert«, indem wir das Vergleichsteilchen

---

* Dies ist nicht identisch mit der fünften Dimension, die durch die Krümmung eingeführt wird. In § 6 war die Skala als eine Distanz O'P' in der u-Richtung repräsentiert. Nun aber repräsentieren Distanzen normal zur Raum-Zeit die Phase, während die Skala ein Moment ist.

darin einbezogen. Die Einführung der Skalen- und Phasendimension ist gleichwertig mit der Perfektionierung des Objektsystems. Der Skalenindikator ist die Form, die das Vergleichsteilchen annimmt, wenn es in das Objektsystem einbezogen wird. Es ist allgemein üblich, ein Zwei-Teilchen-System mit Hilfe eines 6-dimensionalen Raums darzustellen. Eines der Teilchen ist hier ein Vergleichsteilchen, und wir brauchen nur den Objektraum um eine Dimension zu erweitern. Da außerdem das Objektsystem immer in Verbindung mit einem externen Standard betrachtet werden muß, ist diese zusätzliche Dimension ein permanentes Merkmal seiner Darstellung.

Um die außerordentliche Fluktuation oder kosmische Krümmung zu repräsentieren, muß das Skalenmoment eine Gaußsche Wahrscheinlichkeitsverteilung mit der Standardabweichung σ erhalten. Für die meisten Zwecke wäre dies eine pedantische Verfeinerung, und die Skala kann als eine stabilisierte Eigenschaft aufgefaßt werden. Aber nun, da jedes Teilchen oder kleine System seine eigene Skalenvariate besitzt, eröffnet sich der theoretischen Erforschung ein neues Feld von Phänomenen, das in der molaren Behandlung der Skala als einer gemittelten Eigenschaft nicht zum Vorschein kommt. Nach § 23 ist das Vergleichsteilchen, das in ein mikroskopisches Objektsystem eingeführt werden soll, ein einzelnes Teilchen. Seine Energieschwankungen bewegen sich in der Größenordnung von 1, die des mittleren Vergleichsteilchens hingegen in der von 10^{-39}. Wir müssen also zwischen zwei Schritten unterscheiden: einmal ersetzen wir die implizite Darstellung der mittleren Skala (mit Hilfe der Krümmung) durch eine explizite (5-dimensionale) Darstellung, und zum anderen ersetzen wir in der expliziten Darstellung die mittlere Skala durch einzelne Skalen. Da die mittlere Skala praktisch eine stabilisierte Skala ist, wird der zweite Schritt als die *Destabilisierung der Skala* bezeichnet.

Für dieselben Zwecke kann man auch bequemerweise einen Dreh- oder Winkelimpuls als externen Standard wählen. Das Skalenmoment wäre dann ein Winkelmoment und die entsprechende Phasenkoordinate ein Winkel.* Dadurch wird die Skalenstabilisierung – oder besser die Destabilisierung der festen Skala, die üblicherweise angenommen wird – erleichtert. Eine Winkelkoordinate hat das Merkmal, daß die »unendliche Unsicherheit« einer uniformen Wahrscheinlichkeitsverteilung zwischen 0 und 2_π entspricht. Wenn also J ein Winkelmoment und θ der entsprechende Winkel ist, nähert sich mit der Verringerung der Unsicherheit von J θ eine uniformen Verteilung über den Bereich von 2_π an. Wir gelangen damit ohne Diskontinuität von einem nahezu exakten (beobachteten) Wert zu einem exakten (stabilisierten) Wert von J. Umgekehrt werden Ergebnisse, für die eine exakte Skala angenommen wird, zu einer leicht fluktuierenden Skala erweitert, indem die Verteilung uniform über eine Dicke von 2_π in einer zusätzlichen Phasendimension geweitet wird. Wir bezeichnen 2_π als den *Weitungsfaktor*. Aus der geweiteten Verteilung können wir kontinuierlich zu Verteilungen gelangen, in denen die Variation der Skala von großer Bedeutung wird.

---

* Der vollständige Momentvektor enthält sowohl das lineare als auch das Winkelmoment, so daß diese Wahl keinen Widerspruch enthält.

Wenn wir nun den sphärischen Raum (mit stabilisierter Skala) und den flachen Raum (mit fluktuierender Skala) miteinander vergleichen, müssen wir den Weitungsfaktor in Betracht ziehen. Ist die Skala stabilisiert, so haben wir einen sphärischen Raum mit dem Gesamtvolumen $V = 2_\pi^2 R^3_0$. Vor der Destabilisierung muß dies als Volumen $V_3 = {}_\pi R^3_0$ des dreidimensionalen Raums mit einer Dicke von 2_π in einer zusätzlichen Phasendimension umgeformt werden. Wenn wir nun den Vergleich zu einer flachen Sphäre mit dem Radius R_0 und dem Volumen $V_4 = \frac{4}{3}_\pi R^3_0$ anstellen, so erhalten wir

$$V_3 = \tfrac{3}{4} V_4.$$

Da V^{-1} in natürlichen Einheiten eine Masse m ist, haben wir hier eine Beziehung von der Form

$$m_3 = \tfrac{4}{3} m_4$$

und ein Beispiel für das Gesetz (16·5), das Massen verschiedener Multiplizität miteinander verbindet. In V_3 ist die Skala immer noch exakt und die Phase hat notwendigerweise eine uniforme Verteilung über den Bereich 2_π. Die Darstellung gewährt keinen zusätzlichen Freiheitsgrad. In V_4 ist die Skala destabilisiert und die Einschränkung gemildert, so daß sich die Anzahl der Freiheitsgrade von k = 3 auf k = 4 erhöht. Wenn wir nun umgekehrt beim Volumen $\frac{4}{3}_\pi R^3_0$ des flachen Raums beginnen, so multiplizieren wir mit einer Dicke von 2_π in der Phasendimension, dann mit einem Betrag von ¾ zur Stabilisierung – da durch die Stabilisierung die Anzahl der Freiheitsgrade von 4 auf 3 eingeschränkt wird –, und erhalten so das Volumen $2_\pi^2 R^3_0$ des skalenstabilisierten Raums, der dreidimensional, aber gekrümmt ist.

Anmerkungen

Einleitung

[1] Russell, Bertrand: *Einführung in die mathematische Philosophie*. Wiesbaden: Vollmer, 1975.
[2] Noch eindrucksvoller sind die mathematischen Eigenschaften des Torus. In der Mathematik herrscht die Auffassung, daß sich die Topologie – die Wissenschaft von den Oberflächen – mit tieferen Beziehungen befaßt als die Geometrie. In der Geometrie geht es um die Maße und die Winkel von Figuren auf einer Oberfläche, in der Topologie hingegen interessiert man sich für verschiedene Klassen von Oberflächen, wie etwa für das Möbiusband oder den Torus (siehe Anhang II). Dies ist wichtig, da die Abstraktionen der Mathematik häufig auf reale Situationen angewendet werden können. Die imaginären Zahlen beispielsweise sind in Gleichungen, in denen es um Wellen oder Oszillation geht, von unschätzbarem Wert. Der gekrümmte Raum in der Theorie Riemanns gab Einstein die Grundlage für seine Relativitätstheorie. Vielleicht wird als nächstes eine toroidale Raum-Zeit-Theorie entdeckt.
[3] A. P. Sinnett: *Die Mahatma-Briefe an A. P. Sinnett und A. O. Hume*. 3 Bde., Graz: Adyar-Verlag, 1880–1885.
[4] Die hier dargelegte Theorie trägt in der Tat vielen Punkten Rechnung, die der gegenwärtigen Denkweise noch Kopfzerbrechen bereiten: der Unsicherheit einzelner Photonen der merkwürdigen Fähigkeit des Lichts, seine Zukunft zu antizipieren sowie der fehlenden Identität von Protonen und Elektronen. Am wichtigsten ist, daß sie die höheren Organisationsformen, wie sie sich in Lebewesen manifestieren, vorwegnimmt.

1. Der Fall

[1] Ich übergehe die unbeständigen Teilchen – Mesonen etc. – wegen ihrer kurzen Lebensdauer, die etwa ein Milliardstel einer Sekunde beträgt.
[2] Die Tatsache, daß das Elektron von Natur aus Unsicherheit »besitzt«, läßt sich aus der Definition der Feinstrukturkonstante ableiten – siehe 4. Kapitel, Beschreibung der Ebene II. Siehe auch Northrops Einführung zu Werner Heisenbergs Buch *Physics and Philosophy* (dt.: *Physik und Philosophie*. Stuttgart: Hirzel, [4]1984), in der Northrop betont, daß die Unsicherheit des Elektrons eine *ontologische*, nicht lediglich eine epistemologische ist.

2. Die Zweckbestimmtheit des Lichts

[1] Der Raum-Zeit-Pfad des Lichts hat Nullänge.
[2] Das Neutrino – wenn es existiert – ist nicht unstofflicher als das Licht.
[3] Eddington beschrieb die Photonen als »Atome der Feldwirkung«.
[4] Planck, Max: *Scientific Autobiography and Other Papers*. Übers. von Frank Gaynor. New York: Philosophical Library, 1949, S. 178; Nachdruck bei Greenwood Press, 1968.
[5] ders. a.a.O., S. 80.
[6] Whitehead, Alfred North: *The Function of Reason*. Princeton, Princeton University Press, 1929.

3. Weitere Vorstellungen vom Licht

[1] Hexameron V 2,5: 40c–41a, 7:45a. Zitiert in Williams, I. P. Sheldon: *The Cambridge History of Later Greek and Early Medieval Philosophy*. Hrsg. von A. H. Armstrong. London: Cambridge University Press, 1967.
[2] Whitmont, Edward C.: *The Symbolic Quest*. New York: G. P. Putnam's Sons, 1969.
[3] Wir könnten auch sagen, daß es keinen Grund gibt, warum nicht schon vor dem Licht etwas existiert haben sollte. Licht als erste Ursache bedeutet nämlich, daß das ihm Vorausgehende nicht das Ergebnis inpliziert. Siehe die Diskussion des *Wendepunkts* zu Beginn des 5. Kapitels.
[4] Williams, J. P. Sheldon, a.a.O.
[5] Eddington, Arthur S.: *New Pathways in Science*, S. 259. London: Cambridge University Press, 1947; Ann Arbor: University of Michigan Press, 1959.

4. Die vier Ebenen

[1] Der Spin ist eine weitere Eigenschaft von Teilchen.
[2] Ich beziehe mich hier auf die stabilen Nuklearteilchen, das Proton und das Elektron.
[3] Kunz, Fritz: »On the Symmetry Principle«, ersch. in der Zeitschrift *Main Currents in Modern Thought*, Bd. 22, Nr. 4, März–April 1966.
[4] Thompson, D'Arcy W.: *Über Wachstum und Form*. Frankfurt a.M.: Suhrkamp, 1983.
[5] Wir könnten allerdings darauf verweisen, daß Symmetrie Messung voraussetzt, und das Licht kommt noch vor jeder Messung.
[6] Die Biologie, die »Wissenschaft« vom Leben, ist einzig und allein deskriptiv. Die Lebenskraft erklärt sie nicht, auch nicht, warum Dinge lebendig sind oder warum sie sich bewegen.
[7] Ich habe im Januar 1971 dank eines interessanten Buchs von Marjorie Grene mit dem Titel *Approaches to a Philosophical Biology* (New York: Basic Books, 1968) die Ansichten eines deutschen Biologen, Helmuth Plessner, kennengelernt. Plessners Konzepte basieren auf der Art und Weise, wie ein Organismus sich selber begrenzt, diese Selbstbegrenzung wird von Grene mit

»positionality« (Positionalität) übersetzt. Dies besitzt nicht nur große Ähnlichkeit mit dem, was ich »Kontrolle« nenne, sondern veranlaßt Plessner auch zur Postulierung *dreier Ebenen* der Selbstbegrenzung: Pflanze, Tier und Mensch.

5. Der Wendepunkt

[1] Die erste Ursache beim Photon auf Ebene I ist die Wirkung $ml^2/_t$. In dieser physikalischen Welt ist die erste Ursache die Ausübung von Selbstkontrolle. Kontrolle = $1/_t3$, Kraft = $ml/_t2$. Das Produkt aus diesen beiden Ausdrücken ist $ml^2/_t5$. Da aber $t^4 = 1$, ist folglich $ml^2/_t5 = ml^2/_t$ oder Wirkung, die nicht verwechselt werden darf mit der einfacheren Kontrolle von Kraft oder $ml/_t3$. Um es auf Deutsch zu sagen: die physikalische Welt ist der Zustand, in dem sich die Teile herausdifferenziert haben. Sie ist bevölkert mit Objekten und Kräften, mit Entfernung und Zeit. Wenn wir aber wissen, wie wir die Kraft kontrollieren können – wenn wir $1/_t3$ mit $ml/_t2$ multiplizieren –, schaffen wir den »Wendepunkt«.

[2] Hier verwende ich zum ersten Mal den Begriff »Monade«. Bisher war es das Wirkungsquantum, doch jetzt erhält es den Status des entscheidenden Lebensfunkens.

[3] Dies entspricht der Handlungsweise des Maxwellschen Dämons. Man beachte aber, daß der Dämon – wie der Ringer – *direkt am Geschehen beteiligt ist*. Er muß nicht beobachten und Berechnungen anstellen wie sein intellektuelles Gegenstück – der Heisenbergsche Beobachter – und braucht so keine Energie. Damit sind die gegenwärtig verbreiteten Behauptungen, der Dämon sei ausgetrieben worden (weil Energie notwendig ist), zunichte gemacht.

[4] Es handelt sich hier nicht um »Phase« im Sinne von Gibbs, sondern vielmehr im Sinne von Verzögerung oder Auseinanderklaffen, wie etwa im Fall des Wechselstroms, bei dem Spannung und Strom außer Phase sein können.

[5] Wenn sich jemand am Wort »bewußt« stört, können wir es auch wie die Verhaltenspsychologen ausdrücken: der Schmerz wird mit dem heißen Ofen assoziiert.

[6] Die Prozeß-Theorie erkennt, daß ein Organismus ebenso unter der Kontrolle des Wirkungsquantums stehen kann wie ein Molekül. Wenn dem nicht so wäre, wie könnte dann ein Organismus aus einer einzigen Zelle entstehen?

[7] Dieses Konzept vertritt auch Walter M. Elsasser in seinem Buch *Atom and Organism: A New Approach to Theoretical Biology*. Princeton: Princeton University Press, 1966.

6. Atome

[1] Die Frequenz der Spektrallinien ist vorhersagbar, nicht aber der *Zeitpunkt*, an dem das Atom Strahlung abgibt. Dies ist der eine Freiheitsgrad, über den wir im 4. Kapitel schon gesprochen haben.

7. Das Reich der Moleküle

[1] Die Ionenbindung wird in Form der – schwachen – Wasserstoffbindung eingeführt. Gerade die Unstetigkeit der Wasserstoffbindung aber ist einer der Faktoren, die die Entstehung des Lebens ermöglichen, weil der Wasserstoff bei Zimmertemperatur Verbindungen eingeht.

[2] Watson, James: *Die Doppelhelix. Ein persönlicher Bericht über die Entdeckung der DNS-Struktur*. Reinbek b. Hamburg: Rowohlt, 1984.

[3] Die freie Beweglichkeit der Elektronen in Metallen bewirkt elektrische Leitfähigkeit. Ihre Beschränkung (auf Ebene III) bewirkt Isolation.

8. Das Pflanzenreich

[1] Bold, H.: *The Plant Kingdom*. Englewood Cliffs, N. J.: Prentice-Hall, 1964.

9. Das Tierreich

[1] Beispiele für die Fibonacci-Reihe in der Natur finden sich in: Peter S. Stevens: *Patterns in Nature*. Boston: Little, Brown and Co., 1974.

[2] Entnommen aus einem informativen Artikel von Martin Gardner in der Zeitschrift *Scientific American* vom März 1969, S. 118.

[3] Ein Tetraeder oder vier Punkte sind erforderlich, um eine feste Struktur herzustellen. Um in einer festen Struktur Energie zu speichern, bedarf es eines weiteren Punkts.

[4] Protist ist die Bezeichnung der Biologen für den hypothetischen Vorfahren der pflanzlichen und tierischen Zelle.

[5] Diese kumulative Entwicklung in der Kunst und in künstlerischen Schöpfungen wird von George Kubler in seinem Buch *The Shape of Time*, New Haven: Yale University Press, 1962, erörtert.

[6] Die Netzhaut und der Sehnerv der Chordaten gehen eigentlich aus dem vorderen Teil des Gehirns hervor. Anfangs entwickelt sich ein Paar Knollen oder Stiele, die sich ausweiten und schließlich jeweils einen Hohlraum bilden, den man Augenhöhle nennt. Diese Stiele wachsen so weit nach vorne, bis sie die Außenschicht des Embryo berühren. Aus dieser Außenschicht bildet sich später die Linse des Auges.

10. Protoplasma und psychische Pseudopodien

[1] Geley, Gustave: *Hellsehen und Teleplastik*. Stuttgart–Berlin–Leipzig: Union Deutsche Verlagsgesellschaft, 1926.

[2] Von Schrenck–Notzing, A. P. F. Baron: *Materialisationsphänomene. Ein Beitrag zur Erforschung der mediumistischen Teleplastik*. München: Reinhardt, 1923.

[3] Eigentlich fällt es mir schwer herauszufinden, welches Gesetz der Wissenschaft denn nun besagt, daß Phänomene wie die Telepathie, die Präkognition etc. nicht existieren können. Solche Phänomene scheinen vielmehr mit angenommenen Implikationen wissenschaftlicher Gesetze in Konflikt zu stehen.

[4] Beaver, W. C. und Noldand, G. B.: *General Biology*. 7. Ausgabe. St. Louis, Mosby, 1966, S. 237.
[5] Prince, Raymond: »Interest Disorders«, *Journal for the Study of Consciousness*, Bd. 4, Nr. 1 (Frühjahr 1971); das Zitat von Freud stammt aus: Freud, S.: »Vorlesungen zur Einführung in die Psychoanalyse«, *GW XI*. London: Imago Publishing Co. Ltd., 1948, S. 431.
[6] Geley, Gustave: a.a.O., S. 177.
[7] ders. a.a.O., S. 178.
[8] An dieser besonderen Stelle meine ich mit »Organisation« die Kombination der Moleküle, das Pflanzenwachstum und die Mobilität des Tieres.
[9] Prince, Raymond: a.a.O.
[10] James, William: *Varieties of Religious Experience*. New York: Longmans Green & Co., 1916; Random House (Modern Library), 1961; Macmillan Co. (Collier Books), 1961.
[11] Castaneda, Carlos: *Eine andere Wirklichkeit*. Frankfurt a. M.: Fischer Taschenbuch, 1973.

11. Die tierischen Instinkte und die Gruppenseele

[1] Eine hilfreiche Analogie wäre die bereits erwähnte Armbanduhr, die sich selber aufzieht. Sie nimmt die Energie von den Armbewegungen ihres Trägers und speichert sie zur Betätigung des Uhrmechanismus.
[2] So wie die Begriffe »Instinkt« oder »instinktiv« im Zusammenhang mit Menschen gebraucht werden, etwa in der Redewendung »instinktiv auf die Bremsen treten«, beziehen sie sich darauf, daß ein Verhalten gelernt worden ist (nach dem im 4. Kapitel beschriebenen Versuch–Irrtum–Prozeß).
[3] Marais, Eugene: *Die Seele der weißen Ameise*. Berlin: Herbig, 1939.
[4] Ardrey, Robert: *Adam kam aus Afrika. Auf der Suche nach unseren Vorfahren*. Wien–München: MTV Molden-Taschenbuch-Verlag, Eroica-Verlagsgesellschaft, 1978.
[5] Emlen, T.: »Stellar Orientation System of a Migrating Bird«, *Scientific American*, Juli 1975.

12. Die Entwicklung des Menschen

[1] Wenn wir annehmen, daß die Gleichung $E \times t = h$ (das Produkt aus Energie und Zeit entspricht der Planckschen Konstante) für den ganzen Bogen gilt, und daß die Zunahme an Zeit im zweiten, aufwärts gerichteten Teil des Bogens die gleiche ist wie im ersten, abwärts gerichteten, dann hatten wir für das menschliche Bewußtsein eine Schwingungsdauer von etwa einer Zehntelsekunde, was in etwa dem Alpha-Rhythmus entspricht. Die Zeitspanne, die erforderlich ist, um eine Musiknote zu hören (weniger als 16 Schwingungen pro Sekunde), entspricht in etwa dem Beta-Rhythmus. Bei höherer Frequenz, also *mehr* als 16 Schwingungen pro Sekunde, nehmen wir einen *Klang* (tiefen Summton) wahr. Gleiches gilt auch für das Betrachten eines Films. Bei weniger als 16 Einzelbildern pro Sekunde geht die Illusion der Bewegung

verloren. Nach der Formel E × t = h wäre aber diese Verlängerung der Zeit von einer milliardenfachen Verringerung der Energie begleitet, was recht unglaubwürdig erscheint. Ich bin nicht in der Lage, eine Lösung dieses Problems anzubieten – außer vielleicht, daß für die Monade die Frage der Energie akademisch ist, sobald sie gelernt hat, den Zeitpunkt zu kontrollieren.

[2] Im Englischen bedeutet »plant« je nach Zusammenhang Pflanze oder Fabrikanlage. (Anm. d. Übers.)

[3] Nach einer Aufzählung von Tracy L. Storer in seinem Buch *General Zoology* (New York: McGraw-Hill, 1951) gibt es 4400 verschiedene Säugetiere, 40 600 verschiedene Wirbeltiere und mindestens 800 000 verschiedene Tierspezies im Ganzen.

[4] Teilchen (Energie) sind unendlich, weil sie nicht zerstört werden können. Atome hingegen können zerstört werden, etwa bei einer Atombombenexplosion.

[5] Um wörtliche Interpretationen von Bibelinhalten anzufechten.

[6] Auf diesen Punkt weist auch LeCompte des Noüys in seinem Buch *Die Bestimmung des Menschen* (Stuttgart: Union Deutsche Verlagsgesellschaft, 1948) hin.

[7] Head, Joseph und Cranston, S. L.: *Reincarnation*. New York: Julian Press, 1961; Theosophical Publishing House (Quest Books), 1968

[8] Das Einfangen eines Photons durch das Chlorophyll ist ein Beispiel für den Wendepunkt, durch den die Entwicklung höhere Stadien auf der rechten Seite des Bogens möglich wird. Man darf dies nicht mit der Evolution der DNS verwechseln, die nur *einen* Schritt in dieser Evolution darstellt, aber das Zusammenwirken *dreier* Schlüsselelemente voraussetzt: der Form (um den Entwurf zu schaffen), des Überlebens (um das Geeignetste zu selektien) und der Organisation (für den tatsächlichen Aufbau).

13. Die Unterstadien des Menschenreichs

[1] Eines der Grundprinzipien in der Hindureligion ist die Lehre vom Karma. Können wir dieses Prinzip, das die Unzerstörbarkeit der Energie des Begehrens zum Ausdruck bringt, nicht als Verallgemeinerung des Prinzips von der Erhaltung der Energie auffassen?

[2] Selbst die viel einfachere Alge, eine primitive Pflanze, hat ein Stadium in ihrem Lebenszyklus, in dem sich die sogenannten Haftscheibenzellen am Meeresboden festsetzen. Daraufhin wächst sie zu einer vielzelligen Pflanze, dem Seegras, heran.

[3] Bell, E. L.: *Men of Mathematics*. New York: Simon & Schuster, 1937.

[4] Unsere Argumentation gilt auch für Tiere, doch dadurch wird sie nicht geschwächt, da der Mensch noch komplexer ist.

[5] Das Prinzip der kleinsten Wirkung besagt, daß natürliche Prozesse mit einem Minimum an Aktion erfolgen (Wirkung ist Trägheitsveränderung bezogen auf die Zeit), siehe auch S. 42–44.

[6] Woodroofe, Sir John George (Arthur Avalon): *The Serpent Power*. 6. Ausgabe, Madras: Ganesh & Co., Ltd., 1958.

[7] *Shakti* in den Originalschriften.
[8] Es gibt verschiedene Unterscheidungen der Chakras unterhalb des Herzens; dies berührt aber unsere Argumentation nicht.
[9] Willoughby, David P.: *The Super Athletes*. New York: A. S. Barnes & Co., 1970.
[10] Damit haben wir vielleicht auch einen Anhaltspunkt für ein seltsames Detail im Kampf zwischen Horus und Seth, nämlich für den Umstand, daß Horus ein Auge verliert. Wie im nächsten Kapitel noch einmal geschildert wird, fängt der Gott Seth Osiris in einem mit Juwelen eingefaßten Sarg ein (das zwanghafte Begehren, das den Fall herbeiführt). Der Sarg fließt den Nil hinunter (der Fall). Osiris wird zerstückelt und als Horus wiedergeboren, der am Ende Seth besiegt. Horus hat aber ein Auge verloren. Wie ich vermute, soll hierin zum Ausdruck kommen, *daß er kein Ich mehr benötigt*.
[11] Joan Grant, die Autorin von *Winged Pharaoh* (dt.: *Sekhet-a-ra*. München: Goldmann Esoterik, 1985), *The Eye of Horus* und anderer Bücher über ihre früheren Leben, benutzt diesen Begriff, um das höhere oder »totale« Selbst zu beschreiben.
[12] Manche Gelehrte vermuten auch eine Verzerrung der Zeitskala. Wenn wir aber die Jahre zu Monaten machen – was Methusalem ein Alter von 73 Jahren bescheiden würde –, dann hätte Enoch Methusalem im Alter von 5 Jahren gezeugt.
[13] Da die ultraviolette Strahlung nicht durch die Erdatmosphäre dringen kann, konnte der phantastische Energieoutput dieser Objekte von Beobachtern auf der Erdoberfläche nicht registriert werden.

14. Jenseits des Menschen

[1] Diese Analogie läßt sich erweitern. Aus der Erde wachsen die Trauben, aus den Trauben gewinnen wir den Wein, und aus dem Wein destillieren wir den Wein»geist«.
[2] Grant, Joan: a.a.O.

15. Der Prozeß im Spiegel der Mythen

[1] Mead, G. R. S.: *Thrice Great Hermes* (Bd. 1, S. 257, 318). London: John M. Watkins, 1906.
[2] Plutarchs Kritik gilt auch für viele der heutigen Theorien, die sich von Frazer ableiten, der in seinem Buch *The Golden Bough* (New York: Mentor Books, 1964) die »Pflanzengott«-Theorie favorisiert.
[3] In manchen Versionen ist der Mandrill zu etwas degeneriert, was mehr wie eine Verzierung auf der Spitze der Waage aussieht, so daß man ihn nicht mehr für ein aktives Mitglied des Gerichts hält.
[4] Die Zuordnung »höheres Stadium – größere Einheit« und »niedrigeres Stadium – größere Zerstückelung« ist vermutlich grundlegender und zutreffender als eine Zuordnung nach Höhe im wörtlichen Sinn, denn Ordnung-Unordnung ist eine echte »Invariante« und hängt nicht von der willkürlichen Richtung der Schwerkraft ab.

[5] Diese Interpretation gibt Francis Bacon in seinem Buch *Wisdom of the Ancients*.

[6] Kerényi, Karl: *Die Mythologie der Griechen*. Zürich: Rhein-Verlag, 1951, S. 23.

[7] Dresden, N. J.: »Mythologies of Ancient Iran«. In: *Mythologies of the Ancient World*. Herausgegeben von Samuel Noah Kramer. Garden City, N. Y.: Doubleday, 1961.

[8] ders. a.a.O., S. 338–339.

[9] *Popul Vuh*. Übersetzt von Delia Goetz und S. G. Morley, Norman: University of Oklahoma Press, 1950; London: Wm. Hodge & Co., 1952.

[10] Man beachte, daß auch hier eine List angewendet wird, um dem Gesetz des vierten Stadiums zu entrinnen.

[11] Mircea Eliade widmet in seinem Buch *Ewige Bilder und Sinnbilder. Vom unvergänglichen menschlichen Seelenraum* (Olten–Freiburg i. Br.: Walter, 1958) ein ganzes Kapitel dem »Gott, der bindet«. Diese Bindung erfolgt für Eliade durch magische Kräfte, doch wir verallgemeinern den Begriff, damit er auch den Freiheitsverlust aufgrund von »Attraktion durch Substanz« umfaßt, d. h. das zweite Stadium.

[12] In der ersten Prüfung werden die Brüder durch eine hölzerne Figur getäuscht, die einem der Götter ähnlich sieht. Man beachte, daß im sechsten Stadium das Umgekehrte der Fall ist: die Zwillingsbrüder täuschen die zwölf Götter.

16. Die Evolution des Selbst

[1] Mead, G. R. S.: *Thrice Great Hermes* (Bd. I, S. 288). London: John M. Watkins, 1906.

Anhang II: Die Bedeutung der Zahl Sieben im Universum

[1] Eddington, Sir Arthur Stanley: *Mathematical Theory of Relativity*. New York: Macmillan Co., 1923.

[2] Eddington, Sir Arthur Stanley: *Das Weltbild der Physik und ein Versuch seiner philosophischen Deutung*. Braunschweig: Vieweg, 1931.

[3] Strenggenommen 2_π-Radiane, wobei ein Radian ein Radius ist, der auf dem Umfang eines Kreises abgesteckt wird.

[4] Zu dieser Schlußfolgerung gelangte übrigens auch – wenn auch auf ganz anderer Basis – James Archibald Wheeler in seinem Buch *Geometrodynamics*, New York: Academic Press, 1974.

[5] Siehe S. 22 und den Abschnitt *Die Polyvertone* weiter unten.

[6] Newman, James R.: *The World of Mathematics*. New York: Simon & Schuster, 1956–1960.

[7] Hilbert, D. und Cohn-Vossen, S.: *Anschauliche Geometrie*. Berlin: Springer, 1932.

Register

Ableitungen des Ortes, Die drei 69–71
Adam und Eva 248, 265–266, 289
Ägyptische Mythologie 18, 34, 244, 253, 262–263, 266–267, 288–289, 328
Algebra 81, 261
Aminosäuren 62, 102, 105
Amöbe 144, 147, 164–165, 178, 179–180, 182
– Lokomotion der Amöbe 164–165
Ampère, André Marie 39
Angiospermen 122, 133–136, 281
Animation 144, 168, 235
Anneliden 151–153
Anthropomorphismus 261
Antimaterie 136
Archetypen 171, 172, 173, 174, 259
Aristoteles 11, 53, 208, 241, 284, 285
Arthropoden 101, 154–155, 157
Arthrophyta 130
Astronomie 238–239
Asymmetrie 17–18, 65, 66–67, 294
Äther 39–40, 48, 54
Atome 23, 26–30, 82–92, 145–146
– Atomaufbau 29–30, 82–83
– Atombombe 110, 286, 327
– Aufbau der Elektronenhülle 86–88
– Bogenförmiger Abstieg der Atome 91–92
– Drehimpuls im Atom 83–86
– Freiheitsgrad 64, 324
– Periodensystem der Elemente 86–88
– Symmetrie 65–66
– Unterstadien des Atomreichs 86–91, 146
Atomnummer 29–30, 82
Auge 157, 158, 291, 325
Außersinnliche Wahrnehmung 15, 20, 174, 175

Bacon, Francis 45, 329
Balmer, Johann Jakob 84
Bannfluch gegen Origenes 208
Barr, Frank 13
Hl. Basilius von Caesarea 50, 52–53, 55
Beethoven, Ludwig van 56, 224
Bell, E. L. 225, 327
Berkeley, George 285
Beschleunigung 69, 70, 71, 78
Besant, Annie 203
Besetzung (im Sinne Freuds) 173
Bewußtsein 15, 189
Bhagavadgita 208

Bibel 240, 254
 siehe auch Genesis
Billardkugelhypothese 24, 27, 28–29, 30, 117
Bindungen siehe Ionenbindung; kovalente Bindung; metallische Bindung; molekulare Bindung; Wasserstoffbindung
Bindungsprinzip 95, 148
Blake, William 51
Bogenmodell 33–35, 68–69, 209, 228, 282–287, 288, 295–296
– Erfordernisse für den Wendepunkt 72–73
Bohr, Niels 84, 261
Bold, H. 124–126, 325
Boltzmannstatistik 32
Bridgeman, P. 299
Broglie, Louis Victor de 39, 84
Brunler, Oscar 169
Buddha 219, 237, 253
Budge, Sir Ernest 244

»Canticles« 51–52
Carnot, Nicholas Leonard Sadi 285
Castaneda, Carlos 174, 236, 326
Chakras 230, 328
Chordaten 155–157, 325
Christentum 208, 234, 279, 289
Christus 237, 253, 254–255, 266, 267, 268, 272, 289
Chromosomen 105, 198
Coulombsches Gesetz 81
Coward, Noel 261
Crick, Francis 104, 105

Darwinsche Theorie 62, 198, 205, 278
Determiniertheit 19, 32–35, 68
 siehe auch Zweckbestimmtheit
Determinismus 51–52, 72, 75, 188, 189, 190, 316
De Vries, Hugo 198
Dimensionen 60, 212–213
Dirac, P. A. 18, 81, 264–265
DNS 20, 24, 62, 90, 93, 104–108, 109, 110, 111, 119, 123, 133, 145, 181–183, 188, 202, 203, 207, 210, 211, 212
Dominanz(reich) 24, 106, 107, 109–110, 191–192, 195–196, 244–245, 293
– Unterstadien des Dominanzreichs 214–240, 251–255
Doppelhelix, Die (Watson) 106, 325

Drehimpuls 47–48, 61, 299, 320
– im Atom 83–86
Dresden, N. J. 270, 329
Durham 170

Ebenen, Vier 35, 58–71, 293–294
– I (Licht, Mensch) 61, 66–67, 80–81, 161
– II (Elementarteilchen, Tiere) 61, 64–65, 66, 81, 161
– III (Atome, Pflanzen) 61, 64, 65–66, 81, 161
– IV (Moleküle) 62, 63–64, 72–73, 81, 161
 siehe auch Atome; Dominanz(reich); Elementarteilchen; Moleküle; Pflanzen(reich); Tier(reich); Licht
Eddington, Sir Arthur Stanley 51, 53, 76–78, 297, 299, 300, 302, 303, 319–321, 323, 329
Eine andere Wirklichkeit (Castaneda) 174, 326
Einheitliche Feldtheorie 77
Einführung in die mathematische Philosophie (Russell) 16, 322
Einstein, Albert 16, 40, 76, 298, 299, 322
Elektrische Entladungen 62
Elektrizität 39, 94, 173
Elektromagnetisches Spektrum 37–38
Elektron 18, 23, 29, 32, 37, 60, 61, 65, 82–85, 91
Elementarteilchen 23, 61, 66, 122
 siehe auch Elektron; Neutron; Proton
Eliade, M. 329
Embryophyten 127–129
Emlen, T. 186, 326
Emotionale Projektionen 170–171
Energie 23, 40–42, 45, 48–49, 83–86, 285–286
Entropie 72, 74–75, 117, 249
– negative 117, 122, 209
Enzyme 101, 102
Erfinders, Einstellung des 19
Erste Ursache 46–47, 52, 72, 241–242, 289, 323
Erworbene Eigenschaften 202
Eschericium coli 106, 119, 121
Evolution
– Darwinsche Theorie 62, 198, 205, 278
– Galaktische 110, 240
– Genetische 200–201, 212
– der Instinkte 200–201, 210–211, 212–213
– und Involution 117–118
– und kosmische Strahlung 198
– des Menschen 24–25, 188–190, 205–212, 278–282
– des menschlichen Gehirns 199

– der Moleküle *siehe* Moleküle
– und Mutation 20, 198, 199
– des Pferdes 196–197, 198, 202
– der Pflanzen *siehe* Pflanzen(reich)
– Spezialisierung in der 194, 197, 199
– der Tiere *siehe* Tierreich
– Überlebensprinzip 120, 189, 198, 200, 205, 279
– der Vögel 198–199

Fall (Abstieg in die Materie) 26–35
Falsifizierbarkeitskriterium 164
Faraday, Michael 39
Feinstrukturkonstante 61, 322
Fermat, Pierre de 43
Fermi-Dirac-Statistik 32
Fibonaccireihe 140–142, 325
Fischer, Bobby 207
Flexibilität der Form 140–142
Form 82, 111, 140–142, 178, 203, 231–232, 237, 289, 293
Fortpflanzung 118, 127, 132–133, 227
Freier Wille 62–63, 75, 79
Freiheit 160, 189
– Freiheitsgrade 67, 68, 104, 117, 324
– Freiheitsverlust 32, 60
Frequenz 40, 45
Freud, Sigmund 165, 166, 169, 173, 258
Function of Reason, The (Whitehead) 45, 323
Fundamental Theory (Eddington) 77, 300, 303, 319–321

Gaia 267–269
Galaktische Evolution 110, 240
Galilei 28, 164, 224, 238
Galois, Evoriste 224
Galvani, Luigi 39
Ganzheit 45–47, 60, 85, 133
Gardner, Martin 142, 325
Gauß, Karl Friedrich 225
Gehirn, menschliches 65, 170
– Evolution 199
Geist 190, 208, 242, 243–244, 263, 284
Geistheilung 163, 168
Geley, Gustave 163, 165–166, 174, 325, 326
Genesis 21, 34, 50, 53, 59, 228, 232, 237–238, 265–266, 269, 287, 289, 290, 291
Genie 225–228, 229, 232, 233–234, 235–236, 247–249, 252
Geometrie 247, 298, 322
– Sieben Postulate der projektiven Geometrie 304–305, 313–315
Geschwindigkeit 36, 37, 69, 70, 139
Gesetze, Wissenschaftliche 80–81, 161
Goethe, Johann Wolfgang von 224

Grant, Joan 235, 244, 328
Gravitationstheorie 28, 69, 81
Hl. Gregorius 53
Grene, Marjorie 323–324
Griechische Mythologie 21, 267–269
Griechische Zivilisation 219, 220
Grof, Stanislav 11–14
Große Kette des Seins 282
Gruppenseele 183–187, 201–204, 206, 208, 217
Gullivers Reisen (Swift) 260
Gymnospermen 131–132, 136

Hämoglobin 90, 100, 102, 106
Heisenberg, Werner 30, 31, 41, 51, 60, 66, 300, 322
Helix 102–104
Hellsehen und Teleplastik (Geley) 165–166, 325, 326
Heptaverton 310–311
Hertz, Heinrich 38, 39
Hexaverton 309–310, 311
Hierarchie 117, 151, 243–244
Hindutradition 21, 27, 230, 260, 284, 327
Hogarth, William 18
Homer 257
Horus 34, 267, 272, 288, 328
Huygens, Christian 38
Hypersphäre 76, 77, 301, 302–303

Identität 122, 128, 140, 219–220, 248, 289–290
Individuelle Seele 206–209
Inka-Zivilisation 217
Instinkte 200–201, 210–211
– tierische 142, 181–187
Involution 117–118
Ionenbindung 95, 99, 104, 108, 109, 181, 325
Iranische Mythologie 270, 271
Isis 34, 266–267, 288

James, William 174, 327
Jung, Carl Gustav 172, 174, 258–259, 263

Kalamiten 130–131, 153, 231
Karmalehre 235, 327
Kartesianisch-Newtonsches Weltbild 12
Kausalitätsprinzip 19, 44, 178–179
Kelly, Walt 263–264
Kepler, Johannes 28
Kerenyi, Carl 269, 329
Kernbildung 171–173, 174
Kernspaltung 91
Kernteilchen *siehe* Elementarteilchen
Kernverschmelzung 91

Klassifikation 123–126
Kohlenstoff 89, 96–99, 107, 145
Kohlenwasserstoffe 96–99, 109
Kollektives Unbewußtes 258–259
Kombinationsprinzip 109, 151, 152, 221, 245, 293–294
Kombinationsverhältnis 29
Kommunismus 216
Kommutativgesetz 265
Kontrolle 78–79, 157–158, 178–180, 304
– formaler Ausdruck für 69–71
Kopernikus, Nikolaus 28
Kosmische Strahlung 85, 198
Kosmogonie 261, 267
Kosmologie 16, 45, 52, 59, 175, 298
Kovalente Bindung 96–97, 100, 104, 108
Kreatives Genie *siehe* Genie
Krishna 237
Kristalle 63–64, 95
Kronos 21, 252, 267–269
Kubler, George 325
Kundalini-Kraft 230–231
Kunz, Fritz 63, 65, 324
Kybernetik 70

Ladung 36, 61, 95, 172–173
Lamarck, Jean Baptiste 202
Laplace, Pierre 51
Leibniz, Gottfried Wilhelm von 44, 45, 110
Leonardo von Pisa 140
Lernzyklus 78–79, 303–304
Licht 23–24, 26
– Ätherhypothese 39–40, 48, 54
– als erste Ursache 46–47, 53, 54
– Frequenzen 37–38
– frühere Theorien des Lichts 38–40
– Lichtgeschwindigkeit 23, 36, 39, 48, 80–81, 298
– Michelson und Morley-Experimente 40
– Newtons Korpuskulartheorie 38, 48, 54
– Rätsel des Lichts 36–37
– vorwissenschaftliche Vorstellungen 50–55
– Wellentheorie 38–39, 40, 48, 54
– Wirkungsquanten 40–42, 48
Lichtelektrischer Effekt 40
Linearer Impuls 47, 48, 299
Links- und Rechtshändigkeit 65
Links- und Rechtsläufigkeit (von Elementarteilchen) 66
Locke, John 285
Logik 16–17
Logischer Positivismus 285

Magie 237, 272
Magnetfeld 21, 39, 65, 168, 174, 178
Mahatmabriefe 22–23, 322
Makrobius 284
Mappieren 305–306, 310, 314
Marais, Eugene 184–185, 202, 217, 326
Markus-Evangelium 254
Masse 23, 61, 72, 285–286
Mastsche Theorie *siehe* Amöbe, Lokomotion der
Materialisation von Teleplasma 163, 166, 169
Materialistische Philosophie 11, 37, 39, 86
Materie 26–35, 178–180
Mathematical Theory of Relativity (Eddington) 297, 329
Maupertuis, Pierre Louis Moreau 44
Maxwell, James Clerk 39
Maya-Mythologie 253, 271–273
Mazda 253, 254
Mead, G. R. S. 257–258, 328
Medium (im parapsychologischen Sinn) 168–169, 174, 178
Meisen 187
Melanin Mystery, The (Barr) 13
Mendelejew, Dimitri 86
Mendelsches Gesetz 198
Mensch
– Dominanzstellung *siehe* Dominanz
– Entwicklung 24, 188–190, 205–212
– individuelle Seele 206–209
– spezielle Probleme 189–190
– Tier im Menschen 192–195
Metalle 93, 94–95, 109
Metamerie 153, 231
Methanreihe 96–99
Michelson, Albert 40
Mineralien 23
Mobilität 90, 101, 103, 111, 131–132, 138, 154, 181, 198, 287, 293
Möbiusband 310, 311, 322
Molare Objekte 28, 31, 80
Molekularbindung 62, 73, 79
Moleküle (Molekularreich) 23, 26, 27, 28, 93–116, 145–146, 177
– DNS-Molekül *siehe* DNS
– Evolution 32–33, 72, 106, 108–109
– funktionale Verbindungen 98–99
– Metallmoleküle 94–95
– Methanreihe 96–99
– Polymere *siehe* Polymere
– Proteine *siehe* Proteine
– Salze 93, 95–96, 108
– Symmetrie 63–64
– Unterstadien des Molekularreichs 93–109
Monade 190, 233, 283–284, 288, 324

Moral 218, 249–251
Morley, Edward Williams 40
Motivation 162–165
Motten 164, 181
Mozart, Wolfgang Amadeus 206, 224, 248
Muskeln 101, 179
Mutation 20
– de Vriessche Mutationstheorie 198
Mystik 11, 13
Mythen 27, 256–277
– ägyptische Mythologie 34, 244, 253, 262–263, 266–267, 288–289, 328
– alte Interpretationen von Mythen 257–258
– Freuds Interpretation der Mythen 258
– griechische Mythologie 21, 267–269
– iranische Mythologie 21, 270–271
– Jungsche Interpretation der Mythen 258–259
– Maya-Mythologie 253, 271–273
– Prozeß-Theorie und Mythen 21, 259–260
– sieben Stadien im Mythos 20, 264–277

Nahrungsaufnahme 142–143, 144
Napoleon I, Kaiser 51, 224
Natrium 90
Natur 282
negative Entropie 117, 122, 209
Neutrino 323
Neutron 83, 110
Newlands 86
Newton, Sir Isaac 28, 38, 48, 51, 59, 69, 72, 224, 238, 298
Newtons Schlaf 51
Northrop, J. H. 322
Nuklearteilchen *siehe* Elementarteilchen

Obelia 143, 149, 223
Objektivität 220, 315
Offenbarung, religiöse 52–53, 86, 261
On Growth and Form (Thompson) 63, 323
Opfer 162, 168
– Menschenopfer 218
– Tieropfer 169
Oppenheimer, Robert 52
Ordnungszahl *siehe* Atomnummer
Organisation 150, 293
– molekulare 31
– Organisationsstufen 27, 200
– der Zellen 119–120
Orpheus 237, 253, 254
Osiris 34, 253, 254, 257, 258, 266–267, 288, 328

Paradigma, neues 12, 14
Paradoxon des Kreters 16–17
Paradoxon des Zenon 69
Pascal, Blaise 224, 309, 311
Patton, George 207
Pauling, Linus 102
Paulis Ausschließungsprinzip 136
Pentaverton 309
Periodensystem der Elemente 23, 86–88, 89
Pferd 196–197, 198, 202
Pflanzen(reich) 23, 26, 117–137, 143, 145
– Fortpflanzung 122, 128, 133, 227
– Freiheitsgrad der 64
– Gefäßbündel 129–131
– Pilze und retrogressive Stadien 136–137
– Unterstadien des Pflanzenreichs 123–134
Phasendimension (im Sinne Eddingtons) 76–79, 300, 302, 319–321
Philosophia perennis 11, 13
Phosphor 90, 107
Photographie 40
Photon 23, 26, 37, 40, 48–49, 61, 133, 146, 177, 286–287
Photosynthese 136, 143
Pilze 136–137
Pizarro, Francisco 217
Planck, Max 24, 40–42, 44, 45, 53, 54, 110, 133, 323
Plancksche Konstante siehe Wirkungsquantum
Platon 27, 207–208, 285
Plessner, Helmuth 323–324
Plutarch 257–258, 328
Polyeder 309
Polymere 72–73, 93, 99–100, 108, 109, 117, 130, 153, 231
Polyvertone 305–310
Popul Vuh 271–273, 329
Positionalität 324
Positron 18
Potentialität 111, 147, 293
Präkognitionen 15, 175, 325
Price, Charles 93, 101, 135
Prince, Raymond 165, 173, 326
Proteine 62, 89, 93, 100–104, 105–106, 108, 109, 119
Proton 23, 29, 37, 61, 82, 83, 146
Prozeß-Theorie 12–13, 17–19
– kurzer Abriß der Prozeß-Theorie 293–296
– Ebenen des Abstiegs 60–62
– kumulativer Aspekt 26, 88, 191
– Prozeß im Spiegel der Mythen 256–277

– Periodisches System der Elemente 23, 86–88, 89
– Vergleich mit klassischer Physik 80
– sieben Stadien 21–24
– Zweckbestimmtheit 58–59
Pseudopodien 164–165, 168–169, 174, 179–180, 182
Pseudopodiengleichnis (Freud) 165, 166–167, 173
Psyche 167, 169, 170
Psychische Energie 172, 173, 174, 204
Psychische Projektionen 174
Psychisches Protoplasma 165–168
Psychometrie 237
Psychotherapie 172
Pythagoras 30, 84, 284

Quantenphysik 24, 28, 41, 52, 54, 57, 59, 189, 291, 300, 301–304
Quantentheorie 11, 40–42, 76, 77, 82, 160, 189, 264, 265, 297, 299, 304

Rationalität 11, 30, 42, 52, 53, 54, 190, 238
Raum 36
– Krümmung des Raums 77, 298, 301–303, 319
Reiser, Oliver 123
Reizdeprivationsexperimente 170
Relativitätstheorie 11, 16, 17, 18, 36, 50, 76, 77, 81, 297, 298, 299–302, 304, 319, 322
RNS 106, 119
Rolle des Wissenschaftlers 19
Rotation 298–299
Rückschlußprinzip 19
Russell, Bertrand 16, 298, 322
Rutherford, Ernest 29

Salze 93, 95–96
Sauerstoff 29, 89, 107, 145
Schema für die Haupt- und Unterstadien des Universalprozesses 112–116
von Schrenck-Notzing, Baron 163, 166, 325
Schrödinger, Erwin 84
Schwefel 90
Seele 207–208, 283, 284
– Gruppenseele 183–187, 201–204, 206, 208, 217
– individuelle Seele 206–209
Seele der weißen Ameise, Die (Marais) 184–185, 326
Selbstbeschränkung 121, 223
Selbstbestimmung 121–122, 216, 217, 218, 220, 235, 244–249, 289
Selbst-Transzendierung 281
Selektionsprozeß 120–121, 197–198

Seth 34, 266, 328
Shakespeare, William 72, 172, 224, 230, 284
Sheldon, Williams I. P 50, 53, 323
Sieben, Bedeutung der Zahl 21, 297–318
Silizium 90
Sinnett, Alfred Percy 22, 322
Skala 76, 78, 319–320
Smith, Harry 21
Spezialisierung 194, 197, 199
Spiel 56, 57, 182, 282
Spiritualität 11, 322
Stevens, Peter S. 325
Stickstoff 89, 107, 145
Strahlung 41–42, 54, 84
Struktur-Theorie 16–17
Substanz 89, 167, 172, 210, 236, 285
Summationsregel 297
Swift, Jonathan 260
Symbolsprache 259, 260–264
Symmetrie 24, 63, 106
– von Abstieg und Aufstieg 63–67
– bilaterale 64–65, 66
– radiale 64, 65, 117
– vollständige 63–64
– als Zeichen der Degeneration in der Kunst 17–18
Szent-Györgyi, Albert 101

Tachyonen 55
Teilhard de Chardin, Pierre 228
Teleologie 44, 45, 110, 287–290
Telepathie 175, 325
Teleplasma 163, 166, 168, 169, 174
Temperatur 41–42, 54, 62, 73–76
Termitenkolonien 184–185, 202, 217
Tetraverton 312
Theosophie 13, 22, 203, 215
Thermodynamisches Gesetz, Zweites 100, 122
Thompson, D'Arcy 63, 323
Tier(reich) 23, 26, 111, 138–159
– Evolution der Tiere 23, 193, 196–199, 209–211, 214
– Flexibilität der Form 140–142
– Gruppenseele 183–187, 201–204, 206, 208, 217
– Instinkte 142, 181–187
– im Gegensatz zum Reich des Menschen 193–195
– Motivation 138–139
– Tieropfer 169
– Unterstadien des Tierreichs 147–157
– Wertskala bei Tieren 142–143
– willkürliche Bewegung 138–139, 144, 157
Timing (Kontrolle des Zeitpunkts) 75–76, 79, 300

Topologie 22, 108, 297, 302, 305, 322
Torus 21–22, 39, 299, 303, 311, 314, 322
Träge Objekte 28, 30, 32, 33, 55
Traité de la mécanique céleste (Laplace) 51
Transformation 144, 153
Träume 169–170

Überleben des Stärkeren 120, 189, 198, 200, 205, 279
Ultraviolette Katastrophe 41
Umweltverschmutzung 222
Unbewußtes 171, 256
Unendlichkeit 196
Universalprozeß *siehe* Prozeß-Theorie
Unsicherheit 30–32, 51, 77, 139, 189, 256, 291, 300–302
Unsicherheitsquantum 56
Unsterblichkeit 208, 210, 218–219, 251–253, 284, 290
Unterstadien
– des Reichs der Atome 86–91, 146
– des Dominanzreichs 214–240, 251–255
– des Reichs der Moleküle 93–109
– des Pflanzenreichs 123–134
– des Tierreichs 147–157
Uranus 258, 267–268
Urknalltheorie des Universums 27

Veblen, Oswald 297, 298, 304, 313, 314
Vererbung 105, 202, 226
Verstand 54, 219, 245
Virus 64, 93, 106–107, 108, 109, 110
Vögel
– Evolution der 198–199
– Sternenorientierung der 185–187
Volta, Alessandro 39
Vorhersagbarkeit 31–32, 51, 176

Wachstum 90, 100, 109, 111, 117, 120–121
Wahlmöglichkeit 78–79, 180, 209–210, 213, 241, 300
Wahrscheinlichkeitsnebel 27, 32, 242, 261
Wasserstoff 29, 89, 96–99, 145
– Wasserstoffbindung 102, 325
– Wasserstoffbombe 91
Watson, James 104, 105, 107, 325
Wellengleichungen 84
Wellenmechanik 319
Wellentheorie des Lichts 38–39, 40, 48, 54
Weltbild der Physik und ein Versuch seiner philosophischen Deutung, Das (Eddington) 299, 329

Wendepunkt *siehe* Bogenmodell
Werte 213
Werturteile 138–139
Whitehead, Alfred North 45, 123, 132, 323
Whitmont, Edward C. 52, 323
Wiedergeburt 266
Wille, freier 62–63, 75, 79
Willoughby, David P. 233, 328
Wirkung
– als Konstante 45
– Prinzip der kleinsten Wirkung 42–44, 226, 327
Wirkungsquantum 24, 27, 40–42, 45–46, 48, 53, 55–56, 77, 84, 133, 180, 189, 291
Wirkungszyklus 70–71, 78, 189, 303–304
Wissenschaft 15, 45, 80–81, 160–161, 173–175, 176–177, 221, 224, 246–247, 279–280
– und Spiritualität 11
Wissenschaftlers, Rolle des 19

Yoga 157, 230
Young, John W. 304, 313, 314

Zeit 16–17, 23, 43, 44, 45, 50, 122, 212–213
– Asymmetrie der 17
– Einbahnstraßencharakter der 17, 18, 19
Zelle
– Zelldifferenzierung 127, 148
– Homogenität der Zellen 123
– Komplexität der Zelle 118–119
– Zellteilung 26, 105, 109, 118–119, 126
– Zellwachstum 120
Zen-Paradoxon 36
Zen-Philosophie 52
Zenon 69
Zentralnervensystem 155
Zeus 252, 268–269
Zivilisation 205, 214–221, 230, 279
Zölenteraten 148–149, 153, 203
Zoroaster (Zarathustra) 21, 237
Zufall 56, 75
Zweckbestimmtheit 20, 36–49, 58–59, 132–133, 241
Zyklus
– Lernzyklus 78–79, 303–304
– Wirkungszyklus 70–71, 78, 189, 303–304
Zytoplasma 106, 202